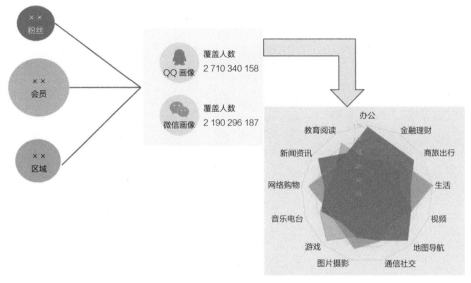

图 5-11　业务场景

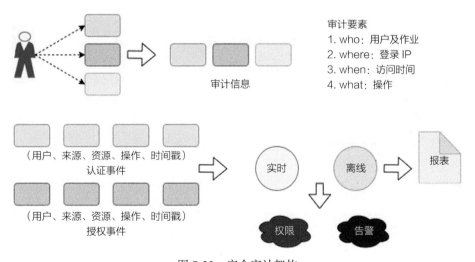

图 7-23　安全审计架构

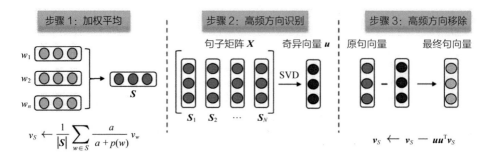

图 9-5　WR Sent2Vec 算法示意图

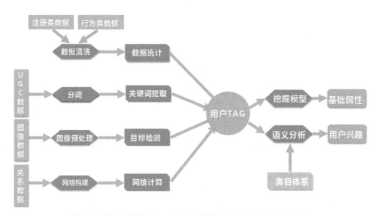

（绿色为输入数据层，蓝色为计算层，黄色为结果层）

图 9-7　用户画像系统架构

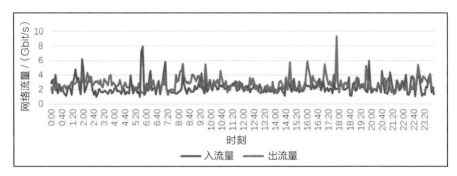

图 10-2   大数据平台服务器网络流量

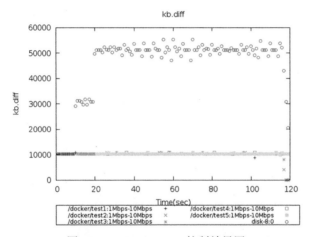

图 12-14   Buffer write 控制效果图

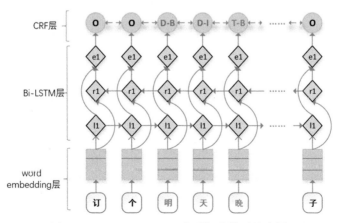

图 13-8   Bi-LSTM+CRF 序列标注模型示意图

图 13-9 规则匹配示例

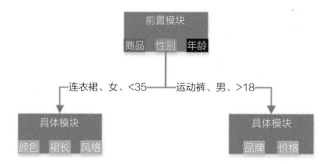

图 13-11 基于模块方式的导购对话管理示例图

腾讯大数据
构建之道

蒋杰 刘煜宏 陈鹏 郑礼雄 陶阳宇 罗韩梅 著

TENCENT
BIG
DATA

机械工业出版社
China Machine Press

图书在版编目（CIP）数据

腾讯大数据构建之道 / 蒋杰等著 . -- 北京：机械工业出版社，2022.4（2024.1 重印）
ISBN 978-7-111-71076-9

Ⅰ.①腾…　Ⅱ.①蒋…　Ⅲ.①网络公司－数据处理系统－研究－中国　Ⅳ.①TP274

中国版本图书馆 CIP 数据核字（2022）第 106756 号

　　本书详细阐述了腾讯大数据平台系统架构，以及多年来平台建设的思考与沉淀，涵盖腾讯大数据的起源、技术理念及发展历程、开源路线选择的思考以及三代大数据平台架构的技术演进，涉及数据实时采集平台、下一代分布式存储平台、分布式计算平台、资源调度平台、机器学习平台、数据内容挖掘、大数据平台的运营、大数据套件 TBDS、一站式机器学习平台智能钛 TI 等核心技术内容。大数据生态发展与演进需要各界数据人的共同努力，相信本书中详尽的大数据平台案例与建设思路可以给各位同行朋友带来很大的启发并提供借鉴。本书适合大数据从业人员、大数据技术爱好者、相关专业院校学生阅读。

腾讯大数据构建之道

出版发行：机械工业出版社（北京市西城区百万庄大街 22 号　邮政编码：100037）

责任编辑：王　颖　冯秀泳　　　　　　　　　　责任校对：马荣敏

印　　刷：北京捷迅佳彩印刷有限公司　　　　　版　　次：2024 年 1 月第 1 版第 3 次印刷

开　　本：165mm×225mm　1/16　　　　　　印　　张：35　　插　页：2

书　　号：ISBN 978-7-111-71076-9　　　　　　定　　价：149.00 元

客服电话：（010）88361066　68326294

数据治理体系：

薛赵明　赵　磊　杨仲瑶　郑礼雄　赵重庆　方锦亮

机器学习平台：

陶阳宇　肖　品　李晓森　程　勇

数据内容挖掘：

张小鹏　张纪红　张长旺　汤　煌　尹程果　胡雨成
蔡业首　李新锋

大数据平台运营：

郑礼雄　赵重庆

大数据平台产品：

唐　曒　杜　立　施晓罡　于　洋　贾俊杰

企业级容器云平台 GaiaStack：

罗韩梅　龚　军　陈东东　马　林　陈　纯　宋盛博
李　楠　郎叶楠　冯　堃

大数据应用服务：

郑灿双　黄岳浩　邹俊杰　刘小山　曹　坤　俞　淦
郭生求　陈泉泉　徐熙富　陈　翔　隆玙璠　任真颖
刘　鹤　王凝华

统筹：

贺菊华　李　广

腾讯作为一家以互联网为基础的科技与文化公司，其互联网业务与亿万网民的日常生活息息相关，从社交平台出发，已拓展至娱乐、金融、资讯、工具、流量平台等多个业务板块。2019年，马化腾公布腾讯公司的新愿景为"用户为本，科技向善"，目前已经践行多个"科技向善"落地方案，例如与政府合作的AI寻人、AI医学影像产品"腾讯觅影"，以及培育高产量AI黄瓜等项目，而这些项目的背后无不是以腾讯大数据作为底层支撑，通过AI赋能创造可以为社会带来实际价值的产品。

腾讯数据人每天不得不面对海量的数据处理需求，例如用户每天在微信朋友圈和QQ空间上传的图片超过10亿张，腾讯视频每天播放量超过20亿次，除夕当天红包支付超过25亿笔，每天移动支付超过5亿笔，这些数据规模在国内均居行业前列。

伴随着业务的迅猛发展，腾讯大数据平台十年磨一剑，已经初步搭建完成了数据采集、存储、计算、应用、运维、治理等一整套大数据业务处理平台。本书正是在此背景下应运而生的，首次对外详细阐述了腾讯大数据平台系统架构，以及多年来平台建设的思考与沉淀。

本书内容总体分成两大部分，第一部分主要讲述腾讯大数据平台的技术体系，第二部分主要讲述腾讯大数据通过腾讯云对外开放的一系列产品。主要包括：

一、腾讯大数据的起源、技术理念及发展历程：重点讲述腾讯大数据从无到有的故事、开源路线选择的思考以及三代大数据平台架构的技术演进。

二、数据实时采集平台：重点讲述腾讯自主研发的高并发消息中间件，该平台在腾讯内部使用超过十年，每天接入数十万亿级的消息。

三、分布式存储平台：讲述广受欢迎的 HDFS、Ceph、HBase 等开源组件，并重点阐述下一代分布式存储平台 Ozone。

四、分布式计算平台：重点讲述腾讯大数据历经十年发展的变迁史，从 Hadoop 到 Spark，从 Storm 到 Flink 的发展史，同时也讲述任务调度系统及多种计算分析引擎。

五、数据分析引擎：重点介绍腾讯大数据引入的四种数据分析引擎（腾讯实时多维分析平台、ClickHouse、Kylin、Druid）的架构和实现细节，以及在腾讯的应用实践。

六、资源调度平台：重点讲述如何实现十万节点级别的大规模集群的调度管理，阐述 CPU、GPU、内存、磁盘、网络等资源调度的优化。

七、数据治理体系：涉及元数据、数据资产管理、数据安全等内容。

八、机器学习平台：介绍腾讯大数据自主研发的高性能分布式机器学习平台 Angel，这是国内首个在全球范围的顶级开源社区毕业的机器学习平台。

九、数据内容挖掘：主要讲述对数据价值的挖掘、以用户画像为核心的数据内容的挖掘。

十、大数据平台运营：大数据平台的核心竞争力很大一部分来自平台的运维与运营，腾讯大数据平台的机器节点规模超过十万台，但腾讯大数据运维团队只有二三十人，这里主要讲述运维团队经历的方方面面。

十一、对外开放的大数据产品能力：重点讲述腾讯大数据 IaaS、Paas 和 SaaS 产品。在大数据平台类，介绍 TBDS、Oceanus、ideX、智能钛 TI 这四款代表性的产品及其特性，分享如何利用它们构建高效、稳定、灵活、易用的大数据平台；对于企业级容器云平台 GaiaStack，从底层网络、存储、容器技术到产品化，全面介绍其产品的架构和核心技术；最后在大数据应用服务方面，重点选取智能客服机器、移动推送、数据可视化产品小马 BI 这三个产品，介绍腾讯大数据构建的典型 TOB、TOG 应用场景。

本书由腾讯数据平台部组织编写，详尽地记录了腾讯大数据技术发展与演进各个阶段所使用的技术，也记录了腾讯大数据团队经历过的各种考验，希望可以给各位同行及有志于从事大数据行业的朋友一些启发与借鉴。

|目录|

TENCENT BIG DATA

▼

第 1 章

TENCENT BIG DATA

打造腾讯大数据平台

"大数据"这个词最早是什么时候出现的?有人说是著名未来学家托夫勒在他1980年出版的《第三次浪潮》中提出的,他把"大数据"称颂为"第三次浪潮的华彩乐章"。《自然》于2008年9月推出了"大数据"的封面专栏,帮助"大数据"成为热词。从技术层面上讲,2003年谷歌发表了"谷歌文件系统"GFS的论文,随后在2004年和2006年又陆续发表了MapReduce和BigTable的论文,这"三驾马车"奠定了大数据技术的基石,开启了大数据技术发展的大幕。随后,Doug Cutting和Mike Cafarella实现了开源版的Hadoop。Doug Cutting于2006年入职雅虎,在雅虎的支持下,Hadoop发展迅猛,进而带动了整个大数据开源社区的快速发展。

而国内,大概是从2009年开始,大数据才变得热门起来。十几年前,少有人听说过大数据;时至今日,大数据已不再是一个遥远的概念,而是与我们每个人的生活和工作都息息相关,须臾难离了。我们每天看天气、读新闻、刷视频、看财经、网上购物、打车出行,等等,大数据始终就在身边,虽然你看不到它,但它默默地改善着我们阅读、购物、出行、理财等的体验,并带给大家诸多便捷。

发展至今,数据已经成为国家的基础性战略资源,是21世纪的"钻石矿",发展大数据也成为国家战略。早在2015年,党的十八届五中全会就明确提出"实施国家大数据战略",国务院印发《促进大数据发展行动纲要》,全面推进大数据发展,加快建设数据强国。在2021年3月11日,十三届全国人大四次会议表决通过的《中华人民共和国国民经济和社会发展第十四个五年规划和2035年远景目标纲要》(简称"十四五"规划)中,也将大数据列为数字经济重点产业之一。

腾讯作为国内体量最大的互联网公司之一,业务涵盖用户日常生活的方方面面,主要的业务板块包括社交、娱乐、金融、资讯、工具和流量平台等,每天都有大量的业务数据,例如用户每天在微信朋友圈和QQ空间上传的图片超过10亿张,腾讯视频每天播放量超过20亿次,除夕当天红包支付超过25亿笔,每天移动支付超过5亿笔,这些数据都在国内居行业前列。业务数据量如此巨大,如果不能对数据进行专业化处理并高效有序地存、管、用,如果不能使数据产生应有的价值，那么数据资产将会成为数据垃圾，成为社会和企业的负担。

大数据平台作为腾讯底层的基础设施之一，每天必须处理千万级规模的离线数据任务及十万亿级别的实时计算，否则无法满足业务每天数以亿计的数据分析计算的需求。腾讯大数据平台，截至 2019 年年底，日实时计算次数已经超过 40 万亿次，每天有超过 45 万亿条数据，资源调度系统为了支撑离线任务每天要启动 2.5 亿次的容器，数据总量超过 1500PB。为了支撑这样的数据总量，腾讯大数据平台的机器规模达到 5 ~ 6 万台。但最开始的时候，机器规模只有30 台。

1.1　腾讯大数据的缘起

腾讯大数据的起点在 2008 年年底。

2008 年的时候，腾讯已经发展了十年，是国内最大的互联网企业，QQ、QZone、财付通、游戏、新闻等业务的用户量级在国内甚至全球范围内都是数一数二的，后端有着非常强大的业务在线系统支撑，有着自己的海量服务之道，有着自己特有的构建海量服务平台的架构方法论。但是在数据分析、商业智能（Business Intelligence, BI）分析方面，跟很多电信、金融行业一样，一直在使用传统的数据库来支撑。

不管是公司运营分析的报表，还是产品的指标计算，或者是用户数据的挖掘分析，腾讯的数据仓库平台的支撑，在 2008 年之前，可以说是差强人意。但在 2008 年底到 2009 年初，以 QQ 农场为首的产品出现爆发，业务量短期内连续出现翻番，用户量暴涨，导致需要分析的数据暴增，数据仓库就出现了瓶颈：以前每天 5 点就能计算出来的报表，经常 9 点都没算完；以前算一周、一个月的数据，性能都没问题，但现在计算任务根本跑不完，频繁出错。数据仓库几经扩容，还是后继无力，该是转向新技术新架构的时候了。

当时 Hadoop 在国内已经出现一些小规模的试用，腾讯也在 2008 年底开始转向 Hadoop，从不同部门抽调了几个人，申请了一间会议室来封闭开发，在这个"小黑屋"里，TDW（Tencent Distributed Warehouse，腾讯分布式数据仓库）开启了它长达十多年的征程。我们从社区 Hadoop 里拉了一个分支开始，第一个集群的规模只有 30 多个节点，那时候，谁也没想到，日后它能成长到超过十万节点的这么庞大的规模。

创造 TDW 的目标很简单和朴素，就是替换之前的传统数据仓库，统一接入公司所有业务的报表计算任务。立项一年后，终于达到第一个里程碑，我们发布了 TDW 0.1 版本，相比社区版本，集群的性能、可靠性都有了质的变化，我们自己测试了各种场景，功能和性能都达到了预期，于是我们自信满满，走出了"小黑屋"准备开门迎客。然而现实给了我们当头一棒，因为语法不兼容，如果要迁移到 TDW，业务代码要做很大改动，所以没有一个业务愿意迁移，没人肯当我们的"小白鼠"。

于是我们对 Hive[⊖]进行了大手术，按照腾讯业务的组织架构和权限管理进行了适配，特别是重点进行了语法兼容。我们的目标是让业务一行代码都不需要改动就能顺利迁移，但是工作量比想象的多得多，要一个业务一个业务地梳理，把每个业务使用到的复杂 SQL（Structured Query Language，结构化查询语言）语句、特殊函数的语法一一重新实现。就这么几杆枪，又经历了将近一年，直至把业务的语法都兼容，就又开始踏上新征程。

第一个重磅客户是 QQ 游戏——蓝钻，为了使业务顺利迁移，我们派了两个专人到蓝钻业务团队一起写 SQL 代码，一个脚本一个脚本地迁移到 TDW 上。历时将近三个月，蓝钻才得以全部顺利迁移。我们乘胜追击，又派人到黄钻、红钻、QQ 会员等业务团队，帮他们改脚本，一个业务一个业务地逐步迁移。

随着业务量的增长，任务数大幅上升，集群又出现各种性能瓶颈及可用性的问题，我们边迁移边优化。集群不稳定，集群运维的同事半夜安排轮流值班，一发现问题马上处理，确保计算任务在第二天上班前顺利完成。就这样，我们从 2010 年开始第一个业务迁移，一直到 2013 年初完成最后一个，花了差不多三年的时间。2013 年，我们使用的基于某传统数据库构建的数据仓库全部下线。

⊖ Hive 是基于 Hadoop 的一个数据仓库工具。

TDW 主要对业务有三个价值：

1）它不再需要昂贵的专用软硬件而只用普通廉价 PC 就能构建大型数据仓库，极大地节约了成本。

2）硬件故障基本不会影响业务，线上系统每天都会有很多硬盘或其他硬件损坏，但业务都是无感知的，不受影响。而以前我们曾遇到过两次故障导致数据无法恢复，对故障的定位和恢复也很漫长，而且故障对我们来说像黑盒一样，很难溯源分析。

3）系统很容易扩展，以前大型的任务要跑几个小时或几天，甚至跑不出来，现在基本上都能几分钟、十几分钟，最多一个小时就计算完成，大大提高了业务数据分析的效率。

TDW 从研发到完全替换传统数据仓库，历经了三年，然后逐步走进腾讯技术平台的舞台，发挥它的价值。

1.2 腾讯大数据的构建理念

项目立项的时候我们曾有过激烈讨论，是自主研发还是使用开源，"To be, or not to be: that is the question"。当时业务需求比较迫切，2009 年上半年，QQ 空间引入了"开心农场"业务，开启了疯狂增长的模式，业务部门的同事看着几乎是垂直的增长曲线笑逐颜开，我们看着曲线却笑不出来。如何能快速构建全新的数据仓库，满足业务快速增长的计算需求，我们在努力寻找答案。

在 2008 ~ 2009 年，开源在国内还没大行其道，很多程序员都有一种偏见，觉得使用开源都是没什么技术含量的。几乎所有的程序员心里都有一个梦想和追求，希望能自己实现一套顶尖的系统，从而在中国乃至世界的软件行业扬名立万。但是盘点了业务的需求以及对比了那时候团队能力和所能调配的人力之后，我们发现实现这么一套系统，无异于登天。完全自主研发新一代的数据仓库是难以攀爬的珠峰。

此路不通，只能改走开源路线。其实开源有很多好处，它有着丰富的社区资源和社区生态，有着庞大的各路代码贡献者，使用开源的系统，相当于利用了全世界的资源，利用了全世界的程序员的智慧。使用开源项目，能快速搭建适应业务需求的平台。

但开源对于我们来说也并不容易。首先，技术栈不一样，我们原来是 C/C++ 技术栈，是做计费系统的，而大数据开源基本以 Java 为主，需要从头去学，幸好语言的差异并不是很难克服，我们边学习边招聘有大数据经验的开发者，慢慢地做了起来；另外，大数据生态是很庞大的，每一个项目都不足以达到企业级的需求，每一个项目都要进行大量的优化，才能符合我们可用性方面的需求。

从最初的蹒跚学步到现在，腾讯大数据走过了十余年，历经三代技术演进。第一代是"拿来主义"，拿来就用，但部分系统比如 HDFS（Hadoop Distributed File System, Hadoop 分布式文件系统）、Hive 等因为性能、功能不能满足需求，我们对核心模块进行了定制化的优化；第二代是有限自主研发的阶段，我们对部分核心平台进行参考性的自主研发，重构实时采集系统，同时对底层实时计算引擎 Storm 使用 Java 进行重写等；第三代是纯自主研发的阶段，第三代的核心平台——高性能分布式机器学习平台 Angel，是腾讯和北大等高校联合研发，具有完全知识产权。

我们一直是开源的受益者，从 Hadoop 到 Spark 到 Storm……我们的发展离不开社区，我们弱小的时候依赖开源社区，我们成长后又积极回馈社区。其实早在 2014 年，我们就把腾讯自己的 Hive 版本进行开源，它对 Oracle 语法兼容等特性广受欢迎。我们第三代最核心的高性能分布式机器学习平台 Angel 在 2017 年就开源了，2018 年还进一步捐献给 Linux 基金会。2019 年，我们一口气开源了四大平台：实时数据采集平台 TubeMQ（捐献给 Apache 社区）、资源管理平台 TKEStack、分布式数据库 TBase 以及腾讯版本的 OpenJDK——Kona JDK。我们有几十个项目的 PMC 和提交者及更大量的贡献者，每天都为社区贡献代码。

通过开源进行技术上的协同，可聚拢人才，一个好的项目能吸引很多优秀的开发者，有利于形成一个优良的技术生态，有利于推动技术进步。这也是我们选择开源的原因。

来自开源、回馈开源、坚持开源，这可以说是腾讯大数据平台十年发展的技术理念。另外一个技术理念是：一切要为业务所用。

我们固执地认为，技术如果不能为业务所用，那它就是毫无价值的。我们自主研发的 Angel 项目，出发点也是因为当时开源社区里面没有符合我们业务需求的机器学习平台，自主研发是因为对业务有价值，而不是因为它在技术上很有挑战性以及我们要证明自己技术很牛。Angel 自 2017 年开源后有超过一百多个公司和组织使用，包括华为、小米、OPPO、新浪微博、拼多多等，发挥了Angel 在腾讯以外的价值。

1.3　腾讯大数据的总体架构

如前所述，腾讯大数据十余年的发展，经历了三代的技术演变，如图 1-1所示。

图 1-1　腾讯大数据三代技术演变

第一代架构从 2009 ～ 2011 年，以承载离线计算任务为主，如图 1-2 所示。TDW 主要以 Hadoop 为基础构建，我们主要做了两方面的优化：其一扩大了集群规模，包括增强了集群拓展性，优化了调度性能，增强了容灾能力，通过差异化存储降低了存储成本；其二是利用周边生态降低应用门槛，建设配套的调度与开发平台，兼容 Oracle 的语法，以及集成 PostgreSQL 数据库以提升小数据量的分析性能。第一代平台总结起来就是，技术上主要满足离线计算需求，技术挑战主要在不断扩展和优化集群规模，单集群规模从几十台到几百台，再到几千台不断突破。

图 1-2 第一代离线计算平台架构

第二代架构从 2012 ~ 2014 年，在承载离线计算的基础上，扩展了平台能力，支持实时计算的需求，如图 1-3 所示。

图 1-3 第二代实时计算平台架构

在第一代离线计算平台基础之上，我们融合 Storm 和 Spark 构建了第二代实时计算平台。主要的演进如下。

1）集成 Spark，离线计算比 Hadoop 性能更高。

2）引入 Storm，支持秒级 / 毫秒级的流式计算任务。

3）建设了实时采集系统 TDBank，数据采集实现从天级（T+1）到秒级的飞跃。

4）支持资源和任务调度方面，平台支持离线与在线混合部署，任务容器化，资源管理的维度支持 CPU、内存，以及网络与 I/O，进一步提升了平台轻量化、敏捷性与灵活性，极大提升了平台利用率，降低了成本。

第三代架构从 2015 ～ 2019 年，在通用大数据计算外，开始支持机器学习、深度学习等 AI 场景，Big Data 与 AI 在平台层面逐步融合，如图 1-4 所示。

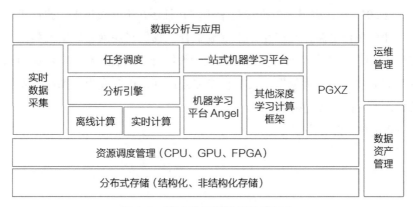

图 1-4　第三代机器学习计算平台

在第二代实时计算平台基础上，自主研发了机器学习平台 Angel，并以 Angel 为核心构建第三代机器学习计算平台生态。主要演进如下。

1）我们与北京大学合作，自主研发了高性能分布式机器学习平台。该平台支持十亿至百亿维度模型，支持数据并行及模型并行，支持在线训练。同时，它除了支持传统的机器学习之外，还扩展支持深度学习、图计算等功能，具有全栈的 AI 能力。它具有友好的编程接口、丰富的算法库，并在上层构建了一站式开发运营环境，支持业界多种流行计算框架。Angel 于 2017 年 6 月全面开源，2018 年捐献给 Linux 基金会，2019 年 12 月 20 日从 Linux 基金会旗下 AI 领域顶级基金会——LF AI 基金会（Linux Foundation Artificial Intelligence Foundation）正式毕业，成为中国首个从 LF AI 基金会毕业的开源项目，意味着 Angel 得到全球技术专家的认可，成为世界顶级的 AI 开源项目之一。

2）资源管理层面，除了 CPU，还支持 GPU、FPGA 等异构设备。我们是国内比较早实现 GPU 虚拟化且技术比较领先的（见我们在 IEEE ISPA2018 发布的论文"GaiaGPU: Sharing GPUs in Container Clouds")。

3)大数据与数据库紧密结合,使用基于 PostgreSQL 的分布式数据库 PGXZ(后改名为 TBase,并于 2019 年对外开源),支持 HTAP(Hybrid Transaction and Analytical Processing,混合事务和分析处理),使得 TDW 更好地支持 OLTP(On-Line Transaction Processing,联机事务处理过程)的计算。

截至 2019 年,腾讯大数据走过十年,并且还在不断演进中,我们正在探寻下一代计算平台之路,我们在探索批流融合,我们在探索云原生大数据,我们也在尝试 AI、大数据及云计算结合和软硬件结合,我们还在研究数据湖和隐私计算等前沿技术……大数据、人工智能和云计算,正在成为支撑业务发展的基础设施,下一代,会更精彩。

一切过往,皆为序章。

第 2 章

TENCENT BIG DATA

数据实时采集平台

大数据实时采集是大数据体系建设的门户，是所有大数据信息来源的入口，作为数据大厦建设的第一步（基石），大数据实时采集平台功能的完整性和稳定性在日均万亿级数据接入的规模下是一件非常有挑战性的工作。本章将详细介绍在腾讯复杂业务生态下，我们如何构建一个高性能、规范化的大数据实时采集系统。

2.1 接入层挑战

"3V"特性是大数据最具代表性的特性，即 Volume（海量）、Velocity（速度）和 Variety（多样性），这些特性在腾讯大数据平台中尤为突出。腾讯六大事业群上千个产品、系统，如 QQ、微信等这样拥有广泛用户的产品，每天都要产生海量的类型多样的数据。如何实时高效地采集这些数据就成了数据接入层要面对的首要问题。

在实际开发实践中我们发现，面对前端千差万别的业务数据，越来越大的数据接入量及后端各式各样处理需求，在大数据处理的数据接入环节亟须一个高性能的中间系统，来对前端数据进行统一的数据采集、存储，并将数据按需分发给后端各个处理平台。

TDBank 基于该项需求诞生，TDBank 是腾讯数据银行，主要负责数据的实时采集、分发、预处理以及管理工作：TDBank 负责从业务数据源获取数据，并进行一些预处理工作，分发给离线/在线处理平台，构建数据源和数据处理系统间的桥梁，将数据处理系统同业务侧的数据源解耦。TDBank 支持以下一些特性：

❑ PB（拍字节）级别数据量。

❑ 支持多种异构数据源，支持数据拉取和推送方式。

❑ 数据采集实时高效，秒级延时。

❑ 数据采集方式简单，基于配置信息管理数据采集上报。

❑ 实时的数据预处理过程，插件式定义数据预处理过程。

❑ 支持多种数据分发方式，支持多路分发。

❑ 数据安全性和可靠性保障，数据全流程可靠，使用安全协议。

TDBank 包含高性能和高可靠的 2 个独立的管道，整体架构主要分为以下几个部分（如图 2-1 所示）。

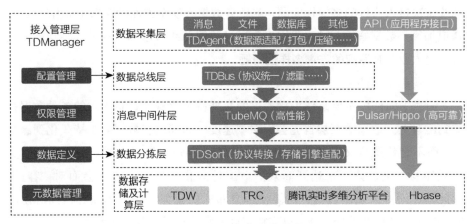

图 2-1　TDBank 整体架构

1. 数据采集层

首先，数据采集层解决"多样性"的问题，主要适配各种各样的数据源，获取各种形式的业务数据，比如日志数据文件、TCP/UDP 消息、数据库记录和 HTTP Request 等。

其次，数据采集层解决"速度"的问题，将数据实时高效地收集起来。对于日志数据文件，使用文件 tail 方式获取数据，这样就能在文件数据写入完成的同时完成数据收集工作，能尽可能地降低数据获取的延时；对于数据库记录数据，我们使用基于 binlog 日志的数据库实时同步技术，近实时获取发生变更的数据库记录数据。

数据采集层会将收集到的各种数据统一成一种内部的数据协议，方便后续数据处理系统使用。

2. 数据总线层

数据总线层作为接入服务的代理层对外提供服务，适配不同业务的上报要求以解决接入业务时的"多样性"需求：数据总线层节点就近业务侧部署，完成连接收敛、数据预处理，以及在后端消息中间件层故障时临时缓存数据等功能；当业务有不同的上报协议要求时，比如有些业务通过发送消息而非 Agent

采集的自主上报数据、通过不同特定编码格式组包上报数据时，我们通过数据总线解决接入协议的多样性问题；当业务数据有安全方面的需求（如用户认证、通道加密、数据解密）时，我们也是通过数据总线来承担。通过这种功能分层解决接入业务时遇到的需求多样性问题。

3. 消息中间件层

消息中间件层主要是作为接入层的数据持久化载体，将接入的各种数据存储到磁盘上。数据缓存层首先会面对"速度"的问题，数据需要持久化到磁盘上（而不是传统意义上的使用内存做缓存），存取速度是关键。我们使用"文件顺序写 + 磁盘读"来达到高效的数据持久化。另外一方面会面对"容量"的问题，面对大量的数据，需要使用分布式的集群作为数据缓存，同时使用ZooKeeper 对集群进行协调，以支持集群的水平扩展以及负载均衡。

4. 数据分拣层

数据分拣层会面对"速度"和"多样性"的问题。我们采用插件化的形式来支持多种形式的数据预处理过程。对于离线系统来说，一个重要的功能是将实时采集到的数据进行分类存储，需要按照某些维度（比如某个关键值 + 时间等维度）进行分类存储；同时也需要定制存储文件的粒度（大小 / 时间），使离线系统能以指定的粒度来进行离线计算。对于在线系统来说，常见的预处理过程有数据过滤、数据采样和数据转换等；分拣后的数据将会按照业务配置存储到指定的存储设备中以长期存储，供相关系统访问使用。

TDBank 涵盖了数据从产生一直到落到数据处理平台上的全流程，作为数据源与数据处理平台间的通道而存在，所以这个系统的可靠性和稳定性尤为重要。

2.2　接入管理层 TDManager

2.2.1　TDManager 作用

通过客户端采集用户的日志数据和缓存数据，生成想要的数据格式，并存储到平台中。该流程涉及很多系统，如果让用户去了解每一个系统之后再进行操作，这个使用门槛显然有些高，TDManager（腾讯数据管理模块）通过提供一个统一的入口，让用户在这里配置相关的信息，以实现从数据源到数据缓存，从数据缓存到数据分拣，从数据分拣到数据分析计算的整个流程，该模块属于整个接入系统的顶层，如图 2-2 中灰色部分所示。

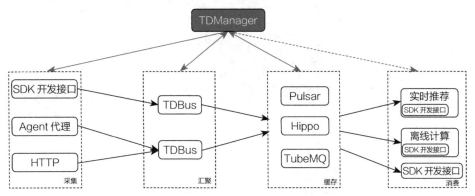

图 2-2　TDManager 在 TDBank 架构中的位置

以离线业务数据处理为例，用户在 TDManager 界面录入数据后，通过审核，后台就会做好接入新的数据源的准备，这之中就涉及许多数据平台内部系统与外部系统的交互。当一切配置完成后，TDBank 就会从数据源接入业务数据，中间经过 TDBus（腾讯数据总线）汇聚、TubeMQ 缓存，再通过 TDSort 进行分拣，最后落地到 HBase 或者 Hive 数据仓库中，为业务所用。

2.2.2　TDManager 系统架构

TDManager 架构如图 2-3 所示，总的来说 TDManager 就是一个简单的工作流引擎，TDManager 收到外部系统下发任务后对任务进行必要的检查分析，确定正常后即按照业务流程调用后端各个模块进行交互，最后反馈任务的处理结果，整个过程业务都可以通过 API（Application Programming Interface，应用程序接口）查询到该任务所处环节及对应的状态。

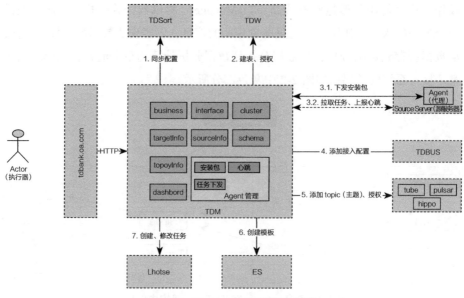

图 2-3　TDManager 系统架构图

简单来说，TDManager 是为了让外部系统接入数据平台系统更加方便，减少人工操作，同时将整个腾讯数据平台的各个系统有机联系起来，以数据为中心形成一个完整的业务数据处理链条。

2.2.3　业务核心流程介绍

TDManager 接入审批流程如图 2-4 所示，围绕业务、流程、内部系统联系进行，业务提需求，对应的资源负责人以及业务数据负责人审批通过后即可进行生产和消费。

在这里需要说明的一点是系统的权限管理，从流程图中我们可以看到TDManager 是腾讯数据平台的入口，涉及平台的系统维护，以及不同业务的接入管理、数据处理的权限管理。系统除了系统运维人员，还有业务人员，TDManager 对此有详细的策略：业务负责人对业务有最高权限，可查看、修改业务信息，新增和修改所有接入配置项并设定接口负责人和接口关注人；接口负责人新增接入配置，查看业务信息，查看、修改添加的配置，设定接口关注人等，接口负责人对接口所对应的数据源和流向配置有所有权限；接口关注人对接口和接口对应的数据源和流向配置都有查看、修改、重启、冻结操作（除了不能添加和删除）权限。

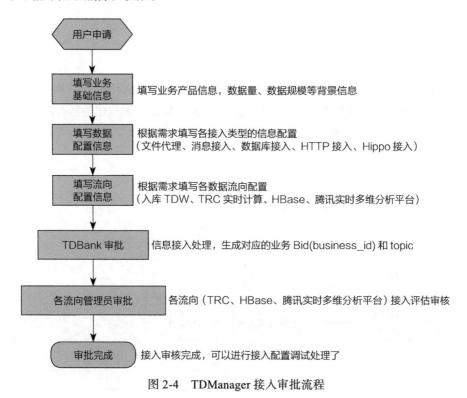

图 2-4　TDManager 接入审批流程

2.3　数据采集

2.3.1　概述

大数据处理流程主要包括数据采集、数据预处理、数据存储、数据处理与分析、数据展示 / 数据可视化、数据应用等环节。而数据采集作为第一环，是所有数据系统必不可少的，数据源会直接影响大数据的真实性、完整性、一致性、准确性和安全性。

截止到 2021 年 11 月，腾讯数据平台部的数据实时采集平台 TDBank 每天的数据接入量已过 80 万亿条，主要包括文件日志、数据库记录、TCP/UDP 消息、HTTP 消息等类型。

2.3.2 特点

TDBank 数据采集除了支持多种异构数据源外，还支持不同的网络环境，对于内网数据、公网数据、VPC（Virtual Private Cloud，虚拟化的私有网络）环境的数据都能正常采集，整体数据采集流程如图 2-5 所示。

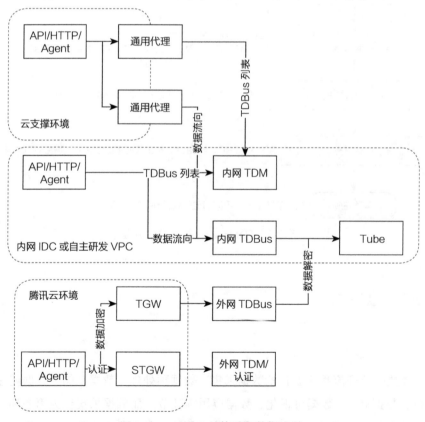

图 2-5　TDBank 整体采集数据流程

1. 易部署

如图 2-6 所示，采集 Agent 无须用户手动安装，用户只需在前台配置需要采集的目录 / 数据库库表，TDBank 管理节点会自动登录到业务机器并安装 Agent，自动拉取配置并开始采集；当然前台业务配置也提供了 API，用户连手动配置要采集的目录 / 库表步骤都可以省去，整个过程完全自动化；另外后续 Agent 升级也无须用户干预，系统管理员可以指定机器、指定版本升级。

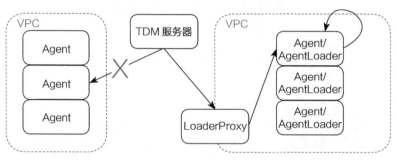

图 2-6　采集部署过程

对于 VPC 网络环境，通过增加 LoaderProxy 代理模块来进行 Agent 的部署及维护。

1）VPC 网络环境由于是专有网络，部署的 Agent 不能与外部的管理模块 TDManager 直接互通；

2）在 VPC 网关节点上部署 LoaderProxy，每台 Agent 所在机器上部署有 AgentLoader；

3）AgentLoader 通过 LoaderProxy 与 TDManager 交互，完成 Agent 的升级、状态上报等处理。

2. 实时

数据采集需要将数据实时高效地收集起来。对于日志数据文件，使用 Linux 的 inotify 文件变化通知机制和类似 tailf 命令的数据读取方式，及时地获取最新的文件数据，达到文件数据写入完成的同时即完成数据收集工作的采集效果，能尽可能地降低数据获取的延时；对于数据库记录数据，我们使用基于

binlog 日志的数据库实时同步技术，近实时获取发生变更的数据库记录数据。

3. 安全

如图 2-7 所示，接口调用过程采用接口身份认证，调用者需要根据身份凭证（账号 + 密码）以及时间戳生成签名信息，服务端解析签名后验证身份并确认调用是否过期，对于非法请求会返回错误。

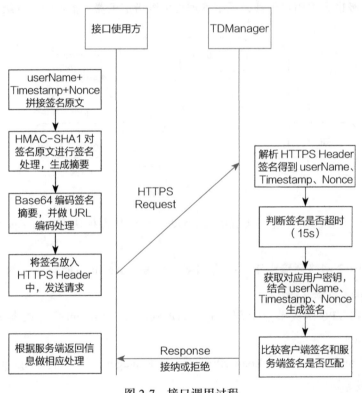

图 2-7　接口调用过程

在数据传输过程中，如果是明文传输，被"有心人"截取，整个数据内容将会被泄露，所以 TDBank 在数据采集传输过程对数据采用了非对称 + 对称加密。如图 2-8 所示，客户端首先随机生成一个 DES 密码，将要发送到 TDBus 的数据利用 DES 密码进行 DES 加密，并将数据加密标准（Data Encryption

Standard, DES）密码进行 RSA[⊖]加密，然后将 RSA 公钥版本、加密后的 DES 密码、加密后的数据打包发送到后端。后端根据接收到数据的 RSA 公钥版本，选择私钥版本，解密 DES 密码；然后对数据进行解密，得到原始数据。

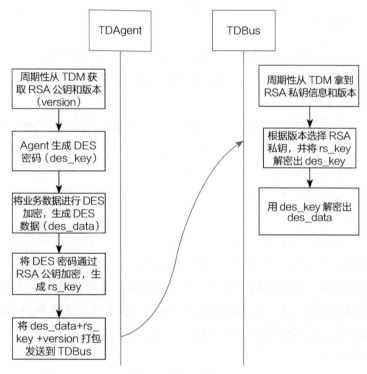

图 2-8　数据加密过程

4. 稳定可靠

网络环境错综复杂，常常会出现网络抖动，数据采集端拥有容错和重传机制，在数据发送失败时优先往同一台后端机器重试，保证数据不丢失，但因此也会带来数据重复，所以我们在接收端做了局部去重，在处理数据时，还进一步去重，尽量减少数据的重复。

⊖　RSA 是 1977 年由 Ron Rivest, Adi Shamir, Leonard Adleman 一起提出的。RSA 就是他们三人姓氏开头字母组成的。

5. 高吞吐量

TDBank 系统能快速线性扩容、多条打包、多连接、异步批量发送。TDBank 后端具备线性扩容，Agent 支持多连接配置、多条批量打包和异步发送。

2.3.3　改进优化

在数据采集方面，面临着很多因网络原因导致的性能问题，如何优化机器资源消耗，提高网络吞吐量，同时保证系统稳定易运营？

1. 多条打包

在实际运营过程中，如果每条数据都单独打包发到后端 TDBus，则 TDBus 压力很大，如果达到 TDBus 的每秒查询率（Query Per Second，QPS）阈值，TDBus 会因系统负载高导致处理能力下降。Agent 采集端具备数据多条打包功能，可降低 QPS 阈值的同时也不影响系统吞吐量，降低了服务端负载。

2. 异步发送

由于 Agent 同一时刻会存在同时读取上百个文件的情况，或者读单个上百吉字节（GB）的文件，中间还要经过打包、压缩等过程，如果 Sink 端是同步发送，那么发送效率将会很低，线程大部分时间都在等待网络 I/O，所以初期是采用多个同步线程发送，但是后面发现这种方式随着读取文件数的增加，线程数膨胀很明显，最终改用异步 I/O 的方式，提升了发送性能。

3. 限流配置

当数据采集 Agent 所在机器部署业务的其他服务时，数据量太大可能会影响到业务服务本身，就必须要有限流控制，即通过单位时间段内限制指定字节数的方式来控制平均传输速度。如果发现 I/O 传输速度过快，超过规定时间内的带宽限定字节数，则会进行等待操作，等待下一个允许带宽传输周期的到来。

4. 数据对账

在数据采集过程中，经常有业务会发现数据对不齐，有可能是数据丢失也有可能是数据重复，海量数据场景下丢失小部分数据的情况给定位问题造成了很大的麻烦，所以在整个 TDBank 数据流程中加入了数据对账，每个系统会周期性地上报一个周期内收到的数据和发送的数据。同样的数据采集模块会上报每个文件的名字、大小、行数、MD5 值，用于跟源头数据对账，一旦出现问题，只要核对下文件的信息就能快速定位到问题。

2.3.4　主要应用场景

TDBank 数据采集主要应用场景如下。

1. 分布式日志收集

业务产生的日志数据分布在不同的服务器上，通过部署数据采集 Agent 程序到业务数据源服务器上，实时采集日志数据并发送到 TDBank 中供离线 / 在线处理系统使用，简化了常规的复制文件的处理过程，提高了效率。

2. 实时数据库同步

通过解析 MySQL 数据库 binlog 日志，实时同步数据库的增量数据。

3. 定时数据库拉取

通过 JDBC 定时连接到数据库，通过选择（select）方式查询获取数据库里的快照数据，在后端汇总后再统一查询并计算。

4. 实时业务监控

通过 TDBank 提供的软件开发工具包（Software Development Kit, SDK）实时接入业务日志数据，对关键日志项进行处理，比如 ERROR 日志，做到实时监控及告警。

2.4　数据总线

2.4.1　数据总线是什么

TDBus（腾讯数据总线）是基于 Apache Flume 定制开发的。Apache Flume 是一个分布式、可靠和高可用的海量日志采集、聚合和传输的系统，支持在日志系统中定制各类数据发送方，用于收集数据；同时，Flume 提供对数据进行简单处理后将数据写到各种数据接收方（比如文本、HDFS、Hbase 等）的能力。TDBus

具有 Flume 大部分特性，并在此基础上加强了可靠性和高性能。TDBus 系统架构如图 2-9 所示。

TDBus 的数据流由 Event（事件）贯穿始终。Event 是 TDBus 的基本数据单位，它携带日志数据（字节数组形式）并且携带头信息，这些 Event 由 Agent 外部的

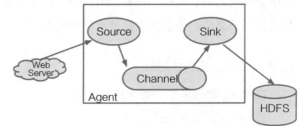

图 2-9 TDBus 系统架构图

Source 生成，当 Source 捕获 Event 后会进行特定的格式化，然后 Source 会把 Event 推入（单个或多个）Channel 中。你可以把 Channel 看作是一个缓冲区，它将保存 Event 直到 Sink 处理完该 Event。Sink 负责持久化日志，在 TDBank 内部，数据会落到 TubeMQ 或 Hippo，TubeMQ 主要面向高性能场景，Hippo 主要面向高可靠场景。Agent 支持多种格式，用于公司内部不同的业务需求。

1. TDBus 的可靠性

TDBus 的所有节点都是无状态的，当某个节点出现故障时，后续日志能够被传送到其他节点上。

2. TDBus 的可恢复性

TDBus 采用 FileChannel 作为 Channel，在数据转发后端节点受阻时，Event 将会通过 FileChannel 组件将待发数据保存到本地磁盘文件，待后端连接稳定后，再将之前缓存到文件的 Event 重新发送出去。Flume 原生的 FileChannel 性能较差，TDBus 重写了这部分，提高了性能。

3. TDBus 的安全性

TDBus 增加了 TLS（安全传输层）协议的 Source 模块，Agent 可以通过 TLS 协议与 TDBus 通信，保证数据上报通道的安全。

2.4.2　为什么需要数据总线

如果没有数据总线这一层，数据采集模块直接与消息中间件（如 TubeMQ）连接，会带来什么问题呢？我们先从一个架构图来看看数据总线的作用，如

图 2-10 所示。

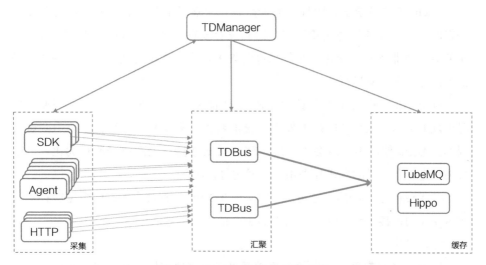

图 2-10   TDBus 聚合上报示意图

　　首先，Agent 的数量无法控制，在 Agent 数量较多时，消息中间件要从多个维度进行限流来保证可用性，例如：连接数、生产速度等，任意一个条件超过阈值，都有可能造成风险和成本的增加。如果我们在消息中间件之前加一层数据总线缓存层，在缓存层提前做好数据的聚合，执行将上报属性相同的多条数据合并打包为单条等操作，这样可以减小海量数据对后端消息中间件的冲击。

　　另外，部分 Agent 部署在外网，此时会需要对通信管道进行加密，来保证数据的安全性，由于 TDBus 和消息中间件大都部署在内网信任域内，TDBus 可以分担数据加密方面和数据预处理方面的任务。

　　最后，数据总线这一层还可以提高系统可用性，在消息中间件不可用时，TDBus 可以将待发送数据持久化存储到磁盘，在消息中间件恢复可用时，继续传输数据到消息中间件层，由于 TDBus 是无状态的，可以任意地水平扩展。

　　下面从多个方面详细探讨数据总线的必要性。

1. 连接收敛

Agent 的数量繁多，而且业务繁杂，各个业务的特点各不相同。有些业务是定时发送，业务压力比较稳定，没有波峰波谷，例如指标统计类；也有一些业务会随着业务压力变化，业务高峰时集中在白天休闲时间；还有一些业务是批量任务，在夜间进行。

对于变化多样的业务类型，TDBank 要保证 7×24h 的系统稳定，在业务代码出现 bug 时，会向 TDBank 发送大量的数据，需要系统扛得住"压力测试"，例如：Agent 使用不当时会不停地新建和关闭连接；生产数据没有优化，可以采用批量多条方式的发送却采用单条发送等情况。

在 Agent 与 TubeMQ 之间，增加一层 TDBus 数据缓存层，由数据缓存层抗住 Agent 的连接压力，降低后端 TubeMQ 的连接数量。

2. 无状态

TDBus 节点都是无状态的，这样可以很容易地支持水平扩展。数据缓存层的性能直接取决于 TDBus 节点的数量。性能水平扩展是无状态优势的一个体现，节省资源是另一方面的优势。任意一个 TDBus 节点都可以处理部分业务，而不被独享，这样可以有效地使用机器资源，某一个业务的波峰可能是另一个业务的业务波谷，极大地利用了机器的资源。

3. 预处理

TDBus 还支持数据的预处理，例如数据聚合、加 / 解密、认证授权等。TDBus 可以合并同一个业务的数据，以批量的方式发送到 TubeMQ，提高生产效率。对于敏感信息，加密是必须要做的，可以将这部分比较消耗 CPU 资源的操作放到数据缓存层，TDBus 可以解密数据，对数据进行合并等预处理操作，再发送到 TubeMQ。对于安全性要求更高的系统，需要对 Agent 进行认证，认证的动作同样可以放到 TDBus 端，因为 TDBus 和 TubeMQ 在内网环境，可以采用简单的信任方式，以达到更高的系统性能。

4. 跨 IDC 传输

在多个互联网数据中心（Internet Data Center, IDC）之间进行数据传输，主要会面临数据安全性和可靠性的挑战。使用 TDBus 进行数据中转。TDBus 将收到的数据转发到另外一个 TDBus。TDBus 使用安全套接字层（Secure Sockets Layer, SSL）协议以保证数据传输的安全性。在一组数据中转器中有多个 TDBus 实例，在这组数据中转器中提供负载均衡功能，同时支持 Failover（故障迁移）。这种方案的一个潜在风险是 TDBus 在内存中缓存的数据是易失的，一定程度上降低了整体的数据可靠性。

2.4.3 数据总线架构

我们先从业务使用的角度来探讨数据总线在 TDBank 整体架构中的位置。当业务接入 TDBank 时，需要在 TDManager 提出申请，管理员审批完成，会将业务信息记录到数据库，此时数据总线会定期拉取业务信息，业务信息主要包括：业务基本信息、业务可以使用的数据总线服务地址、业务 Sink（TubeMQ 或 Hippo）、业务认证信息、业务加 / 解密的密钥信息等。业务首先将数据生产到数据总线，数据总线根据 TDManager 同步的业务信息，对其进行认证、检查、合并和预处理等操作。最终，数据总线将格式化的数据落到 TubeMQ 或 Hippo，供业务消费。

图 2-11 展示了 TDBank 的业务数据接入流程，以及数据上报流向。

1）用户通过 TDManager 申请数据实时采集服务。

2）申请通过的业务配置将同步到 TDBus 节点，进行接入服务准备。

3）新业务通过 TDManager 获取 TDBus 列表。

4）新业务将数据发往 TDManager 提供的 TDBus 接入服务器，上报数据。

5）TDBus 校验收到的数据业务的有效性，并将有效的数据转发给后端的消息中间件进行数据缓存处理。

不同的 Agent 采用的编码方式、加 / 解密方式、数据沉淀形式各异，TDBus 为了更好地满足业务需求，尽量使传输协议简洁、易懂，我们定义了一个简单的六段式二进制 TDBus 接入协议，如图 2-12 所示。

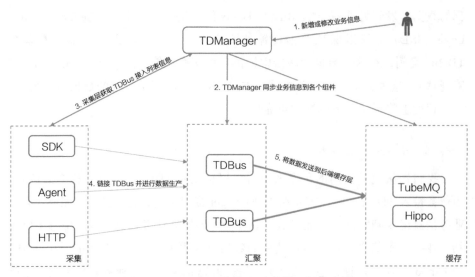

图 2-11　TDBus 业务接入及数据上报流向图

total_len 4 字节	msg type 1 字节	body_len 4 字节	body body_len 字节	attr_len 4 字节	attr attr_len 字节

图 2-12　TDBus 接入协议

其中，total_len 部分用来表示该字段之后携带的总数据长度；msgtype 用来定义不同的协议版本；body_len 表示消息体的长度；body 为消息体，业务上报且需要入库的数据内容；attr_len 为携带的消息属性信息长度；attr 为消息属性内容。

2.4.4　技术特点

TDBus 具有哪些优势呢？下面介绍其在功能特性、性能提升、方便运维等多个方面的技术特点。

1. 接入方式

业务的繁杂多样需要多种接入方式的支持，例如 TCP、UDP、HTTP。TCP 方式适用于高性能的场景，即业务上报的数据量比较大，对数据上报的可靠性要求较高。目前 TCP 方式支持 Java 和 C++ 两种语言的 SDK 版本。HTTP 方式适用于业务上报数据量不大，延迟要求不高的场景，或者对于非 Java 和非 C++ 语言实现的业务系统，也可以采用 HTTP 的方式上报；UDP 的方式适用于对可靠性要求没那么高但时效性要求相对较高的场景，比如用于展示实时业务压力。

　　2. Sink

　　TDBank 系统内部的消息中间件产品有两种，TubeMQ 和 Hippo。TDBus 可以根据业务配置信息，将数据流向不同的 Sink。如果后续扩展了其他的 Sink，TDBus 可以很容易扩展，只需要增加新 Sink 的实现类。

　　3. 指标输出

　　TDBank 系统的链路较长，为了便于运维和业务的问题排查，必须清楚了解系统各个业务的运行情况。基于此需求，数据总线会定时输出各个业务的生产、落地的指标数据。指标的维度包括每个业务在某一段时间收到的数据量和数据 Sink 到 TubeMQ 的数据量。当然 TubeMQ 也会统计各个业务的指标数据，当业务发现接入数据对不齐的时候，可以查看 TDBus 的指标和 TubeMQ 的指标，找到问题对不齐的组件，再分析问题。

　　4. 合并打包

　　有部分业务会以单条发送的方式将上报数据连续发到 TDBus，TDBus 可以拆开业务的数据包，对多条数据进行整合，然后发送到 TubeMQ。

　　5. 转发

　　TDBank 系统内部的数据是闭环的，当然也支持数据转发到其他目的地。转发的工作可以在 TDBus 这一层来实现，TDBus 在将数据的流向转发到消息中间件的同时，还可以对接业务系统的接收端。这样可以实现 TDBus 数据的多个流向。

2.4.5　适用场景和不足

　　数据总线的适用场景：当 Agent 数量较多，接入系统作为一个公共服务使用，且需要面对多种不同业务特点时，需要使用数据总线来收敛连接，并将业务逐条上报的数据合并起来批量上报后端系统，从而保护后端系统；当业务数据具有安全方面的需求时，用户认证、通道加密、数据解密这些 CPU 密集型操作可以分离到数据总线来承担。

TDBank 系统多了一层数据总线，也会相应带来一些弊端。比如，数据链条延长必然会增加数据落地的延迟。为了尽最大可能保证数据不丢失，需要在数据总线做持久化，在可靠性和高性能这两个方面做取舍。在高性能的基础上，做到尽可能高的数据可靠性。

2.5 消息中间件

2.5.1 为什么使用消息中间件

消息中间件在互联网行业中有着广泛的应用，比如服务解耦、消息通知、数据分发、异构数据源同步等，恰当地将消息系统运用到架构设计当中，可以使系统间的耦合性大大降低，实现方案由复杂变为简单，稳定性也会大大增强。

面对前端千差万别的业务数据、后端各式各样处理需求以及越来越大的数据量，亟须一个高性能的中间系统来对前端数据进行统一的采集、存储，同时能够按需分发给后端各个数据处理平台。为了解决这种业务需求，腾讯数据平台部在 2013 年自主研发了分布式消息中间件系统 TubeMQ，专注服务大数据场景下海量数据的高性能存储和传输。经过近 7 年上万亿的海量数据沉淀，较之于众多开源消息中间件组件，TubeMQ 在海量实践（稳定性 + 性能）和低成本方面有着比较好的核心优势。

作为一个面向高吞吐量和高性能的分布式消息中间件，TubeMQ 性能及稳定性在万亿级数据体量下经受住了考验，但由于其实现策略（TubeMQ 在极端场景下，比如物理宕机无法恢复的情况下可能会造成部分数据不可用。TubeMQ 的高性能和高吞吐量得益于其批量刷盘，数据驻留于内存一段时间可能存在丢失的风险，这也是其高吞吐量所需付出的代价）的原因，对于一些高价值、高敏感度的业务数据进行实时采集时，有必要采用一个高可靠高可用的消息中间件来满足这类业务接入需求。因此我们设计了新一代消息系统 Hippo 以满足高可靠性和高可用性的应用场景的业务需求，用以支撑广告计费、交易流水等高价值数据的业务。

接下来，我们分别介绍两个分布式消息中间件系统的主要设计原则，以及系统在实现上采用的一些方案和策略。

2.5.2　TubeMQ 系统概述

TubeMQ 是腾讯数据平台部在 2013 年自主研发的一个分布式消息中间件系统，目前已对外开源（https://github.com/apache/incubator-inlong/tree/master/inlong-tubemq），TubeMQ 在 TDBank 架构中的位置位于消息中间件层，参见图 2-2。

TubeMQ 系统架构思想源于 Apache Kafka，在实现上，则完全采取了新的方式，并且使用了更加优化的分区管理和分配机制实现了全新的节点通信流程，同时还基于 Netty 和 Google Protobuf 自主开发了高性能的底层远程过程调用（Remote Procedure Call, RPC）通信模块。这些实现使得 TubeMQ 在保证实时性和一致性的前提下，具有了更高的吞吐能力，更适合作为处理海量数据的消息中间件。

1. TubeMQ 功能特点

TubeMQ 按照 Java 消息服务（Java Message Service, JMS）规范中的发布 /订阅模型进行实现，数据的发布端、订阅端可使用集群模式，同时支持消费端的负载均衡；消费端以 "Group" 分组，同一分组下的消费者消费同一份数据，且可以重复消费多次；不同分组之间相互独立、互不影响，并行消费。通常情况下，TubeMQ 可以做到消息的 "零误差"，即不丢失、不重复、不损坏；极端场景下，也仅会丢失或重复少量的消息。

在性能方面，TubeMQ 集群的总体性能是通过 Broker（代理）数量来进行线性扩展的，我们将单个 Broker 节点的性能情况与 Kafka 进行了详细的性能测试比较，TubeMQ 的性能情况可以用 "复仇者联盟" 里的角色来类比，如表 2-1 所示。

表 2-1 TubeMQ 性能特征

角色	测试场景	要 点
闪电侠	时延测试（场景五）	快（数据生产消费时延：TubeMQ 是 10ms；Kafka 是 250ms）
绿巨人	吞吐测试（场景三、四）	抗击打能力（随着 Topic 数由 100、200 到 500、1000 逐步增大，TubeMQ 系统能力不减，吞吐量随负载的提升下降微小且能力持平；Kafka 吞吐量明显下降且不稳定；过滤消费时，TubeMQ 由于提前进行了数据过滤，可以有效地降低 Broker（代理）到 Consumer（消费端）间的出流量，而 Kafka 则会因不支持过滤，出流量随着消费份数增加而倍增）
蜘蛛侠	机型适应测试（场景八）	各个场景来去自如（不同机型下对比测试，TubeMQ 吞吐量稳定；Kafka 在 BX1 机型下性能更低）
钢铁侠	系统自动化测试（场景二、三、六）	自动化（系统运行中 TubeMQ 可以动态实时地调整系统设置、消费行为来提升系统性能）

具体场景和数据详情参见：

https://inlong.apache.org/zh-CN/docs/modules/tubemq/tubemq_perf_test_vs_Kafka_cn

2. TubeMQ 架构设计

经过多年演变，TubeMQ 架构分为如下 5 个部分，如图 2-13 所示。

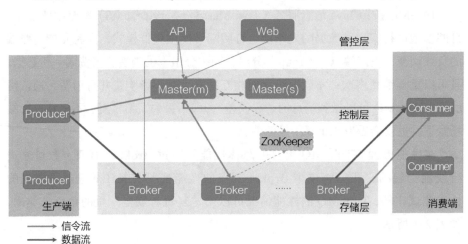

图 2-13 TubeMQ 架构

❑ 管控层负责对外交互和运维操作，包括 API 和 Web，API 对接集群之外的管理系统，Web 是在 API 基础上对日常运维功能进行操作界面封装。

❑ 集群控制层由 1 个或多个 Master（控制）节点组成，控制层通过 Master 节点间的心跳保活机制，以及多数节点的确认机制完成主备 Master 节点的选举工作，实现 Master HA（High Available，高可用）。选举出的主 Master 负责管理整个集群的状态、资源调度、权限检查、元数据查询等。由于各个 Master 节点都有可能被选举成为主节点，用户在使用 TubeMQ 的 Lib 时需要填写对应集群的所有 Master 节点地址。

❑ 存储层负责数据存储，由相互之间独立的 Broker（代理）节点组成，每个 Broker 节点对本节点内的 Topic（主题）集合进行管理，包括 Topic 的增、删、改、查，Topic 内的消息存储、消费、老化、分区扩容、数据消费的 Offset（偏移量）记录等。集群对外能力，包括 Topic 数目、吞吐量、容量等，通过水平扩展 Broker 节点来完成。

❑ 客户端（生产端和消费端）包括负责数据生产的 Producer（生产者）和负责数据消费的 Consumer（消费者）两个部分，以 Lib 形式对外提供，大家用得最多的是消费端。消费端支持 Push（推送）、Pull（拉取）两种数据消费模式，数据消费行为支持顺序消费和过滤消费。对于 Pull 消费模式，支持业务通过客户端精确重置 Offset 以支持业务 Exactly-Once（精确一次）消费，同时，消费端还支持跨集群消费切换的 BidConsumer（基于业务 ID 的消费端）客户端。

❑ 负责 Offset 存储的 ZooKeeper 部分已弱化到仅做 Offset 的持久化存储，考虑到接下来的多节点副本功能，该模块暂时保留。

相比 Kafka，TubeMQ 的系统特点如下。

（1）纯 Java 实现语言

TubeMQ 采用纯 Java 语言开发，便于开发人员快速熟悉项目和处理问题。

（2）引入 Master 协调节点

相比 Kafka 依赖于 ZooKeeper 完成元数据的管理和实现高可用（HA）保障，TubeMQ 系统采用的是自管理的元数据仲裁机制，Master 节点通过采用内嵌数据库 BDB 完成集群内元数据的存储、更新以及高可用功能，负责 TubeMQ 集群的运行管控和配置管理，对外提供接口等；通过 Master 节点，TubeMQ 集群里的 Broker 配置设置、变更及查询实现了完整的自动化闭环管理，降低了系统维护的复杂度。

（3）服务器侧消费的负载均衡

TubeMQ 采用的是服务侧负载均衡的方案，而不是客户端侧操作，提升了系统的管控能力同时简化客户端实现，更便于均衡算法升级。

（4）系统行级锁操作

对于 Broker 消息读写中存在中间状态的并发操作采用行级锁，避免重复问题。

（5）Offset 管理的调整

Offset 由各个 Broker 独自管理，ZooKeeper 只作数据持久化存储用（原本要完全去掉 ZK，考虑到后续的功能扩展就暂时保留）。

（6）消息读取机制的改进

相比于 Kafka 的顺序块读模式，TubeMQ 采用的是消息随机读取模式，同时为了降低消息时延又增加了内存缓存读写，使其满足业务快速生产消费的需求（后面章节详细介绍）。

（7）消费者行为的管控

支持通过策略实时动态地控制系统接入的消费者行为，包括系统负载高时对特定业务的限流、暂停消费，动态调整数据拉取的频率等。

（8）服务分级的管控

针对系统运维、业务特点、机器负载状态的不同需求，支持通过策略来动态控制不同消费者的消费行为，比如是否有权限消费、消费时延分级保证、消费限流控制等。

（9）系统安全的管控

针对业务不同的数据服务需求和系统运维安全的考虑，TubeMQ 系统增加了 TLS 传输层加密管道，生产和消费服务的认证、授权，以及针对分布式访问控制的访问令牌管理，以满足业务和系统运维在系统安全方面的需求。

（10）资源利用率的提升

相比于 Kafka，TubeMQ 采用连接复用模式，以减少连接资源消耗；通过逻辑分区构造，以减少系统对文件句柄数的占用；通过服务器端过滤模式，以减少网络带宽资源使用率；通过剥离 ZooKeeper 组件，以减少对 ZooKeeper 组件的强依赖及瓶颈限制。

（11）客户端的改进

基于业务使用上的便利性，我们简化了客户端逻辑，使其做到最小的功能集合，并采用基于响应消息的接收质量统计算法来自动剔出坏的 Broker 节点，来避免大数据量发送时产生的发送受阻（具体内容见后面章节介绍）。

（12）TubeMQ 的性能改进

以磁盘为数据持久化媒介的系统都面临各种因磁盘问题导致的系统性能问题，TubeMQ 在性能提升方面的提升很大程度上得益于消息数据如何读写及存储方面的改进和创新。

（13）消息文件的系统改进

TubeMQ 的文件存储方案类似 Kafka，但又不尽相同，如图 2-14 所示，存储实例的磁盘存储部分由一个索引文件和一个数据文件组成，每个 Topic 可以分配 1 个或者多个存储实例，每个 Topic 单独维护管理存储实例的相关机制，包括老化周期、Partition（分区）个数，以及是否可读可写等。

TubeMQ 按照存储实例进行消息管理，每个存储实例的磁盘存储部分包含 data（数据）和 index（索引）两类文件，分别存储消息数据和消息的索引信息；在文件之上，还增加了主、备两块内存作为消息缓存 Cache；Partition 在 TubeMQ 里只是一个逻辑分区的概念，作为一个属性存放于 data 和 index 中；每个 Topic 可以分配 1 ~ m 个存储实例，依照该 Topic 的入流量来进行分配；TubeMQ 通过 PartitionKey 即分区 Key（由 Broker 的 Id 值 + Topic 名称 + Partition 的 Id 值组成集群内全局唯一的复合字符串）进行存储单元的索引和定位，Partition 的 Id 值为逻辑 Partition Id，由该 Topic 的存储实例 Id + 存放该消息的真实 PartitionId 组成，生产端和消费端通过 PartitionKey 进行寻址，将消息发送到对应存储节点，以及从指定存储节点消费数据。

```
┌─────────────────────────────────────────────────────────────┐
│                       Topic（主题）                           │
│   ┌───────────────────────────────────────────────────────┐ │
│   │         ┌───────────┬─────────────┬──────────────────┐ │ │
│   │ Data    │cache block│ mem-active  │   mem-backup     │ │ │
│   │ Store   │ Mem       │             │                  │ │ │
│   │（数据存储）├───────────┼─────────────┼──────────────────┤ │ │
│   │         │store block│ index files │    log files     │ │ │
│   │         │ Disk      │             │                  │ │ │
│   │         └───────────┴─────────────┴──────────────────┘ │ │
│   └───────────────────────────────────────────────────────┘ │
│                          ......                               │
│   ┌───────────────────────────────────────────────────────┐ │
│   │         ┌───────────┬─────────────┬──────────────────┐ │ │
│   │ Data    │cache block│ mem-active  │   mem-backup     │ │ │
│   │ Store   │ Mem       │             │                  │ │ │
│   │（数据存储）├───────────┼─────────────┼──────────────────┤ │ │
│   │         │store block│ index files │    log files     │ │ │
│   │         │ Disk      │             │                  │ │ │
│   │         └───────────┴─────────────┴──────────────────┘ │ │
│   └───────────────────────────────────────────────────────┘ │
└─────────────────────────────────────────────────────────────┘
```

图 2-14　TubeMQ 消息文件存储示意图

通过这种改进，TubeMQ 解决了 Topic 的 Partition 数过大时对文件句柄资源的过度占用，避免了某些 Topic 入流量太大时单个存储文件写入性能不足问题，并且，使用逻辑分区可更快捷地管理过滤消费。

（14）内存缓存消息的创新

由于批量刷盘问题，如果消费端直接消费文件数据会存在一个比较长的时延，有时这个时延甚至会到秒级。为了缩短数据生产消费时延，TubeMQ 在文件存储之上额外增加了主、备内存缓存块，如图 2-15 所示，即在原有写磁盘基础上增加了 2 块内存，隔离硬盘的慢速影响；将数据先刷到内存，然后通过内存控制块批量地将数据刷到磁盘文件，同时，系统允许消费者消费内存中的数据。

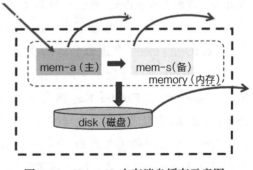

图 2-15　TubeMQ 内存消息缓存示意图

通过这种方式处理，TubeMQ 的数据时延可以做到 10ms 以内，极大地提高了系统的吞吐量，提升了系统整体性能，并为磁盘 RAID10+ 快速消费的低成本数据保障方案提供了技术基础。

对于 TubeMQ，我们计划继续进行深入的改进，相关内容参见开源项目中最新进展。

2.5.3　Hippo 系统概述

高可靠消息中间件 Hippo（腾讯数据平台部 2014 年自主研发）虽然基于异步复制，但仍有丢数据的考虑。Hippo 在设计之初就通过定义类似 Paxos 算法协议进行多节点间的数据同步复制。写入消息在超过多数节点成功写入后，才确认消息最终写入成功，这种交互方式极大地保证了数据的可靠程度。Hippo 满足了不少业务在数据高可靠上的需求，很短时间里即超过百亿的数据运营规模。

1. Hippo 系统介绍

如图 2-16 所示，Cluster Controller（集群控制器）以组的形式存在：三台 Controller 组成了一主两备的控制器组（主备 Controller 间存在心跳检测以便在主故障的时候能够自动执行 Failover）承担着整个系统节点数据的收集、状态的共享及事件的分发角色；同时 Controller 节点提供控制台界面，根据当前收集到的正常运行的 Broker 节点信息，可以指定给某个特定的 Broker group（组）下发 Topic 和 Queue 添加事件。

Cluster Broker（集群代理）也是以组的形势存在，三台 Broker group 组成了一主两备的存储组，由 Broker Master（主 Broker）向 Controller 定期汇报心跳以告知 Controller 当前组的存活状态，心跳携带当前组所管理的 Topic 及 Queue 信息。数据在 Broker 以多副本的方式存储，Broker Master 为数据写入入口，并把数据实时同步给同组的两台 Broker Slave（备 Broker），主备 Broker 之间存在心跳检测功能，一旦 Broker Slave 发现 Broker Master 故障或者收不到 Broker Master 的心跳，那么两台 Broker Slave 之间会重新发起一次选举以产生新的 Broker Master，这个过程完全不用人工介入，系统自动切换。因此在

Cluster Broker 端不存在单点情况，数据冗余存储在不同的物理机器中，即使存在机器宕机或磁盘损坏的情况也不影响系统对外提供可靠的服务。

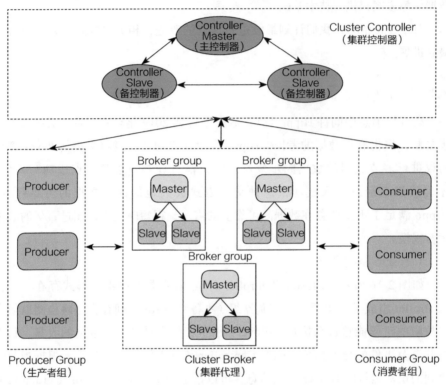

图 2-16　Hippo 系统架构图

2. Producer 客户端

❑ 轮询发送：向 Controller 发布某个 Topic 的信息，Controller 返回相应 Topic 所在的所有 Broker 组对应的 IP 端口及 Queue 信息。Producer 通过轮询获取 Broker 组信息列表来发送消息，并保持与 Controller 的心跳，以便在 Broker 组变更时可通过 Controller 及时获取最新的 Broker 组信息。

3. Consumer 客户端

❑ 负载均衡：每个 Consumer 都隶属于一个 Consumer Group（消费者组），向 Controller 订阅 Topic 的消息，Controller 除了返回 Topic 对应的所有 Broker group 信息列表之外，还会返回与当前消费者处于同一个组的其他消费者信息列表，当前消费者获取这两部分信息之后会进行排序，然后按照固定的算法进行负载均衡以确定每个消费者具体消费哪个队列分区。同时每个消费者都会定期向 Controller 上报心跳，一旦消费组有节点数量的变更或 Broker 组存在变更，Controller 都会及时通过心跳响应返回给当前组所有存活的 Consumer 节点以进行新一轮的负载均衡。

❑ 消费确认：消费者在消费过程中独占队列分区，即一个队列在一个消费组中只能被一个消费者占有并消费。为了保证消费的可靠性，对于每次拉取的数据，都需要消费者在消费完成之后进行一次确认，否则下次拉取还是从原来的偏移量开始。

❑ 限时锁定：消费者在运行时有可能突然宕机，但宕机前消费者持有的 Queue 没有被释放，如果不及时释放该 Queue，则该 Queue 中的数据会因为消费者已宕机而消费停滞。为了使消费者宕机后其持有的 Queue 能够被顺利释放并被其他消费者接管，在每个消费者拉取数据与确认回调之间设置一个超时时间，一旦超过这个时间还没确认，对应的 Queue 将自动解锁，解锁之后的 Queue 将被别的存活消费者接管并消费。

Hippo 系统交互图如图 2-17 所示，其中 shuffle（洗牌）表示任意节点故障时该组的节点间将发起主备重选操作以完成主备切换。

数据冗余是系统保证数据可靠存储的必要手段，Broker Master 节点写数据时，将数据写到磁盘，并把数据实时同步到 Broker Slave 节点；Broker Slave 节点收到从 Broker Master 节点实时同步过来的数据后，将数据写到内存，并返回结果给 Broker Master 节点。当大多数 Broker Slave 节点写成功的结果返回给 Broker Master 节点后，Broker Master 才将成功的响应消息通知客户端写数据成功。

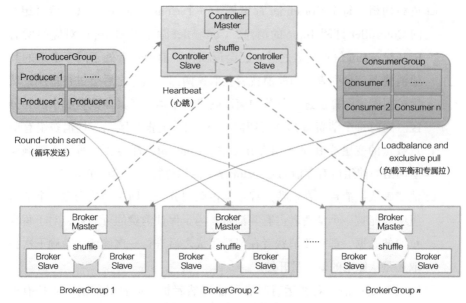

图 2-17　Hippo 系统交互图

消息读也是由 Broker Master 节点提供，Broker Slave 节点虽然也存储消息，但并不提供读能力，它的作用是在数据冗余以及 Broker Master 节点故障时参与重新选举以自动产生新的 Broker Master 节点；选举算法类似于 Paxos 算法。

虽然会将冗余数据存储于 Broker Slave 节点，但是 Queue 在 BrokerGroup 间并没有冗余存储，也就是一个 Queue 只存储在某个 Brokergroup，假如一个 BrokerGroup 的 Broker Master 和 Broker Slave 节点的磁盘都发生故障了，那消息就会永久丢失，但这样的概率极小。

通过如上机制，Hippo 系统可完成高可靠业务处理。但目前由于这部分业务增长量不高，系统处于维护阶段，后续考虑进行新一轮的改进，使其更符合当前业务需求。

2.6　数据分拣

数据分拣用于解析用户数据并将用户数据根据配置存储到对应系统中。

在 TDBank 中，TDSort 是负责数据分拣的模块，它从 TubeMQ 中消费对应的 Topic 的数据，然后根据业务配置的数据结构、同步周期和目的地等信息，将数据实时落地到 TDW、HBase 和 DB 等数据存储系统中。

2.6.1　用户接口

当使用 TDSort 时，用户通过 TDBank 提供的 TDMsg 接口来将需要保存的数据进行打包和压缩。代码清单 2-1 展示了一个使用 TDMsg 对消息进行打包的典型示例。

代码清单 2-1　TDMsg 消息打包

```
byte[] data0 = "test0".getBytes();
byte[] data1 = "test1".getBytes();
byte[] data2 = "test2".getBytes();
byte[] data3 = "test3".getBytes();

TDMsg1 tdmsg = TDMsg1.newTDMsg();
tdmsg.addMsg("a1", data0);
tdmsg.addMsg("a2", data1);
tdmsg.addMsg("a1", data2);
tdmsg.addMsg("a2", data3);
byte[] result = tdmsg.buildArray();
System.out.println(result);
```

用户的每一条消息都必须包含属性和消息体两个部分。属性是一个字符串，定义为若干以 & 相隔的 k=v 组成的字符串。任何一条消息必须能够通过一定的方法解析出 InterfaceId（接口 ID）和 Time（数据时间）两个属性，分别用来表示这条消息所属类别和数据生成时间（有的时候也可以是数据的接收时间）。TDSort 将根据这两个属性确定数据如何进行分拣，将具有相同的 InterfaceId 的数据聚合在同一个文件中。

用户的消息体则是一个字节数组，里面保存了用户需要保存的数据信息。用户可以将多条消息打包到一个 TDMsg 中（可以选择是否压缩）。TDMsg 的大小没有限制，但一般不要大于 4KB。

2.6.2 系统架构

TDSort 使用 Flink 来分拣用户上报的数据。TDSort 的系统架构包括 DataSource（数据源处理单元）、AggrMap（数据汇聚单元）和 CheckerMap（对账文件生成单元），如图 2-18 所示。

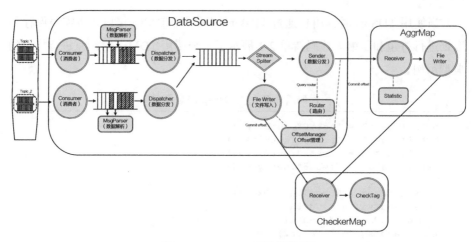

图 2-18 TDSort 系统架构图

DataSource 是整个数据的源头，它负责从消息中间件中获取数据，并按照规定协议将数据解析分割成一个个的数据单元。DataSource 根据路由配置来决定将数据直接导入到指定的存储服务器还是发往 AggrMap 模块进行数据聚合，然后再导入到指定的存储服务器。

DataSource 通过独立的 ZooKeeper 配置服务器来获取数据处理所需要的相关配置信息，包括 Topic 的配置信息、数据解码配置、路由配置信息等，并定期检查 ZooKeeper 上的配置变更信息来及时更新本地缓存的相关配置。

DataSource 模块将获取到 Topic 的配置信息给到 Consumer 模块，Consumer 模块负责订阅消息中间件 TubeMQ 中的数据，根据指定的 Topic 配置信息从消息中间件里消费数据，并将数据交给 MsgParser 进行数据解析。MsgParser 根据定义的解码配置进行数据解析，首先解析数据的头部信息以确定数据所属于的接口信息和数据协议编号，然后 MsgParser 根据协议值来确定解析插件并解析对应的数据体，最后确定数据所属于的数据单元。在 TDSort 中，一个数据单元由 Topic、接口 ID 和数据时间三部分组成。所有解析后的数据被 MsgParser 放入一个顺序队列中。

Dispatcher 模块负责解析后的数据路由处理，将队列中的数据按顺序弹出数据进行本地落地或者数据汇聚发送。如果这些数据需要直接在 Source 一端进行保存，那么 Dispatcher 将数据发送给 LocalFileWriter，LocalFlieWriter 将数据写入到一个本地文件中。当文件达到设置的文件大小或者超过一定时间后就放入 HDFSWriter 中来将文件上传到 HDFS。在将本地文件上传之前，HDFSWriter 会先根据用户配置确定是否对本地待上传的文件进行压缩操作。如果用户数据不需要在 Source 一端直接进行保存，那么 Dispatcher 就会将这些数据发送给下游的 AggrMap 进行数据聚合处理。

当 DataSource 和 AggrMap 成功完成数据的保存和上传之后，会发送消息给 CheckerMap 用于生成对账文件。下游系统通过这些对账文件来确定数据保存的位置和内容。

TDSort 通过 Flink 的 Checkpoint 机制来对作业状态进行保存和恢复。当执行 Checkpoint 时，DataSource 会存储已经读取数据的位置，并将 FlieWriter 中保存在内存中的数据刷出到硬盘上。而 AggrMap 在做 Checkpoint 时，则会首先等 Receiver 队列中的数据处理完之后再触发 FileWriter 的 Checkpoint 操作。

当从故障中恢复时，DataSource 会从 Checkpoint 中恢复出之前读取数据的位置，并从这个位置开始继续读取数据。而 DataSource 和 AggrMap 中的 LocalFileWriter 则会读出执行 Checkpoint 时存储的文件信息，并将数据发送给 CheckMap 以恢复指标数据。

2.6.3　负载分配

TDSort 使用 Router 解决使用过程中遇到的数据热点的问题。Router 由一个 RouterServer 和一组 RouterClient 两部分组成。每个 Flink 任务都有一个 RouteClient，用于向 RouterServer 上报各个节点的心跳、处理的接口和处理的数据量等信息。RouterServer 则根据收集的信息来进行负载分配，调整每个任务所要处理的接口。

图 2-19 所示为 RouteMaster 实现方式。TDSort 在每个集群中都会部署两个 RouteMaster 来确保可用性。这两个 RouteMaster 通过 ZooKeeper 进行竞争来确定主备关系。由于 RouteMaster 只根据每个任务上报的信息来进行负载分配，因此是无状态的。当 RouteMaster 进行切换的时候，新的 RouteMaster 不需要进行任何状态的恢复。

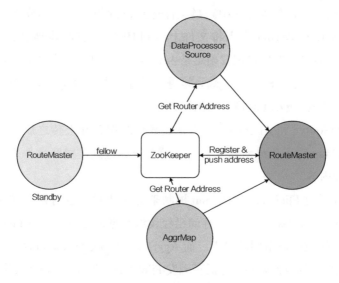

图 2-19　RouteMaster 实现方式

2.7　接入层展望

随着业务的需求增加，接入层相比以往面临着更大挑战，比如：

❑ 更多的接入途径：如要求内外网统一接入，要求多种数据库源采集需求，以及更多类型的业务数据的协议解析。

❑ 更方便地接入辅助：业务希望能够提供更多语言版本的 SDK，最好能集成到对应组件中，比如 Flink、Storm 等，这样业务只需要关心业务细节即可。

❑ 更多使用场景的兼容：以往接入只是作为腾讯数据平台部对接业务的一个数据管道来对业务开展服务，随着业务接入量的增长，接入部分有成为 SaaS 平台服务的趋势，从以往纯粹的性能优化向功能更丰富发展。

❑ 对外开源的发展：随着面向更多外部开源，产生更多的业务需求。

目前我们正在围绕这些内容进行版本迭代、功能优化，后续会将最新的发展情况通过 TubeMQ 对外进行同步。

分布式存储平台

　　分布式存储是大数据平台的底座，承载了海量的异构类型数据，需要保证高性能和高可靠性，同时也需要满足上游各种引擎和业务的需求，最后还需要尽可能地降低单位存储的成本。因此，分布式存储系统的架构是非常复杂而庞大的。本章围绕大数据领域的 4 个常见的存储系统——文件存储 HDFS、统一存储 Ceph、下一代大数据存储 Ozone、KV 存储 HBase 来详细介绍系统架构和实现细节，以及它们在设计中的异同点。

3.1　文件存储 HDFS

3.1.1　HDFS 基础

　　HDFS（Hadoop Distributed File System）是一种分布式文件系统，可运行在廉价的硬件上，能够处理超大文件以及提供流式数据操作。HDFS 具有易扩展、高度容错、高吞吐量、高可靠性等特征，是处理大型数据集的强有力的工具。以下是 HDFS 设计时的目标。

1. 硬件故障

　　硬件故障对于 HDFS 来说应该是常态而非例外。HDFS 包含数百或数千台服务器（计算机），每台都存储文件系统的一部分数据。事实上，HDFS 存在大量组件并且每个组件具有非平凡的故障概率，这意味着某些组件始终不起作用。因此，检测故障并从中快速自动恢复是 HDFS 的设计目标。

2. 流式数据访问

　　在 HDFS 上运行的应用程序不是通常在通用文件系统上运行的通用应用程序，需要对其数据集进行流式访问。HDFS 用于批处理而不用于用户的交互式使用，相对于数据访问的低延迟更注重数据访问的高吞吐量。可移植操作系统接口（Portable Operating System Interface of UNIX, POSIX）标准设置的一些硬性约束对 HDFS 来说是不需要的，因此 HDFS 会调整一些 POSIX 特性来提高数据吞吐率，事实证明是有效的。

3. 超大数据集

在 HDFS 上运行的应用程序具有大型数据集。HDFS 上的一个文件大小一般在吉字节（GB）到太字节（TB）。因此，HDFS 需要设计成支持大文件存储，以提供整体较高的数据传输带宽，能在一个集群里扩展到数百上千个节点。一个 HDFS 实例需要支撑千万计的文件。

4. 简单的一致性模型

HDFS 应用需要"一次写入多次读取"访问模型。假设一个文件经过创建、写入和关闭之后就不会再改变了。这一假设简化了数据一致性问题，并可实现高吞吐量的数据访问。MapReduce 应用或网络爬虫应用都非常适合这个模型。将来还需要扩充这个模型，以便支持文件的附加写操作。

5. 移动计算而不是移动数据

当应用程序在其操作的数据附近执行时，计算效率更高。当数据集很大时更是如此，这可以最大限度地减少网络拥塞并提高系统的整体吞吐量。HDFS 为应用程序提供了接口，使其自身更靠近数据所在的位置。

6. 跨异构硬件和软件平台的可移植性

HDFS 的设计考虑到了异构硬件和软件平台间的可移植性，方便了 HDFS 作为大规模数据应用平台的推广。

从 Hadoop 这些年的发展来看，HDFS 依靠上述特性，成为不断演进变革的大数据体系的坚实基石。

3.1.2 HDFS 架构

HDFS 是一个典型的主 / 备（Master/Slave）架构的分布式系统，由一个名字节点 Namenode(Master) + 多个数据节点 Datanode(Slave) 组成。其中 Namenode 提供元数据服务，Datanode 提供数据流服务，用户通过 HDFS 客户端与 Namenode 和 Datanode 交互访问文件系统。

如图 3-1 所示 HDFS 把文件的数据划分为若干个块（Block），每个 Block 存放在一组 Datanode 上，Namenode 负责维护文件到 Block 的命名空间映射以及每个 Block 到 Datanode 的数据块映射。

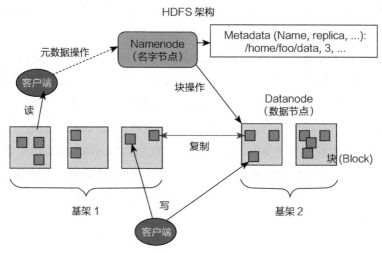

图 3-1　HDFS 架构

HDFS 客户端对文件系统进行操作时，如创建、打开、重命名等，Namenode 响应请求并对命名空间进行变更，再返回相关数据块映射的 Datanode，客户端按照流协议完成数据的读写。

1. HDFS 基本概念

HDFS 架构比较简单，但涉及概念较多，其中几个重要的概念如下：

（1）块（Block）

Block 是 HDFS 文件系统处理的最小单位，一个文件可以按照 Block 大小划分为多个 Block，不同于 Linux 文件系统中的数据块，HDFS 文件通常是超大文件，因此 Block 大小一般设置得比较大，默认为 128MB。

（2）复制（Replica）

HDFS 通过冗余存储来保证数据的完整性，即一个 Block 会存放在 N 个 Datanode 中，HDFS 客户端向 Namenode 申请新 Block 时，Namenode 会根据 Block 分配策略为该 Block 分配相应的 Datanode replica，这些 Datanode 组成一个流水线（pipeline），数据依次串行写入，直至 Block 写入完成。

（3）名字节点（Namenode）

Namenode 是 HDFS 文件系统的管理节点，主要负责维护文件系统的命名空间（Namespace）或文件目录树（Tree）和文件数据块映射（BlockMap），以及对外提供文件服务。

HDFS 文件系统遵循 POXIS 协议标准，与 Linux 文件系统类似，采用基于 Tree 的数据结构，以 INode 作为节点，实现一个目录下多个子目录和文件。INode 是一个抽象类，表示 File/Directory 的层次关系，对于一个文件来说，INodeFile 除了包含基本的文件属性信息，也包含对应的 Block 信息。

数据块映射信息则由 BlockMap 负责管理，在 Datanode 的心跳上报中，将向 Namenode 汇报负责存储的 Block 列表情况，BlockMap 负责维护 BlockID 到 Datanode 的映射，以方便文件检索时快速找到 Block 对应的 HDFS 位置。

HDFS 每一步操作都以 FSEditLog 的信息记录下来，一旦 Namenode 发生宕机重启，可以从每一个 FSEditLog 还原出 HDFS 操作以恢复整个文件目录树，如果 HDFS 集群发生过很多变更操作，整个过程将相当漫长。因此 HDFS 会定期将 Namenode 的元数据以 FSImage 的形式写入文件中，这一操作相当于为 HDFS 元数据打了一个快照，在恢复时，仅恢复 FSImage 之后的 FSEditLog 即可。

由于 Namenode 在内存中需要存放大量的信息，且恢复过程中集群不可用，HDFS 提供 HA（主 / 备 Namenode 实现故障迁移 Failover）以及 Federation（多组 Namenode 提供元数据服务，以挂载表的形式对外提供统一的命名空间）特性以提高稳定性和减少元数据压力。

（4）Datanode

Datanode 是 HDFS 文件系统的数据节点，提供基于 Block 的本地文件读写服务。定期向 Namenode 发送心跳。Block 在本地文件系统中由数据文件及元数据文件组成，前者为数据本身，后者则记录 Block 长度和校验和（checksum）等信息。扫描或读取数据文件时，HDFS 即使运行在廉价的硬件上，也能通过多副本的能力保证数据一致性。

（5）FileSystem

HDFS 客户端实现了标准的 Hadoop FileSystem 接口，向上层应用程序提供了各种各样的文件操作接口，在内部使用了 DFSClient 等对象并封装了较为复杂的交互逻辑，这些逻辑对客户端都是透明的。

3.1.3 HDFS 读写流程

1. HDFS 客户端写流程

图 3-2 所示为客户端完成 HDFS 文件写入的主流程。

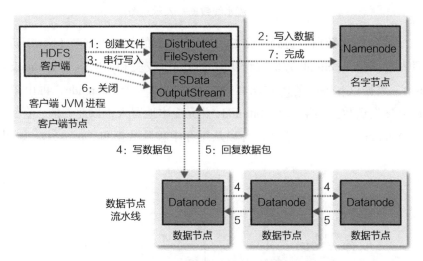

图 3-2 客户端完成 HDFS 写入的主流程

1）创建文件并获得租约。HDFS 客户端通过调用 DistributedFileSystem#create 来实现远程调用 Namenode 提供的创建文件操作，Namenode 在指定的路径下创建一个空的文件并为该客户端创建一个租约（在续约期内，将只能由这一个客户端写数据至该文件），随后将这个操作记录至 EditLog（编辑日志）。Namenode 返回相应的信息后，客户端将使用这些信息，创建一个标准的 Hadoop FSDataOutputStream 输出流对象。

2）写入数据。HDFS 客户端开始向 HdfsData-OutputStream 写入数据，由于当前没有可写的 Block，DFSOutputStream 根据副本数向 Namenode 申请若干 Datanode 组成一条流水线来完成数据的写入，如图 3-3 所示。

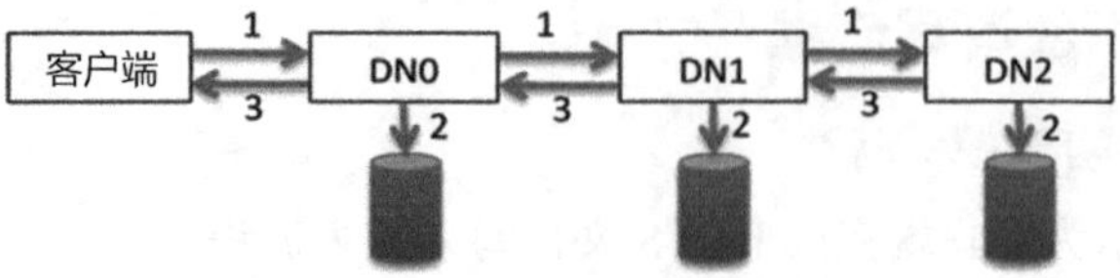

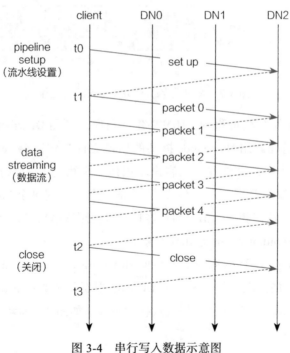

图 3-3　流水线数据写入示意图

3）串行写入数据，直到写完 Block。客户端的数据以字节（byte）流的形式写入 chunk（以 chunk 为单位计算 checksum（校验和））。若干个 chunk 组成 packet，数据以 packet 的形式从客户端发送到第一个 Datanode，再由第一个 Datanode 发送数据到第二个 Datanode 并完成本地写入，以此类推，直到最后一个 Datanode 写入本地成功，可以从缓存中移除数据包（packet），如图 3-4 所示。

图 3-4　串行写入数据示意图

4）重复步骤 2 和步骤 3，然后写数据包和回复数据包，直到数据全部写完。

5）关闭文件并释放租约。客户端执行关闭文件后，HDFS 客户端将会在缓存中的数据被发送完成后远程调用 Namenode 执行文件来关闭操作。

Datanode 在定期的心跳上报中，以增量的信息汇报最新完成写入的 Block，Namenode 则会更新相应的数据块映射以及在新增 Block 或关闭文件时根据 Block 映射副本信息判断数据是否可视为完全持久化（满足最小备份因子）。

2. HDFS 客户端读流程

相对于 HDFS 文件写入流程，HDFS 读流程相对简单，如图 3-5 所示。

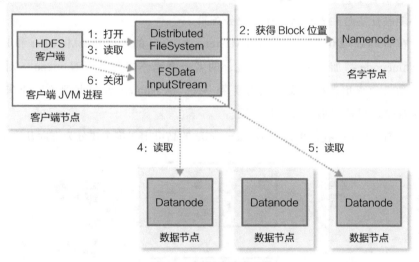

图 3-5　HDFS 读流程

1）HDFS 客户端远程调用 Namenode，查询元数据信息，获得这个文件的数据块位置列表，返回封装 DFSIntputStream 的 HdfsDataInputStream 输入流对象。

2）客户端选择一台可用 Datanode 服务器，请求建立输入流。

3）Datanode 向输入流中写原始数据和以 packet 为单位的 checksum。

4）客户端接收数据。如遇到异常，跳转至步骤 2，直到数据全部读出，而后客户端关闭输入流。当客户端读取时，可能遇到 Datanode 或 Block 异常，导致当前读取失败。正由于 HDFS 的多副本保证，DFSInputStream 将会切换至下一个 Datanode 进行读取。与 HDFS 写入类似，通过 checksum 来保证读取数据的完整性和准确性。

3.1.4 HDFS 特性

1. 高可用

在 Hadoop 1.0 时代 HDFS 存在 Namenode 单点的风险，一旦 Namenode 发生故障，整个 HDFS 将不可用，上游系统如 Hive、MapReduce、HBase 也将面临瘫痪。恢复需要从磁盘加载 Image 和恢复 EditLog，以及重新接收 Datanode 全量块信息上报，整个过程较为漫长，这使得 HDFS 只能在离线场景下使用，而不能胜任实时性要求高的在线业务场景。

在 Hadoop 2.0 中，对关键的 Master，如 Yarn 的 ResourceManager 和 HDFS 的 Namenode 都加入了 HA 的特性，两者方案基本类似，但 Namenode 对于数据一致性要求更严格，实现更为复杂一些。从 Namenode 实现来看，不失为一个标准全面且值得借鉴的 HA 方案。

从图 3-6 中，我们可以看出 Namenode 的高可用架构主要分为下面几个部分。

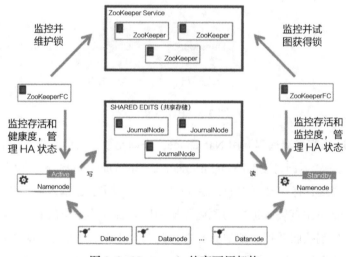

图 3-6　Namenode 的高可用架构

（1）Active/Standby Namenode

目前 HDFS 支持一主多备，当检测到 Active（主）Namenode 不可用时，其中一个 Standby（备）Namenode 将被选举升级为 Active。只有 Active Namenode 对外提供服务。

（2）主备切换控制器（ZookeeperFC）

ZookeeperFC 作为独立的进程运行，负责 Namenode 的主备切换。ZookeeperFC 定时检测 Namenode 的健康状况，在 Active Namenode 故障时借助 ZooKeeper 实现自动的主备选举和切换，也可通过手动完成主备切换，这在版本升级时非常有效。

（3）ZooKeeper 集群（Zookeeper Service）

为主备切换控制器提供主备选举支持。

（4）共享存储系统

共享存储是实现 Namenode 一致性的关键部分，Active Namenode 实时地将 EditLog 写入共享存储，Standby Namenode 定时拉取 EditLog 并进行回滚元数据操作以保持元数据是最新的。一旦发生主备切换（Failover），Standby Namenode 仅需要拉取剩余的 EditLog 并进行回滚操作即可。

（5）Datanode

Datanode 保持向 Active/Standby Namenode 进行心跳上报，使得 Active/Standby Namenode 的数据块映射也是一致的，不过 Datanode 只响应 Active Namenode 指令。

通过以上组件及功能，Active/Standby Namenode 共享了元数据与数据块映射，相较于 1.0 版本的仅作图像 Image 合并的 SecondaryNamenode，Standby Namenode 成为真正的热备，借助 ZooKeeper 的选举能力，可以轻松做到主备切换而对上层业务不造成影响。

2. 联邦

HDFS 是典型的主从（Master-Slaves）结构，随着数据量与集群节点规模的增长，Namenode 面临严重的内存压力，100GB 的堆内存元数据上限约为 4×10^8B，一方面制约了业务的发展，另一方面对 HDFS 稳定性也造成极大的压力。Federation（联邦）的出现为 HDFS 提供了横向扩展的能力，让多组 Namenode 分别提出各自的 Namespace（命名空间）以及对应的元数据服务，并组成一个统一的基于挂载表的联邦视图，如图 3-7 所示。

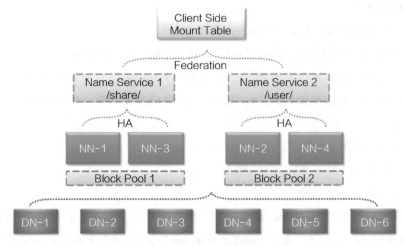

图 3-7 客户端挂载表的联邦视图

联邦方案下各组 Namenode 之间是相互独立的，各自管理自己的命名空间。Datanode 对全部的 Namenode 提供存储服务。每个 Namenode 的 Namespace 的数据块按照 Block Pool 维度在 Datanode 中管理，一个 Datanode 可能会存储集群中所有的 Block Pool 数据块，并向所有的 Namenode 进行心跳上报。多个 Namespace 通过客户端挂载表（Client Side Mount Table）以 ViewFS 的形式对外提供服务。

新增目录和集群时需要升级客户端配置，给运维带来一定困难，为解决这类问题，HDFS 推出了 Router-Based Federation，一种基于路由的 HDFS 联邦。每一个独立的 HDFS 集群增加提供路由的 Router 及全局性的 State Store（状态存储），Router 是无状态的，可以同时运行多个 Router 以达到负载均衡和高可用，Router 对外提供 Namenode 的代理功能，通过 State Store 中目录挂载表信息将文件服务请求转发到相应的 HDFS 集群。这样用户可以无感知地使用水平扩容的 HDFS 集群，如图 3-8 所示。

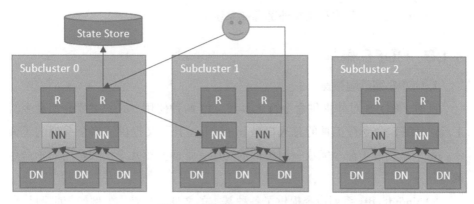

图 3-8　基于路由的 HDFS 联邦

3. 分级存储

为应对数据类型的多样性，配合不同场景下的业务，HDFS 诞生出基于不同存储介质类型的分级存储策略，业务可以按照实际需求使用适合的存储策略，如在线分析业务，可基于 SSD 实现快速读写，归档数据使用大容量磁盘存储。另外数据也具备生命周期的特质。

HDFS 将存储介质分为 DISK（磁盘）、ARCHIVE（超大容量磁盘）、SSD（固态硬盘）、RAM（内存盘）以及 PROVIED（外部存储）。

HDFS 提供 Hot、Warm、Cold、All_SSD、One_SSD、Lazy_Persist 和 Provided 的分级存储策略。

1）Hot：热数据存储，兼顾计算与存储，所有的数据都保存在 DISK 中。

2）Cold：冷数据存储，更侧重存储，存放归档数据，所有的副本都保存在 Archive 中。

3）Warm：温数据存储，其中一个副本已放在 DISK 中，其他副本保存在 Archive 中。

4）All_SSD：所有的副本都保存在 SSD 中，适合在线场景。

5）One_SSD：一个副本保存在 SSD，其他放置在 DISK 中。

6）Lazy_Persist：数据先在 RAM 中写入，后续再持久化至 DISK，适合对 I/O 延时非常敏感的业务场景。

7）Provided：数据存储在外部存储系统。

3.1.5 HDFS 概览

1. HDFS 客户端概览

目前，HDFS 对外提供命令行工具和 API 两种使用方式，主要介绍命令行工具。HDFS 命令行工具的总入口是 bin/hdfs，其下又提供了多个系列的子命令，每个系列的子命令完成一组类似的功能，下面介绍几个比较常用的子命令系列。

1）bin/hdfs dfs 系列命令提供了各种基本的文件系统操作，例如：创建目录、创建文件、重命名文件、上传本地文件到 HDFS、下载 HDFS 文件到本地等。

如将本地文件系统中的 /tmp/test.txt 上传到 HDFS 中，目标路径为 /test.txt，则命令如下：

```
bin/hdfs dfs -put /tmp/test.txt /test.txt
```

2）dfsadmin 系列命令提供了多种文件系统管理功能，如手动进入 / 离开安全模式、打印当前集群所有 Datanode 节点的报告、decommission Datanode、手动触发 Datanode Block report 等。

如手动使 HDFS 进入安全模式，随后手动触发保存当前 NameSpace，这个操作在 HDFS 集群出现问题时经常用来保护现场：

```
bin/hdfs dfsadmin -safemode enter
bin/hdfs dfsadmin -saveNamespace
```

3）haadmin 系列命令用来完成各种 HA 操作，例如故障迁移（Failover）到指定的 Namenode 等。在生产环境中，一般都使用 HA Namenode，当 Active Namenode 出现问题时，经常需要手动进行故障迁移到其他备用的 Namenode，此时就需要使用 haadmin 命令。如假设 HDFS 集群包含两个 Namenode（nn1 与 nn2），且当前 Active Namenode 为 nn1，Standby Namenode 为 nn2，以下命令将 Active Namenode 从 nn1 故障迁移到 nn2：

```
bin/hdfs haadmin -failover nn1 nn2
```

4）类似于 Linux 本地文件系统，HDFS 也提供了一个 fsck 工具，可以用来检查指定路径下所有文件的状态、查看指定文件的 Block 分布、查看指定 Block 的多副本分布等。

如假设 HDFS 集群中有一个文件 /test.txt，以下 fsck 命令将打印出该文件的健康状况和所有 Block 的分布：

```
bin/hdfs fsck -blocks -files -locations /test.txt
```

5）除了上面介绍的 4 个较常用的子命令系列外，bin/hdfs 还提供了很多其他系列的子命令，丰富了 HDFS 的命令行功能，更多详细说明请参考 bin/hdfs-help。

2. Namenode 概览

Namenode 作为 HDFS 中的元数据管理器，是 HDFS 中最重要的管理中枢，它主要由目录树管理、Block 管理、Datanode 管理、租约管理、缓存管理等组成。

（1）目录树管理

HDFS 本质上仍然是一个树状存储的文件系统，它的目录和文件都是以一棵树的形式组织的，目录 / 文件的创建、删除等最终都体现为对这棵树的结构进行修改，目录 / 文件的 chmod、chown 等最终都体现为对这棵树上的节点的属性进行修改，Namenode 的首要功能就是维护并管理这棵树。

（2）INode

与 ext3 等 Linux 本地文件系统类似，HDFS 中的每一个文件或目录都用一个 INode 对象代表，具体而言，文件作为 INodeFile 对象，目录作为 INodeDirectory 对象，它们都继承自 INode。另外，INodeDirectory 和 INodeFile 是聚合关系，即一个目录下可能会有多个文件或子目录。

（3）FSDirectory

FSDirectory 管理整个目录树的结构，对目录树的所有修改都通过该类提供的各个接口完成，目录树根节点"/"（root INodeDirectory）是这个类的成员变量，从根节点出发，就可以索引到树上的任何一个目录节点或文件节点。

（4）FSImage

HDFS 中，Namenode 会定期把内存中的目录树整个转存到磁盘上，作为一个 FSImage 文件保存，这个动作一般由 Standby Namenode 完成，有了这个文件后，下次 Namenode 重启时就可以直接读取这个文件的内容，在内存中建立起整个目录树结构。

（5）FSEditLog

同样与 ext3 等本地日志文件系统类似，HDFS 也有日志（log）的概念，叫作"编辑日志"（EditLog），Namenode 对目录树或树上节点的每一次操作，比如创建文件（此时会增加一个节点）、删除文件（此时会删除一个节点）、移动文件（此时会修改树结构）、修改文件（此时会修改节点属性）等，都会产生一个日志，这个日志需要立即同步到磁盘文件中固化起来，然后整个操作才能认为成功。日志的作用和传统文件系统类似，都是为了在各种情况下（比如进程重启、进程被杀、系统意外宕机等），通过回放日志（replay log），恢复文件系统的结构，确保不会产生文件丢失或目录树混乱的情况。

Image 文件和 EditLog 文件共同构成了 HDFS 的元数据文件，每当 Namenode 启动时，都需要加载磁盘上的 Image 文件，然后逐一回放该 Image 文件之后的所有 EditLog，最终在内存中形成一个完整的、最新的文件系统目录树。

（6）Block 管理

在 ext3 等传统的单磁盘文件系统中，通过一个文件的 INode 就可以直接索引到该文件的所有 Block，相对比较简单，但在 HDFS 这种分布式文件系统中，事情则变得复杂，主要有两点：

❏ 一个 Block 可能会有多个副本（在生产环境下，从 1 个副本到 10 个副本都有可能），这些副本需要分布在多个 Datanode 上，Namenode 需要决定每一个 Block 如何分布，并跟踪每一个 Block 的分布，这样才能在客户端读取这个 Block 的时候，返回正确的 Datanode 列表。

❏ HDFS 构建在廉价的普通机器上，单个 Datanode 机器出现问题是很正常的现象（比如磁盘坏掉不可读、磁盘数据发生跳变、整个 Datanode 宕机等），在这个时候，所有受到影响的 Block 都需要做出对应的动作，确保受到影响的文件尽快恢复健康（一个文件健康的判断标准是：该文件的每一个 Block 都有足够数量的、健康的副本）。

数据块管理是 Namenode 中最庞大的组件，可以说是 Namenode 的核心，其复杂度也是最高的。

3. Datanode 概览

如果说 Namenode 是 HDFS 集群的元数据管理中枢的话，那么 Datanode 就是真正的数据存储节点，在一个典型的 HDFS 集群中，一般会有一主一备两个 Namenode，但一般会有数百到数千个 Datanode。

（1）流水线

目前，各式各样分布式存储系统有很多，基本上都是采取多副本的存储方式，普遍都使用 Master 副本 +Slave 副本的策略进行读写，以 3 个副本为例，如图 3-9 所示。

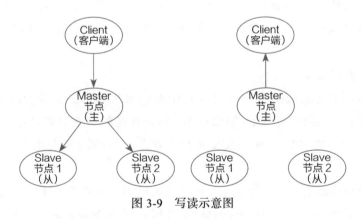

图 3-9　写读示意图

这种方案的优劣势都很明显，优势就是实现简单，可以很容易地实现强一致性，劣势就是一个 Master 副本的负载明显要比两个 Slave 副本高，在集群整体负载较高的情况下，容易出现瓶颈节点。

HDFS 并没有采用这种 Master + Slave 副本的方法，而是实现了一套非常有特色的流水线（pipeline）方案，流水线由多个 Datanode 组成，这些 Datanode 都是平等的，不存在 Master 或 Slave 的关系，以 3 个副本为例，如图 3-10 所示。

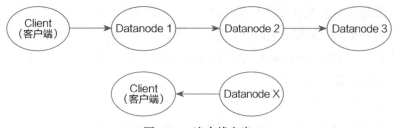

图 3-10　流水线方案

流水线的劣势是实现比较复杂，但是它也带来了极大的好处，比如：

❏ 写入过程中，不存在 Master 节点，所有 Datanode 的负载可以做到大致均衡。

❏ 同样读取过程中，客户端不需要只读 Master 节点，而是可以任意选择流水线中离自己最近的 Datanode 进行读取。

（2）线程模型

整体上来看，Datanode 是一个典型的多线程架构的服务器，每一个 replica 的写入或读取都有一个单独的线程处理，同时它也是一个典型的 I/O 密集型的服务器。

（3）流式接口

Client 和 Namenode 交互时使用了 Hadoop RPC 框架，但和 Datanode 交互时，并没有直接使用 Hadoop RPC 框架，而是直接在 TCP 的基础上封装了各种流式接口，同样提供了一个类 RPC 的使用方式，这样做主要是出于性能考虑。

（4）心跳上报

在分布式系统中，心跳是一个很常见的机制，主要用于健康检测等目的。HDFS 也不例外，一个 Datanode 需要周期性地向 Namenode 发送心跳，让 Namenode 知道它仍然健康。所不同的是，Datanode 的心跳除了健康检测之外，还附加了许多额外的功能。

3.2　统一存储 Ceph

Ceph 是一个开源的分布式存储系统，提供软件定义的统一存储解决方案，具备易扩展和高可靠的特性，并且无单点故障，基于普通的硬件就能够在线扩容至 EB[⊖]（艾字节）级甚至更高。在当前的私有云和混合云场景中，Ceph 逐渐成为广受欢迎的云存储解决方案。

3.2.1　Ceph 基础

1. Ceph 系统架构

如图 3-11 所示，Ceph 分为 3 层。最底层是 RADOS 对象存储系统；中间层是 LIBRADOS，也就是一个接口层，对外提供访问 RADOS 对象存储系统的接口 API；最上层又提供了三种不同的存储接口（APP、HOST/VM、CLIENT）。

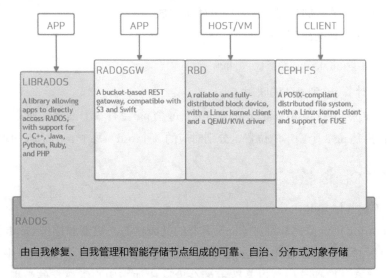

图 3-11　Ceph 架构简图

对外的三种存储接口分别是 RADOSGW（对象存储）、RBD（块存储）和 CEPH FS（文件系统存储）。

❑ RADOSGW（RADOS Gate Way）是一套基于当前流行的 RESTFUL 协议的网关，并且兼容 S3 和 Swift。

⊖　1EB=1024PB。

❑ RBD（Rados Block Device）通过 Linux 内核客户端和 QEMU/KVM 驱动来提供一个分布式的块设备。

❑ CEPH FS 通过 Linux 内核客户端或 FUSE 来提供一个兼容 POSIX 的文件系统。文件系统的元数据服务器 MDS 用于提供元数据访问，数据直接与 RADOS 交互。

2. Crush 算法和数据分布

Crush 是受控复制的分布式哈希（hash）算法，能够高效稳定地将数据分布在普通的结构化的集群中。它是一种伪随机的算法，在相同的环境下，相似的输入得到的结果之间没有相关性，相同的输入得到的结果是确定的。

一个对象的存储位置确认可以分两步完成：

（1）计算 object 所在的 pg

```
pg id = hash(objId) % PG_NUM
```

（2）计算 pg 到 osd 的映射

crush(pg id) = (osd1,osd2,osd3)，由于每个 pg 会有 3 个副本，所以 crush(pg id) 的输出是 pg 3 个副本的位置，分别对应的 3 个 osd，每个 osd 对应一块磁盘。

3.2.2 Ceph 核心

1. Ceph Monitor

Monitor 负责监视和维护 Ceph 集群的健康状态，更新和维护 Ceph 集群中的各种集群表。集群表作为 Ceph 集群中的关键数据结构，管理集群中的所有成员、关系、属性等信息以及数据的分发，比如当用户需要存储数据到 Ceph 集群时，OSD 需要先通过 Monitor 获取最新的集群表，然后根据集群表信息和对象 ID 等计算出数据最终存储的位置。Ceph Monitor 管理的集群表信息如表 3-1 所示。

在 Ceph 的实现中，这些集群元数据信息分别由不同类型的 Monitor 进行管理，保证集群节点间数据状态在同一时刻的一致性。表 3-2 展示了 Monitor 的类型和功能。

表 3-1　Ceph Monitor 管理的集群表信息

Map 名称	包含信息
Monitor Map	集群 fsid，各 Monitor 节点的主机名、IP 和端口号等
OSD Map	集群 fsid，每个 pool 的基本信息，OSD 的列表及其状态信息等
Mgr Map	各 Mgr 节点的基本信息及其相应的 Python 插件列表等
PG Map	每个 PG 的基本信息，各 OSD 的空间使用情况、包含的 PG 数等
Crush Map	集群拓扑结构，Crush 规则等
MDS Map	各 MDS 节点信息，使用的 metadata 和 data pool 编号等

表 3-2　Ceph Monitor 的类型和功能

类型	功　　能
AuthMonitor	处理认证和授权，创建 / 删除授权 keyring 等
HealthMonitor	监测 Monitor 自身状态，产生相关告警信息等
LogMonitor	负责按照日志策略采集系统日志等
MDSMonitor	监控和维护 MDS 状态，更新 MDSMap 等
OSDMonitor	监控和维护 OSD、PG 的状态，更新 OSDMap 等
MgrMonitor	监控和维护 Mgr 状态，更新 MgrMap 等
MonMapMonitor	更新 MonMap 等

2. Ceph Mgr

为了减轻 Monitor 的负担，Ceph 社区希望将整个统计和监控机制从 Monitor 中分离出来。Ceph Luminous 版本新增加了 Mgr 组件，主要用来收集和统计集群信息，并以 CLI（Command Line Interface）命令和 Python 插件的形式将信息提供给外部。

Mgr 组件主要由以下三部分组成。

（1）ceph-mgr 进程

Mgr 组件采用的是 Active/Standby 的运行模式，所有 ceph-mgr 进程启动时均为 Standby 状态，由 Monitor 通过 MgrMap 告知某一进程为 Active 状态时，才会启动实际处理程序，监听 Mgr 相关消息，加载并运行 Python 插件。同一时刻所有 Mgr 进程中只有一个为 Active 状态的 Mgr 进程提供服务。

（2）Mgr 主服务进程

Active 状态的 Mgr 进程会从 Monitor 处获取集群表，而后由其主服务进程 DaemonServer 从 OSD、Monitor 等进程处收集集群和进程信息。此外，DaemonServer 还处理一些和 OSD、PG、Service 相关的 CLI 命令，以此将集群信息提供给外界。需要指出的是，Mgr 已经取代了 PGMonitor 来收集 PG 相关的信息统计（包括一些 OSD 级别的统计），处理 PG 相关的命令（Ceph Mimic 以上版本已经去掉了 PGMonitor）。

（3）Mgr 插件

Mgr 插件通过内嵌 Python 解释器、创建 Python 扩展模块 ceph_module 来对外披露 C++ 部分提供的数据或接口，实现外部 Python 模块。Mgr 目前已经提供了一些 Python 插件，也支持自定义插件，方便用户对集群进行监测和管理。

3. Ceph OSD

OSD 是 Ceph 的存储组件，是为管理硬盘设计的，所以通常一个 OSD 管理一个硬盘。OSD 上的对象按照 PG 组织起来，OSD 只管理 PG，不直接管理对象。

OSD 支持两种 PG ——ReplicatePG 和 ErasureCodePG，分别实现 Replicated rule 和 ErasureCode rule。

对于 ReplicatePG 的读请求，发送给 Master 的 OSD 读取对象；ReplicatePG 的写请求，发送给 Master 的 OSD，Master OSD 在写本地的同时，将写请求发送给 Slave 的 OSD。

对于 ErasureCodePG 的读请求，发送给 Master 的 OSD，Master OSD 给所有的保存有这个对象的 OSD 发送读请求，收到返回后重组出对象返回；ErasureCodePG 的写请求，发送给 Master 的 OSD，Master OSD 将对象拆分，在写本地的同时发送给所有保存片段的 OSD 以完成写操作。

Ceph OSD 支持多种底层存储，常用的是 Filestore 和 Bluestore。

1）Filestore。早期的 Ceph 对象只支持 Filestore，Filestore 分成 2 个部分，一个 data 目录存放数据，一个块设备存放 Journal。数据的修改先写入 Journal 然后再更新到磁盘上，写完 Journal 就代表数据已经更新，因为 Journal 是只增加的，可以将随机的写操作转换成顺序的写操作，在机械硬盘上对小文件有一定的提速效果。

在 Filestore 上，对象是作为文件存储在文件系统上的，为了避免一个目录下文件数太多而导致目录访问慢，Ceph 使用了一种自动分割的机制：当一个目录下的文件数量超过 4096 时，就把目录分割成 16 个子目录；当所有子目录的文件数小于 160 的时候，就把 16 个子目录里的文件合并到父目录中。由于目录分割需要对整个 PG 加锁，而且将 4096 个文件移动位置也需要消耗一定时间，会引发慢响应。特别在集群中对象数量很多，需要分割的目录很多的时候，会引发整个集群性能大幅下降。

Ceph 在创建 pool 的时候可以指定一个参数预计 pool 中的对象数量，那么创建 pool 的时候就会自动将目录提前分割好，从而避免目录分割对集群的影响。

2）Bluestore。由于 Filestore 更新数据需要先写 Journal 再写数据，等于一次写要做 2 次数据操作，虽然对于小文件 Journal 有一定的提速效果，但对于大数据写，等于硬盘的带宽只有一半的利用率。另外随着 SSD 硬盘的应用，Journal 的提速也没有必要，因此社区在 Luminous 版本开始使用了新的Bluestore。

Bluestore 不再基于文件系统，而是自己直接管理硬盘，同时针对 SSD 做了优化。Bluestore 的元数据和小文件数据保存在 rocksdb 里。由于不再使用文件系统，所以 Ceph 自己实现了一个小的文件系统 BlueFS，提供给 rocksdb 使用。由于是 OSD 自己直接管理硬盘，每个 OSD 都有自己的缓存，加上元数据管理，OSD 内存消耗比 Filestore 更大，在小内存的机器上容易出现内存不足。

3.2.3　块存储（RBD）

1. RBD 实现

RBD 将块设备划分成相同大小的对象，将对块存储设备的访问映射到对对象的访问上，从而实现了分布式的块存储。例如一个 1000MB 的 rbd_test 盘，分割成 250 个 4MB 的块，第一块对应的对象就是 rbd_test.00000000，第 2 块是 rbd_test.00000001……。创建 rbd 盘的时候并不会创建对象，只有在写数据的时候才会创建对象，这可以大大节省存储空间，节约成本。

Ceph 实现了 rbd 盘的快速快照功能，创建快照只是设置一个标记，只有在有数据修改的时候，才会在快照版本上复制出一个分支。因此创建快照本身不占用空间，只有修改才会消耗空间。

RBD 的使用方式有两种：

1）通过 librbd 接口，KVM 虚拟机可以直接挂载 rbd 盘。Openstack 使用这种方式。

2）通过内核模块挂载，可以用 rbd 模块或者用 rbd-nbd 方式挂载。

2. RBD 使用

（1）创建 Image

一个 rbd Image 就是一个硬盘，创建的时候需要指定大小。rbd 创建盘的时候并不分配存储空间，只有对盘写数据的时候才会分配。所以可以创建大于集群容量的 rbd Image。例如：

```
rbd create -size=1000 rbd_test // 创建一个 1000MB 的 rbd Image，名字叫 rbd_test
```

（2）将 Image 映射到本机块设备

创建 rbd Image 可以在任何机器上执行。要使用 rbd，就需要通过 rbd map 命令将 rbd Image 映射到使用的机器上的块设备。已经映射的设备可以通过 rbd showmapped 命令查看。

执行 rbd map 命令和 ceph 命令一样，需要有 ceph.conf 和 ceph.client.admin.keyring（如果是别的 keyring，就需要命令行指定），放在 /etc/ceph/ 目录下。例如：

```
rbd map rbd_test      // 将 rbd_test 映射到本机的 /dev/rbd1，设备号自动增长
```

（3）格式化块设备

映射之后机器上就有了 /dev/rbd1 这个块设备了，可以当作一个普通 /dev/sdx 硬盘设备一样使用。一般需要先格式化：

```
mkfs -t ext4 /dev/rbd1      // 格式化成 ext4 文件系统
```

（4）挂载块设备

格式化文件系统后，就可以和硬盘一样挂载了：

```
mount /dev/rbd1 /rbd_test        // 将 /dev/rbd1 盘挂载到 /rbd_test 目录上
```

（5）卸载块设备

rbd 盘使用完之后，也需要通过 umount 卸载：

```
umount /dev/rbd1
```

（6）删除块设备映射

rbd 卸载后，还需要删除映射：

```
rbd unmap /dev/rbd1
```

（7）查看 Image 的信息

```
rbd info rbd_test
```

（8）查看挂载块设备的机器

```
rbd status rbd_test
```

3.2.4　对象存储

1. Ceph 对象存储的架构

RGW 为 Rados GateWay 的缩写，在 librados 之上向应用提供访问 Ceph 集群的 RestAPI，支持 Amazon S3 和 Openstack Swift 两种接口。对 RGW 最直接的理解就是一个协议转换层，把从上层应用符合 S3 或 Swift 协议的请求转换成 rados 的请求，将数据保存在 rados 集群中，如图 3-12 所示。

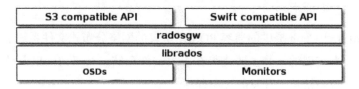

图 3-12　RGW 架构图

（1）Ceph RGW 的几个内部概念

❏ zone：包含多个 RGW 实例的一个逻辑概念。zone 不能跨集群，同一个 zone 的数据保存在同一组 pool 中。

❑ zonegroup：一个 zonegroup 包含 1 个或多个 zone。如果一个 zonegroup 包含多个 zone，必须指定一个 zone 作为 Master zone，用来处理 bucket 和用户的创建。一个集群可以创建多个 zonegroup，一个 zonegroup 也可以跨多个集群。

❑ realm：一个 realm 包含 1 个或多个 zonegroup。如果 realm 包含多个 zonegroup，必须指定一个 zonegroup 为 Master zonegroup，用来处理系统操作。一个系统中可以包含多个 realm，多个 realm 之间资源完全隔离。

（2）Ceph RGW 的几个外部概念

❑ user：对象存储的使用者，默认情况下，一个用户只能创建 1000 个存储桶。

❑ bucket：存储桶，用来管理对象的容器。

❑ object：对象，泛指一个文档、图片或视频文件等，尽管用户可以直接上传一个目录，但是 Ceph 并不按目录层级结构保存对象，Ceph 所有的对象扁平化地保存在 bucket 中。

2. 异地复制

RGW 支持异地数据备份，多个站点可以同时对外提供服务，弥补了 Ceph 不能实现两地数据备份的不足。尽管多站点数据备份是弱一致性的（多站点数据同步采用异步复制的方式），多站点用户元数据仍然需要 Master 节点更新，不能满足对数据一致性要求比较高的应用场景，但是对于大部分应用来说已经可以接受。RGW 多站点数据复制目前已经基本稳定。

3.2.5 文件存储

CephFS 是 Ceph 提供的兼容 POSIX 协议的网络分布式文件系统。它也是基于 RADOS 来实现的，其主要优势在于大文件存储、共享访问以及兼容老旧的基于传统文件系统接口开发的应用程序。

1. 文件存储架构和特性

CephFS 的架构如图 3-13 所示。

CephFS 底层仍然使用 OSD 来存储数据，使用 MON 和 MGR 来管理集群服务，收集处理集群运行数据等。由于文件系统本身对于元数据管理的特性和需要，所以额外引入了 MDS 来提供元数据服务，但是元数据本身还是存储在 OSD 上。

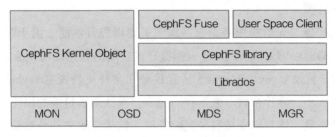

图 3-13　CephFS 架构

CephFS 上层便是提供给应用接入的三种接口形式：

❑ CephFS Kernel，Object 内核态文件系统接口。

❑ CephFS Fuse，基于 Fuse 的用户态文件系统接口。

❑ User Space Client，基于 libcephfs 的编程语言接口。

CephFS 主要组件之间的数据通信如图 3-14 所示。

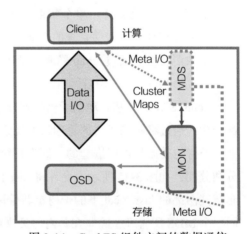

图 3-14　CephFS 组件之间的数据通信

❑ Client 与 MON。挂载时的权限认证，集群信息更新。

❑ Client 与 MDS。元数据操作，Caps 管理，Lease 管理。

❑ Client 与 OSD。数据 I/O。

❑ MDS 与 MON。心跳检测，集群信息更新。

❑ MDS 与 OSD。元数据 Meta I/O。

❑ OSD 与 MON。心跳检测，集群信息更新。

CephFS 的主要特性如下：

❑ 共享访问。支持多个客户端同时读写同一个文件，由 capabilities 来进行并发访问控制。

❏ 高可用性。元数据服务器支持 Active-Active 的多主模式与 Active-Standby 的主备模式。

❏ 横向扩展。元数据服务器支持横向扩展以提升性能，由于客户端是直接读写 OSD，所以扩展 OSD 也能提升客户端的数据读写性能。

❏ 文件 / 目录 layout。CephFS 任意目录和文件支持配置 layout，包括设置分片大小、分片个数、数据存储池等，默认继承目录的属性。

❏ 配额管理。客户端支持目录配额管理，包括总的文件个数和容量大小。

❏ ACLs 支持。支持 POSIX ACLs 控制。

❏ 多文件系统支持。单个集群在多 MDS 基础上可支持多个文件系统，提升隔离性和单文件系统的性能。

❏ 快照支持。通过 .snap 隐藏目录实现快照支持，快照创建简单快捷。

2. Ceph 的动态子树分区机制

CephFS 在设计基于动态子树的划分方式时，充分考虑了划分文件系统的层次结构。通过将不同子树的管理权委托给不同的元数据服务器来实现多级划分。

子树的委派是可以嵌套的，假设系统中有三个 MDS，可以有如下的子树划分和分配，如图 3-15 所示，允许将 /usr 目录下的子树分配给 MDS1，同时将嵌套在其内部的 /usr/local 下的子树重新分配给 MDS0，默认情况下整个子树都被同一个 MDS 所管理，除非在其内部又执行了进一步的子树划分。

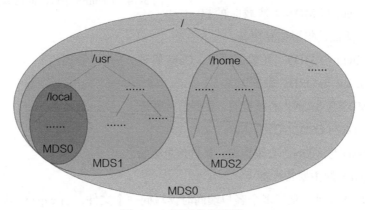

图 3-15 子树分区示例

元数据的管理权依据所属目录所在的子树分区而确定，对于相互嵌套的子树之间的目录边界，它的管理权属于底层子树的根节点，如上例中的 /usr/local，它的目录内容（包括所有的 dentry 以及相应的 inode）由 MDS0 管理，而不是由 MDS1 管理。

3. 多 MDS 负载均衡流程

CephFS 是一个分布式文件系统，业务的访问方式和流量并不是一成不变的，随着系统的运行，新的数据可能会被创建，老的数据可能会被删除，另外不同客户端的访问流量可能时高时低，那么在动态子树分区的基础上，如何获取不同节点的负载，如何评估负载，如何选取迁移的目标，就成了多 MDS 负载均衡的一个重点方向。

图 3-16 是负载均衡的流程图，从图中可以看到 CephFS 没有采用中心化的设计来维护多 MDS 之间的负载，而是所有 Active 的 MDS 都会参与到负载均衡的过程中。MDS 之间定期交换负载信息，每个 MDS 独立判断负载信息是否过载、需要迁移到哪个 MDS 以及需要迁移哪些子树。

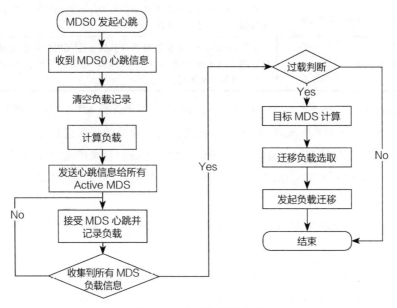

图 3-16　负载均衡的流程

MDS0 定期发起新一轮的心跳，其他 MDS 收到新的 MDS0 的心跳后，会清空上一轮的负载记录，计算新的负载信息，将负载信息和迁移记录打包并通过心跳信息广播给所有 Active 的 MDS。MDS 收到其他 MDS 的心跳信息后，会剥离出来其中的负载和迁移子树信息并保存到对应的结构中。等接收到所有 MDS 的负载信息后，MDS 便可以开始负进行载评估以及后续的负载迁移。

（1）负载指标

作为调度决策的基础，需要对 MDS 的负载水平刻画得尽量准确，一个好的负载指标最好既能体现出不同 MDS 实际承担任务量的差别，也能考虑到 MDS 处理能力的差别。因此 CephFS 为每个目录设置了一系列计数器来统计该目录自身以及从该目录开始的各类子树范围中的元数据负载指标，如表 3-3 所示。

表 3-3　元数据负载指标

pop_me	仅位于该目录（不包含任何子目录）中的元数据操作计数
pop_auth_subtree	该目录所在的子树分区中在该目录及其以下范围内的元数据操作计数
pop_auth_subtree_nested	整个 spanning tree 在该目录及其以下范围内被标记为 auth 的元数据对象上的操作计数
pop_nested	整个 spanning tree 在该目录及其以下范围内的元数据操作计数，相对于 pop_auth_subtree_nested，还包括那些没有标记为 auth 的元数据副本对象

pop_auth_subtree_nested 和 pop_nested 主要用于计算 MDS 节点的整体负载水平，pop_me 和 pop_auth_subtree 主要用在挑选合适的子树进行迁移。每当某个元数据对象被访问时，MDS 都将递归地向上更新父目录的相应计数器。这里需要注意的是元数据的访问是有权重的，访问的权重会随着时间衰减，最新访问的权重高。

此外为了反映每个 MDS 的相对处理能力，MDS 负载量化指标中还引入了请求速率和请求队列长度。

MDS 总体负载 = 根目录的 pop_auth_subtree_nested.metaload() $\times$ 0.8 + 根目录的 pop_nested.metaload() $\times$ 0.2 + req_rate + 10.0 $\times$ queue_len

（2）负载评估

从前面的负载指标可以看出 MDS 已经考虑了自身的相对处理能力，因此只需要与其他 MDS 的负载指标对比，就可以判断自身的负载量是否处于过载的水平。另外为了避免对过载的判定过于敏感而导致不必要的负载迁移，MDS 的过载条件需要同时满足：

❑ 超出完全均衡情况下的 target_load（所有 MDS 的负载之和除以 MDS 的个数）一定的比例，由配置项 mds_bal_min_rebalance 控制，默认 10%。

❑ 连续两轮以上达到上述条件。

如果任何一个条件不成立，则认为本 MDS 未过载，本轮调度过程直接结束。否则，根据负载值是否大于 target_load 将系统中的 MDS 分成两个集合 exporters 和 importers，然后考察如何从 exporters 集合选取 auth 子树到 importers 上以达到整体的负载平衡。这里很重要的一点是，为了尽可能保证数据的局部性，对于 exporters 节点，遍历其 import 记录，如果发现有属于 importers 节点的负载，优先选取这些负载迁移回去。

（3）负载选取

经过负载评估得到了结果后，接下来就需要针对每个目标节点要求的负载迁移量，选取合适的元数据分区执行实际的负载迁移，其选取的标准和主要执行流程如下：

1）进行负载选取的准备工作，主要是筛选出合适的候选 auth 子树：

❑ 过滤掉处于迁移过程中的 auth 子树。

❑ 过滤掉负载量过低（小于配置项 mds_bal_idle_threshold）的 auth 子树。

2）从候选 auth 子树集合中，为每个目标 MDS，挑选合适的元数据部分：

❑ 与负载评估中的原则一样，优先选取候选集合中来自目标 MDS 上的 auth 子树，只要其 meta_load 小于剩余的迁移量，就将其完整地迁回。

❑ 如果处理完所有迁入子树还没有达到要求的迁移量，则需调用 find_exports，尝试从剩余的候选 auth 子树中拆解出合适的部分迁往目标 MDS。

3）如果遍历完所有的一级子树后，没有找到合适的对象，则需要放松要求，在收集到的 smaller、bigger_unrep 和 bigger_rep 集合中进一步搜索合适的元数据分区，使它们累计的负载量能够满足最终要求。

（4）子树迁移

子树迁移需要考虑的因素较多：一是要保证元数据的一致性，子树迁移过程中防止非法访问；二是子树下面可能包含 Spanning Tree，要处理好边界问题；三是 Client 与 MDS、MDS 与 MDS 之间是有交互的，需要维护状态；四是要处理可能的迁移失败以及回滚操作。

子树迁移的几个主要参与者是：Exporter ——子树迁出的 MDS；Importer ——子树迁入的 MDS；Client ——访问迁移子树的客户端，需要和新的 MDS 建立 session 以及同步 Caps；Bystander ——含有迁移子树副本的 MDS，需要修改 auth 属性。

4. 文件存储客户端

CephFS 提供了三种形式的客户端。

（1）CephFS Kernel Object

内核态接口，默认支持 3.10 内核，但是已经不再维护，建议使用 4.x 以上的内核版本。通过 mount -t ceph 命令进行挂载。性能远好于 CephFS FUSE。

（2）CephFS FUSE

基于 FUSE 的用户态接口，需要 Linux 内核模块支持，如图 3-17 所示。可通过 ceph-fuse 命令挂载 CephFS。由于 ceph-fuse 实现时采用了一把 client_lock 的大锁，所以性能不是其优势。我们通过对 client_lock 的细粒度优化和对 FUSE 的 buffer 优化，可以提升 30% 左右的性能。由于 ceph-fuse 是在用户态，所以升级维护容易，调试方便，功能也比内核态接口丰富。

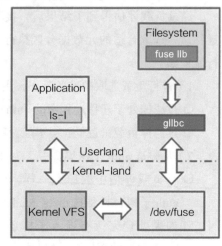

图 3-17 基于 FUSE 的用户态接口

（3）User Space Client

基于 libcephfs 的编程语言接口，帮助客户端应用程序直接调用 CephFS 的文件系统接口，支持 Java、C/C++、Python、Go 等多种语言。

3.3　下一代大数据存储 Ozone

3.3.1　Ozone 概述

HDFS 是业界默认的大数据存储系统，在业界的大数据集群中有非常广泛的使用。HDFS 集群有着很高的稳定性且易扩展得益于它较简单的构架，但包含几千个节点，保存上百拍比特（PB）数据的集群也不鲜见。我们简单来回顾一下 HDFS 的构架，如图 3-18 所示。

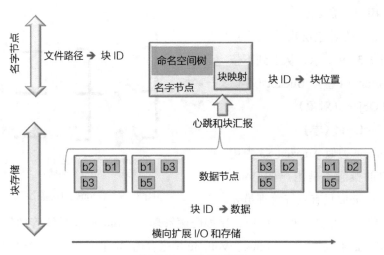

图 3-18　HDFS 构架

HDFS 通过把文件系统元数据全部加载到数据节点 Namenode 内存中，给客户端提供了低延迟的元数据访问。由于元数据需要全部加载到内存，所以一个 HDFS 集群能支持的最大文件数，受 Java 堆内存的限制，上限大概是 4亿～ 5 亿个文件。所以 HDFS 适合大量大文件 [几百兆字节（MB）以上] 的集群，如果集群中有非常多的小文件，HDFS 的元数据访问性能会受到影响。虽然可以通过各种 Federation 技术来扩展集群的节点规模，但单个 HDFS 集群仍然没法很好地解决小文件的限制。

基于这些背景，Hadoop 社区推出了新的分布式存储系统 Ozone，其架构设计面向云原生应用和数据湖等场景。腾讯大数据团队深度参与并在内部落地。

3.3.2 基本概念

对象存储是一种数据存储，每个数据单元存储为离散单元（称为对象）。对象可以是任何类型、任何大小的数据。语义上，对象存储中的所有对象都存储在单个平面地址空间中，没有文件系统的层次结构。实现中，为了支持多用户及用户隔离，更好地管理和使用对象，通常对象存储也会在平面的地址空间中划分出几个层次。这些层次是由对象存储的实现确定的，每个层次都有特定的语义，用户不能更改。

Ozone 的对象层次分三个层次，如图 3-19 所示，从上到下依次是 Volume（卷），Bucket（存储桶）和 Object（对象）。

1. Volume（卷）

Volume 类似 Amazon S3 中用户账户的概念，是用户的 Home 目录。Volume 只有系统管理员才

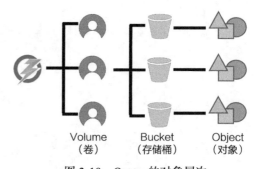

图 3-19 Ozone 的对象层次

可以创建，是存储管理的单位，比如配额管理。Ozone 建议系统管理员为每个用户都单独创建独立的 Volume。Volume 用来存储 Bucket，目前一个 Volume 下面可以包含任意多个 Bucket。

2. Bucket（存储桶）

存储桶是对象的容器，概念类似于 S3 的 Bucket，或者 Azure 中的 Container。存储桶创建于 Volume 下，只能属于一个 Volume，创建后归属关系不可更改，也不支持更改存储桶的名字。Amazon S3 的存储桶名称是全局唯一的，并且命

名空间由所有 AWS 账户共享。这意味着，在创建存储桶之后，任何 AWS 区域中的其他 AWS 账户均不能使用该存储桶的名称，直至删除该存储桶。在 Ozone 中，存储桶名称只需要确保在本 Volume 内部是唯一的。不同的 Volume 可以创建名称相同的存储桶。

3. Object（对象）

对象存储在存储桶中，是键 + 值的存储。键是对象的名称，值是对象的内容。对象的名称在所属存储桶中必须是唯一的。对象有自己的元数据，包括值的大小、创建时间、最后一次修改时间、备份数、访问控制列表 ACL 等。对象的大小没有限制。

Ozone 支持 URL 以虚拟主机方式的访问 Ozone 的对象。它采用如下格式：

```
[scheme][bucket.volume.server:port]/key
```

其中，scheme 可以选：1）o3fs，通过 RPC 协议访问 Ozone。2）HTTP/HTTPS，通过 HTTP 协议访问 Ozone REST API。当 scheme 省略时，默认使用 RPC 协议。server:port 是 Ozone Manager 的地址。如果没有指定，则使用集群的配置文件 ozone-site.xml 中 " ozone.om.address" 值。如果配置文件中也没有定义，则默认使用 "localhost:9862"。

3.3.3 Ozone 的设计原则

Ozone 由一群对大规模 Hadoop 集群有着丰富运维和管理经验的工程师和构架师设计和实现。他们对大数据有深刻的洞察力，清楚了解 HDFS 的优缺点，这些洞察力自始至终影响了 Ozone 的设计和实现。Ozone 的设计遵循以下原则：

（1）强一致性

Amazon S3 的数据一致性模型是最终一致性模型，即：用户新创建的对象，马上读有可能读不到；新删除的对象，接下去读，可能会读到已删除的对象。S3 保证数据最终是一致的，但是经过多少时间才能达到一致的状态，这个无法预料。最终一致性模型对上层应用提出了不小的挑战，需要上层应用要么可以容忍读到脏数据，要么通过复杂的逻辑来处理读到脏数据的情况。

Ozone 和 HDFS 一样，支持数据的强一致性。当新创建好一个对象后，所有的用户一定会读到最新的对象的数据。当删除一个对象后，后续针对这个对象的读，都会返回对象不存在。强一致性的 Ozone 使得上层的应用只需要聚焦于应用逻辑，不需要担心读到脏数据。

（2）构架简洁性

当系统出现问题时，一个简单的架构更容易定位，也容易调试。Ozone 尽可能保持架构的简单，即使因此需要在可扩展性上做一些妥协，但是 Ozone 在扩展性上绝不逊色，目标是支持单集群 1000 亿个对象。

（3）构架分层

Ozone 采用分层的系统构架。对象命名空间的元数据管理，以及数据块和节点的管理分开，低耦合高内聚，用户可以对二者按需独立扩展。

（4）容易恢复

HDFS 一个关键优点是，它能经历大的灾难事件，比如集群级别的电力故障，而不丢失数据，并且能高效地从灾难中恢复。对于一些小的故障，比如机架和节点级别的故障，更是不在话下。Ozone 将继承 HDFS 的这些优点。

（5）Apache 开源

Apache 开源对于 Ozone 的成功非常重要。所有 Ozone 的设计和实现都公开在社区中进行，接受社区所有人的审核。任何对 Ozone 有兴趣的开发者都可以参与进来。集思广益，广纳众采。

（6）与 Hadoop 生态的互操作性

Ozone 可以与 Hadoop 生态中的应用，如 Apache Hive、Apache Spark 和 MapReduce 无缝对接。Ozone 支持 Hadoop Compatible FileSystem API（aka OzoneFS）。通过 OzoneFS、Hive、Spark 等，应用不需要做任何修改，就可以运行在 Ozone 上。Ozone 同时支持 Data Locality，使得计算能够尽可能地靠近数据。

3.3.4　技术构架

Ozone 技术构架分为三个部分：Ozone Manager，统一的元数据管理；Storage Container Manager，数据块分配和数据节点管理；Datanode，数据节点，数据的最终存放处，如图 3-20 所示。类比 HDFS 的构架，可以看到原来的 Namenode 的功能，现在由 Ozone Manager 和 Storage Container Manage 分别进行管理。对象元数据空间和数据分布分开管理，有利于两者的独立按需扩展，避免之前 Namenode 单节点的压力。

Ozone 主要模块和功能如下。

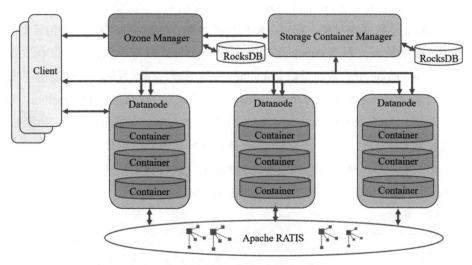

图 3-20　Ozone 技术构架

1. Ozone Manager（OM）

Ozone Manager 是管理 Ozone 的命名空间，提供所有的 Volume（卷）、Bucket（存储桶）和 Key（键）的新建、更新和删除操作。它存储了 Ozone 的元数据信息，这些元数据信息包括 Volumes、Buckets 和 Keys，底层通过 RATIS（实现了 RAFT 协议）扩展元数据的副本数来实现元数据的 HA。Ozone Manager 只和 Ozone Client 和 Storage Container Manager 通信，并不直接和 Datanode 通信。Ozone Manager 将命名空间的元数据存储在 RocksDB 中，避免了 HDFS 中需要将所有元数据都保留在内存，从而经常会受到小文件问题的困扰。RocksDB 是 Facebook 基于 LevelDB 开发的一个本地 Key-Value 存储引擎，尤其对于 SSD 有很多的优化和改进，提供高吞吐量的读写操作。

2. Storage Container Manager（SCM）

SCM 类似 HDFS 中的 Block Manager，管理 Container，写 Pipelines 和 Datanode，为 Ozone Manager 提供 Block 和 Container 的操作和信息。SCM 也监听 Datanode 发来的心跳信息，作为 Datanode Manager 的角色，保证和维护集群所需的数据冗余级别。SCM 和 Ozone Client 之间没有通信。

3. Block、Container 和 Pipeline

Block 是数据块对象，真实存储用户的数据。Container 中的一条记录是一个 Block 的信息，每个 Block 在 Container 里面有且仅有一条记录，如图 3-21 所示，在 Ozone 中，数据是以 Container 为粒度进行副本复制的。SCM 中目前支持 2 种 Pipeline 方式，由单 Datanode 节点组成的 Standalone 读 Pipeline，和由三个 Datanode 节点组成的 Apache RATIS 写 Pipeline。Container 有 2 种状态，OPEN 和 CLOSED。当一个 Container 是 OPEN 状态时，可以往里面写入新的 Block。当一个 Container 达到它预定的大小时（默认 5GB），它从 OPEN 状态转换成 CLOSED 状态。一个 Closed Container 是不可修改的。

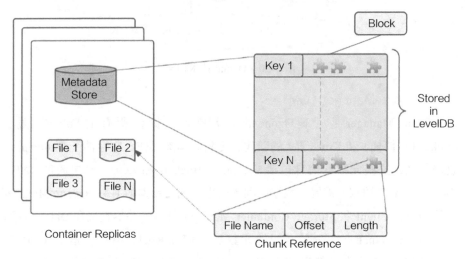

图 3-21　Datanode Container 内部结构

由三个 Datanode 节点组成的 Apache RATIS 写 Pipeline，保证数据一旦落

盘，后续总能读到最新的数据，数据是强一致的，并且每份数据有 3 个备份，不用担心由于单个磁盘故障导致的数据丢失，如图 3-22 所示。

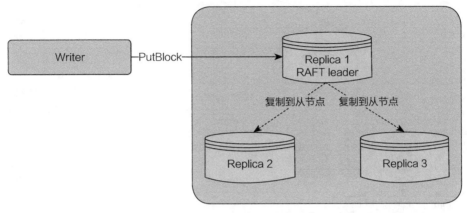

图 3-22　RATIS 写 Pipeline

4. Datanode

Datanode 是 Ozone 的数据节点，以 Container 为基本存储单元维护每个 Container 内部的数据映射关系，并定时向 SCM 发送心跳节点、汇报节点的信息、管理 Container 的信息和 Pipeline 的信息。当一个 Container 大小超过预定大小的 90% 时或者写操作失败时，Datanode 会发送 Container Close 命令给 SCM，把 Container 的状态从 OPEN 转变成 CLOSED。或者当 Pipeline 出错时，发送 Pipeline Close 命令给 SCM，把 Pipeline 从 OPEN 状态转为 CLOSED 状态。

5. 分层管理

Ozone 分层结构使得 Ozone Manager、Storage Container Manager 和 Datanode 可按需独立扩展。对于 Ozone 提供的语义，也是分层管理的，如图 3-23 所示。

6. 对象创建

当 Ozone Client（客户端）需要创建并且写入一个新对象时，客户端需要和 Ozone Manager 和 Datanode 直接打交道，具体过程如图 3-24 所示。

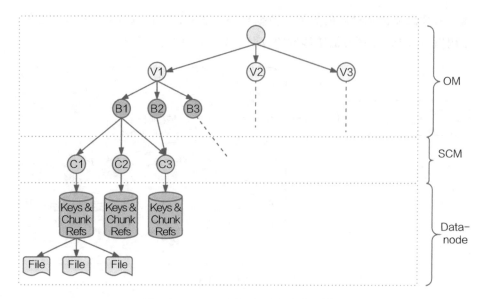

图 3-23　Ozone 语义与对应的管理模块

1）Ozone 客户端链接 Ozone Manager，提供需要创建的对象信息，包括对象的名称、数据的大小、备份数和其他用户自定义的对象属性。

2）Ozone Manager 收到 Ozone 客户端的请求后，和 SCM 通信，请求 SCM 寻找能够容纳数据的处于 OPEN 状态的 Container，然后在找到的 Container 中分配足够数量的 Block。

3）SCM 将新对象数据将要写入的 Container、Block 和 Container 所在的 Pipeline 的三个 Datanode 的信息列表返回给 Ozone Manager。

4）Ozone Manager 将收到 SCM 返回的信息，返回给客户端。

5）客户端得到 Datanode 列表信息之后，和第一个 Datanode（Raft Pipeline Leader）建立通信，将数据写入 Datanode 的 Container。

6）客户端完成数据写入后，连接 Ozone Manager，确认数据已经更新完成，Ozone Manager 更新对象的元数据，记录对象数据所在的 Container 和 Block 的信息。

至此，新的对象创建完成。之后，其他的客户端就可以访问这个对象了。

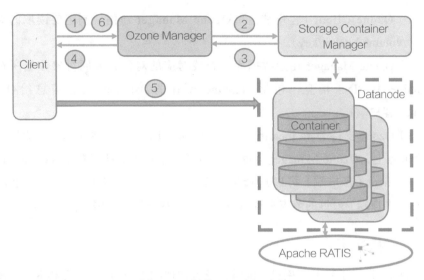

图 3-24　创建 Ozone 新对象

7. 对象读取

对象读取的过程相对简单，类似于 HDFS 的文件读，如图 3-25 所示。

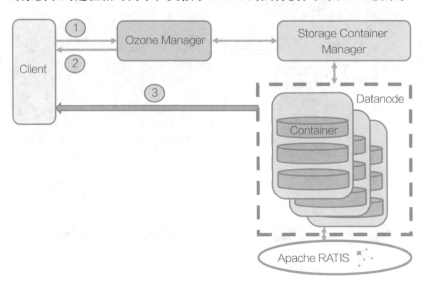

图 3-25　读取 Ozone 对象

1）Ozone Client（客户端）和 Ozone Manager 通信，制定要读取的对象 Key（/volume/bucket/key）。

2）Ozone Manager 在元数据库中查找对应的对象，返回对象数据所在的 Container 和 Block 信息，包括 Container 所在的 Datanode 列表信息给 Ozone Client（客户端）。

3）Ozone 支持 Data locality。如果 Ozone Client（客户端）运行在集群中的某个节点上，Ozone Manager 会返回按照网络拓扑距离排序的 Datanode 列表。Ozone Client（客户端）可以选择第一个 Datanode 节点（本地节点），也是离 Client（客户端）最近的节点来读取数据，节省数据读取的网络传输时间。

3.3.5　应用场景

Ozone 提供了足够的接口，能够比较方便地融入 Hadoop 生态和 Kubernetes 生态，如图 3-26 所示。

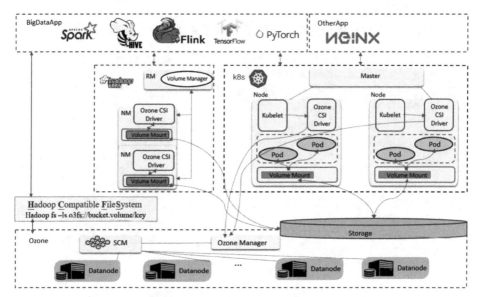

图 3-26　Ozone 和 Hadoop 及 Kubernetes 生态

1. Ozone 和 Hadoop 生态场景

Hadoop 为了解耦存储、计算和上层应用，提供了 Hadoop Compatible FileSystem 接口。分布式的存储只要实现了 Hadoop Compatible FileSystem 的接口，就可以被任何 Hadoop 生态系统的应用所使用。在 Hadoop 生态官方支持的存储大家族中，已有 HDFS、Amazon S3、Microsoft Azure、Google Cloud Platform、Aliyun OSS、Ceph 等众多成员。目前业界普遍的做法是，In-house 大数据集群和上层应用基本都跑在 HDFS 上。Cloud 上面的大数据集群，基于性价比的考虑，上层应用一般都会支持 Cloud 供应商提供的云存储。

Ozone 实现了 Hadoop Compatible FileSystem 的接口，同时还考虑了 Hadoop 2.x 和 Hadoop 3.x 的差异性，实现了两个版本，分别支持 Hadoop 2.x 和 Hadoop 3.x 集群。目前能够运行在 HDFS 上的应用，例如 MapReduce、Hive、Spark、Impala、Presto，等等，都可以无缝对接 Ozone，运行在 Ozone 上面。

2. Ozone 和 Kubernetes 生态场景

Ozone 支持 Amazon S3 兼容的接口，通过 S3 接口，用户可以使用 AWS CLI（Command Line Interface）来访问 Ozone 中存储的对象，例如：

```
aws s3api --endpoint http://ozone-s3g:9878 create-bucket --bucket
    bucketname
```

Goofys 是一个 Linux 下的 S3 FUSE 驱动。通过 Goofys，可以将一个 Ozone Bucket 挂载到 Linux，呈现给用户一个 POSIX 文件系统：

```
goofys --endpoint http://ozone-s3g:9878 bucket1 /mount/bucket1
```

Ozone 实现了 CNCF 的 CSI（Container Storage Interface）接口，通过 CSI 接口，Kubernetes 生态系统的所有应用，可以通过动态创建 Persistent Volume 的方式，方便对接到 Ozone，通过 Ozone 来存储它们的数据。

3.4　KV 存储 HBase

3.4.1　HBase 概述

随着大数据时代的来临，在数据规模越来越大，数据类型、数据来源都趋向于多样化的背景下，人们对存储介质容量和数据检索速度都提出了更高的要求。传统关系型数据库模式较为固定，强调参照完整性、SQL 支持、数据的逻辑与物理形式相对独立，比较适用于中小规模的数据，对于数据的规模和并发读写方面进行大规模扩展时，RDBMS 性能会大大降低。

为了适应大数据时代，为业务提供在海量数据中的快速查询能力，Apache HBase 诞生了，Apache HBase 是一个高可靠性、高性能、面向列、可伸缩的分布式存储系统，可在廉价 PC Server 上搭建起大规模结构化和半结构化的数据存储集群，提供海量记录快速查询能力。

1. HBase 主要特点

Apache HBase 属于 NoSQL 的范畴，它提供了千亿级的分布式的、全局有序的、数据库存储服务。其主要特点有：

- 大：一个表可以有千亿行，上百万列。
- 无模式：每行都有一个可排序的主键和任意多的列，列可以根据需要动态增加，同一张表中不同的行可以有截然不同的列。
- 行列混合、稀疏存储：以列族为基本存储单位，达到列式存储的目的，列族中可存储若干不定的列，每一行最多可支持上百万列。
- 数据多版本：每个单元中的数据可以有多个版本，默认情况下版本号自动分配，是单元插入时的时间戳。
- 数据类型单一：HBase 中的数据都是字符串，没有类型。
- 高并发、低延时：系统的并发处理能力随机器性能的增加呈线性增长，系统底层设计采用了 LSM-Tree 的架构并提供了 LRU 缓存，读写延时低。
- 生命周期：HBase 中可对数据设置生命周期，超过生命周期的数据将会被系统异步地自动删除，并且不会被访问到。

2. HBase 使用场景

Apache HBase 主要适用于以下场景：

❏ 数据量变得越来越多，且历史数据不能轻易删除。

❏ Schema 灵活多变，可能经常更新列属性或新增列。

❏ 响应延时有非常高的需求，希望能够快速读取数据。

❏ 读写访问均是非常简单的操作，没有复杂的需求。

❏ 大数据上高并发操作，比如每秒对拍字节（PB）级数据进行上千次操作。

❏ 低成本。

3.4.2　HBase 数据模型

1. 逻辑模型

HBase 是一个稀疏、多维度、排序的映射表，表的索引由行键、列族、列名和时间戳组成，如图 3-27 所示。

Row Key	Time Stamp	ColumnFamily contents	ColumnFamily anchor	ColumnFamily people
"com.cnn.www"	t9		anchor:cnnsi.com = "CNN"	
"com.cnn.www"	t8		anchor:my.look.ca = "CNN.com"	
"com.cnn.www"	t6	contents:html = "<html>…"		
"com.cnn.www"	t5	contents:html = "<html>…"		
"com.cnn.www"	t3	contents:html = "<html>…"		

图 3-27　HBase 逻辑模型

（1）表（Table）

HBase 表由行和列组成，列划分为若干个列族。

（2）行（Row）

在表里面，每一行代表着一个数据对象，行键可以是任意字符串；数据存储时，按照行键的字典序排列。

（3）列族（Column Family）

在建表时需要至少创建一个列族，列族支持动态增删；每个列族下有多个列组成，列名及列的个数无须预先定义；列族中的数据是分开存储的，列族是HBase存储的最小物理单位。

（4）列标识（Column Qualifier）

列族中的数据通过列标识来进行定位，列标识也没有特定的数据类型，以二进制字节来存储。

（5）单元（Cell）

每一个行键、列族和列标识共同确定一个单元，存储在单元里的数据称为单元数据，单元和单元数据都没有数据类型，全部以二进制字节来存储。

（6）时间戳（Timestamp）

默认每一个单元中的数据插入时都会用时间戳来进行版本标识。

读取单元数据时，如果时间戳没有被指定，则默认返回最新的数据，写入新的单元数据时，如果没有设置时间戳，默认当前时间。

每一个列族的单元数据的版本数量都可以单独设定，默认情况下每个列族都只保留1个版本数据。

2. 物理模型

由前文我们知道，HBase表由多个列族组成，而每个列族中的数据都是存储在HDFS上的不同目录下，RowKey和时间戳在每个列族中都会保存一份；HBase为每个值维护了多级索引，即：SortedMap<RowKey,List<SortedMap<Column,List<Value,Timestamp>>>>，其物理存储模型如下所述。

表中的数据在存储时都是按照RowKey的字典序排列的；Region是HBase中分布式存储和负载均衡的最小单元，每张表可以由多个Region组成；在建表时，默认只会创建一个Region，随着数据的增多，Region会不断分裂，表中的Region越来越多；随着Region的增多，Master会定期将Region动态均衡到不同的RegionServer上，如图3-28所示。

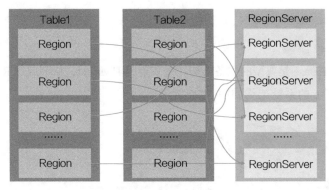

图 3-28　Region 分布

Region 是 HBase 中分布式存储和负载均衡的最小单元，最小单元就表示不同的 Region 可以分布到不同的 RegionServer 上，但一个 Region 是不会拆分到多个 RegionServer 上的；Region 虽然是负载均衡的最小单元，但并不是物理存储的最小单元，每个 Region 由一个或多个 Store 组成，每个 Store 又由一个 MemStore 和 0 至多个 StoreFile 组成，MemStore 存储在内存中，StoreFile 存储在 HDFS 上，如图 3-29 所示。

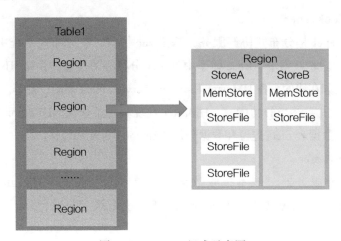

图 3-29　Region 组成示意图

3.4.3 HBase 架构与原理

1. HBase 架构

Apache HBase 是典型的主备结构，主节点是 HMaster，从节点是 RegionServer。Apache HBase 的系统架构如图 3-30 所示。

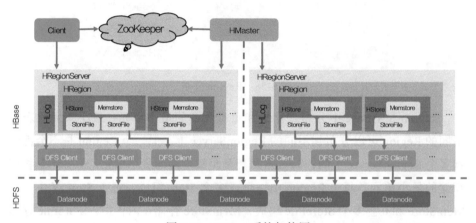

图 3-30　HBase 系统架构图

（1）ZooKeeper

ZooKeeper 是分布式协调服务，基于 zab 协议，在分布式系统中实现了很高的可靠性。它在整个 HBase 体系中处于十分核心的位置，存储 HBase 的重要元数据，比如在线的主备 HMaster 和 RegionServer、meta 表的位置等。ZooKeeper 在 HBase 中主要参与的功能有：HMaster 发现和主备切换、HRegionServer 发现和恢复、元数据表 meta 定位和数据分片（Region）分配和转移。

（2）HMaster

HMaster 服务器一般不接收数据读写请求，主要负责 HRegionServer 的管理（上下线、故障转移）、Region 的管理（上下线、分裂合并、负载均衡）、WAL 日志管理。

HBase 中的 HMaster 是一主多备的架构，同一时刻只有一个 Active 状态的 HMaster 对外提供服务，而其他节点都处于 Standby 状态，不可提供服务。HMaster 内部通过 ZooKeeper 实现 leader 选举和切换，HRegionServer 或者

Client 通过 ZooKeeper 的通知机制感知到 HMaster 的上线和主备切换。

（3）HRegionServer

HRegionServer 是负责数据读写的服务器，它每接收到一次数据写入请求，都会先写一份 WAL（Write Ahead Log）日志，然后才将数据写入内存的 SkipList。当内存中的数据量达到一定的大小或者数量后，再将内存中的数据刷到磁盘中持久化。WAL 日志用于恢复宕机后内存中未持久化的数据。

（4）Client

HBase 的 Client 封装了 HBase 数据读写、批量操作和异步操作的逻辑。Client 和 HMaster 以及 HRegionServer 之间采用了 HBase 内部基于 protobuf 序列化框架实现的 RPC 机制进行通信。Client 通过访问元数据表 meta 得到每个表的所有 Region 所在节点信息，根据 key 值计算出所属的分片节点，然后直接连接到对应的节点来写入或者读取数据。

（5）HDFS

HDFS 是 HBase 底层的分布式文件系统，HDFS 文件系统本身具备的多副本特性以及数据高可靠性大大简化了 HBase 的架构设计。

2. 写流程

HBase 写流程可简单总结为：找 Region、写数据、数据落盘。具体过程如下：

1）客户端发起写数据的请求。

2）ZooKeeper 中存储了 meta 表所在的地址，访问 meta 表获取元数据信息。数据分组：

❑ 每一条数据都访问元数据以获取该条数据所属的 Region 及该 Region 所在的 RegionServer 信息。

❑ 将相同 Region 的数据聚合到一个分组。

❑ 将相同 RegionServer 上的 Region 聚合到一个分组。

3）并行向多个 RegionServer 发送请求。

❑ 利用 HBase 自身封装的 RPC 框架，来完成数据发送操作。

❑ 往多个 RegionServer 发送请求是并行的。

❑ 客户端发送完写数据请求后，会自动等待请求处理结果。

❑ 如果客户端没有捕获到任何的异常，则认为所有数据都已经被写入成功。如果全部写入失败，或者部分写入失败，客户端能够获知详细的失败 key 值列表。

4）Region 写数据流程。

❑ 获取 Region 读锁。

❑ 尽可能一次性地获取所有行的行锁。

❑ 写入到 MemStore 中。

❑ 写数据到 WAL 中。

❑ 释放 Region 锁。

❑ 释放所有的行锁。

5）返回写入结果到客户端。

至此，整个写流程已经结束，通过上述流程我们发现，写入的数据只是保存在了每个 Region 的 MemStore 中。为什么这样做呢？写内存，是为了避免多Region 情形下带来的过多的分散 I/O 操作。数据在写入 MemStore 之后，也会顺序写入 HLog 中，以保障数据的安全。

3. 读流程

读流程与写流程类似，也是先寻址再去访问 RegionServer 以获得结果，以Get 请求为例，具体流程如下：

❑ 构建 Get 对象。

❑ 根据 Rowkey 从 meta 表中获取该 Rowkey 所属的 Region 及 Region 所在的 RegionServer 地址。

❑ 发送 Get 请求到 RegionServer。

❑ 返回查询结果到客户端。

3.4.4 HBase 在腾讯的实践

1. 网络带宽优化

HBase 底层存储系统为 HDFS，天然具备了相关的容灾备份等优点，同时也带来一些问题，首先我们分析 HBase 消耗了那些硬件资源，首先选取一个

RegionServer 看看相关的资源消耗（RegionServer 为千兆网卡）。

通过图 3-31 我们可以看到，最先达到瓶颈的是网络 I/O，那为什么 HBase 对于网络 I/O 的消耗如此之大呢？下面我们分析一下 HBase 的网络流量模型，一个 RegionServer 的数据流量模型如图 3-32 所示。

---total-cpu-usage---						-dsk/total-		-net/total-		--paging--		--system--	
usr	sys	idl	wai	hiq	siq	read	writ	recv	send	in	out	int	csw
30	5	63	2	0	2	24M	5024k	104M	57M	0	0	46k	96k
20	5	72	1	0	1	33M	452k	116M	67M	0	0	47k	112k
19	6	73	1	0	1	28M	284k	109M	61M	0	0	45k	106k
20	5	73	1	0	1	23M	248k	115M	64M	0	0	45k	106k
29	6	60	4	0	2	25M	356k	107M	65M	0	0	47k	100k
33	5	56	4	0	1	35M	36k	102M	80M	0	0	52k	106k
25	5	68	2	0	1	32M	376k	89M	72M	0	0	47k	96k
24	5	70	1	0	1	13M	13M	88M	56M	0	0	43k	93k
35	5	53	5	0	2	11M	92M	95M	57M	0	0	45k	99k
24	4	63	9	0	1	13M	88M	64M	56M	0	0	40k	84k
26	4	63	6	0	1	14M	81M	91M	56M	0	0	39k	94k
24	5	66	4	0	1	13M	78M	103M	52M	0	0	38k	100k
35	4	59	1	0	1	13M	26M	74M	48M	0	0	33k	86k
25	4	70	1	0	0	12M	31M	65M	42M	0	0	35k	90k
25	5	59	9	0	1	12M	121M	60M	42M	0	0	35k	87k

图 3-31　RegionServer 资源消耗统计图

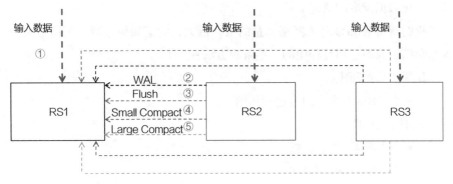

① 读写请求数据
② RS2与RS3的WAL流量
③ RS2与RS3的Flush流量
④ RS2与RS3的Small Compact 流量
⑤ RS2与RS3的Large Compact 流量

图 3-32　RegionServer 数据流量模型

假设 HBase 集群有三个 RegionServer 节点组成，HDFS 上的数据副本有三个，我们来分析其中一个节点的数据流量：

1）读写请求数据。

2）RS2 和 RS3 的 WAL 流量。

3）RS2 和 RS3 的 Flush 流量。

4）RS2 和 RS3 的 Small Compact 流量。

5）RS2 和 RS3 的 Large Compact 流量。

以上步骤 2）～ 4）所产生的流量都是由于写数据到 HDFS 上生成的。

那么我们可以清晰地看到：

RS1 的网络入口流量＝读写请求数据流量＋ 2 × WAL 流量 +2 × Flush 流量 + 2 × Small Compation+ 2 × Large Compation=9 × N MB

上面公式成立的条件为 RegionServer 节点和 DN 节点是一一对应的，各个节点流量均衡，HDFS 三副本，无压缩的情况。通过上面的流量模型可以看到，会有 9 倍以上的流量产生，其中还不包括 HDFS 自身的 Balancer 流量以及其他非本地化数据读取的流量。

我们看出 HBase 对于网络流量的消耗巨大，我们如何来减少网络带宽呢？这里总结了我们应用过程中的一些解决方法：

❑ 写入数据压缩。

- CellBlock 报文内容进行压缩。

❑ HLog 压缩。

- 采用字典压缩算法。

❑ 调整 MemStore 的大小。

- 增大 Memstore 大小，减少生成小文件的数量。

- 避免 Region 下的文件过多而导致的频繁聚合。

❑ 调整 Large 和 Small Compact 线程池的大小。

- 降低 Large 和 Small 线程个数，减少并发执行聚合的任务数。

❑ 关闭定时 Major Compact。

- 关闭系统自动触发的 Major Compact 操作。

- 根据业务情况，在业务低峰期，手动触发 Major Compact。

❑ 按天建表，过期数据直接丢弃分区表。

- 直接删除分区表，效率更高。

2. 现网问题总结

本节将会总结一下腾讯在运营 HBase 过程中遇到的一些问题及解决方法。

（1）案例一：业务表出现大量空 Region

1）应用背景：业务流水表的 Rowkey 设计是按照字典序严格递增的，采用分桶机制由多个进程向一个或多个独享的分桶写入数据。

2）产生问题：随着数据持续不断地入库到 HBase 表，该表的 Region 不断发生分裂，分裂后前一个 Region 不再会有数据写入，数据继续写入新生成的 Region。一段时间后，当一个 Region 中的数据全部过期，RegionServer 触发 major compaction 后，Region 中的数据就会被物理删除，此时该 Region 就会变成一个没有用的空 Region。当集群中的空 Region 过多时，会给集群管理带来麻烦，meta 表持续增大，增大了 HMaster 节点的压力。

3）解决措施：HBase 支持在线合并 Region，我们只需要例行化检查该表中 Region 的状态，如果出现多个连续空 Region 时，我们将这些空 Region 合并成一个 Region 即可。

（2）案例二：业务 HBase 客户端 RPC 连接异常关闭

1）应用背景：业务系统数据是从 MySQL 同步入库 HBase，同步入库频率跟业务系统的用户使用频率直接相关。

2）产生问题：我们从业务 HBase 客户端日志中观察到在某些时间段总是打印 RPC 连接异常关闭。

3）解决措施：调整 HBase 客户端参数，将 RPC 超时时间从 60s 调整到 180s，同时客户端强制每分钟或是满 1000 条记录就执行一次 flush commit，从 DB 同步一次 HBase，保证 RPC 长连接不会自动关闭。

（3）案例三：单台 RegionServer 的 I/O 使用率一直为 100%，HBase 集群请求量为 0。

1）应用背景：为了提高数据的入库速率，业务 HBase 客户端采用 putlist

接口减少客户端与服务端 RPC 连接的次数。

2）产生问题：当单台 RegionServer 出现磁盘异常时，某个磁盘 I/O 使用率一直 100% 时，整个集群出现不可用，集群请求量直接为 0。

3）解决措施：对集群机器增加磁盘 I/O 异常的监控，发现有分区磁盘使用率过高，就自动将该机器从集群中剔除。

分布式计算平台

在大数据时代，数据量达到了拍字节（PB）甚至艾字节（EB）级别。这种级别的数据计算远远超过了单个服务器的处理能力，需要有一定的机制将计算任务切分到多台服务器上，计算过程中不同服务器不断通信以交换控制信息和中间数据，共同完成计算任务。这种计算方式称为分布式计算，在确保数据安全合规的情况下，不同的分布式计算框架采用不同任务切分方式、信息以及数据交换模式。分布式计算平台采用了不同的计算框架来处理不同的计算场景，本章将介绍各个分布式计算框架。

4.1 批处理 MapReduce

4.1.1 MapReduce 介绍

Google 曾发表了关于 GFS、MapReduce 和 BigTable 的三篇技术论文，正式开启了工业界的大数据时代。其中，MapReduce 是一个分布式计算构架，可以支持大数据量的分布式处理。作为第一代的分布式计算框架，MapReduce 的策略比较简单，每个 MapReduce 任务可以划分为 Map 和 Reduce 两个阶段。

MapReduce 采用分而治之的策略，将要处理的数据划分为多个分片（Split），每个分片由一个 Map 节点处理。每个 Map 节点执行相同计算逻辑，所有的 Map 并行执行。Map 阶段产生的结果汇总到多个 Reduce 节点。汇总的过程叫作 Shuffle。Shuffle 会根据 Map 阶段产生的结果的键的映射值进行。键的映射值常用的是键的散列值。在这种映射下，会将键的散列值相同的 Map 结果汇总到同一 Reduce 节点。最后，Reduce 节点对汇总的数据进行聚合计算。

MapReduce 因其简单的编程模型成为早期大数据平台的默认框架，大家用它来完成离线的计算任务。腾讯的大数据平台在早期也是将 MapReduce 作为默认的计算引擎，负责 PB 级海量数据的离线处理，例如，数据 ETL、简单的数据分析等。虽然 MapReduce 的位置逐渐被 Spark 取代，但它的很多架构设计的思想并没有过时，值得大数据从业者仔细研究。

4.1.2　MapReduce 举例

本节以 WordCount 为例介绍如何使用 MapReduce 进行计算，使读者熟悉 MapReduce 中的概念。假设我们有一个文本文件（名为 words.txt），文件的每一行是一个英文单词，例如：

```
mapreduce
spark
hive
mapreduce
hadoop
```

文件中单词可能重复。下面我们利用 MapReduce 统计每个单词出现的次数。上面的例子中，mapreduce 出现了两次，其他单词各一次。

我们采用 Java MapReduce 来编写代码。首先是编写 Map 类，如代码清单 4-1 所示。Map 将每一行的单词转为一个键值对，键为单词，值为 1。这些键值对会发送到 Reduce 节点。

代码清单 4-1　Map 类

```
public class WordCountMap extends Mapper<LongWritable,Text,Text,
    IntWritable> {
    public void map(LongWritable key,Text value,Context context)
        throws IOException,InterruptedException{
        context.write(value, new IntWritable(1));
    }
}
```

然后是 Reduce 类，如代码清单 4-2 所示。相同键的键值对会汇总到同一 Reduce 节点。Reduce 将相同键（单词）的次数叠加起来，计算出单词出现的总次数。

代码清单 4-2　Reduce 类

```
public class WordCountReduce extends Reducer<Text,IntWritable,Text,
    IntWritable> {
    public void reduce(Text key, Iterable<IntWritable> values,
        Context context)throws IOException,InterruptedException{
        int count = 0;
        for(IntWritable value: values) {
            count++;
        }
```

```
        context.write(key, new IntWritable(count));
    }
}
```

最后是 MapReduce 的入口类,如代码清单 4-3 所示。

代码清单 4-3 MapReduce 入口类

```
public class WordCount {
    public static void main(String[] args)throws Exception{
        Configuration conf = new Configuration();
        Job job = new Job();
        job.setJarByClass(WordCount.class);
        job.setJobName("wordcount app");

        // 设置读取单词文件的 HDFS 路径
        FileInputFormat.addInputPath(job, new Path("hdfs://test
            /words.txt"));
        // 设置 MapReduce 程序的输出路径
        FileOutputFormat.setOutputPath(job, new Path("hfds://test
            /result"))
        // 设置实现了 Map 函数的类
        job.setMapperClass(WordCountMap.class);
        // 设置实现了 Reduce 函数的类
        job.setReducerClass(WordCountReduce.class);
        // 设置 Reduce 函数的 key 值
        job.setOutputKeyClass(Text.class);
        // 设置 Reduce 函数的 value 值
        job.setOutputValueClass(IntWritable.class);
        System.exit(job.waitForCompletion(true) ? 0 :1);
    }
}
```

这样一个简单的统计单词频次的 MapReduce 程序完成了。编译运行,剩下的工作由 MapReduce 框架自动完成。

4.1.3 MapReduce 工作原理

下面从 MapReduce 的执行流程、执行原理,以及 Shuffle 的原理角度来介绍 MapReduce 的工作原理。

1. MapReduce 执行过程

以 MapReduce 在 Yarn 上执行为例,讲解一个 MapReduce 从提交到执行再到完成的过程。为了讲述清楚，首先介绍 Yarn 的基本概念，熟悉 Yarn 的读者可跳过。

Yarn 架构由客户端（Client）、ResourceManager、NodeManager、容器（Container）以及计算框架的 ApplicationMaster 五个元素组成。

❑ 客户端，负责向 Yarn 提交 Job。

❑ ResourceManager，负责调度、启动每个 Job 所属的 ApplicationMaster，同时监控 ApplicationMaster 的状态。ResourceManager 负责 Job 与资源的调度。接收客户端提交的作业，按照作业的上下文（Context）信息，以及从 NodeManager 收集来的状态信息，启动调度 Job，分配一个 Container 来运行 ApplicationMaster。

❑ ApplicationMaster，每个 Job 会首先启动一个 ApplicationMaster。ApplicationMaster 负责一个 Job 生命周期内的所有工作，向 ResourceManager 申请任务所需的资源，运行任务，监控任务的状态，处理任务的失败和容错。ApplicationMaster 和 NodeManager 协同工作来运行和监控任务。

❑ NodeManager，ResourceManager 在每台机器的上代理，负责容器的管理，并监控它们的资源使用情况（CPU、内存、磁盘及网络等），以及向 ResourceManager 提供这些资源使用情况。

❑ 容器，在 NodeManager 内部，容器是对资源的抽象。抽象出在容器内执行任务需要的 CPU、内存等资源。

MapReduce 在 Yarn 上的执行过程如图 4-1 所示。整个过程中 Application-Master 与 Yarn 的 ResourceManager 和 NodeManager 交互，经历如下步骤：

1）客户端向 Yarn 中提交 Job，其中包括 ApplicationMaster 程序、启动 ApplicationMaster 的命令、用户程序等。

2）ResourceManager 为该 Job 分配第一个容器（Container），并与容器所在的 NodeManager 通信，在这个容器中启动 Job 的 ApplicationMaster。

3）ApplicationMaster 首先向 ResourceManager 注册，之后为各个 Map 和 Reduce 任务申请资源，并监控它们的运行状态，直到运行结束。

4）ApplicationMaster 采用轮询的方式向 ResourceManager 申请资源。

5）当 ApplicationMaster 申请到资源后，便与对应的 NodeManager 通信，要求它启动 Job 的 Map 或者 Reduce 任务。

6）NodeManager 为任务设置好运行环境（包括环境变量、jar 包、二进制程序等）后，启动 Map 或者 Reduce 任务。

7）各个 Map 或者 Reduce 任务向 ApplicationMaster 上报自己的状态和进度，这样 ApplicationMaster 可以了解各个任务的运行状态，如果任务执行失败，则会重新启动任务，达到任务级别的容错。

8）应用程序运行完成后，ApplicationMaster 向 ResourceManager 注销并关闭自己。

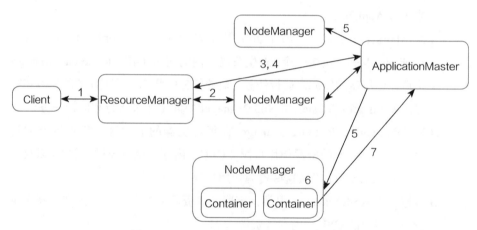

图 4-1　MapReduce 在 Yarn 上的执行过程

2. MapReduce 执行原理

下面详细介绍 MapReduce 如何切分数据，如何生成 Map 和 Reduce，Map 和 Reduce 之间如何进行数据的传输。

MapReduce 将输入数据划分为 M 个数据分片，每个数据分片由一个 Map 处理，多个 Map 被分配到多个容器（机器）上运行。这样，输入数据可以在不同的容器（机器）上并行处理。使用分区函数将 Map 产生的中间键值对映射成 N 个不同分区，每个分区对应一个 Reduce，多个 Reduce 也被分配到多个容器（机器）上运行。其中，Map 数量、分区函数和 Reduce 数量 N 可以由用户来设置。

下面详细介绍 MapReduce 执行原理，如图 4-2 所示，可以分为 7 个阶段。

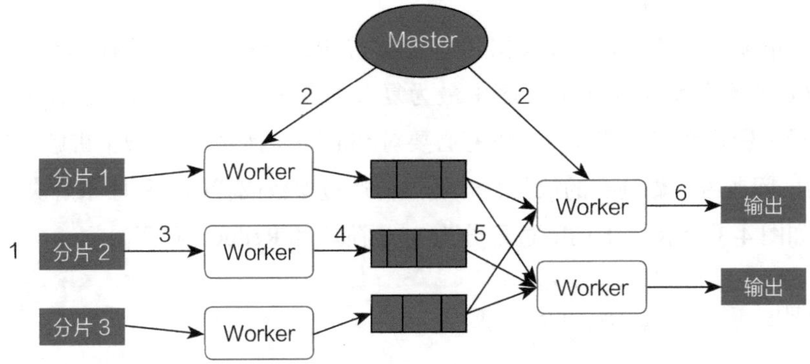

图 4-2　MapReduce 执行原理

1）用户程序调用的 MapReduce 库首先将输入文件分成 M 个数据分片，每个数据分片的大小一般从 128 ~ 256MB（可以通过参数 mapreduce.input.fileinputformat.split.minsize 和 mapreduce.input.fileinputformat.split.maxsize 来控制每个数据分片的大小）。

2）用户程序由一个特殊的 Master 程序（例如，上小节中的 Application-Master）和其他 Worker 程序组成。Master 负责分配 Map 和 Reduce 任务。M 个 Map 任务和 N 个 Reduce 任务将被分配到不同的 Worker 容器（机器）上。

3）被分配了 Map 任务的 Worker 程序读取输入的数据分片，从输入的数据分片中解析出键值对，然后把键值对传递给用户自定义的 Map 函数，然后由 Map 函数生成并输出中间键值对，并缓存在内存中。

4）缓存中的键值对通过分区函数分成 N 个分区，当超过一定阈值时，会将键值对写入本地磁盘。缓存的键值对在本地磁盘上的存储索引传输给 Master。Master 负责把这些存储索引传送给 Reduce。

5）当 Reduce 接收到 Master 传送来的中间键值对数据索引信息后，Reduce 会从每个 Map 所在的容器（机器）磁盘上拉取属于自己的缓存数据。

6）Reduce 将拉取来的中间数据中每个键和它对应的所有值的集合传递给用户自定义的 Reduce 函数并计算出最终结果，并保存到 Reduce 的输出文件中。

7）当所有的 Map 和 Reduce 完成之后，Master 唤醒用户程序，返回用户程序。

3. Shuffle 原理

Map 阶段产生的中间数据传送到多个 Reduce 节点的过程叫作 Shuffle。Shuffle 是整个 MapReduce 程序中最为复杂的部分。在实际运行过程中，往往也是最为影响性能的部分。所以有必要对 Shuffle 的详细过程做个讲解，当遇到 Shuffle 问题时，做到有的放矢，知道如何通过参数或者调优程序来解决。

如图 4-3 所示，Shuffle 过程分为 Map 阶段和 Reduce 阶段。

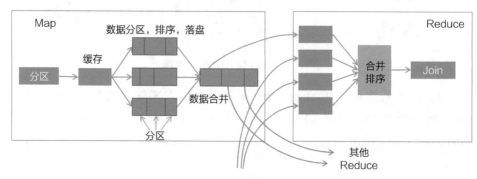

图 4-3　Shuffle 过程

4. Map 阶段

每个 Map 将产生的中间数据首先保存到 Buffer（缓存）中，Buffer 的大小默认是 100MB（大小由参数 mapreduce.task.io.sort.mb 控制）。当数据的大小达到阈值（由参数 mapreduce.map.sort.spill.percent 控制，默认是 Buffer 大小的 80%）时，Buffer 中的数据会被写（Spill）到磁盘上。在执行 Spill 的过程中，Map 会暂停往 Buffer 里写入。当 Spill 完成后，Map 继续将中间数据写入 Buffer 中。达到阈值时会将数据写（Spill）到磁盘上，如此往复。磁盘上的位置由参数 mapreduce.cluster.local.dir 控制。

在将数据写（Spill）到磁盘上时，会将数据分为不同的分区。相同分区的数据在磁盘文件上连续存储，之后会传输到同一 Reduce 上。同一个分区的数据在落盘前，会按照数据的键值排序，所以同一分区里的数据是有序的。

每次 Spill 会产生一个文件，最终所有的 Spill 文件需合并成一个文件。为了保证属于相同分区的数据是有序的，合并时需要进行合并排序。

通常数据落盘时，可以选择数据压缩。这样可以节省硬盘空间，更重要的是可以减少向 Reduce 传输数据时的网络带宽占用。将参数 mapreduce.map.output.compress 设置成 true，则在数据写（Spill）到磁盘时，数据会被压缩。另外通过参数 mapreduce.map.output.compress.codec 可以选择压缩算法。

5. Reduce 阶段

Map 端的中间数据保存在 Map 所在的机器的本地磁盘。每个 Reduce 的数据来自多个 Map。只要其中一个 Map 完成，Reduce 就可以从 Map 端拉取数据。拉取数据时，Reduce 需要知道哪些数据属于本 Reduce。这些数据的索引信息来自 Master。为了提高拉取数据的速度，Reduce 会启动多个线程并发地拉取。

拉取过来的数据首先会存储在 Reduce 的内存中，当数据大小达到一定阈值时，数据会落盘到磁盘上。当多个磁盘文件产生时，最终会合并为一个有序的文件。从每个 Map 拉取过来的数据是有序的，而 Map 之间是没有顺序保证的，所以在落盘前需要对数据进行合并排序，同时文件合并时也需要排序。

4.2　批处理 Spark

4.2.1　背景

在 4.1 节中，我们详细介绍了分布式计算框架 MapReduce。MapReduce 计算模型虽然简单，但也存在一些问题。每个 MapReduce 的输出必须写入分布式文件系统，并被后续的 MapReduce 作业所使用。当一个 SQL query 被分解成多个 MapReduce 作业后，会引入反复的分布式文件系统读写，带来了性能上极大的问题。所有的 Shuffle 必须按 key 值进行排序。对于有些 MapReduce 作业，比如 Sort-Merge-Join，将 Shuffle 结果按 key 值进行排序能够更方便地进行归并排序，但是对于其他许多的作业，排序是不必要的。强制的排序操作带来了额外的开销并增加了执行时间。

针对上面所描述的问题，业界也进行了很多的创新，比如 Apache Tez，它使用了有向无环图的任务依赖方式，避免了多个 MapReduce 作业带来的额外开销，但所提供的编程 API 过于底层，对用户不友好。

Apache Spark 的出现解决了上面所描述的 MapReduce 所带来的一系列问题，同时也提供了更为抽象的 API，使其具有更高的易用性。Apache Spark 是由加利福尼亚大学 AMPLab 实验室（UC Berkeley AMPLab）所实现并开源的，Spark 实现之初所解决的问题是 MapReduce 在迭代算法中的效率问题：通常的机器学习算法需要多轮的迭代，比如 K-means、PageRank 等，而 MapReduce 在每次迭代时都需要将结果写入 HDFS 中，极大地延长了迭代时间。Spark 在作业生成时利用了有向无环图技术，并泛化了 MapReduce 计算范式，极大地改进了传统 MapReduce 的性能。

Apache Spark 在后续的发展中，逐渐由一个解决单一问题的框架泛化到了一个通用的计算引擎，并且在其上实现了不同计算类型的库，极大地丰富了Spark 的功能。

时至今日，Apache Spark 已经是分布式计算框架的不二之选，而 Spark 在其泛化迭代的过程中，更提升了其 API 的抽象能力，扩展了其核心能力。后续我们将更为详细地介绍 Apache Spark，希望读者能对 Apache Spark 的架构、用法、优化等各方面有一个初步的了解。

4.2.2 基本概念与架构

1. Spark 基本概念

（1）应用程序（Application）

应用程序指的是用 spark-submit 提交的一个完整的 Spark 程序。比如 Spark examples 中的计算 Pi 的 SparkPi。一个应用程序通常包含三部分：从数据源（比如 HDFS）读取数据形成 RDD（弹性分布式数据），通过 RDD 的转换和执行进行计算，将结果输出到控制台或者外部存储 [例如，通过收集（collect）输出到控制台]。

（2）Driver

Spark Driver 是整个 Spark 集群的主节点，它的主要功能是将用户实现的

RDD 作业翻译成 Spark 系统内部的可执行的 Job、Stage 和 Task，并分发到 Executor 上去执行任务。

（3）Executor

Executor 作为执行分布式计算任务的载体，主要的功能是接收由 Driver 发送过来的任务，并在 Executor 进程内执行。同时 Executor 也会将 RDD 数据以分布式的方式缓存在 Executor 中以便后续的作业复用。

（4）Job

Spark 中的 Job 和 MR 中 Job 不一样。MR 中 Job 主要是 Map 或者 Reduce Job。而 Spark 的 Job 其实很好区别，一个 action 算子就算一个 Job，比如 count、first 等。

（5）Stage

Stage 概念是 Spark 中独有的概念。一般而言一个 Job 会切换成一定数量的 Stage。各个 Stage 之间按照顺序执行。至于 Stage 是怎么切分的，首先得知道窄依赖（narrow dependency）和宽依赖（wide dependency）的概念。看一下父 RDD 中的数据是否进入不同的子 RDD，如果只进入一个子 RDD 则是窄依赖，否则就是宽依赖。宽依赖和窄依赖的边界就是 Stage 的划分点。

（6）Task

Task 是 Spark 中最新的执行单元。RDD 一般是带有分区的，每个分区在一个 Executor 上执行的任务是一个 Task。

总的来说，Spark 的架构如图 4-4 所示，Driver 和 Executor 构成了整个 Spark 应用的集群，同时 Driver 中的 SparkContext 会负责与各个 Executor 进行通信，将 Driver 中的任务分发到 Executor 中执行，并将结果返回到 Driver 中。

2. Spark 编程模型之 RDD

Spark 通过一种类似于 DryadLINQ 和 FlumeJava 集成语言 API 来对外提供 RDD 的功能。具体来说，每一个数据集都会表示为一个对象，而各种变换则通过该对象相应方法的调用来实现。

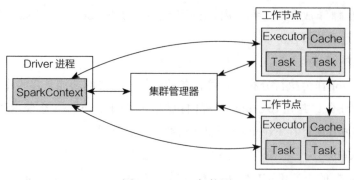

图 4-4　Spark 架构图

　　尽管单个的 RDD 是不可变的，但可以通过多个 RDD 来表示一个数据集的多个版本实现可变。这种性质（不可变）使得描述其血缘关系（获取 RDD 所需要经过的变换）变得容易。可以这样理解，RDD 是版本化的数据集，并且可以通过变换记录追踪版本。

　　编程人员可通过对永久存储上的数据进行变换操作（例如 map 和 filter）得到一个或多个 RDD，之后他们可以调用这些 RDD 的 actions（动作）类的操作。这类操作的目的或是返回一个值，或是将数据导入存储系统中。动作类的操作有 count（返回数据集的元素数量）、collect（返回元素本身的集合）和 save（输出数据集到存储系统）。与 DryadLINQ 一样，Spark 直到 RDD 第一次调用一个动作时才真正计算 RDD。这也使得 Spark 可以按顺序缓存多个变换。此外，编程人员还可以调用 RDD 的 persist（持久化）方法来表明该 RDD 在后续操作中还会用到。默认情况下，Spark 会将调用过 persist 的 RDD 存在内存中。若内存不足，也可以将其写入硬盘。通过指定 persist 函数中的参数，用户也可以请求其他持久化策略并通过标记来进行 persist，比如仅存储到硬盘上，又或是在各机器之间复制一份。最后，用户可以在每个 RDD 上设定一个持久化的优先级来指定内存中的哪些数据应该被优先写入磁盘[1]。

　　举例：日志挖掘

　　假设 Web 服务遇到了错误，操作员要在 Hadoop 文件系统（HDFS）里搜索 TB（太字节）级大小的日志，以查找原因。通过 Spark，操作员可以只把日志

中的错误信息加载到多个节点的内存中，并进行交互式查询。例如，可以输入
Scala 代码，如代码清单 4-4 所示。

代码清单 4-4

```
val lines = spark.textFile("hdfs://…")
val errors = lines.filter(_.startsWith("ERROR"))
errors.persist()
```

其中，第 1 行定义了以一个 HDFS 文件（由数行文本组成）为基础的 RDD。
第 2 行则从它派生了一个过滤后的 RDD。第 3 行要求将 errors 在内存中持久化，
以便可以通过查询共享。需要注意的是 filter 的参数用的是 Scala 闭包的语法。

到此，Job 还没有在集群上调度执行。但是，用户现在已经可以在执行
（Action）中使用 RDD 了。计算所包含的错误日志的数量，如代码清单 4-5
所示。

代码清单 4-5

```
errors.count()
```

查询血缘关系的示意图如图 4-5
所示，方块代表 RDD，箭头表示施加
在 RDD 数据集上的转换操作，例如
filter、map 函数等。

用户也可以在 RDD 上进行进一
步的转换，并使用它们的结果，如代
码清单 4-6 所示。

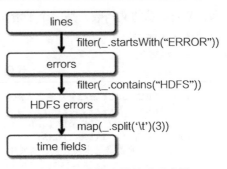

图 4-5　查询血缘关系示意图

代码清单 4-6

```
// 包含 MySQL 关键字的错误日志数量:
errors.filter(_.contains("MySQL")).count()
// 将提及 HDFS 的错误的 time 字段作为数组返回，假设
// time 字段是用制表符分隔的格式:
errors.filter(_.contains("HDFS")) .map(_.split('\t')(3)) .collect()
```

在第一个涉及 errors 的动作运行后，Spark 会在内存中存储 errors 对应的分区，极大地加速了在上面运行的计算。需要注意的是首个 RDD lines 不会加载到内存中。这是值得的，因为错误消息可能只是数据集（小到足以放入内存）中的一小部分。

最后，为了阐明如何实现容错，图 4-5 展示了第 3 个查询所对应的 RDD 的血缘关系。这个查询最开始得出 errors 所对应的 RDD lines，接着对 lines 进行 filter 操作，之后再次进行 filter、map 操作，最后进行 collect 操作。Spark 的调度器会基于最后的 map 变换操作来进行流水线化，并发送一组 Task 到那些保存了 errors 所对应的缓存分区的节点。另外，如果 errors 的某个分区丢失，Spark 将只在该分区对应的那些行上执行原来的 filter 操作即可恢复该分区 [1]。

举例：PageRank

在 PageRank 中有一个更复杂的数据共享模式，即通过迭代对每篇文档更新 rank 值，也就是对链接到该文档的其他文档的贡献值求和。在每一次迭代中，每个文档发送一个贡献值 r/n 到其邻近节点，其中 r 表示该文档的 rank，n 为其邻近节点数，然后文档更新其 rank 值。这里的求和是对所有接收到的贡献值求和，N 表示总的文档数，是一个平滑参数。用 Spark 实现的 PageRank 代码如代码清单 4-7 所示。

代码清单 4-7

```
// 以（URL，outlinks）对的方式加载图
val links = spark.textFile(...).map(...).persist()
var ranks = // RDD of (URL, rank) pairs
for (i < 1 to ITERATIONS) {
// 用每个页面发送过来的贡献值来创建一个（targetURL，float）对的 RDD
val contribs = links.join(ranks).flatMap { case (url, (links, rank)) =>
links.map(dest => (dest, rank/links.size))
}
// 根据 URL 对贡献值求和从而获取新的排名
ranks = contribs.reduceByKey((x,y) => x+y).mapValues(sum => a/N +
    (1-a)*sum)_ }
```

该程序生成的 RDD 血缘关系如图 4-6 所示。每一步迭代基于 contribs 和上一步迭代的 ranks，以及静态的 links 数据集建立一个新的 ranks 数据集。一个

有趣的点是血缘关系图会随着迭代次数变长。因此，在一个有多次迭代的作业

中，可能需要复制 ranks 的某几个版本以减少故障恢复的时间。用户能够调用带参数的 persist 接口来做到这点。然而需要注意 links 数据集不需要复制，因为它的分片可以通过对输入文件块执行 map 操作来重建。links 的数据集通常比 ranks 大很多，因为每个文档有很多链接，但是只有一

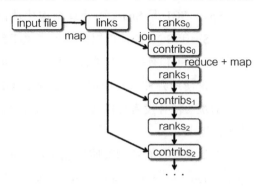

图 4-6　PageRank 中 RDD 的血缘关系

个 rank 数值，使用血缘关系来恢复它会比在内存中做 Checkpoint 要节省时间。

最后，通过控制 RDD 的划分策略能够优化 PageRank 中的通信开销。如果对 links 采用了某种划分策略（比如，在所有节点上对 link 列表进行 hash 分片），就可以对 ranks 也采用同样的方式分片，以保证 links 和 ranks 的 join 操作不需要通信（因为每个 URL 的 rank 和 link 列表会在相同的机器上），当然也可编写一个定制的 Partitioner 类将相互链接的页面分在一组（比如，根据域名对 URL 进行分片）。

这两种优化都能在定义 links 时通过调用 partitionBy 来实现，如代码清单 4-8 所示。

代码清单 4-8

```
links = spark.textFile(...).map(...).partitionBy(myPartFunc)
    .persist()
```

经过这个初始化后，links 和 ranks 的 join 操作自动地将每个 URL 的贡献值聚合到 link lists 所在的节点上，并计算新的 rank 值，然后和它的 links 做 join 操作。这种迭代间的一致性划分策略是一些特定框架的主要优化方法，例如 Pregel。RDD 允许用户直接实现这种优化方法。

3. Spark 编程模型之 DataFrame

Spark SQL 是 Spark 中处理结构化数据的模块。与基础的 Spark RDD API 不同，Spark SQL 的接口提供了更多关于数据的结构信息和计算任务的运行信息。Spark SQL 有三种不同的 API：SQL 语句、DataFrame API 和 Dataset API。不过无论使用哪种 API 或语言，Spark SQL 使用的执行引擎都是同一个。这种底层的统一使开发者可以在不同的 API 之间来回切换，选择一种最自然的方式来表达需求。

本章中所有的示例都使用 Spark 发布版本中自带的示例数据，并且可以在 spark-shell、pyspark shell 和 sparkR shell 中运行。

（1）SQL

Spark SQL 可直接执行 SQL 查询语句，可使用最基本的 SQL 语法，也可以选择 HiveQL 语法。Spark SQL 可以从已有的 Hive 中读取数据。更详细的内容请参考 Spark 官方文档。如果用其他编程语言运行 SQL，Spark SQL 将以 DataFrame 返回结果。还可以通过命令行（command-line）或者 JDBC/ODBC 使用 Spark SQL。

（2）DataFrame

DataFrame 是一种分布式数据集合，每一条数据都由几个命名字段组成。从概念上来说，它和关系型数据库的表或者 R 和 Python 中的 data frame 是等价的，只不过在底层 DataFrame 进行了更多优化。可以从很多数据源加载数据来构造 DataFrame，如：结构化数据文件、Hive 表、外部数据库，或者已有的 RDD。DataFrame API 支持 Scala、Java、Python 和 R。

（3）Dataset

Dataset 结合了 RDD 的优势（强类型，可以使用 lambda 表达式函数）和 Spark SQL 的优化执行引擎的优势。Dataset 可以由 JVM 对象构建得到，而后 Dataset 上可以使用各种 transformation 算子（map、flatMap、filter 等）。

Spark SQL 所有的功能入口都是 SparkSession 类。调用 SparkSession.builder() 即可创建一个基本的 SparkSession 对象，如代码清单 4-9 所示。

代码清单 4-9

```
import org.apache.spark.sql.SparkSession
val spark = SparkSession
    .builder()
    .appName("Spark SQL basic example")
    .config("spark.some.config.option", "some-value")
    .getOrCreate()
// 用来进行隐式转换，如将 RDD 转换为 DataFrame
import spark.implicits._
```

（4）创建 DataFrame

通过 SparkSession，用户可以从现有的 RDD、Hive 表以及不同的 Spark 数据源中创建 DataFrame。

代码清单 4-10 是从 JSON 文件创建 DataFrame 的例子。

代码清单 4-10

```
val df = spark.read.json("examples/src/main/resources/people.json")
// 在 stdout 中显示 DataFrame 的内容
df.show()
// +----+-------+
// | age|   name|
// +----+-------+
// |null|Michael|
// |  30|   Andy|
// |  19| Justin|
// +----+-------+
```

（5）无类型的数据集操作（DataFrame 操作）

DataFrame 提供了基于 Scala、Java、Python 和 R 的领域特定语言来操作结构化数据。从 Spark 2.0 开始，DataFrame 在 Scala 和 Java API 中仅仅是基于 Row 的 Dataset 的一种优化。相比于"强类型转换"的 Scala/Java Dataset 操作，这些操作被称为"无类型转换"。

代码清单 4-11 是使用 DataSet API 进行结构化数据操作的基本例子，仅仅是一些简单的列引用和表达式操作。Dataset 提供了相当丰富的库函数，包括字符串操作、代数运算、常用的数学操作等，读者可以参考 Spark 文档。

代码清单 4-11

```
import spark.implicits._
// 以树形的方式打印 Schema
df.printSchema()
// root
// |-- age: long (nullable = true)
// |-- name: string (nullable = true)
// 仅挑选出 "name" 列
df.select("name").show()
// +-------+
// |   name|
// +-------+
// |Michael|
// |   Andy|
// | Justin|
// +-------+
// 挑选出所有人名, 并将年龄 +1
df.select($"name", $"age" + 1).show()
// +-------+---------+
// |   name|(age + 1)|
// +-------+---------+
// |Michael|     null|
// |   Andy|       31|
// | Justin|       20|
// +-------+---------+
// 挑选出年龄大于 21 的人
df.filter($"age" > 21).show()
// +---+----+
// |age|name|
// +---+----+
// | 30|Andy|
// +---+----+
// 以年龄来聚合人数
df.groupBy("age").count().show()
// +----+-----+
// | age|count|
// +----+-----+
// |  19|    1|
// |null|    1|
// |  30|    1|
// +----+-----+
```

（6）以程序化方式运行 SQL 代码

SparkSession 所提供的 sql 方法可以让应用程序以程序化的方式运行 SQL 代码，并将结果以 DataFrame 的方式返回，见代码清单 4-12。

代码清单 4-12

```
// 将 DataFrame 注册成 SQL 的临时视图
df.createOrReplaceTempView("people")
val sqlDF = spark.sql("SELECT * FROM people")
sqlDF.show()
// +----+-------+
// | age|   name|
// +----+-------+
// |null|Michael|
// |  30|   Andy|
// |  19| Justin|
// +----+-------+
```

（7）全局临时视图

在 Spark SQL 中临时视图的作用域是基于 session 的，当创建临时视图的 session 终止后，视图就会消失。如果想要一个能在所有 session 之间共享的临时视图，并且在 Spark 应用程序结束之前一直都保持存在，那么就需要创建一个全局临时视图。全局临时视图与系统的保留数据库 global_tmp 绑定，必须指定该数据库名才能够访问该临时视图，见代码清单 4-13。

代码清单 4-13

```
// 将 DataFrame 注册成全局临时视图
df.createGlobalTempView("people")
// 全局临时视图是从属于系统预留的数据库 `global_temp` 的
spark.sql("SELECT * FROM global_temp.people").show()
// +----+-------+
// | age|   name|
// +----+-------+
// |null|Michael|
// |  30|   Andy|
// |  19| Justin|
// +----+-------+
// 全局临时视图是跨 session 的
spark.newSession().sql("SELECT * FROM global_temp.people").show()
// +----+-------+
// | age|   name|
// +----+-------+
// |null|Michael|
// |  30|   Andy|
// |  19| Justin|
// +----+-------+
```

4.2.3 Spark 开发最佳实践

一个程序的最佳实践和性能调优对于程序的速度有着至关重要的影响。对于分布式应用程序，性能调优对于整体的影响更为突出，这是因为在分布式环境中资源情况更为多变，且资源对于集群的整体状态也会有一定的影响。因此分布式程序的调优尤为重要，Spark 在这里也不例外。

Spark 性能优化的第一步，就是要在开发 Spark 作业的过程中注意和应用一些性能优化的基本原则。开发调优需要注意 RDD 血缘关系的设计、算子的合理使用、特殊操作的优化等。在开发过程中，时时刻刻都应该注意以下原则，并将这些原则根据具体的业务和实际的应用场景，灵活地运用到 Spark 作业中。

1. 原则一：避免创建重复的 RDD

通常来说，开发一个 Spark 作业，首先是基于某个数据源（比如 Hive 表或 HDFS 文件）创建一个初始的 RDD；接着对这个 RDD 执行某个算子操作，然后得到下一个 RDD；以此类推，循环往复，直到计算出需要的结果。在这个过程中，多个 RDD 会通过不同的算子操作（比如 map、reduce 等）串起来，这就是 RDD 的血缘关系链。

在开发过程中要注意：对于同一份数据，应该只创建一个 RDD，不应创建多个 RDD 来代表同一份数据。

一些 Spark 初学者在刚开始开发 Spark 作业时，或者是有经验的工程师在开发 RDD 血缘关系极其冗长的 Spark 作业时，可能会忘记之前对于某一份数据已经创建过一个 RDD 了，从而导致对于同一份数据，创建了多个 RDD。这就意味着，我们的 Spark 作业会进行多次重复计算来创建多个代表相同数据的 RDD，进而增加了作业的性能开销。

设想一个简单的例子，需要对名为"hello.txt"的 HDFS 文件进行一次 map 操作，再进行一次 reduce 操作。也就是说，需要对一份数据执行两次算子操作。

不合理的做法：对于同一份数据执行多次算子操作时，创建多个 RDD。这里执行了两次 textFile 方法，针对同一个 HDFS 文件，创建了两个 RDD，然后分别对每个 RDD 都执行了一个算子操作。这种情况下，Spark 需要从 HDFS 上两次加载 hello.txt 文件的内容，并创建两个单独的 RDD；第二次加载 HDFS 文件和创建 RDD 的性能开销，很明显是白白浪费的，见代码清单 4-14。

代码清单 4-14

```
val rdd1 = sc.textFile("hdfs://192.168.0.1:9000/hello.txt")
rdd1.map(...)
val rdd2 = sc.textFile("hdfs://192.168.0.1:9000/hello.txt")
rdd2.reduce(...)
```

合理的用法：对于一份数据执行多次算子操作时，只使用一个 RDD，然后对这一个 RDD 执行多次算子操作。但是要注意，到这里为止优化还没有结束，由于 rdd1 被执行了两次算子操作，第二次执行 reduce 操作的时候，还会再次从源头处重新计算一次 rdd1 的数据，因此还是会有重复计算的性能开销。要彻底解决这个问题，必须结合"原则二：对多次使用的 RDD 进行持久化"，才能保证一个 RDD 被多次使用时只被计算一次，见代码清单 4-15。

代码清单 4-15

```
val rdd1 = sc.textFile("hdfs://192.168.0.1:9000/hello.txt")
rdd1.map(...)
rdd1.reduce(...)
```

2. 原则二：对多次使用的 RDD 进行持久化

当在 Spark 代码中对一个 RDD 做了多次算子操作后，已经实现 Spark 作业第一步的优化，也就是尽可能复用 RDD。此时就该在此基础之上，进行第二步优化，也就是要保证对一个 RDD 执行多次算子操作时，这个 RDD 本身仅仅被计算一次。

对多次使用的 RDD 进行持久化。此时 Spark 就会根据持久化策略，将 RDD 中的数据保存到内存或者磁盘中。以后每次对这个 RDD 进行算子操作时，都会直接从内存或磁盘中提取持久化的 RDD 数据，然后执行算子，而不会从源头处重新计算一遍这个 RDD，再执行算子操作。

对多次使用的 RDD 进行持久化的代码示例见代码清单 4-16。如果要对一个 RDD 进行持久化，只要对这个 RDD 调用 cache() 和 persist() 即可。

cache() 方法表示：使用非序列化的方式将 RDD 中的数据全部尝试持久化到内存中。此时如果对 rdd1 执行两次算子操作，只有在第一次执行 map 算子时，才会将这个 rdd1 从源头处计算一次。第二次执行 reduce 算子时，就会直接从内存中提取数据进行计算，不会重复计算 rdd1，见代码清单 4-16。

代码清单 4-16

```
val rdd1 = sc.textFile("hdfs://192.168.0.1:9000/hello.txt").cache()
rdd1.map(...)
rdd1.reduce(...)
```

persist() 方法表示：手动选择持久化级别，并使用指定的方式进行持久化。比如说，StorageLevel.MEMORY_AND_DISK_SER 表示内存充足时优先持久化到内存中，内存不充足时持久化到磁盘文件中。而且其中的 _SER 后缀表示，使用序列化的方式来保存 RDD 数据，此时 RDD 中的每个 Partition 都会序列化成一个大的字节数组，然后再持久化到内存或磁盘中。序列化的方式可以减少持久化的数据对内存 / 磁盘的占用量，进而避免内存被持久化数据过多占用，从而发生频繁 GC（Garbage Collection，垃圾收集），见代码清单 4-17。

代码清单 4-17

```
val rdd1 =sc.textFile("hdfs://192.168.0.1:9000/hello.txt")
    .persist(StorageLevel.MEMORY_AND_DISK_SER)
rdd1.map(...)
rdd1.reduce(...)
```

对于 persist() 方法而言，我们可以根据不同的业务场景选择不同的持久化级别。

Spark 所支持的持久化级别为：

❑ MEMORY_ONLY：使用未序列化的 Java 对象格式，将数据保存在内存中。如果内存不够存放所有的数据，则数据可能就不会进行持久化。那么下次对这个 RDD 执行算子操作时，那些没有被持久化的数据，需要从源头处重新计算一遍。这是默认的持久化策略，使用 cache() 方法时，实际就使用了这种持久化策略。

❏ MEMORY_AND_DISK：使用未序列化的 Java 对象格式，优先尝试将数据保存在内存中。如果内存不够存放所有的数据，会将数据写入磁盘文件中，下次对这个 RDD 执行算子时，持久化在磁盘文件中的数据会被读取出来使用。

❏ MEMORY_ONLY_SER：基本含义同 MEMORY_ONLY。唯一的区别是，会将 RDD 中的数据进行序列化，RDD 的每个 Partition 会被序列化成一个字节数组。这种方式更加节省内存，从而可以避免持久化的数据占用过多内存而导致频繁 GC。

❏ MEMORY_AND_DISK_SER：基本含义同 MEMORY_AND_DISK。唯一的区别是，会将 RDD 中的数据进行序列化，RDD 的每个 Partition 会被序列化成一个字节数组。这种方式更加节省内存，从而可以避免持久化的数据占用过多内存而导致频繁 GC。

❏ DISK_ONLY：使用未序列化的 Java 对象格式，将数据全部写入磁盘文件中。

❏ MEMORY_ONLY_2、MEMORY_AND_DISK_2 等：对于上述任意一种持久化策略，如果加上后缀 _2，代表的是将每个持久化的数据，都复制一份副本，并将副本保存到其他节点上。这种基于副本的持久化机制主要用于进行容错。假如某个节点挂掉，节点的内存或磁盘中的持久化数据丢失了，那么后续对 RDD 计算时还可以使用该数据在其他节点上的副本。如果没有副本的话，就只能将这些数据从源头处重新计算一遍了。

如何选择一种最合适的持久化策略呢？默认情况下，性能最高的当然是 MEMORY_ONLY，但前提是内存必须足够大，可以绰绰有余地存放下整个 RDD 的所有数据。因为不进行序列化与反序列化操作，就避免了这部分的性能开销；对这个 RDD 的后续算子操作，都是基于纯内存中数据的操作，不需要从磁盘文件中读取数据，性能也很高；而且不需要复制一份数据副本并远程传送到其他节点上。但是这里必须要注意的是，在实际的生产环境中，恐怕能够直接用这种策略的场景还是有限的，如果 RDD 中数据比较多时（比如几十亿），直接用这种持久化级别，会导致 JVM 的 OOM 内存溢出异常 [2]。

如果使用 MEMORY_ONLY 级别时发生了内存溢出，那么建议尝试使用 MEMORY_ONLY_SER 级别。该级别会将 RDD 数据序列化后再保存在内存中，此时每个 Partition 仅仅是一个字节数组而已，大大减少了对象数量，并降低了内存占用。这种级别比 MEMORY_ONLY 多出来的性能开销，主要就是序列化与反序列化的开销。但是后续算子可以基于纯内存进行操作，因此性能总体还是比较高的。此外，如果 RDD 中的数据量过多的话，还是可能会导致 OOM 内存溢出。

如果纯内存的级别都无法使用，那么建议使用 MEMORY_AND_DISK_SER 策略，而不是 MEMORY_AND_DISK 策略。因为既然到了这一步，就说明 RDD 的数据量很大，内存不足。序列化后的数据比较少，可以节省内存和磁盘的空间开销。同时该策略会优先尽量尝试将数据缓存在内存中，内存缓存放不下才会写入磁盘。

通常不建议使用 DISK_ONLY 和后缀为 _2 的级别：因为完全基于磁盘文件进行数据的读写，会导致性能急剧降低，有时还不如重新计算一次所有 RDD。后缀为 _2 的级别，必须将所有数据都复制一份副本，并发送到其他节点上，数据复制以及网络传输会导致较大的性能开销，除非是要求作业的高可用性，否则不建议使用。

3. 原则三：尽量避免使用 shuffle 类算子

如果有可能的话，要尽量避免使用 shuffle 类算子。因为 Spark 作业运行过程中，最消耗性能的是 shuffle 过程。shuffle 过程简单来说，就是将分布在集群中多个节点上的同一个 key，拉取到同一个节点上，进行聚合或 join 等操作。比如 reduceByKey、join 等算子，都会触发 shuffle 操作。

shuffle 过程中，各个节点上的相同 key 都会先写入本地磁盘文件中，然后其他节点需要通过网络传输拉取各个节点上的磁盘文件中的相同 key。相同 key 都拉取到同一个节点进行聚合操作时，还有可能会因为一个节点上处理的 key 过多，导致内存不足，进而溢写到磁盘文件中。因此在 shuffle 过程中，可能会发生大量的磁盘文件读写的 I/O 操作，以及数据的网络传输操作。磁盘 I/O 和网络数据传输也是 shuffle 性能较差的主要原因。

因此在开发过程中，能避免则尽可能避免使用 reduceByKey、join、distinct、repartition 等可进行 shuffle 操作的算子，尽量使用 map 类的非 shuffle 算子。这样的话，没有 shuffle 操作或者仅有较少 shuffle 操作的 Spark 作业，可以大大减少性能开销。

4. 原则四：使用 map-side 预聚合的 shuffle 操作

如果业务必须要使用 shuffle 操作，无法用 map 类的算子来替代，那么尽量使用 map-side 预聚合的算子。

所谓的 map-side 预聚合，说的是在每个节点本地对相同的 key 进行一次聚合操作，类似于 MapReduce 中的本地 combiner。map-side 预聚合之后，每个节点本地就只会有一条相同的 key，因为多条相同的 key 都被聚合起来了。其他节点在拉取所有节点上的相同 key 时，就会大大减少需要拉取的数据数量，从而也就减少了磁盘 I/O 以及网络传输开销。通常来说，在可能的情况下，建议使用 reduceByKey 或者 aggregateByKey 算子来替代 groupByKey 算子。因为 reduceByKey 和 aggregateByKey 算子都会使用用户自定义的函数对每个节点本地的相同 key 进行预聚合。而 groupByKey 算子是不会进行预聚合的，全量的数据会在集群的各个节点之间分发和传输，性能相对来说比较差。

一个典型的例子是分别基于 reduceByKey 和 groupByKey 进行单词计数。其一是 reduceByKey，每个节点本地的相同 key 数据，都进行了预聚合，然后才传输到其他节点上进行全局聚合。其二是 groupByKey，可在没有进行任何本地聚合时，所有数据都在集群节点之间传输。

4.3　批处理漂移计算 SuperSQL

SuperSQL 是一款跨数据源、跨数据中心、跨执行引擎的高性能大数据 SQL 中间件，满足位于不同数据中心的不同类型数据源的数据联合分析和即时查询的需求，支持对接适配多类外部开源 SQL 执行（计算）引擎，如 Apache Spark、Apache Hive 等。

4.3.1 概述

1. SuperSQL 背景与目标

SuperSQL 的首要目标是成为统一的 SQL 分析中间件，实现以下三点的价值：

1）解决业务数据孤岛问题，最大化数据的使用价值。

2）计算引擎的最优选择，提升使用业务数据的效率。

3）优化集群资源的使用，解决使用业务资源的瓶颈。

另一方面，用户对于私有云跨 DC 数据关联分析的需求，也是驱动 SuperSQL 系统特性设计与实现的重要因素，主要包括

1）异构数据源：历史遗留、多源异构、传统关系数据库、NoSQL、全文检索引擎等并存；需要 SQL 连接不同数据源中的表数据。

2）分层逻辑：涉及省、市、区等多层级的不同地域数据中心（Data Center，DC）的概念，各 DC 物理分散，跨 DC 多源查询通常只能在应用层开发实现，效率低且通用性差；需要一个统一的高性能 SQL 分析平台，可基于逻辑视图访问不同 DC 数据源中的数据。

3）分散管理：由于数据量级、主权、安全等原因，各 DC 数据无法统一存储到一个集中的大数据仓库或数据湖；需要对 SQL 执行计划做拆分，分布式下推到不同的数据源、由不同数据中心的计算引擎来执行，然后统一由平台汇总并返回结果给应用。

4）网络隔离：DC 间存在防火墙和端口屏蔽；需要考虑通过 HTTP/HTTPS 协议访问跨 DC 数据源或计算引擎。

SuperSQL 的主要应用场景包括：

1）OLAP 数据分析，通过 SuperSQL 对数据分析 / 挖掘，生成报表等。

2）数据即时查询，通过 SuperSQL 对数据采样，进行小数据交互式查询等。

3）数据联邦查询，通过 SuperSQL 联合分析不同数据源（例如 Hive、HBase）中的数据。

4）割裂的数据版本，通过 SuperSQL 查询不同集群中部署的不同数据源版本中的数据。

5）跨数据中心查询，通过 SuperSQL 查询多个数据中心中的数据。

SuperSQL 当前版本主要对接 JDBC 数据源，即有 JDBC 驱动的 RDBMS（如 MySQL、PostgreSQL 等）和 NoSQL（如 HBase + Phoenix、ElasticSearch 等）数据库。目前 SuperSQL 在腾讯现网及外部客户均已部署使用，对接多个跨 DC 集群，每个集群规模达数百台机器。

2. SuperSQL 关键技术

SuperSQL 是基于 Apache 社区 Calcite 动态数据管理的框架，并围绕前文描述的目标对 Calcite SQL 解析器、优化器、元数据管理等组件做了大量的定制、扩展和优化。SuperSQL 实现语言为 Java，主要特性包括

1）跨数据源查询：支持通过 JDBC 对接 MySQL、PostgreSQL、TBase、Hive（ThriftServer2）、SparkSQL、Oracle、Phoenix（HBase）、ElasticSearch 等数据源，且支持对接同一类数据源的不同版本（如 Hive 2.3.3 与 Hive 3.1.1）。

2）SQL 算子下推：支持常用 SQL 操作下推数据源执行，具体包括 Project、Filter、Aggregate、Join、Sort、Union、Intersect、Except、Limit、Offset、UDF 和嵌套子查询（Nested Sub-Query）等。

3）DC 内 CBO（基于代价优化）：基于数据库领域成熟的 Volcano 模型，选择最优的查询执行计划。

4）元数据管理：SuperSQL 元数据主要包括数据源信息与 CBO 统计信息，持久化存入 Hive MetaStore。

5）跨数据中心 CBO：将集群负载、网络带宽等因子纳入代价估算，选择最优的跨数据中心执行计划，拆分子查询到不同 DC 的多个计算引擎执行。

6）最优计算引擎选择：支持对接多种不同类型的分布式计算引擎（如 Apache Spark/Hive/Flink/Presto），支持为每个 SQL 智能挑选最优的执行引擎。

7）标准 SQL 语法：支持 SQL 2003、Oracle12 和 MySQL5 语法等。

图 4-7 展示了 SuperSQL 的系统架构。图中计算引擎包括 Apache Spark、Apache Hive、Apache Flink、Apache Presto 等。下面重点介绍 SuperSQL 的元数据管理、跨源查询执行与跨 DC 查询优化功能。这些工作根据腾讯和业界经验而进行的总结、沉淀，不一定是腾讯实际的业务情况，部分方案仅为实验性的研究和探索。

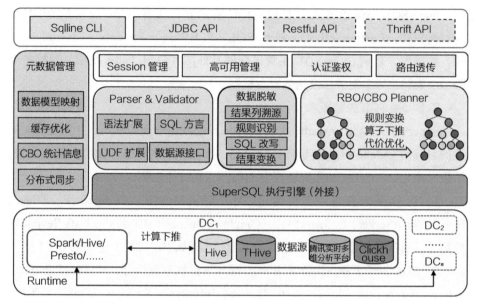

图 4-7 SuperSQL 系统架构

4.3.2 元数据管理

1. 数据源元数据模型

SuperSQL 主要面向跨不同数据中心 / 数据源的数据分析场景,因此传统数据库和数据仓库中的较为简单的 DB-TABLE 层级的概念难以满足数据源定义的元数据管理的需求。例如,不同数据中心因为相同数据库和相同数据表引起的歧义、数据源级别的动态注册和删除等问题,SuperSQL 都需要考虑处理。

SuperSQL 数据源元数据模型在设计之初,就考虑到了不同 DC 数据源的命名空间嵌套任意层级可扩展且支持后续任意特性(如权限管理、数据源集合、统计信息等)的定义和开发需求。总的来讲,命名空间不再沿用类似传统关系数据库中的固定层级结构,而是采用比较灵活的树形结构,以支持任意扩展。

从数据结构上来看,SuperSQL 的数据源元数据实际上是一种特殊的 Trie⊖,

⊖ Trie,又称字典树、单词查找树或键树,是一种树形结构,也是哈希树的变种。

不再具有 DB 和 Table 的概念，如图 4-8 所示。Catalog 对应的树（CatalogTree）由一系列树节点（CatalogTreeNode）构成，每个 CatalogTreeNode 及其子节点构成的子树对应子命名空间。CatalogTree 中构建了唯一的虚拟根节点，对应 SuperSQL 的全局命名空间。CatalogTreeNode 主要内容有：

❑ 父节点 parent，根节点的 parent 为 null。

❑ 孩子节点列表 children。

❑ 节点路径 path，根节点到当前节点的完整名称，例如 "dc2.mydb" 对应 ["dc2", "mydb"]。

❑ 名称 name，对应 path 中最后一个元素。

❑ 配置信息 config，Map 类型记录节点所对应的所有配置。

可以通过约定对应的 key 和外部约束条件来满足各种需求。下面举几个典型的实例。

❑ 层级约束管理：假设用户需要定义命名层级，将 MySQL 等数据库管理系统称为 DataSystem，在其之上还可定义 DataCenter，且规定了彼此层级嵌套的关系，DataCenter 之下可以嵌套 DataCenter，或者包含多个 DataSystem 等。那么，可以在 config 中约定属性 "supersql.catalog.level" 表示层级，在树的操作过程中约束层级的嵌套关系。

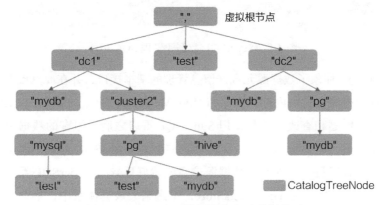

图 4-8　SuperSQL 数据源信息元数据模型

- 自动加载数据源列表：假设用户觉得一个一个 JDBC 数据源配置太过烦琐，希望能够自动获取 MySQL 中的所有数据源，那么可以在 config 中约定 "supersql.catalog.expand" 属性表示该节点需要展开，并在此基础上进一步约定更多的配置信息。
- 权限 / 统计信息存储：config 可以存储进出该数据源的带宽等物理信息，以用于 SuperSQL 中的跨 DC 查询优化；同样，config 可以存储该数据源特定的访问限制规则，用来约束数据源对不同用户的读写范围等。

2. 数据源信息的缓存与持久化

SuperSQL 数据源通过特定的 Create/Drop/Alter DataSource SQL 命令创建、删除或修改，数据源相关的元数据信息在命令中指定，如图 4-9 所示。

图 4-9　SuperSQL 数据源管理 SQL 命令

SuperSQL 抽象了数据源元数据信息管理的基本接口，并在此基础上提供了三种内置的存储方式：内存、文本和 Hive MetaStore 存储。内存方式主要用于调试、支持增删和查改等操作，但 SuperSQL 重启之后，原有的数据源等元数据信息将丢失，需要重新构建。文本的存储方式采用 JSON 格式，属于只读的方式，方便管理员一次性地将数据源信息配置好后导入 SuperSQL 系统中。默认的持久化存储方式是 Hive MetaStore，考虑到大数据体系中，绝大多数系统都支持管理 Hive 的库表信息，且提供标准的接口，因此 SuperSQL 直接采用 Hive MetaStore 服务，用户只需要配置服务所对应的 Thrift Server URI 即可。

基于 Hive MetaStore 存储的核心是数据模型的映射，即将内存中 Catalog 元数据结构的操作映射为 Hive MetaStore 中的对数据库、数据表的操作。SuperSQL 首先会在 Hive MetaStore 中创建一个专有的数据库（Database），其名称固定，例如 "supersql"；每个配置的节点对应该 Database 中的一张虚拟表（Table），Table 的名字对应数据源的全路径（path），Table 的 Parameters 字段正好用于存储数据源的配置（config）信息。

如图 4-10 所示，假设 Catalog 中配置了 ["dc.oracle.mydb", "dc.pg.test", "dc.pg", "dc.tbase"] 四个节点，那么在 Hive MetaStore 中将会对应创建四个虚拟表，这个过程会有一些命名规范的处理（如 "." 替换为 "_" 等）。然后，将相应的 config 信息设置到虚拟表的参数信息中。因此，基于 Hive MetaStore 的 Catalog 实现增删和查改的逻辑较为简单：

```
add(path, config) -> create Table(path).setParameters(config)
```

delete(path) -> 删除所有名称处于 path 或其子节点的虚拟表，如 delete(dc.pg)，删除 dc_pg 和 dc_pg_test 表：

```
get(path)-> Table(path).getParameters
set(path, config) -> Table(path).setParameters(config)
```

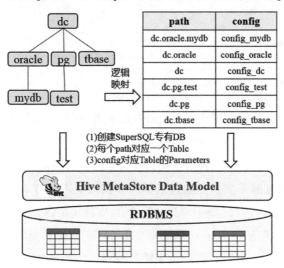

图 4-10　SuperSQL 数据源元数据 Hive MetaStore 持久化

3. CBO 统计信息采集

除数据源定义信息外，SuperSQL 另一类重要的元数据是用于 CBO 代价估算的数据源表统计信息。

CBO 需要估算 SQL 执行计划中每个算子的代价，包括 CPU、I/O、Network 等。一个物理计划的代价，就是其树型结构上所有节点（算子）的代价之和。在所有候选计划中，CBO 挑选代价最小的计划，作为最优计划来执行。估算某个 SQL 算子（如 Filter、Join、Sort）的代价，需要首先预估其输出和处理的行数 / 字节数，其基础为每个底层 Scan 算子的预估值，通过采集对应数据源表的统计信息（CBO Stats）来计算。

SuperSQL 数据源表的统计信息分为表级和列级两类。表级统计信息包括表的总行数与字节数。列级统计信息描述了表中当前某列数据的若干统计值，根据列的数据类型分为：

1）数值型列（包括 Date/Timestamp）：NDV（Number of Distinct Value）、NNV（Number of Null Value）、字段长度、最大值、最小值、直方图（可选）。

2）字符串型列：NDV、NNV、平均长度和最大长度。

SuperSQL 数据源表的统计信息是通过 ANALYZE 命令来采集的，命令语法如下所示：

```
ANALYZE TABLE table-name COMPUTE STATISTICS
[FOR COLUMNS column-name1, column-name2, ...]
[WITH SAMPLE SIZE sample-row-num]
[WITH SAMPLE TIMES sample-times]
[WITH INCREMENT condition | RECOMPUTE]
```

ANALYZE 命令同时采集某 SuperSQL 数据源表的表级和列级统计信息。其中表级信息为必采信息，而列级信息如果命令不包含 FOR COLUMNS 子句，默认采集所有列信息，而包含该子句时仅采集指定的列信息，至少需指定一列。

列级统计信息的采集，是通过采样而非扫描全表的方式。因为表的数据量可能高达数十亿或数百亿条记录。命令中的 WITH SAMPLE SIZE 子句指定采样的行数，默认值为 N = min（表行数，1000 万），也就是不超过 1000 万行的表还是会全表扫描。采样方式为全表随机采样，如果数据源表包含分区且该信息可以通过数据源 API（如 JDBC 接口）获取，则每个分区均随机采样 1/N。命令中的 WITH SAMPLE TIMES 指定采样的次数，多次采样可以增加随机概率，默认值为 1，多次采样的结果增量合并。

同一数据表多次执行 ANALYZE 命令，默认采集的列统计信息是增量叠加而非全量覆盖，目的是累积采样效果，提升统计信息精度，从而提升 CBO 算子代价估算的准确度。RECOMPUTE 子句（可选）指定本次命令为全量覆盖，即删除不合并之前采集的统计信息，适用于表数据变化较大或历史采集效果明显不准确的情况。WITH INCREMENT 子句（可选）指定一个条件，如 dp = '2019-08-01' AND cp > 100，命令执行时仅随机采样满足该条件的数据，且采样结果增量合入当前统计信息，适用于新增或删除表分区的情况。

SuperSQL CBO 统计信息采集后，持久化存入 Hive MetaStore，与数据源定义信息一样存入 TABLE_PARAMS 元数据库表，如表 4-1 所示。表中 TBL_ID 是数据源名称（路径）对应的 SuperSQL DB 中虚拟表的 ID。后续 CBO 模块从 Hive MetaStore 读取需要使用的统计信息。

统计信息的 Hive MetaStore 存储格式为：

1）表统计信息对应的参数名加上 supersql.cbo.tblStats.srcTableName 前缀。

2）列统计信息参数名加上 supersql.cbo.colStats.srcTableName.colName 前缀。这里"srcTableName"是数据源中对应采集统计信息的表的名称。

表 4-1 SuperSQL CBO 统计信息 Hive MetaStore 存储方式

TBL_ID	PARAM_KEY	PARAM_VALUE
1	supersql.cbo.tblStats.table1.rowCount	1000
1	supersql.cbo.colStats.table1.col1.histogram	直方图字符串
1	supersql.cbo.colStats.table2.col2.distinctCount	HyperLogLog 字符串
2	supersql.cbo.tblStats.table3.sizeInBytes	1024000
2	supersql.cbo.colStats.table3.col3.avgLen	8
3	supersql.cbo.colStats.table4.col4.nullCount	100

4. 用户 Session 参数

SuperSQL 的用户 Session 参数管理机制，类似社区 Hive 与 Spark。SuperSQL 每个 JDBC 客户端连接（Connection）都对应服务端的一个独立用户 Session。SuperSQL 的 Session 参数设置方式，采用静态配置文件初始值加上 SET/RESET 命令动态实时修改的方式。命令不能修改全局参数，全局参数只能通过修改配置文件后重启 SuperSQL Server 服务而生效。全局和 Session 参数都不会持久化到 Hive MetaStore。

对于 SuperSQL 参数类别，表 4-2 列举了每类参数的用途说明与样例。

表 4-2　SuperSQL 参数类别

参数类别	用途说明	样　　例
系统参数	服务端口、Hive MetaStore URI、认证鉴权类型等	supersql.webserver.port supersql.hive.metastore.uri
计算引擎参数	计算引擎 URL、用户名、密码，任务执行进度监控等	supersql.hive.thriftserver.url supersql.spark.info.monitor.interval
CBO 参数	是否开启 HDFS 优化、Join 重排序类型、CBO 耗时阈值等	supersql.cbo.hiveOpt supersql.cbo.maxtime supersql.cbo.join.reorder
CBO 规则开关参数	CBO 是否启用某个规则	supersql.transpose.aggunion supersql.semijoin.enabled
RBO 参数	某种 RBO 变换是否开启	supersql.trimFields.afteropt supersql.join.pushdownAllCond
数据源参数	某类算子是否下推数据源、DDL 语句是否直接操作数据源等	supersql.datasource.joinPushdown supersql.datasource.ddlexec.create
JDBC 连接池参数	SuperSQL Server 到数据源和计算引擎的 Jdbc 连接池管理	supersql.jdbc.connection.pool.maxSize supersql.jdbc.connection.pool.maxIdleTime
CBO Stats 参数	采集队列大小、直方图 bucket 数目等	supersql.cbo.bucket.num

5. 元数据 Session 间的同步

不同用户操作同一数据源时，可能会带来元数据冲突等问题。典型的场景例如，用户 A 查看数据源 DS 之后，用户 B 删掉了该数据源，这样用户 A 在执行数据分析任务时就会失败。目前，在 SuperSQL 中实现了以下两种 Session 间元数据同步的方案。

- ❏ 共享加锁：不同 Session，共用同一份元数据对象。为保证强一致性，会对该元数据对象进行加锁同步，如图 4-11a 所示。
- ❏ 备份协调：不同 Session 中，用户独享元数据备份，为了支持所有备份同步，采用监听器进行协调处理，如图 4-11b 所示。

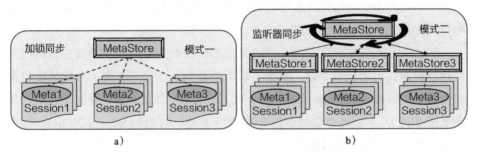

图 4-11　SuperSQL 元数据同步机制

然而，在实际应用场景中，因为对数据源的操作并不像数据表的操作那样频繁，而且在一般情况下，数据源的操作都是由系统管理员或运维人员等权限较高的人员进行，数据源本身的访问则由权限模块进行控制。所以，为简化逻辑，在 SuperSQL 中，默认采用第一种管理方式，即不同 Session 共享同一份元数据。

6. 认证与鉴权

SuperSQL 依赖于元数据信息进行认证和鉴权，整体采用腾讯自主研发的安全认证系统加上开源社区 Ranger 系统做统一处理。当 SuperSQL 获取到用户的相关信息后，根据元数据获取到的库名和表名，调用权限模块接口完成认证和鉴权。

4.3.3 跨源分布式查询处理

跨数据源的分布式查询处理是 SuperSQL 最为关键的功能模块，当接收到用户提交的一个查询语句后，SuperSQL 会对查询 SQL 进行解析并通过 CBO 生成对应的物理执行计划，此过程中会进行数据源相关的 SQL 算子下推，同时改写整体查询语句，然后提交计算引擎执行。

1. SQL 算子下推

SQL 算子下推是将本来需要在计算引擎进行处理的若干 SQL 操作，使其"漂移"下发到对应的数据源内部去执行。算子下推的好处是可以充分利用数据源的计算能力，节省数据源与计算引擎或 SuperSQL Server 之间的网络传输开销，尤其是跨 DC 或集群受限带宽情况下的网络开销，由此可提升查询响应时间与优化系统资源利用。

默认所有类型的 SQL 算子，在 SuperSQL CBO 判断下推数据源执行的代价比计算引擎执行的代价小时，都会下推数据源执行。另一方面，考虑某些数据源的能力（如 Phoenix Join 支持不好）或当前负载（如负载高，暂时无法执行复杂下推 SQL），下推某个数据源的 SQL 算子类型，可通过 SuperSQL Session 参数灵活配置。例如，执行命令：

```
SET supersql.datasource.joinPushdown.dc1.hive1.db1 = false
```

可通知 SuperSQL CBO Join 操作不能下推名为 dc1.hive1.db1 的数据源。该下推参数名称的通用模式为：

```
supersql.datasource.{op}Pushdown[.dataSourceName]
```

其中 op 为表示算子类型的枚举类型，取值可以是下列之一：join、filter、project、values、sort、aggregate、calc、tableModify、union、intersect、minus。

表 4-3 列举了 SuperSQL 支持下推数据源的复杂 SQL 算子类型。

表 4-3　SuperSQL 算子下推汇总

SQL 算子类型	说　　明
投影（Project）	支持带表达式或函数，如 SELECT a, abs(b), b + a * c
过滤（Filter）	支持带表达式或函数，如 a > sqrt(b) + 1
聚合函数（Aggregate）	包括 count、sum、average、max、min 等
Top N（Limit/Offset）	不同数据源语法不同，如 Oracle 为 rownum < N
排序（OrderBy）	Order-By 不下推对应 Limit 无法下推

（续）

SQL 算子类型	说　　明
Union/Intersect/Minus	去重可以减少数据量
系统标量函数（Scalar Function）	length、power、datetime 等，基于数据源函数签名改写
连接（Join）	CBO 估算 Join 的结果是否会膨胀，权衡传输与计算开销；Join 重排序，增加下推可行性；支持 Inter/Outer/Cross Join 下推；支持各类 Join 条件，如 t1.a = t1.b、t1.a > 3、t1.a > t2.b ∗ t2.c
数据源专有函数	必须下推到数据源执行，计算引擎执行无法识别执行时会报错
非 JDBC 数据源	下推数据源的"查询"不是 SQL 语句，而是适配特定数据源（如 MongoDB、HBase 无 Phoenix）API 的 RPC 序列

2. 物理计划规则变换

SuperSQL 扩展 Calcite VolcanoPlanner 实现了 SQL 从逻辑计划到最优物理计划的生成变换，这个过程实际为 RBO（基于规则的优化）与 CBO（基于代价的优化）的融合，通过重复挑选预定规则集合中的当前最优规则来变换计划树（其中部分规则用于 SQL 算子下推），生成候选物理计划集合并估算每个候选的代价，最后挑选代价最低的候选计划来执行。

基于 VolcanoPlanner 的整体框架，SuperSQL 扩展优化了数十个 Calcite 规则，修复了跨多 JDBC 数据源 SQL 单源能算子下推和若干复杂 SQL VolcanoPlanner 长期无法获取最优计划而挂起或直接无法生成可执行计划等影响实际商用的开源 Calcite 遗留问题，确保查询物理计划变换在语义上的正确性和时间上的高效性。

VolcanoPlanner 的基本设计思路被业界商业 RDBMS 和开源 NoSQL（如 Hive）广泛采用，只是具体实现各有不同，甚至区别很大。VolcanoPlanner 代价优化是基于"最优成本假设"（在最优的方案当中，取局部的结构来看其方案也是最优的），利用动态规划算法，自底向上或者自顶向下逐步变换物理计划。SuperSQL 使用的是自顶向下的变换方式。

SuperSQL VolcanoPlanner 的一个重要数据结构是计划树上的一类特殊节

点，叫作节点等价集（RelSet）。计划树上的每个子树均使用其根节点作为代表。某个子树的所有可能变换方案组成的集合就是节点等价集。等价集会维护自身元素当中具有最优成本的方案，也会保留其他代价较高的所有候选方案。

SuperSQL VolcanoPlanner 会计算每个节点等价集的重要性值（Importance）。Importance 计算模型如下：当等价集里还没有可用物理计划时，其重要性值初始化为 $0.9L$（其中 L 为计划树层数），其中根节点的重要性值 $I_{root} = 1.0$，其他节点根据其父节点的重要性值以及该节点在所有兄弟节点中的代价权重比例进行计算。节点存在多个父节点的情况下，选择其中一个最大值 $I_n = \text{Max}_{parents\ p\ of\ n} \{I_p \cdot W_{n,\ p}\}$，其中 $W_{n,p}$ 表示节点 n 在其父节点 p 中的权重 $W_{n,p} = \text{Cost}_n / (\text{SelfCost}_p + \text{Cost}_{n0} + \cdots + \text{Cost}_{nk})$。当某个节点等价集的代价降低时，其对应的重要性值也相应地被更新。

VolcanoPlanner 规则用于变换计划树中的节点。某个规则会关联节点等价集并基于其重要性赋予一个权值。规则匹配采用优先队列的方式，存储当前所有可用的执行计划，按照其中节点等价集的重要性进行排序。优先队列中的规则是动态"触发"式的，新的执行计划节点触发对应可用的规则，并将这些规则添加到队列中。经过不断的迭代，最终得到完整的可执行物理计划集合。这个迭代过程可能很长，要确保迭代能在较短的时间内完成。迭代完成后，VolcanoPlanner 从候选计划集合中挑选代价最优的作为最终的物理执行计划，这个挑选过程耗时很短。

3. 外部计算引擎与查询整体改写

无论是传统的 RDBMS，还是大数据 NoSQL，查询执行的效率都是至关重要的一个性能指标。一般来讲，执行层的每一次迭代升级，都会带来系统性能上的巨大提升，如 Hive 从 MapReduce 到 Tez 再到 LLAP。

SuperSQL 定位于跨数据源的联合分析，同样需要考虑执行层的方案选择，而且不应局限在特定的计算引擎上。不同的执行引擎有着各自独特的计算模型，例如 Spark 中的 RDD、Flink 中的 DataSet 等。如果将执行计划直接转换到这些底层的计算单元，虽然性能上可能有提升（必须在转换效果好的前提下），但一方面细节过于烦琐，需要了解每个引擎的 API 并实现算子树 RelNode 到 API 的转换，另一方面开发和维护代价巨大。随着这些开源计算引擎的不断迭代演化，SuperSQL 中需要对应进行定制化修改，才能达到兼容的目的。

　　基于上述考虑，SuperSQL 在执行层采用的方案是：将 CBO 挑选的最优物理执行计划反向生成 SQL，不同的数据源的下推 SQL 首先以视图（View）的形式注册到计算引擎中，然后利用计算引擎来执行一条汇总的 SQL 语句。假设一个 SuperSQL 查询中涉及 N 个 JDBC 数据源时，最终将生成至少 N+1 条 SQL 语句，其中 N 条 SQL 是需要下推到数据源执行的（一个数据源可能涉及多张表并对应不同的下推 SQL），最后一条则是提交到计算引擎执行的，如图 4-12 所示。

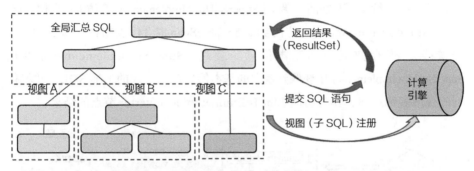

图 4-12　SuperSQL 查询执行流程：下推 SQL 视图 + 执行引擎汇总

　　基于上述方案，无论用户期望使用哪种计算引擎，因为 SQL 语言的通用性，只需要添加对应的轻量级 Dialect 语法适配类即可完成对接，不需要改动底层逻辑，就达到了与特定计算引擎解耦的目的，使得 SuperSQL 作为中间件具备了良好的可维护性和扩展能力。此外，因为生成的是 SQL，既便于调试，也能够很方便地展示给用户和管理人员。目前，SuperSQL 支持的执行引擎包括：

　　❑ 单机内存执行（内置，Calcite 原生，仅小数据量或演示使用）。

　　❑ 社区 Hive ThriftServer2（外接）。

　　❑ 社区 Spark ThriftServer2（外接）。

SuperSQL 对执行引擎的要求为：

　　❑ 支持标准 SQL 语法并提供 JDBC 接口，供 SuperSQL 对接。

　　❑ 能够通过 JDBC/HDFS/ 定制适配器连接到每个 SuperSQL 数据源，连接信息在视图创建时由 SuperSQL 动态发给执行引擎。

❑ 支持对接 Hive MetaStore 读写常用格式的 HDFS 表，如 ORC、TEXT 等，此要求可选。

如图 4-13 所示，一方面基于数据源下推 SQL 生成视图信息，另一方面执行合并 SQL 并返回结果。整体实现逻辑采用 Visitor 设计模式。对于物理执行计划，SuperSqlImplementor 类生成汇总 SQL，SuperSqlJdbcImplementor 生成各个视图的下推 SQL 和数据源的基本信息。当 SuperSqlImplementor 访问到 JdbcToEnumerableConverter 节点时（该节点子树代表一个数据源的下推计算），停止继续递归访问，调用 SuperSqlJdbcImplementor 来访问子树。当 SuperSqlJdbcImplementor 访问到 JdbcTableScan 时（代表扫描一张 JDBC 数据源表），保存数据源的基本信息。最终，SuperSqlImplementor 可以从 SuperSqlJdbcImplementor 中获取到视图的基本信息及其生成的下推 SQL，并将得到的视图名称返回，作为访问 JdbcToEnumerableConverter 节点的结果。

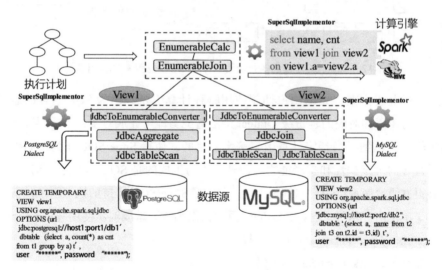

图 4-13　SuperSQL

4. 数据源多版本隔离

数据源隔离为 SuperSQL 提供同时访问不同版本的同一类型数据源的能力。

以社区 Hive 为例，Hive 2.X 版本与 3.X 版本，其 Hive ThriftServer2 的 JDBC 驱动依赖包是不能适配通用的，连接特定版本的 ThriftServer 必须使用对应版本的驱动，但是两个 JAR 包中的驱动类名均为 org.apache.hive.jdbc.HiveDriver，同时放到 SuperSQL 的 JVM CLASSPATH 下就造成了冲突。对于某些 RDBMS（如 Oracle 10/11/12），也会存在类似的不同版本 JDBC Driver 包彼此冲突的问题。这个问题在开源 SQL 引擎 Spark、Hive、Presto 等对接不同版本的 JDBC 数据源时也存在，据我们所知并未得到解决。

为了解决这个问题，SuperSQL 实现了通用对接不同数据源类型及版本的 SuperSQL JDBC Driver（简称 SuperSQL Connector）。注意 SuperSQL Connector 是用于对接数据源的 JDBC Driver，不是 SuperSQL Server 本身的 JDBC Driver。

图 4-14 显示了 SuperSQL Connector 的实现原理。SuperSQL Connector 包放置在 SuperSQL Server 的 CLASSPATH。不同版本的数据源驱动放置在各自独立的外部路径而非 SuperSQL Server CLASSPATH，该路径加上数据源类型、连接信息等参数，作为 SuperSQL Connector 的参数。SuperSQL Connector 创建独立的 URLClassLoader 来加载并使用不同路径下的对应数据源驱动，因为 JVM 通过不同 URLClassLoader 加载的同名类会被认为是不同的类，这就解决了上述单一 CLASSPATH 下不同版本数据源的同名类驱动彼此冲突的问题。SuperSQL

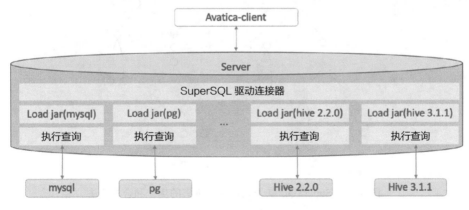

图 4-14　SuperSQL Connector 的实现原理

Connector 可以看作一个轻量级的代理 JDBC Driver,底层还是调用对应数据源版本的 JDBC Driver 来连接数据源。

5. 数据源等价集

当不同的数据源逻辑上独立但底层连通且计算 / 存储共用时(如多个 Hive ThriftServer 实例下接同一 Tez 和 HDFS),如果下推不同的 SQL 子查询分别到这些数据源,一方面会带来额外的 JDBC 传输次数,带来网络和存储的不必要开销,另一方面执行逻辑存在冗余,底层的资源调度会被多次调用。

SuperSQL 查询优化引入了数据源等价集的概念。系统管理员或运维人员可以在创建或修改数据源注册信息时,指定该数据源与其他哪些数据源(通过数据源名称表示)在物理上是等价的。SuperSQL 会基于数据源等价集的信息,通过 CBO 评估下推到两个或多个等价数据源的 SQL,以及是否要合并为一个下推到其中的某个数据源更为有效。数据源等价集的优化原理和合并算法如图 4-15 所示,算法基本步骤包括:

1)寻找父节点的 Unary 祖先节点。

2)改变节点的物理属性。

3)添加相关的 Converter 和 Calc 节点。

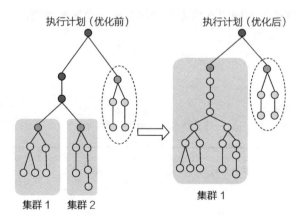

图 4-15 SuperSQL 基于数据源等价集的优化和合并算法

```
Algorithm EquivalentSetCombine
  Input: RelNode a, RelNode b, RelRoot root
  Output: RelRoot root
1 RelNode ancestor <- findCommonUnaryAncestor(a, b)
2 convention <- getCommonConvention(a, b)
3 removeInnerJdbcNode(ancestor)
4 changeJdbcConvention (ancestor, convention)
5 addNecessaryCalcNode(ancestor)
6 ......................................................
7 ensureSemantic(root)
8 return root
```

图 4-15 （续）

4.3.4　跨 DC 查询优化

SuperSQL 跨 DC 查询优化是基于采集的数据源表统计信息及 DC 内和跨 DC 的精确 CBO 模型，自动选择最优的数据中心和最佳的执行引擎，自动选择每个执行引擎（和对应数据源集合）下推 SQL 的最优执行物理计划。

1. 单 DC CBO：规则集切分与多阶段优化

Calcite 原生 VolcanoPlanner CBO 将所有上百条规则放在单一规则队列中循环匹配，某条规则还可能进去队列无限多次，导致复杂查询下 CBO 可能耗时数十分钟甚至更长，或者无法直接找到可执行物理计划。SuperSQL 通过超时机制与耗时规则屏蔽的方式，对这个过程做了一定程度的优化，基本上解决了大部分复杂查询的相关问题。图 4-16 所示为 SuperSQL VolcanoPlanner 规则集切分。

作为进一步优化机制，SuperSQL 实现了基于 Calcite 规则集切分的增强 CBO + RBO 融合优化器（Improved Optimizer），可通过参数开关控制优化规则的开启和关闭。SuperSQL 增强优化器的基本原理是，将计划树基于 Calcite 规则全集的匹配变换过程划分为独立的若干串行阶段，每个阶段基于 VolcanoPlanner（CBO）或者 HepPlanner（RBO）只匹配一个规则子集划分，其好处在于：

❑ 将彼此互斥的某些规则隔离到不同阶段，避免了极端情况下出现死循环等副作用。

❑ 解决了 Calcite 原生 VolcanoPlanner 单阶段触发式执行导致的状态空间急

剧膨胀，以及极端情况下出现指数级别的匹配关系的缺陷。

❑ 将彼此无关的规则集（如 Enumerable 和 Jdbc）独立拆分到不同阶段，避免了同时考虑一个很大的规则全集导致的耗时过长等问题。

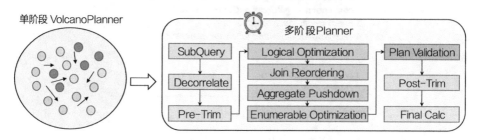

图 4-16　SuperSQL VolcanoPlanner 规则集切分

SuperSQL 增强优化器的串行执行阶段按顺序列举如下，每个阶段都用一个名称来命名，并对应着 Calcite 的一个 Program 数据结构对象。

❑ SubQuery：将嵌套 In/Exists/Scalar 子查询转换为 Join，采用 HepPlanner，包含 Calcite SubQueryRemoveRule 的所有实例（PROJECT/FILTER/JOIN）。

❑ Decorrelate：去除嵌套查询中的变量关联性，基于 Calcite 内置功能类 RelDecorrelator 实现。

❑ Trim：去除各节点的冗余字段，基于 Calcite 内置功能类 RelFieldTrimmer 实现。

❑ Logical Optimize Planning：采用 VolcanoPlanner 将逻辑计划树中的 LogicalRel 节点变换成 EnumerableRel（如 LogicalProject -> EnumerableProject）。

❑ Join Reordering：采用 VolcanoPlanner 对基于参数 supersql.cbo.join.reorder 指定的机制进行 Join 重排序优化。

❑ Push Down Aggregate Functions：采用 HepPlanner 将聚合函数下推子树以节省数据传输开销，包含 Calcite AggregateFilterTransposeRule、AggregateJoinTransposeRule、AggregateProjectMergeRule、Aggregate-MergeRule、AggregateRemoveRule 等规则。

❑ Enumerable Optimize Planning：采用 VolcanoPlanner 将 EnumerableRel

节点变换成 JdbcRel 节点（如 EnumerableFilter -> JdbcFilter）。

❑ CheckPlan：采用 HepPlanner 进行后续检查，确保当前变换生成的物理计划中 EnumerableProject 和 EnumerableAggregate 的合法性。

❑ TrimFieldsAfterOpt：基于 RelFieldTrimmer 和 HepPlanner，进一步优化去除各节点的冗余字段，降低从 JDBC 数据源返回结果的传输开销。

❑ Calc：采用 HepPlanner 将 Project 和 Filter 合并为 Calc。

SuperSQL 增强优化器在复杂查询下仍能确保毫秒级的 CBO 耗时，而且生成的物理执行计划几乎完全匹配原生优化器。

2. 跨 DC 代价因子：网络带宽

SuperSQL 跨 DC CBO 目前主要考虑的代价因子是 DC 间网络传输的代价或耗时。代价因子由传输数据量（字节数）和 DC 间的网络带宽决定，后续会引入数据源和计算引擎负载等其他代价因子。对于一个 SuperSQL 查询，物理计划树中某 SQL 算子的传输数据量可以通过统计信息和 CBO 代价估算得到，因此另一个主要问题就是如何获取不同 SuperSQL 组件（SuperSQL Server、计算引擎和数据源）之间数据传输的网络带宽信息。

SuperSQL 跨 DC CBO 使用简单的静态网络带宽配置与推算方案，暂时未实现动态带宽监控机制。这是由于网络波动而难以准确监控实时带宽变化，且监控所需资源消耗可观，也没有可直接调用的系统监控接口。在创建或修改数据源的 SQL 命令中，数据源配置项新增 bandwidth 可选参数，指定该数据源到其他数据源之间的网络带宽，如下示例所示：

```
CREATE/ATLER DATASOURCE dc1.cluster1.hive1.db1
with (datasource=jdbc, catalog=tpcds_1g, …,
bandwidth=`[dc2:1g, dc3.cluster2:100m]`)
```

注意 DC 间的网络带宽只对 SuperSQL 跨 DC CBO 起指导作用，同时 CBO 本身也是一个"Best Efforts"的过程，并非一定要找到最优的物理执行计划（遍历所有情况开销巨大），大多数情况下次优计划即可。因此，网络带宽配置提供的信息只需基本反映不同 DC 间带宽的量级区别即可（如万兆与百兆的区别），而无须提供非常精确的数据（如 128Mbit/s）。

基于所有数据源注册时提供的带宽属性值, SuperSQL Server 启动时会在内存构建系统带宽全连接图(记为 Gbandwidth, 见图 4-17), 具体说明如下:

1)每个合法的数据源名前缀(不一定对应一个具体数据源), 在 Gbandwidth 中均对应一个节点。

2)所有节点到其他任何节点均有边, Gbandwidth 为有向全连通图。

3)边的权重代表数据从节点 A 发送数据到节点 B 的网络带宽(单向)。

4)如果节点 A 到节点 B 的带宽已指定, 但 B 到 A 的带宽未指定, 则认为带宽对称。

5)如果节点 A 到节点 B 的带宽未指定, 节点 B 到节点 A 也未指定, 则节点 A 到节点 B 的带宽定义为节点 A 的父节点到节点 B 的带宽, 或者节点 A 的父节点的父节点到节点 B 的带宽, 以此类推。

6)如果节点 A 到节点 B 的带宽用上述方式未能确定, 则使用 DC 内带宽默认值 10Gbit/s。

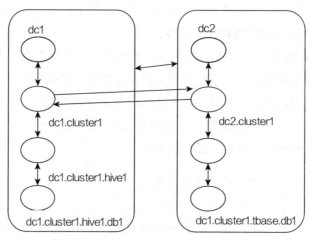

图 4-17 SuperSQL 系统带宽全连接图

SuperSQL Server 运行时, Gbandwidth 基于 CREATE/ALTER DATASOURCE 命令的配置进行实时更新。有了数据源之间的带宽图, SuperSQL 就可以进一步推断其对接的一个或多个计算引擎到各个数据源之间的带宽。例如下面的参数设置命令。

```
SET supersql.spark.thriftserver.url.dc1 = jdbc:hive2://host1:port1/
    supersql
SET supersql.hive.thriftserver.url.dc2.cluster1 = jdbc:hive2://
    host2:port2/supersql
```

SuperSQL 对接多个计算引擎（Spark/Hive ThriftServer2），通过对应配置参数名的最后带数据源（DS）前缀名字符串来区分，语义上表示计算引擎所部署的 DC 和集群，也表示计算引擎与哪些数据源在同一 DC 或集群。

计算引擎 A 到数据源 B 的带宽（A 写入数据到 B），定义为带宽图中 A 的 DS 前缀名对应的节点到数据源名对应的节点间的带宽，B 到 A 的带宽同理定义（A 从 B 读取数据）。如果计算引擎 A 的 DS 前缀名在带宽图上没有对应节点，则从后往前逐级取部分父前缀名对应的节点来获取带宽。顶级前缀仍无对应节点（语义上代表计算引擎与任何数据源都不在同一 DC 或集群），则采用默认值 10Gbit/s。

除下发外接计算引擎执行外，应用提交给 SuperSQL 的一个查询，也可以在 SuperSQL Server 所在的服务进程使用 Calcite 原生引擎执行，下面的参数命令定义了 SuperSQL Server 对应部署位置（DC 或集群），这样 SuperSQL Server 也可以看作一个计算引擎，它与某个数据源之间的带宽用同上方法获得。

```
SET supersql.webserver.loc = dc1.cluster3
```

3. 跨 DC CBO：最优引擎挑选与多引擎协同

SuperSQL 跨 DC CBO 实现主要包括两个方面：

（1）最优（单）计算引擎挑选（见图 4-18a）

一个查询物理执行计划的网络代价估算如下：

1）对每个数据源下推 SQL，基于统计信息估算其输出行数和字节数。

2）对 SuperSQL 配置对接的每个计算引擎，计算并行接收所有数据源下推 SQL 中间结果的网络代价（耗时）。

3）所有计算引擎的 CPU 代价默认是等同的，基于网络代价挑选最优的引擎来执行该查询。

（2）多引擎协同（见图 4-18b）

数据源先与本地计算引擎 RBO 匹配（基于 DS 前缀名），然后将整体 SQL 拆分为若干子查询，分布到两级的多个计算引擎执行。二级计算引擎看作一级引擎的一个特殊数据源，SuperSQL 暂未实现超过 3 层的子查询切分。SuperSQL 正在扩展实现此功能，以 RBO 和 CBO 结合的方式，根据若干扩展因子（如数据量、用户响应时间或稳定性要求等）筛选合适类型的计算引擎。

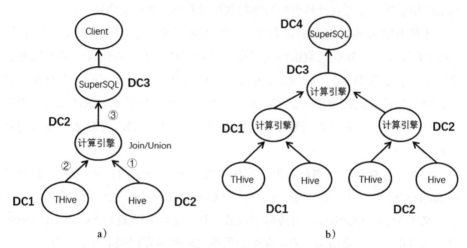

图 4-18　SuperSQL 跨 DC CBO 计算引擎挑选

4.4　流处理 Flink

4.4.1　概述

在传统的离线批处理场景中，不必要的数据迁移和数据存储使得查询结果的时效性十分有限。此外，由于查询操作是由外部动作而非数据本身触发的，很难实现对数据的持续分析。实时数据流处理技术作为离线批处理技术的有效补充，能够提供及时和持续的数据分析。随着对数据时效性的不断追求，实时流处理技术近年来得到越来越多的应用。相比其他流计算框架，Apache Flink

具有以下优势。

1）更友好的编程接口。Flink 除了提供 Table API 和 SQL 这些高级的声明式编程语言之外，还对 Window 这些流计算中常见的算子进行了封装，帮助用户处理流计算中数据乱序到达等问题。

2）有效的状态管理支持。Flink 对计算程序的状态存储提供了有效支持。用户可以通过接口存储和访问程序状态。这些状态存放在本地，用户可以得到较高的访问性能。在发生故障时，Flink 的状态管理会配合容错机制进行状态数据的重建，保证用户程序的正确性。而当用户需要修改程序并发度时，Flink 也可以自动地将状态数据分发到新的计算节点上。

3）丰富的容错语义。Flink 依靠分布式系统中经典的 Chandy-Lamport 算法，能够对用户程序的输入和状态生成满足一致性的程序快照。Flink 在发生异常的情况下通过快照回滚，可以保证 EXACTLY-ONCE 的容错语义。Flink 利用异步 Checkpoint 和增量 Checkpoint 技术，能够以较低的成本生成用户程序的快照。在开启快照时，用户程序的性能几乎不受影响。

4）出色的执行性能。Flink 基于事件触发的执行模式对数据流进行处理，对网络层进行大量优化。Flink 通过细粒度封锁和高效内存访问提高数据传输性能，并通过反压机制和流量控制有效降低流量拥塞导致的性能下降。Flink 能够避免状态数据的远程访问，从而在实践中表现出比其他流计算系统更出色的执行性能，具有更低的处理延迟和更高的吞吐能力。

4.4.2　腾讯 Flink 实践

腾讯实时计算团队基于 Apache Storm 构建了早期的实时计算平台。但在长期的维护过程中，Apache Storm 一些设计和实现上的缺陷逐渐暴露出来。Apache Flink 因其在计算接口、计算性能和可靠性上的优异表现，使其成为新一代实时计算平台的计算引擎。目前实时流处理技术在腾讯内部被广泛应用于包括微信、QQ、微信支付、腾讯游戏、QQ 音乐、财付通和广点通在内的众多产品和业务。腾讯内部每天需要处理的数据量超过了 30 万亿条，处理峰值达到了 3 亿条 /s。

这些实时流处理应用主要分为以下四类。

1）ETL：为了能够使用数据仓库来对数据进行分析，用户首先需要使用实时流处理系统来收集业务中分散杂乱的数据，再将这些数据进行清洗、转换和聚合，并最终加载到数据仓库中。目前 ETL 是腾讯内部实时流处理技术最普遍的应用场景，每天需要处理的数据量已经达到了万亿级别。

2）监控系统：随着服务数目和机器规模的不断增长，线上环境日益复杂，对监控和报警系统也提出了更高的要求。监控系统需要能对产品和服务进行多维度的监控，对指标数据进行实时聚合和分析，通过异常信息及时发现潜在故障。

3）实时 BI：实时的业务报表对产品运营有非常大的帮助，能够帮助产品运营人员实时掌握产品和用户数据，及时制定运营策略，通过更好的时效性获得竞争优势。

4）在线学习：在线的机器学习技术在推荐、广告和搜索等产品中也有着十分广泛的应用。一般来说，用户兴趣会在多个时间维度上持续不断地变化。通过对用户行为进行实时检测，我们能够及时获取用户当前的兴趣并进行更精准的行为预测，从而提供更好的用户体验。

为了能够支持腾讯庞大的数据规模和丰富的应用场景，我们对 Flink 社区版进行了大量的改进和优化，这些工作根据腾讯和业界经验而进行的总结、沉淀，不一定是腾讯实际的业务情况，部分方案仅为实验性的研究和探索。主要工作包括：

1）更丰富和准确的指标采集和展示：Flink 社区版缺少很多关键指标信息，前端展示也很不方便进行定位。为了能够提高运维效率，我们对 Flink 的指标进行了梳理，并重构了 REST 和 UI 系统。

2）更高效率的资源调度：Flink 社区版无法很好地支持较大规模的作业。这些作业通常需要较长时间来启动，甚至有时根本无法启动。在 Yarn 集群上运行时，Flink 社区版也缺少对资源使用量的控制，导致较严重的资源超用问题。我们对 Flink 的资源调度机制进行了改进，确保较大规模的作业可以正常运行，并对资源使用量进行了有效控制。

3）更稳定可靠的作业执行：我们对 Flink 的故障恢复机制做了大量的工作。

除了修复大量社区版本中存在的问题，我们还实现了无须重启作业的 Master 恢复机制，确保 Flink 作业在 ZooKeeper 集群抖动时仍然可以正常执行。

4）更灵活和强大的编程接口：我们在 Flink 的 Table API 和 SQL 中提供了 30 多种自定义函数，并提供了包括增量窗口、维表 Join 和 Top N 在内的多种算子。这些函数和算子可以帮助用户更加方便地开发实时计算应用。

5）更出色的程序性能：为了减少负载倾斜导致的性能下降，我们开发了 localKeyBy 算子来允许用户在上游进行数据的预聚合，极大提高了用户程序在负载倾斜时的作业性能。

4.4.3　编程模型

Flink 为用户提供了多种不同的编程抽象。最高级的是声明式（Declarative）的 Table API 和 SQL。Table API 和 SQL 为用户提供了更高级的抽象，实现并提供了 SELECT、GROUP、WINDOW 和 JOIN 这些常见的算子。用户在使用这些声明式接口实现程序时，只需要使用这些算子来描述处理逻辑，而不用关心这些算子的实现细节；Flink 将根据用户输入的数据和执行的任务来制定一个合理的执行计划。

位于最底层的是过程式（Imperative）接口，包含对离线数据进行批处理的 DataSet API 和对流数据进行实时处理的 DataStream API。在过程式接口中，用户通过实现自定义函数来对输入的数据进行处理。下面围绕 DataStream API 介绍 Flink 编程模型中状态、时间和窗口等基本概念。

1. 数据输入、转换和输出

在 DataStream API 中，所有的数据都被抽象成一个持续的数据流（DataStream）。用户首先通过 DataSource 从外部系统中读取数据，生成用于处理的数据流。之后用户通过各种各样的转换（Transformation）对这些生成的数据流进行处理，并将最终得到的计算结果通过 DataSink 写出到外部系统中。

DataSource 是 Flink 从外部系统中读取数据的接口，可以从 HDFS 文件系统或者 Kafka 消息中间件中读取所需的数据。Flink 在内部已经预先提供了多种数据源的实现。用户也可以通过实现 SourceFunction 来实现数据源。

当从外部读取了数据流之后，用户就可以对这些数据流进行一系列的转换操作。根据转换的输入数目，我们可以将转换划分成单输入转换和多输入转换。主要的单输入转换包括了 map、flatMap、split、partition 和 window 等，而 union 和 connect 等转换则属于多输入转换。

2. 有状态计算

绝大多数的计算都是有状态的，即计算任务的结果不仅仅依赖于计算任务的输入，还依赖于当前计算任务的状态（State）。例如在计算 WordCount 时，输入是一系列的单词，输出是这些单词出现的次数，而这些单词出现的次数同时也是计算任务的状态。当读取到一个新的单词时，需要将输入累加到这个单词当前的出现次数上，得到这个单词最新的出现次数。

在传统的批处理作业中，每个任务需要处理的数据是有限的，执行的时间也较短。因此传统批处理系统对于状态访问和备份的需求并不强烈。当执行计算任务时，用户通常直接将状态数据保存在内存中；而当发生故障时，这些批处理系统只需要将计算任务重启，从头开始计算即可。

但在流计算任务中，输入通常是一个永远不会停止的数据流，作业甚至可能运行几天或者几月都不会停止。在这种情况下，如果我们仍然使用批处理系统那种保存和恢复作业状态的方式是不现实的。

在 Flink 出现以前，传统的流计算系统对状态管理的支持并不理想。例如当我们使用 Storm 来进行有状态的数据流处理时，一种常见的做法是将计算状态数据保存在 Hbase、Redis 或者 MySQL 这样的分布式存储中，在元素到达时从这些分布式存储中读取状态信息，并在完成状态的更新之后将状态信息写回到分布式存储中。由于我们很难将计算节点部署到存储对应任务状态的节点上，这种计算和存储分离的架构在作业执行过程中会产生大量的远程访问，导致作业性能严重下降。此外，当发生故障时，我们也很难保证计算任务和外部存储之间的一致性。HBase 存储系统由于缺少回滚的机制，在计算任务重启之后可能会产生多余的脏数据。MySQL 这样的数据库系统虽然可以通过事务机制来进行数据回滚，但计算性能也会因事务机制而明显下降。

为了更好地解决数据流处理上的状态管理问题，Flink 提供了灵活而又可靠的状态访问机制。由于 Flink 将状态数据存储在本地，计算任务在执行时不需要进行远程访问，因而可以获得更好的作业性能。Flink 还实现了高效可靠的状态备份机制，可以在几乎不影响作业性能的情况下备份作业状态，并在作业发生故障时正确地恢复作业状态。此外，当用户改变作业并发度时，Flink 还可以自动对作业状态进行划分和分配，提供对用户透明的扩容和缩容方案。

从数据结构上，Flink 提供的状态可以分为以下几类。

❑ ValueState：数据类型为一个单值，用户可以对状态信息进行更新和清理。

❑ ListState：数据类型为一个列表，用户可以向状态中添加、遍历和清理元素。相比于将 List 作为整体存储在 ValueState 中，使用 ListState 进行添加元素具有更好的效率，可以避免在每次添加元素时对 List 整体进行序列化和反序列化。

❑ MapState：数据类型为一个映射表，支持键值对的插入、删除、遍历和清理操作。和 ListState 类似，使用 MapState 对元素进行插入和删除时的计算复杂度为 $O(1)$，与 MapState 内的元素总数无关。

❑ SortedMapState：SortedMapState 是腾讯内部实现的新状态类型，在很多需要有序遍历的场景中有着广泛应用。与 MapState 类似，SortedMapState 的数据类型也为一个映射表，但对键值对进行遍历时，SortedMapState 可使键值对呈现主键有序。

❑ ReducingState：ReducingState 是对 ValueState 的封装，当用户向 Reducing-State 中添加元素时，ReducingState 会通过用户提供的 ReduceFunction 自动更新状态的值。

❑ FoldingState：FoldingState 和 ReducingState 类似，但允许元素的数据类型和状态的不同。

❑ AggregatingState：AggregatingState 在 FoldingState 的基础上更进一步，允许状态的输入、值和输出这三种类型都不相同。

除了数据格式之外，Flink 中的状态还和数据划分的方式紧密相关。在不同划分的数据流上，用户可以访问的状态类型也是不一样的。

（1）PartitionedState

PartitionedState 是 Flink 中在所有数据流上都可以访问的一类状态。PartitionedState 包括 ListState 和 UnionListState 两种类型。它们的类型都为 ListState，根据用户传递的 ListStateDescriptor 来创建。

在 PartitionedListState 中，状态对象被描述成由一组无序元素构成的列表。用户可以向 PartitionedListState 中添加元素，也可以清空所有的元素。Partitioned-ListState 在不同并发节点上的实例通过合并成为一个整体。当 PartitionedListState 所在的转换的并发度发生变化时，Flink 将把 PartitionedListState 中的所有元素以尽可能平均的方式重新分配给新的节点。

PartitionedListState 经常用于数据源状态的存储。例如在 Kafka 数据源中，每个并发实例负责读取各自对应的分区数据，并将每个分区的进度记录在 PartitionedListState 中。当数据源的并发度发生变化时，这些进度信息被重新分配给新的数据源实例。这些实例则可以根据分配到的分区进度信息来确定读取的分区和位置。

和 PartitionedListState 类似，PartitionedUnionListState 也由一组无序的元素组成。但在并发度改变时，Flink 并不会将 PartitionedUnionListState 中的元素进行拆分。每个并发实例在恢复时都将得到在并发度改变之前所有并发实例上的元素，由并发实例进行元素的划分。

（2）BroadcastState

BroadcastState 是一类特殊的状态类型，其在所有并发实例上的内容都是一致的。当并发度发生变化时，Flink 只需要将其中一份数据发送给所有新的实例即可。目前 BroadcastState 支持的数据类型只有 MapState 一种。

虽然 BroadcastState 和 PartitionedState 在 Flink 中被统称为 OperatorState，并且都通过 OperatorStateStore 进行创建和访问，但从语义上来说，Broadcast-State 通常只有在 BroadcastStream 上进行访问才有意义。

BroadcastState 最典型的应用是非等值 Join 的实现。在实现非等值 Join 时，Flink 使用 broadcast 方法将一侧的数据流广播到所有计算节点上，而将另一侧的数据流进行划分。之后 Flink 将这两个数据流使用 connect 转换连接在一起。当广播数据流中的元素到达时，其被插入 BroadcastState 中，并根据另一侧已经到达的数据产生连接对。而当划分数据流中的元素到达时，其会遍历 BroadcastState 中保存的元素来生成对应的连接对。

（3）KeyedState

KeyedState 是 Flink 最早引入的状态类型，只可在 KeyedStream 中使用。在 KeyedStream 中，Flink 根据用户提供的 KeySelector 来确定每个元素的主键，并将具有相同主键的数据发送到相同的计算节点上。用户可以使用 KeyedState 来维护数据流中每个主键的状态。例如在实现 WordCount 程序时，为了能够得到每个单词的出现次数，就必须首先使用 keyBy 转换将相同的单词发送到同一个计算节点上，并使用 KeyedState 来维护每个单词的出现次数。

相比于 PartitionedState 和 BroadcastState，KeyedState 可以支持所有的数据类型，包括 ValueState、ListState、MapState、SortedMapState、ReducingState、FoldingState 和 AggregatingState。

需要注意的是，在访问 KeyedState 时，用户只可以访问当前元素所对应的主键状态。虽然用户访问的 KeyedState 对象是相同的，但 Flink 会根据当前元素的主键确定用户访问的状态信息。例如在 WordCount 程序中，当我们收到单词 Hello 时，只通过 KeyedState 得到 Hello 这个单词对应的访问次数。当收到单词 World 时，访问的将是单词 World 对应的状态信息，是不可访问和修改 Hello 对应的状态信息。

为了便于数据发送和状态划分，Flink 按照主键的散列值来划分主键组（KeyGroup）。主键组的数目由转换算子的最大并发度决定。之后通过范围划分的方式将这些主键组分配给每个计算节点。当并发度改变时，Flink 在新计算节点之间重新分配这些主键组即可。

和其他类型状态一样，KeyedState 的划分和备份对用户是透明的。在使用 KeyedState 存储状态信息时，用户只需要关心状态的访问逻辑即可。但如果用户修改了转换算子最大并发度，主键在主键组中的分布将会被改变，Flink 将无法恢复之前备份的作业状态。所以用户在设置算子的最大并行度时需要特别小心，需要为每个算子设置一个合理的最大并行度以防止后面可能的修改。

（4）LocalKeyedState

LocalKeyedState 是腾讯内部实现的一种新状态类型，用于保存 Local-KeyedStream 上主键的状态。用户可以通过 localKeyBy 转换对数据流在计算节点本地进行划分，得到一个 LocalKeyedStream，并通过 LocalKeyedState 访问每个主键在当前计算节点上的状态信息。

LocalKeyedStream 具有很多与 KeyedStream 类似的性质。LocalKeyedStream 使用和 KeyedStream 相同的方式来将主键划分到主键组中。像 Window 转换这类在 KeyedStream 上的转换也都可以应用在 LocalKeyedStream 上。

但由于 LocalKeyedStream 只在计算节点本地进行数据划分，而每个计算节点上会出现所有可能的元素，因此每个计算节点的主键组范围即为主键组全集，不同的计算节点上会出现相同主键的元素。如果计算节点的最大并发度是 M，并发度是 N，那么这个计算节点中 LocalKeyedState 的主键组数目即为 $M \times N$。

当计算节点的并发度改变时，LocalKeyedStream 上的主键组将按照数目依次分配给新的计算节点。在图 4-19 中的示例中，我们一开始有 3 个计算节点，每个节点都有 12 个主键组。因此 LocalKeyedState 总共具有 36 个主键组。

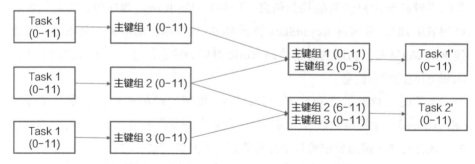

图 4-19　LocalKeyedState 在并发度改变时的数据划分

当将并发度改为 2 时，Task 1' 和 Task 2' 都会分配得到 18 个主键组；其中 Task 1' 会得到 Task 1 的全部主键组以及 Task 2 的前 6 个主键组；而 Task 2' 则会得到 Task 2 剩余的 6 个主键组和 Task 3 的全部主键组。

由于不同计算节点上会有相同的主键组，在改变并发度之后，这些相同的主键组会被分配到同一个计算节点上。此时，需要将这些相同的主键组进行合并来确保在每个计算节点上所有主键仍然只有一个状态信息。在合并状态信息时，ListState、ReducingState 和 AggregatingState 这些类型的状态具有明确的合并语义，Flink 可以直接对这些状态信息进行合并；而 ValueState、MapState、SortedMapState 和 FoldingState 的合并则需要依赖用户提供的自定义合并方法。

　　LocalKeyedStream 最主要的应用是解决数据倾斜问题。由于真实世界中的很多数据具有幂律分布，因此很多的实时数据流处理应用在通过 KeyBy 来进行数据统计时常常会出现数据倾斜的问题。当发生数据倾斜时，一些主键的元素数目远远超过了其他主键的元素数目，处理这些主键的计算节点是作业性能的瓶颈。在这种情况下，即使增加更多的计算节点也没法提高作业性能。

　　图 4-20 展示了使用 LocalKeyedState 解决负载倾斜问题的一个示例。在这个 WordCount 程序中，我们通过 KeyBy 转换将相同的单词发送到同一个计算节点上统计单词的出现次数。而当某些单词出现的次数远远超过其他单词时，整个程序的性能将会受到数据倾斜的影响而严重下降。通过 localKeyBy 转换并在 LocalKeyedStream 上执行窗口操作，可以在上游节点对单词出现次数事先进行聚合，将聚合后的结果发送给下游。由于在一段时间内下游每个节点收到的元素数目只与主键数目和上游并发度相关，而与单词出现次数无关，因此在数据倾斜的情况下可以有效降低发送给下游的元素数目，减少由于数据倾斜导致的性能下降。以图中单词 John 为例，上游两个节点统计到出现次数分别为 2 和 4，如果没有 localKeyBy 的话会发送 6 次"John, 1"到下游。经过 localKeyBy 优化后，上游会先进行一次聚合，然后把聚合结果"John, 2"，"John, 4"发送给下游，上下游传输的数据从 6 条数据减少到了 2 条。

　　3. 时间和窗口

　　Flink 的时间概念受到了 Google Dataflow 模型的很大影响。在 Flink 中存在着以下两类时间。

　　❑ 处理时间（Processing Time）：事件被处理时的时钟时间。

　　❑ 事件时间（Event Time）：事件发生时的时钟时间。

　　当使用处理时间时，Flink 通过服务器的时钟时间来触发对应的定时器

（Timer）。由于处理时间不需要计算节点之间的协调，因此使用处理时间的作业可以有更好的性能和延迟。但由于在分布式系统中很难保证所有服务器具有相同的时钟时间，因此在使用处理时间时，常常会出现不一致的情况。当具有因果关系的事件被不同服务器处理时，后发生的事件有可能在先发生的事件之前被处理了。当作业中使用处理时间来确定窗口时，由于无法确定事件被处理时的时钟时间，计算结果因而也存在着不确定性和不可重复性。

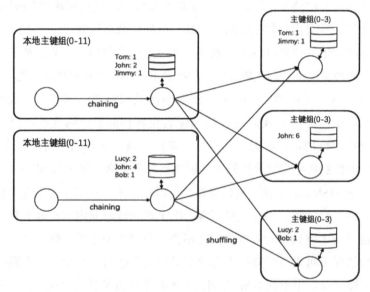

图 4-20　使用 LocalKeyedState 解决负载倾斜

而使用事件时间时，Flink 将每个事件都与一个时间戳相关联，并使用水印（watermark）来维护系统中的事件时间。水印表示系统中事件时间的进度信息。当一个节点发送一个 3:00 的水印时，即代表它已经处理完所有在 3:00 之前发生的事件了，它不会再发送任何 3:00 之前的事件给下游。

Source 节点的水印信息一般由用户来提供。水印的发送需要用户具有一定的领域知识，根据自己的业务特点来确定水印的发送逻辑。例如当用户确定自己的数据延迟不会超过 10min 时，他就可以在服务器时间到达 3:10 时发送一个 3:00 的水印到下游。其他节点则根据上游发送来的水印来确定自己当前的事件时间。

一个节点的当前事件时间即为所有上游的事件时间的最小值。当一个节点的事件时间更新时，它就会检查是否对应的定时器或者窗口需要被触发并执行。

在使用事件时间时，事件的处理可以遵从因果关系，即先发生的事件一定不会晚于后发生的事件被处理。如果水印的发送也完全依赖输入数据的话，那么作业的执行还具有可重复性。即使出现故障，对相同输入数据执行多次之后得到的结果仍然是相同的。

4.4.4　系统架构

Flink 有着非常灵活的集群部署方式，除了 Standalone 部署以外，还可以和 Yarn，Mesos 等集群资源管理系统以及 Kubernetes 等容器技术很好地结合在一起。

Flink 的系统架构如图 4-21 所示。一个典型的 Flink 集群中通常包含了以下几个组件。

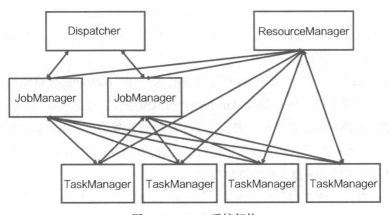

图 4-21　Flink 系统架构

- ❑ Dispatcher：Dispatcher 负责接收用户提交作业的请求，为提交的作业创建对应的 JobManager 并将执行结果返回给用户。一个集群中只有一个有效的 Dispatcher 实例。当集群中存在多个 Dispatcher 实例的时候，这些 Dispatcher 会通过选举机制来确定由哪个实例来对外部提供服务。
- ❑ ResourceManager：ResourceManager 维护集群中的资源信息，将来自

JobManager 的资源请求转发给 TaskManager，并根据需要通知集群资源管理系统创建新的 TaskManager。和 Dispatcher 一样，一个集群中只可以存在一个有效的 ResourceManager 实例。

- JobManager：JobManager 负责协调作业的执行，根据作业的执行计划进行资源申请、任务调度和状态备份等。当发生故障时，JobManager 还需要将作业从故障中恢复。每个作业都只有一个 JobManager 实例。
- TaskManager：TaskManager 为作业的执行提供网络传输和状态存储等功能。

下面介绍 Flink 中的资源管理、作业调度、数据传输、状态管理和故障恢复。

1. 资源管理

在 Flink 集群中，每个 TaskManager 都具有一定的计算资源。这些计算资源除了 CPU 和内存之外，还可能包括 GPU、网络和硬盘等。TaskManager 将这些资源划分成一个或多个槽位（Slot）。每个任务在执行时都必须申请得到一个槽位，在槽位中执行。

在 Flink 社区版中，槽位的划分是静态的，在 TaskManager 启动时根据用户的配置文件来确定每个 TaskManager 上的槽位数目。在这种情况下，集群中每个槽位的资源都是完全相同的。为了保证所有任务都可以正确地在槽位中执行，我们只能按照所有任务使用资源的最大值来设置槽位数目的最大值。显然，这样的划分方式会导致大量的资源浪费。

为了提高集群中的资源使用率，腾讯内部使用了动态的槽位划分方式。动态槽位的申请流程如图 4-22 所示。

所有 TaskManager 在启动时首先根据用户配置得到可用的资源总量，并在 ResourceManager 进行注册。当 JobManager 需要申请资源时，其将向 Resource-Manager 发送一个资源申请请求，里面描述了所需要的资源数量。Resource-Manager 将遍历所有可用的 TaskManager，寻找一个可以满足所需资源的 Task-Manager，并将资源申请请求转发给这个 TaskManager。

如果 ResourceManager 当前没有找到可以满足申请资源的 TaskManager，

而集群部署在 Yarn 或者 Mesos 这样可以动态申请节点的集群资源管理系统中时，ResourceManager 将会创建一个 PendingTaskManager 来记录这个资源申请请求，并向资源管理系统申请一个节点来启动一个新的 TaskManager。等到这个新启动的 TaskManager 在 ResourceManager 上注册的时候，ResourceManager 就将这个 TaskManager 和所有的 PendingTaskManager 进行匹配。如果匹配成功，那么 ResourceManager 会将之前在 PendingTaskManager 中挂起的资源请求发送给这个 TaskManager。

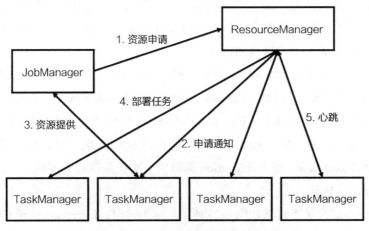

图 4-22　Flink 动态槽位的申请流程

当 TaskManager 收到 ResourceManager 的资源请求之后，其将根据所需的资源动态创建一个新的槽位，并将这个槽位告知申请的 JobManager。之后 JobManager 就可以将任务部署到这个槽位中执行。

JobManager 使用 SlotPool 来维护所有申请得到的槽位。为了减少不必要的资源申请，当任务执行完成之后，JobManager 并不会立即释放对应的槽位，而是将这个槽位缓存在 SlotPool 中。当有新的资源申请时，SlotPool 就可以在缓存中寻找合适的槽位来满足需求。只有当一个槽位的空闲时间超过了一定阈值之后，SlotPool 才会通知 TaskManager 将释放这个槽位。

ResourceManager 通过心跳信息来获取 TaskManager 上最新的资源使用情

况。如果一个 TaskManager 很长一段时间都没有回复 ResourceManager 的心跳，那么 ResourceManager 就会认为这个 TaskManager 已经死亡，将它从可用列表中删除。

2. 作业调度

当用户提交作业时，Flink 客户端会将用户作业进行编译和优化。在编译时，用户作业中的转换被转换成一系列的算子（Operator）以及算子之间的连接。Flink 根据算子之间的连接将一个或多个算子合并成一个可以本地执行的 JobVertex，并最终构造出一个 JobGraph。JobGraph 中记录了作业的执行计划和其他一些必要信息。当收到用户提交的 JobGraph 时，Dispatcher 就会创建一个 JobManager 来协调这个作业的执行。

JobManager 首先会将 JobGraph 展开成 ExecutionJobGraph。ExecutionJobGraph 由 ExecutionJobVertex 组成。ExecutionJobVertex 和 JobVertex 是一一对应的，记录了逻辑任务的执行状态。ExecutionJobVertex 的每个并发实例的状态记录在 ExecutionVertex 中。ExecutionVertex 可能会被执行多次，每次执行都会产生一个新的 Execution。每个 Execution 都对应一次任务执行的实例，会被部署到 TaskManager 执行。

Execution 的状态转移如图 4-23 所示。刚创建时，Execution 处于 CREATED 状态。而当 JobManager 开始作业执行时，就会为每个 Execution 申请对应的资源，并将 Execution 的状态切换到 SCHEDULED。

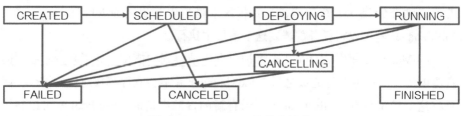

图 4-23　Execution 的状态转移

当 JobManager 收到 TaskManager 提供的槽位之后，JobManager 就会根据一定的匹配规则将槽位提供给对应的 Execution。当 Execution 申请到槽位时，

JobManager 就会构造一个任务描述符（TaskDeploymentDescriptor），并将这个任务描述符发送给 TaskManager。此时 JobManager 就完成了任务的部署，并会将 Execution 的状态改为 DEPLOYING。

当 TaskManager 收到 JobManager 发过来的任务描述符时，就会根据任务描述符中的信息建立网络连接、初始化任务状态并开始执行任务。当任务开始运行时会通知 JobManager 将对应 Execution 的状态切换到 RUNNING，并在执行完成之后通知 JobManager 切换到 FINISHED 状态。

如果在任务执行过程中出现故障，任务的状态就会变为 FAILED。在故障恢复的过程中，JobManager 可能会取消掉其他正常执行的任务。此时这些任务的状态将首先变为 CANCELING，并在被成功取消之后切换到 CANCELED 状态。除此之外，Execution 还有一种称为 RECONCILING 的特殊状态，用于 JobManager 的恢复。

3. 数据传输

Flink 中的任务通过 InputGate 和 ResultPartition 来分别进行数据的读取和发送。任务的每个输入都对应着一个 InputGate，其中包含了一个或多个 InputChannel。每个 InputChannel 都对应着一个产生输入数据的任务实例。类似地，任务的每个输出都对应着一个 ResultPartition，其中会为每个读取这个输出的任务实例创建一个 ResultSubpartition。每个 InputChannel 都和一个 ResultSubpartition 对应，构成了一个逻辑上的数据连接。

在 Flink 中，ResultPartition 分为 Pipelined 和 Blocking 两种类型。在使用 Flink 处理数据流时，作业中所有的 ResultPartition 类型都是 Pipelined。PipelinedResultPartition 中的输出数据一旦产生后就会立即发送给下游节点。而 Blocking 类型的 ResultPartition 会将输出数据保存在本地，并需要等待所有任务执行完成之后才会启动下游任务来读取这些输出数据。

根据输入位置的不同，InputChannel 分为 LocalInputChannel 和 Remote-InputChannel 两种。当任务所要读取的输入被部署到同一个 TaskManager 中时，这个任务就可以使用 LocalInputChannel 来避免不必要的网络传输。LocalInputChannel 在 TaskManager 本地寻找其所对应的 ResultSubpartition，并

通过内存访问 ResultSubpartition 来直接得到其要输入的数据。

而在其他情况下，任务所要读取的数据位于其他远程节点上。此时 Flink 通过 Netty 来进行网络数据的通信。每个 TaskManager 在启动时都会创建一个 NettyServer，用来监听其他 TaskManager 发送过来的连接请求。所有任务在开始执行的时候都需要将 ResultPartition 登记到 TaskManager 上。当任务需要读取一个在其他节点上的数据时，其所在的 TaskManager 就会创建一个 NettyClient 来向输入数据所在 TaskManger 上的 NettyServer 发送请求来建立连接。在 NettyServer 和 NettyClient 建立连接之后，这两个 TaskManager 之间就会创建一组 NettyHandler 来进行数据的发送和接收。TaskManager 之间的物理连接是共享的，这两个 TaskManager 上的所有任务的逻辑连接都会通过这个物理连接进行数据通信。

当上游任务产生一条数据的时候，它会先将这个数据进行序列化，然后从内存池中申请一个 Buffer 并把序列化后的数据写入这个 Buffer 中。这个 Buffer 之后被添加到 ResultSubpartition 中，等待下游任务的读取。每个 ResultPartition 都有一个有限大小的内存池，所有的 ResultSubpartition 会竞争来获取内存池中的 Buffer。在 PipelinedResultPartition 中，当内存池中的 Buffer 被用完时，任务就会被堵塞在那里，等待有 Buffer 被释放。每个 Buffer 只有在下游任务读取完之后才会被释放。当下游任务的读取速度较慢的时候，上游任务的 Buffer 就会被很快耗尽，导致上游任务被持续堵塞。此时，作业出现了反压现象。

4. 状态管理

TaskManager 通过 StateBackend 来管理任务中的状态数据。在 Flink 中，一个任务可能由多个算子连接而成，而每个算子都有两种 StateBackend，分别是 OperatorStateBackend 和 KeyedStateBackend，前者用于管理 PartitionedState 以及 BroadcastState，而后者则负责 KeyedState 以及 LocalKeyedState 的存储。除此之外，Window 和 Process 转换中的定时器也是一类特殊的状态信息，会被存储在 InternalTimerService 中。

OperatorStateBackend 和 KeyedStateBackend 中都保存了用户已经创建的状态信息，包括这些状态的名称、类型和数据的序列化方法。当用户通过状态描述符

（StateDescriptor）访问状态信息时，StateBackend 会首先根据状态名称寻找是否已经创建了这个状态对象。如果已经存在的话，那么 StateBackend 将检查当前的状态描述符和之前的实例是否兼容；而如果访问的状态对象还不存在的话，那么 StateBackend 将根据用户传入的状态描述符创建一个新的状态对象。

目前 Flink 中只有一种 OperatorStateBackend 的实现，即 DefaultOperator-StateBackend。所有的 PartitionedState 和 BroadcastState 都会被 DefaultOperator-StateBackend 保存在内存中。KeyedStateBackend 则有两种不同的实现，分别是 HeapKeyedStateBackend 和 RocksDBKeyedStateBackend。前者将状态数据保存在内存中，而后者则通过 RocksDB 进行状态数据的存储。

5. 故障恢复

Dispatcher 在执行作业时会将用户提交的 JobGraph 保存到 ZooKeeper 中。当 Dispatcher 发生故障之后，Flink 会重新启动一个新的 Dispatcher 来继续提供服务。新 Dispatcher 会从 ZooKeeper 中读取用户之前提交的 JobGraph 并重新创建对应的 JobManager。

ResourceManager 是一个无状态的组件。当 ResourceManager 发生故障并重启之后，集群中的 TaskManager 会发现新 ResourceManager 的位置，并在新 ResourceManager 上注册。之后通过 TaskManager 的注册信息来重建集群资源的状态。

在 Flink 社区版中，当 JobManager 发生故障之后，TaskManager 会立即杀死这个 JobManager 部署的作业。新 JobManager 在启动之后会对作业重新进行调度，恢复作业的执行。为了避免 JobManager 故障导致的作业重启，腾讯内部对 JobManager 的故障恢复机制进行了改进。

当旧 JobManager 发生故障之后，TaskManager 并不会立即杀死这个 JobManager 部署的任务，而会保留这些任务一段时间，等待新 JobManager 的启动。新 JobManager 启动之后，不会立即进行任务的调度。相反，它会将所有 Execution 的状态标记成 RECONCILING 状态，并等待 TaskManager 的汇报。TaskManager 在发现新 JobManager 之后会将之前保留的任务信息汇报给新 JobManager。新 JobManager 根据这些收到的任务信息来重建作业执行的状态。如果新 JobManager 在重启期间没有收到所有任务的状态信息，那么新 JobManager 就会认为这个作业在 JobManager 重启期间发生了故障。只有在这个时候，新 JobManager 才会重启作业的执行。

Flink 通过检查点（Checkpoint）机制来进行任务状态的备份和恢复。在任务发生故障时，任务可以从上次备份的状态恢复，而不必从头开始重新执行。Flink 中的检查点根据分布式系统中经典的 Chandy-Lamport 算法实现。每隔一定的时间，JobManager 就会触发检查点的执行，向作业中所有的 DataSource 发送检查点请求。DataSource 在收到检查点请求之后会将自己的状态数据备份到 HDFS 这样的持久化存储中，并将检查点请求发送给下游任务。下游任务在收到所有上游发送的检查点请求之后就会开始状态的备份，并继续将检查点请求发送给下游。

每个任务的状态备份分为三个阶段。当任务收到第一个检查点请求时进入第一个阶段，即对齐阶段。在对齐阶段，任务会等待所有上游发送过来的检查点请求。在这个过程中，上游仍然会持续不断地发送数据过来。一个上游可能在发送了检查点请求之后又发送了新的数据过来。

如果此时任务处理了这个数据的话，这条数据的执行结果就会反映在之后备份的状态数据中。当作业从这个检查点恢复时，上游会回退到发送检查点时的执行状态并会重新发送这条数据。由于任务恢复的状态中记录了这条数据的执行结果，任务就多次执行了这条数据。此时，我们将这种对齐方式下的故障恢复语义称为 AT_LEAST_ONCE。

如果为了保证在发生故障时仍然能够保证所有数据只被处理一次，即保证 EXACTLY_ONCE 的故障恢复语义，我们就必须在对齐阶段缓存那些在检查点请求之后到达的数据。当收到一个检查点请求时，就会标记这个上游，然后检查是否已经收到了所有上游的检查点请求。如果仍有上游没有发送检查点请求，就会继续等待。而当收到一个新数据的时候，会检查发送数据的上游是否已经被标记了。如果还没有被标记，就可以执行这个数据；否则，这个数据将被缓存起来。当收到所有上游的检查点请求的时候，就完成了检查点请求的对齐。此时，需要读取之前缓存起来的数据并依次处理。

当任务收到所有上游的检查点请求之后，就进入了快照阶段。在快照阶段，我们会停止任务的执行，为任务中所有算子的状态生成一个快照。在不同的 StateBackend 实现中，状态快照的生成也是不同的。

当得到状态数据的快照之后，就可以恢复任务的执行并把状态快照中的数据备份到外部的持久化存储中。当任务在完成状态数据的备份之后，会发送一个回复消息给 JobManager，里面记录了存储备份数据的必要信息。当 JobManager 收到所有任务的回复之后进入提交阶段，成功后就完成了一次检查点，并会将检查点记录到 ZooKeeper 上。

当任务发生故障时，Flink 会取消所有任务的执行。当所有任务都终止之后，Flink 将从 ZooKeeper 上读取最近一次的检查点，从中获得每个任务恢复时需要的状态备份信息。这些备份信息将被写入部署任务的任务描述符中。任务在执行时将读取这些备份信息来重建自己的 StateBackend。

在某些场景下，数据的时效性比正确性更重要，我们希望在发生故障时通过允许丢失部分数据来保证正常运行，而不要重启整个作业。为此，腾讯内部实现了 AT_MOST ONCE 的故障恢复语义。当用户将作业设置为 AT_MOST ONCE 时，Flink 将不会在任务故障时取消所有任务的执行，而只会断开这个任务上游和下游的网络连接，并单独重启这个任务。这个任务在启动后会和之前的上下游重新建立连接并恢复执行。在任务重启期间，上游会将发送给这个任务的数据丢弃掉。通过这种方式，我们可以将故障恢复的开销降低到最低，使大部分数据仍然可以得到及时的处理而不用进行任何回退。

4.5　SQL 数据仓库 Hive

4.5.1　Hive 介绍

下面内容围绕 Apache Hive 展开。Apache Hive 是大数据开源社区的一款数据仓库工具，由 Facebook 在 2009 年贡献给社区。经过多年的发展，它已经成为大数据领域默认的数据仓库工具。Apache Hive 是建立在 Apache Hadoop 体系结构上的一层 SQL 抽象，提供对 HDFS 数据进行处理、查询、分析的能力。它具有以下特点：

- ❑ Hive 是通过 SQL 来分析大数据，从而避免了直接写复杂的 MapReduce/Spark/Tez 程序来分析数据，使得分析数据更加容易。
- ❑ Hive 是将 HDFS 数据映射成数据库，以库表的形式管理这些数据。库和表的元数据信息可以存储在关系型数据库上。
- ❑ 数据存储在 HDFS 上，Hive 本身并不提供数据的存储功能。
- ❑ Hive 最终会将 SQL 语句生成 MapReduce/Spark/Tez 任务进行计算，适合离线数据查询 / 分析。

1. 整体架构

Apache Hive 的整体架构如图 4-24 所示。

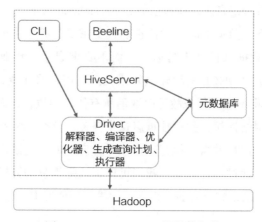

图 4-24　Apache Hive 的整体架构

Apache Hive 的整体结构可以分为以下几部分。

1）用户接口有两个：CLI 和 Beeline，其中最常用的是 CLI。CLI 启动时，会同时启动一个 Hive 的副本。Beeline 是通过 HiveServer 连接至 Hive。在启动 Beeline 时，需要指出 HiveServer 所在节点，并且在该节点启动 HiveServer。

2）Hive 将元数据存储在数据库中，如 MySQL、Derby、PostgreSQL 等。Hive 中的元数据包括表的名字、列、分区、属性和 HDFS 路径等。

3）解释器、编译器、优化器从词法分析、语法分析、编译、优化完成 SQL 语句查询计划的生成。执行器将查询计划提交到 Hadoop 上执行。

2. 元数据存储

Apache Hive 可以将元数据存储在关系型数据库中，有三种模式可以连接到数据库。

1）元数据库内嵌模式：此模式会启动一个内存数据库 Derby，一般用于单元测试，如图 4-25 所示。

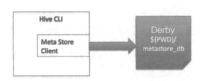

图 4-25　元数据库内嵌模式

2）元数据库远程模式：通过 JDBC 连接到远程关系型数据库，例如 MySQL，元数据信息存放在 MySQL 中。这是最常使用的模式，如图 4-26 所示。

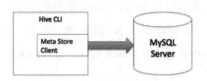

图 4-26　元数据库远程模式

3）元数据库 Server 模式：在服务器端启动 MetaStore Server，客户端利用 Thrift 协议通过 MetaStore Server 访问元数据库，如图 4-27 所示。

图 4-27　元数据库 Server 模式

3. 数据存储

数据存储在 HDFS 上，Hive 本身并不提供数据的存储功能。Hive 没有专门的数据存储格式，也没有为数据建立索引。用户可以自由地组织 Hive 中的表。Hive 中包含以下数据模型：Table（内部表），External Table（外部表），Partition（分区），Bucket（桶）。Hive 支持 Text File、Sequence File、RC File、AVRO File、ORC File、Parquet 等文件格式。

4.5.2　SQL 执行架构

本节介绍 Apache Hive 如何将 SQL 转化为 MapReduce 任务，整个编译过程可以分为六个阶段：

1）对 SQL 进行词法、语法解析，将 SQL 转化为 AST Tree（抽象语法树）。

2）遍历 AST Tree，进一步抽象和结构化，将 AST Tree 转化为 SQL 的基本组成单元 QueryBlock。

3）遍历 QueryBlock，转化为 Operator Tree（执行操作树）。

4）通过逻辑层优化器进行 Operator Tree 变换。

5）遍历 Operator Tree，翻译为 MapReduce 任务。

6）通过物理层优化器进行 MapReduce 任务的变换，生成最终的执行计划。

为便于理解，用一个简单的 SQL 语句进行讲解。我们查询某表中 10 月 1 日的数据：select * from db.table where time = 20191001。这条 SQL 会经历以下的编译过程。

1）根据 Antlr 定义的语法规则，对 SQL 进行词法、语法解析，转化为如下 AST Tree：

```
ABSTRACT SYNTAX TREE:
TOK_QUERY
    TOK_FROM
    TOK_TABREF
            TOK_TABNAME
                db
                    table
    TOK_INSERT
      TOK_DESTINATION
          TOK_DIR
              TOK_TMP_FILE
        TOK_SELECT
```

```
TOK_SELEXPR
    TOK_ALLCOLREF
TOK_WHERE
    =
        TOK_TABLE_OR_COL
            time
                20191001
```

2）遍历 AST Tree，抽象出查询的基本组成单元 QueryBlock。

AST Tree 生成后仍然非常复杂，不便于翻译为 MapReduce 程序，需要进行进一步抽象和结构化，转化为 QueryBlock。QueryBlock 是 SQL 最基本的组成单元，包括输入源、计算过程和输出。QueryBlock 以递归的方式生成，先序遍历 AST Tree，遇到不同的 Token 节点，保存到相应的属性中，包含以下几个过程。

❏ TOK_QUERY：创建 QueryBlock 对象，循环递归子节点。

❏ TOK_FROM：将表名语法部分保存到 QueryBlock 对象的 aliasToTabs 等属性中。

❏ TOK_INSERT：循环递归子节点。

❏ TOK_DESTINATION：将输出目标的语法部分保存在 QBParseInfo 对象的 nameToDest 属性中。

❏ TOK_SELECT：分别将查询表达式的语法部分保存在 destToSelExpr、destToAggregationExprs、destToDistinctFuncExprs 三个属性中。

❏ TOK_WHERE：将 Where 部分的语法保存在 QBParseInfo 对象的 destToWhereExpr 属性中。

3）遍历 QueryBlock，转换为 OperatorTree。

Hive 最终生成的 MapReduce 任务、Map 阶段和 Reduce 阶段均由 Operator Tree 组成。逻辑操作符（Operator）是在 Map 阶段或者 Reduce 阶段完成单一特定的操作。基本的操作符包括 TableScanOperator、SelectOperator、FilterOperator、GroupByOperator、JoinOperator、ReduceSinkOperator。

4）通过逻辑层优化器对 Operator Tree 进行优化操作。

逻辑层优化器通过变换 Operator Tree 和合并操作符来达到减少 MapReduce Job 和减少 Shuffle 数据量的目的。

5）遍历 OperatorTree，并翻译为 MapReduce 任务，分为下面几个阶段：

❑ 对输出表生成 MoveTask。

❑ 从 OperatorTree 的其中一个根节点向下深度优先遍历。

❑ ReduceSinkOperator 标示 Map/Reduce 的界限、多个 Job 间的界限。

❑ 遍历其他根节点，如果碰到 JoinOperator 则合并 MapReduceTask。

❑ 生成 StatTask 来更新元数据。

❑ 切断 Map 与 Reduce 间的 Operator 的关系。

6）通过物理层优化器对 MapReduce 任务进行优化，生成最终的执行计划。

4.5.3　腾讯 Hive 实践

Apache Hive 在腾讯大数据平台中起到了承上启下的作用。向下连接 Apache Spark、MapReduce 计算引擎，向上满足即时查询和周期性业务。腾讯的 Apache Hive 在开源的基础上，发展出一条拥有自身特色的道路。它承载着日均百万级别的 SQL 业务，满足数据业务的交互式分析查询、报表、OLAP 等各种需求，承担在海量数据里挖掘价值的责任。不夸张地说，无论从日均业务量还是处理的数据量，现在的腾讯 Hive 引擎在国内的互联网公司里都属于前列。

社区 Hive 提供的 SQL 语法与用户熟悉的 Oracle 语法相差太大且功能不全，同时 Hive 没有提供友好的开发界面，相比 Oracle 的完善体系，基于 Hive 的开发效率难以接受。另外，Hive 也没有提供方便使用的数据仓库与数据应用接口。为了解决这些问题，腾讯对 Hive 进行了大量的优化和改造。这些工作是根据腾讯和业界经验而进行的总结、沉淀，不一定是腾讯实际的业务情况，部分方案为实验性的研究和探索。

❑ 在功能扩充方面，添加 Oracle 中的常用功能。主要包括：①基于角色的权限管理；②兼容 Oracle 分区；③窗口函数；④过程语言多维分析；⑤共用表达式 CTE ；⑥ DML 语言扩充；⑦入库数据校验；⑧与其他数据库的互通。

❑ 在易用性方面，标准化 SQL 语法，提供非常友好的集成开发环境，以及 UDF 自动加载等。

❑ 在性能优化方面，采用二进制存储格式，提升读写效率，并支持 lzo 压缩。同时，在扩充 HashJoin、按行划分数据等方面进行了大量技术优化。

❑ 在稳定性方面，主要包括：可扩展的元数据库、Yarn-Cluster 方式执行 SparkSQL、On-demand 的日志管理、容灾与负载均衡、大结果集获取接口优化、元数据接口优化、内存泄漏检测、服务过载保护和非线程安全容器优化等。

下面从可扩展的元数据库、Yarn-Cluster 方式执行 SparkSQL、On-demand 的日志管理、Hive UDF/UDAF 函数自动加载这几个方面来详细介绍腾讯 Hive 的优化和改进。

1. 可扩展的元数据库

腾讯 Hive 表分区数量达到数亿级别，单 DB 示例已经无法满足查询的需求。为此，我们将社区元数据库改造为可扩展的方式，如图 4-28 所示。每个 segment（seg）库按照业务切分来存放库表信息。上层增加路由表和表存储业务

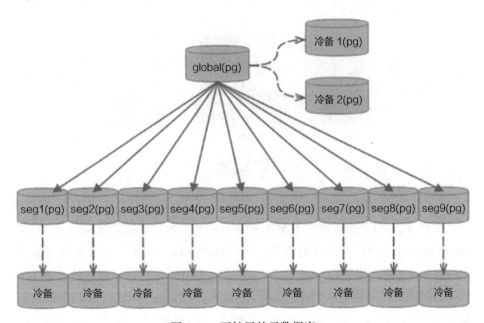

图 4-28　可扩展的元数据库

到 segment 库的映射关系。当需要获取表元数据时，先通过表所属的业务在路由表找到对应的 segment 库，然后到 segment 库里查找元数据。这样通过扩展 segment 的方式支撑海量的元数据存储。

2. Yarn-Cluser 方式执行 SparkSQL

如图 4-29 所示，腾讯 SQL 引擎是将 SQL 通过 HiveServer 提交给 Yarn 集群执行。社区的 Spark 只支持以 Yarn-Client 的模式运行 SQL，如图 4-30 所示。在这种模式下，SparkDriver 将运行在 HiveServer 上。由于 Driver 负责 task 分发，消息、状态的汇总等职责，Driver 会给 HiveServer 造成非常大的内存压力，尤其是在 Driver 获取 mapOutputStatus 对象时。

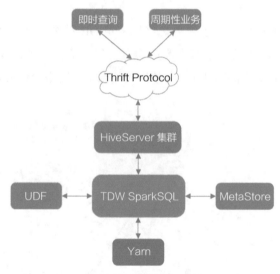

图 4-29　SQL 执行架构

腾讯 SQL 引擎团队改进了 SQL 的运行模式，整体框架如图 4-31 所示。在 HiveServer 上为每一个 SQL 创建一个 SparkClient。SparkClient 会将 SQL 以 Yarn-Cluster 模式提交给 Yarn 集群。与社区不同的是，Yarn 程序的管理者由 ApplicationMaster 改为新创建的 SQLApplicationMaster。SQLApplicationMaster 除了完成 ApplicationMaster 的本职工作外，还会将任务状态、最后结果反

馈给业务。在这种框架下，SparkDriver 会运行在 SQLApplicationMaster 所在 Container 上。这种方式会把 Driver 分散在 Yarn 集群中，避免了高并发时 Driver 给 HiveServer 造成巨大压力。

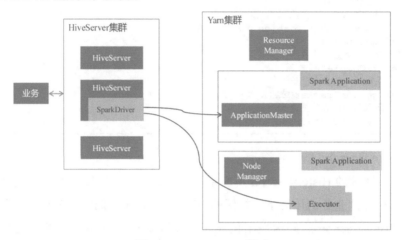

图 4-30　Yarn-Client 模式

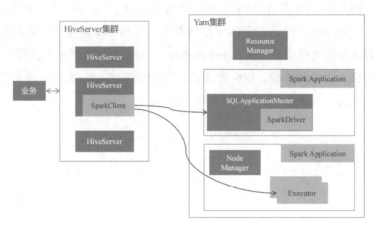

图 4-31　Yarn-Cluster 模式

SparkClient 通过 AKKA 协议与 SQLApplicationMaster 进行通信来提交任务和获取任务进度、结果。主要的通信协议见代码清单 4-18。

代码清单 4-18　SparkClient 与 AM 通信协议

```
// 提交 SQL 并等待结果返回
def submitSql(sqlText: String)
// 获取任务完成百分比
def getProgress()
// 获取任务的 Application ID
def getAppID()
// 查看任务是否完成
def isComplete()
// 获取任务的日志地址
def getJobTrackerUrl()
// 获取任务返回数据的 schema
def getCurrentSchemaData()
```

3. On-demand 的日志管理

由于社区的 History Server 不能水平扩展，当 Job 比较多的时候查询性能不好。在海量业务的压力下，社区的 History Server 不能满足需求。为此，腾讯对 History Server 的架构做了优化。在实际的业务环境中，对历史日志的查询通常只有在业务出错时才用到，所以无须将所有的日志存储到 History Server。基于此，腾讯 History Server 架构如图 4-32 所示。在 Job 完成之后，ApplicationMaster 会将日志文件保存在本地，并将 Job 相关的信息保存到数据库。当有业务需要获取日志时，History Server 会首先从数据库中获得 Job 信息，得到存储日志文件的地址。然后将日志文件复制到 History Server 进行展示。这种架构可以满足海量业务下的日志的查询需求。

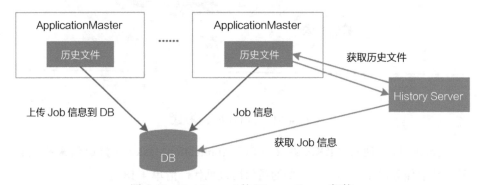

图 4-32　On-demand 的 History Server 架构

4. Hive UDF/UDAF 函数自动加载

与社区的函数相比，无论是数量还是功能，腾讯的 Hive UDF/UDAF 函数都大相径庭。为了做到函数的实时更新对业务保持透明，将 UDF/UDAF 函数从 Hive 中解耦出来，单独维护。HiveServer 会周期性检查 UDF/UDAF 的更新，当有变更时，自动同步到内存中。这样当 SQL 执行时，使用的都是最新的 UDF/UDAF 函数。

4.6　任务调度

当 Hive SQL 语句被编译成 MapReduce 或 Spark 任务时，需要将任务提交到物理集群中调度，才能真正执行任务并输出最后的结果。有时候需要定期重复地执行某项任务，但不可能每次都打开 IDE 去手动执行，这时候统一调度就派上用场了。统一调度是新一代分布式任务调度平台；这个调度模块支持按业务水平切分，存储采用分布式数据库 Tbase，计算节点和存储节点均支持水平扩展；提供了从数据入库、数据清洗校验、数据计算，到出库的一站式数据挖掘模板；支持月、周、天、时、分粒度的周期调度；并开放接口，方便各个业务的任务接入。

如图 4-33 所示，统一调度是为了更好地处理任务调度及依赖关系而研发的任务调度平台。它支持周期性任务的执行，允许用户自行设定任务间的依赖关系，配置定制化的执行流程，具备良好的可用性和可靠性，并提供了友好的用户界面。用户可以自定义调度周期和依赖关系，查看任务执行情况；配备任务异常诊断工具，对任务执行过程进行诊断从而了解任务异常原因；对接告警平台，用户可

图 4-33　统一调度

根据任务重要程度配置不同的告警策略，监控任务的执行；另外平台支持任务重跑、任务补录、强制成功等功能。

目前支持的组件包括

- 入库类型：TDBank 数据入库、HDFS 入库 TDW、MySQL 入库 TDW、PG 入库 TDW 等。
- 计算类型：Spark 计算、MapReduce、MR Streaming、Hive、Pig、SparkSQL、Mpi 计算等。
- 出库类型：TDW 出库 HDFS、TDW 出库 MySQL、TDW 出库 Hbase、TDW 出库 PG 等。

4.6.1 统一调度与周边系统关系

统一调度在 TDW 相当于管家的角色，有效地调用各个组件及时运行各种大数据作业，并有效地解决作业之间的依赖关系。

业务侧通过统一调度 API 或 UI 进行任务接入，并配置相应调度周期，以及任务之间的依赖关系、告警策略等；达到调度时间统一调度会自动生成调度实例，判断依赖父任务是否执行成功，父任务执行成功后则根据任务配置拉起相应任务执行组件提交作业，如图 4-34 所示。

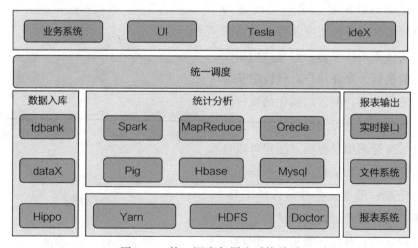

图 4-34 统一调度与周边系统关系

4.6.2　统一调度架构设计

在讲统一调度之前先说一下 TDW 上一代调度系统洛子。洛子从 2013 年开始提供服务，为公司各个业务部门的数据开发人员提供计算任务调度能力，已成为用户使用 TDW 的必备工具。但是随着任务量的不断增长，原有系统架构已经满足不了现有业务的发展需要，主要表现在以下几个方面。

- ❑ 耦合严重：目前部分接口直接前端调用数据库，导致接口优化困难。
- ❑ 负载超出：业务发展迅速，3 个月实例数达 9 亿，MySQL 单点查询负载超出，导致查询反馈缓慢。
- ❑ 扩展瓶颈：洛子相同任务类型 Master 节点不支持水平扩展，单个 Master 已经达到瓶颈。Master 节点之间 RPC 调用，相互耦合，影响 Master 扩展。
- ❑ 阻塞延迟：由于不能做到同任务水平扩展因此发生阻塞业务之间相互影响，导致重点任务延迟。
- ❑ 连接超时：执行代理增多，导致 Master 节点连接数激增，连接超时，性能下降。
- ❑ 扩缩容受限：Master 节点依赖了太多的中间件，扩容受到中间件负载和连接情况的限制，扩缩容困难，需要运维手工复制运行环境后手动重启。
- ❑ 维护成本递增：多套调度系统并存导致人力分散，维护成本递增，使用成本升高。

基于以上原因，我们重新构建了一套适应后续业务发展的通用性统一调度平台 Unified-Scheduler（后续简称 US），US 平台解决原有洛子调度系统存在的问题，可同时按 BG、业务、用户组等维度进行分类调度，保证任务下发的时效性的同时，扩展了更多调度周边的配套能力，如元数据、任务血缘等，同时应对千万级调度任务都是秒级。

作为一个通用平台，统一调度在设计之初就考虑了以下特性。

- ❑ 可扩展：随着任务增加，各模块和存储可以水平扩展，支持快速扩容和缩容。
- ❑ 高可用：服务整体高可用，针对具体服务限流、熔断以确保服务整体可用。

❑ 高吞吐：采用合适的缓存、线程池、队列、异步执行等提高系统吞吐量。

❑ 可伸缩：所有服务均支持 Docker 部署，结合 k8s 支持服务快速扩容和缩容安全性，即开放接口所有操作都需通过网管鉴权，拒绝粗放 API。

❑ 开放性：有一套开放接口，方便用户任务接入与检索。

统一调度采用微服务的架构风格，各模块采用 rest 接口通信，同时天然支持注册中心、日志中心、服务监控、消息总线、链路追踪、熔断保护等微服务周边组件。统一调度整体架构分为 4 层，分别是接入层、数据层、调度层和执行层，如图 4-35 所示。

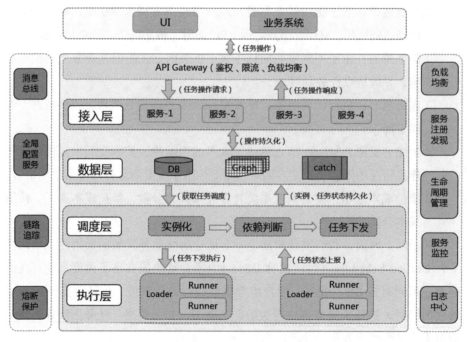

图 4-35　统一调度整体架构

接入层：负责任务接入和检索；API 的请求鉴权和限流，以及网关到 API 请求负载均衡等。

数据层：即存储层，采用分布式数据库 Tbase 和分布式图数据库 S2Graph。

调度层：统一调度的调度核心，负责任务的实例化、依赖判断、任务下发。

执行层：接收调度层下发的任务，提交任务到具体的执行引擎，例如提交 Spark 任务到 Yarn 上运行。

4.6.3 洛子与统一调度

1. 特性对比

统一调度在扩展性方面做了更多的考虑，确保随着任务增长，不会有任务节点成为瓶颈；洛子调度主节点仅支持按任务类型扩展，但随着业务增长，单个任务类型已经达到了瓶颈，例如入库任务量已经达到了 100 万以上，导致任务依赖判断延迟，任务排队竞争下发，进一步加剧了任务的下发等待时长，经常引来用户吐槽。

另外，洛子采用 MySQL，存在单点瓶颈，因小时任务较多、整点任务量大导致 DB 繁忙，影响前端 UI 查询性能。且洛子容器部署支持比较弱，业务高峰期，经常需要运维人员手动扩容。

统一调度对这些痛点已各个击破，调度主节点可以支持多维度切分；DB 可以做到水平扩容，数据分布式存储；各个模块天然支持 Docker 部署，与 k8s 整合做到了按系统负载自动扩缩容。表 4-4 是洛子和统一调度具体特性对比。

表 4-4 洛子和统一调度具体特性对比

特性	洛子	统一调度	描述
多维度扩展	不支持	支持	洛子支持按任务类型扩展，统一调度支持按类型、BG 等多维度扩展
数据库扩展	不支持	支持	洛子采用 MySQL 存储，有单点问题，统一调度采用腾讯自主研发分布式数据库 Tbase
服务网鉴权	不支持	支持	洛子用户权限校验弱，不支持限流、熔断
节点通信方式	Socket	Restful	统一调度采用 Restful 风格，协议简单，易于维护
主节点耦合	是	否	统一调度 Master 节点之间完全解耦，相互无感知

（续）

特性	洛子	统一调度	描述
依赖判断	暴力扫描	事件触发	统一调度提前预构建了依赖关系，基于任务成功上报状态以触发依赖判断
实例化	单线程串行	并发	统一调度并发创建实例，并发写入数据库，创建的同时并行写入，减少 CUP 和带宽毛刺
血缘关系	不支持	支持	统一调度采用图数据库存储历史实例，可追溯历史血缘关系
服务发现	配置文件写死	注册中心	洛子中 Master 节点变更，则所有 Slave 节点修改配置并重启
UI 与 DB 解耦	否	是	洛子维护难度大，代码耦合
容器部署	不支持	支持	洛子不支持 Docker
快速扩缩容	不支持	支持	统一调度与 k8s 集成
日志服务	无	有	洛子服务用 cgi 程序获取日志，增加部署维护成本
链路追踪	不支持	支持	洛子不支链路追踪

2. 性能对比

如表 4-5 所示，在实例化、依赖判断、任务下发等方面，统一调度相比洛子有了质的提升。

表 4-5　性能对比

模块	洛子	统一调度	描述
实例化	7 万 /min	20 万 /min	统一调度在单点创建插入并行测试中，10 万实例耗时约 3min，空跑环境 5 个 base 能达到 20 万 /min
依赖判断	2min+	秒级	洛子是间隔 2min 轮询一次，统一调度基于事件触发，若父任务成功则立即触发子任务，目前单条平均约 30ms+
任务下发	20min+	秒级	在洛子依赖判断通过的情况下，因任务竞争，部分任务要 20min 才能下发

3. 前端优化

如图 4-36 所示，前端优化架构示意图，详细解析如下。

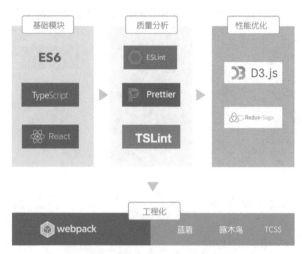

图 4-36　前端优化架构示意图

- ❑ 前后端分离：前端采用 React+Typescript，保证代码质量。
- ❑ 按需加载：前端页面按需加载，提高页面加载效率。
- ❑ 实时监控：确保接口和体验质量，并对页面路由、HTTP 请求时长、用户行为等做好了充足埋点。
- ❑ 画布升级：大幅提升任务视图的画布性能——使用 d3.js 对画布模块重构，确保画布的拖拽、连线、缩放、检索等性能。

4.6.4　模块划分

1. 模块调用关系

如图 4-37 所示，所有任务调度系统核心调度基本由 4 个模块构成，分别是实例化、依赖判断、任务下发、任务执行。

- ❑ 实例化：产生任务运行实例，例如小时任务会每小时产生一个运行实例。
- ❑ 依赖判断：实例运行时相互之间是有依赖关系的，只有所有的前置任务运行完成，当前任务才可以运行。

❑ 任务下发：根据任务的优先级，数据日期等对需要执行的实例进行排队并下发到执行节点运行。

❑ 任务执行：执行任务下发程序下发的任务，可以是 Spark 任务，MapReduce任务等。

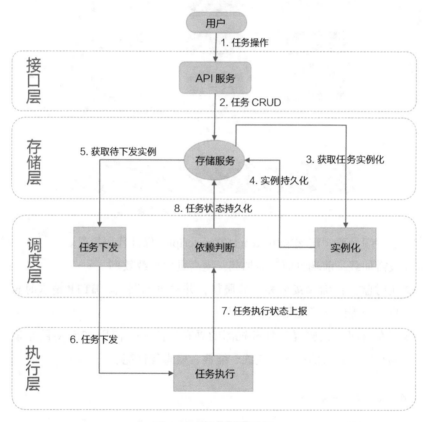

图 4-37　任务调度系统

2. 任务状态流转

如图 4-38 所示，统一调度任务状态包括草稿、正常、冻结（系统冻结和用户冻结），用户新创建的任务可以保存为正常或草稿状态。正常状态的任务可以例行化运行，草稿状态任务不会调度，用户可以对草稿任务编辑之后保存为正

常状态；另外，如果任务长期失败重试会占用系统资源，系统会自动分析任务
失败频率，对多次尝试不成功的任务会按照策略设置为系统冻结状态，用户也
可以对暂时不需要的任务设置为系统冻结状态，冻结状态的任务不会运行，用
户可以修改冻结的任务状态为正常状态。修改为正常状态的任务会自动补齐中
间缺失的实例。

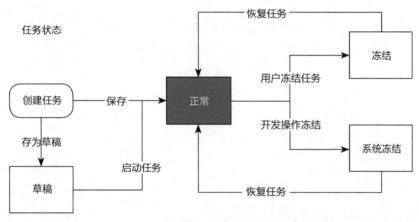

图 4-38　统一调度任务状态

数据分析引擎

多维分析一直是企业运营不可或缺的科学决策手段。随着移动互联网、物联网的普及，以及大数据、云计算、AI 技术的发展，多维分析也迸发出新的生命与活力，在大规模并行处理（Massively Parallel Processing, MPP）框架与内存计算、向量化与编译执行、列存与索引结构以及智能化增强型分析等方向都呈现出百花齐放的创新局面。本章将介绍腾讯大数据引入的四种数据分析引擎的架构和实现细节，以及在腾讯的应用实践。

5.1　关系型 OLAP：腾讯实时多维分析平台

5.1.1　背景和业务价值

腾讯实时多维分析平台是腾讯针对交互式海量数据分析需求而自主研发的大数据多维分析平台，是腾讯每日处理数百太字节（TB）数据、用户画像规模达到千级维度的核心技术与经验积累。它结合列存储、位运算、倒排索引等技术，可实现高性能的海量数据检索、用户画像和实时多维分析。腾讯实时多维分析平台摒弃传统数据分析系统数据预加工的模式，可在无须预先构建数据立方的情况下，通过 SQL 语句对万亿级数据进行秒级的任意维度组合分析、任意层级下分析等操作，以快速洞察海量数据价值。

截至 2020 年 1 月，腾讯实时多维分析平台日接入数据量数万亿条，日均分析任务 500 万次，总存储量超过 10PB，主要应用于用户画像多维分析、海量日志分析、实时联机分析处理（Online analytical Processing, OLAP）分析等业务。

1. 产品特性

❑ 超低时延：分析结果一触即得。

❑ 分析特性：任意维度组合分析，实时下钻分析，外部数据关联分析。

❑ 存储特性：列存储，计算过程不加载多余数据。

❑ 强扩展性：支持横向、纵向任意扩展。

❑ 数据时效性：支持实时、离线数据。

2. 产品功能

（1）海量数据毫秒级多维分析

腾讯实时多维分析平台支持实时 OLAP 分析，通过实时消费数据，可实现即查即可见，分析过程不需要预先构建数据模型；通过实时构建分析模型，可实现对千亿数据规模下任意维度组合、任意层级下钻的毫秒级分析，助力客户探索海量数据、洞察商业价值。

对于腾讯内部业务，腾讯实时多维分析平台高效支持用户画像、精准推荐、运维指标监控等大数据业务的洞察分析。

（2）高性能全文检索

腾讯实时多维分析平台通过对需要全文检索的内容进行分词处理，结合列存储、位运算等技术，实现高效的数据探索和全文检索。

对于腾讯内部业务，腾讯实时多维分析平台支持了业务系统海量日志的快速检索，日均接入规模达 2.5 万亿条，存量数据 80 万亿条；外部企业市场上，支持了某省国安厅的万亿级数据的秒级精准定位，极大提高了业务分析效率。

（3）实时数据接入分析

腾讯实时多维分析平台的多维分析引擎支持大批量离线数据快速接入的同时，还支持实时数据的流式接入，以支撑对时效性要求较高的数据分析场景。实时数据接入后，引擎会自动消费数据并启动全文索引技术对海量数据创建索引，用户无须关注索引细节即可实现对数据的极速分析。

腾讯实时多维分析平台通过腾讯自主研发的 Tube 和 Hippo 消息中间件，每天实时接入数量高达 2.5 万亿条，占整个腾讯大数据日接入量的 10% 左右。

（4）SQL 和 JDBC 接口支持

腾讯实时多维分析平台提供了 API 和标准 JDBC 接口，用户可以使用标准的 SQL 语法进行数据分析，也方便用户将现有业务系统或工具快速接入腾讯实时多维分析平台。

5.1.2　技术架构与原理

1. 整体架构

图 5-1 为腾讯实时多维分析平台的架构图，各个部分的作用如下。

❑ Server：包括 SQL 查询接口、表管理接口、任务状态查询接口等。

❑ Manager：负责 SQL 逻辑计划与物理计划的生成、计算任务的调用，包括配置管理、容灾管理、负载调度、运维工具等。

❑ Worker：计算节点的管理进程，对 Write Child、Read Child、Dispatch Child 进行监管。

❑ Write Child：负责数据写入，包括索引创建、索引刷盘、索引合并等。

❑ Read Child：负责数据读取，一个节点下可运行多个 Read Child 实例，多个 Read Child 之间均匀分配查询数据，处理查询任务。

❑ Dispatch Child：负责数据分发，将数据路由到对应节点的 Write Child。

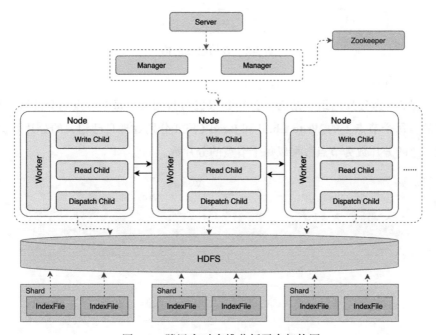

图 5-1　腾讯实时多维分析平台架构图

2. 数据结构

（1）表的组成

图 5-2 为表的组成结构，包含如下部分。

　　❑ 表：表信息、字段信息。

　　❑ 分区：以时间作为分区，粒度可为年、月、日、小时。

　　❑ 分片：一个时间分区下的数据由多个分片组成。

　　分片是数据存储的最小单位，每一个分片中都保存了多个数据文件，数据文件的格式有多种，如列存、行列混存等。

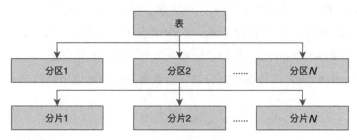

图 5-2　表的组成结构

（2）分片

　　图 5-3 为分片的组成结构，分片数跟机器数相关，每个节点的分片数是固定的。每个节点上的 Write Child 和 Read Child 分别处理自己相关的分片数据，集群总的分片数为节点数乘以每个节点的分片数。

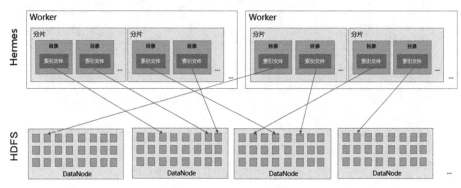

图 5-3　分片的组成结构

　　数据存储在 HDFS，如果某个计算节点出现故障无法工作，该节点负责的分片会均匀分配到其他节点，不会影响查询任务的正常执行。

（3）行列混存

针对多维分析和海量数据检索这两大应用场景，腾讯实时多维分析平台同时支持列存储和行存储。

- 列数据：按需读取数据，跳过无效列的 I/O，并且根据列的类型和数据特性自适应选择压缩算法，同时可支持在编码状态下进行计算。
- 行数据：适合点查、全文检索等查询时需要读取大部分列或全部列的场景。

（4）列数据格式

图 5-4 为列数据的格式，主要包括如下部分：

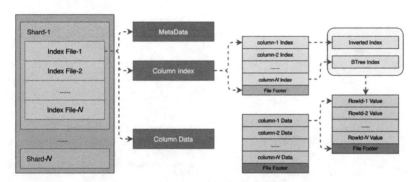

图 5-4　列数据格式

1）一个分片里包含多个 Index File，Index File 是最小的存储单元，存储着索引和列数据。

2）列数据由 Metadata、Column Index 和 Column Data 三部分组成。

a）Metadata 存储每一列的数据类型和编码格式，以及 Column Index 和 Column Data 的文件位置。

b）Column Index 由多个 Index 和 Footer 组成，Footer 里存储每一列在此文件里的偏移量，最大和最小值，以及索引类型。

- Inverted Index：存储每一列里每一个词的行数量、行号集合，词形成的词条使用前缀压缩，行号使用跳表结构存储；在 Inverted Index 之上构建 FST 结构，在关键字检索或前缀模糊查询时，避免遍历整个词条，降低磁盘 I/O。
- BTree Index：存储数字类型列的值，在数值范围查询时，顺序读取磁盘，磁盘 I/O 效率更高。

c）Column Data 存储每一列的数据内容。

3. 查询流程

（1）两段式查询

在分布式系统中执行排序查询，可以使用两段式查询机制来提高查询性能，核心思想是：第一阶段只读取排序列的数据，用于全局的排序；第二阶段根据全局排序得到的行号，读取出投影列的数据，从而有效地降低读取投影列的 I/O。

图 5-5 为二段式查询的流程。

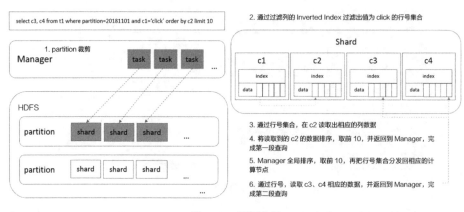

图 5-5 查询流程

（2）向量化计算

在分析型场景中，大部分的 CPU 周期都花费在无用的工作中，比如虚函数调用、读取 / 写入中间数据到 CPU 高速缓存或内存中，为了减少这些无用功的 CPU 周期，我们通过代码生成，把性能瓶颈的代码放到一个单独的函数中，消除虚拟函数的调用以及利用 CPU 寄存器存储中间数据。而在列存储中，每一列由多个 Block 组成，每个 Block 是最小的解码和缓存单元。每个 Block 的解码，在简单的循环体里执行，有利于编译器自动展开循环，编译成 SIMD 指令；数据读取时以 Batch 格式替代行的格式返回，每个 Batch 由多个向量组成，分摊虚函数调用的开销。图 5-6 为向量化计算示意图。

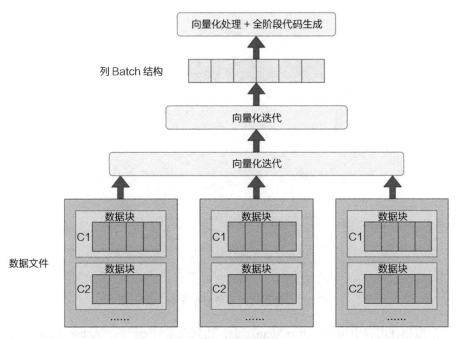

图 5-6　向量化计算

4. 写入流程

（1）写入方式

数据写入分为实时写入和离线导入两种方式。

- 实时写入：对数据的时效性要求较高，从数据产生到可查询的延迟在秒或分钟级别，通过消息中间件接入，如日志数据、运营监控数据、交易流水等。

- 离线导入：需要经过上游 ETL 加工处理，通过 MapReduce 生成腾讯实时多维分析平台的索引数据，再同步到腾讯实时多维分析平台集群，如用户画像大宽表、OLAP 分析模型表等。

（2）存储引擎

在腾讯实时多维分析平台中，每个分片独立处理数据的创建、刷盘和合并，如图 5-7 所示，腾讯实时多维分析平台的存储引擎是一个类 LSM 的结构。

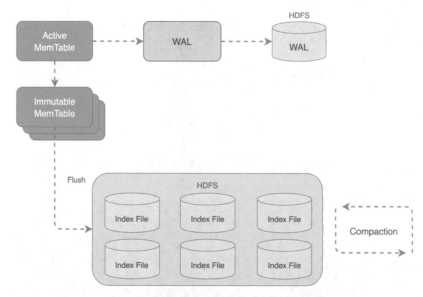

图 5-7　腾讯实时多维分析平台存储引擎

数据在内存中构成 Active MemTable，达到设定的阈值后，Active MemTable 切换成 Immutable MemTable，多个小的 Immutable MemTable 合并成大的，再批量写入磁盘；Compaction 是在后台异步合并小索引，降低读放大；合并策略会结合时段、数据量、资源负载动态调整；WAL 保障内存中未成功刷盘的数据不丢失。

5. 技术挑战

（1）索引和数据分离

在海量日志接入的场景，一个分片中会产生大量的索引目录（图 5-8 中的 IndexFile），譬如单机接入 1TB/ 天，实时刷盘的目录 256MB/ 个，经过合并后 2GB/ 个，那么当天有 500 ～ 4000 个目录，再加上历史数据，目录总数很大，会导致严重的读放大，以及后续合并的写放大。

为了减少索引目录数，将索引和数据分开存储，如图 5-8 所示，索引目录里只存储倒排索引，数据文件存储了同一个分片中每个索引目录相应的行数据。通过每个索引目录的 Offset 和 RowId，在 RowData 中读取结果数据。通过索引和数据的分离，索引目录刷盘次数和个数降低 68%，内存使用量降低 70%，磁盘使用量降低 14%，检索性能提升 80%。

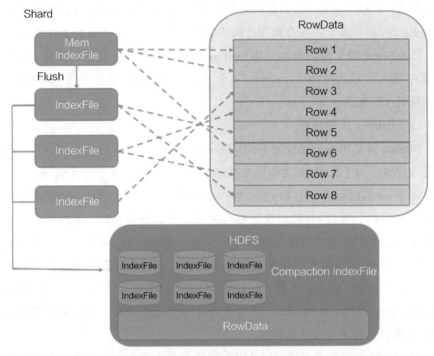

图 5-8　索引和数据分离

在日志场景中会采用行存储，如图 5-9 所示，行存储数据结构由 DataFile 和 MetaFile 两个文件组成。

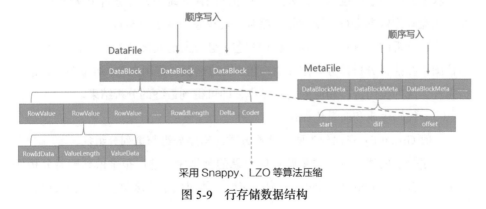

图 5-9　行存储数据结构

MetaFile 的作用是加速 RowId 读取到行数据，DataBlockMeta 存储了 DataBlock 的起始值，读取某个 RowId 的数据时，通过它可以快速判断这个 DataBlock 是否包含此 RowId 的数据，如果有则通过偏移量跳转到该 Block 所处的文件位置。

DataBlock 的整块数据会采用 Snappy、LZO 等算法进行压缩。在写入时都为顺序写入，每次增加（append）一个 Block 的数据，并且不需 Compaction，有效降低了写放大。

（2）Bitmap 位图处理

Bitmap 就是用一个比特位（bit）来标记某个元素对应的值（value），而 key 即是该元素。由于采用 bit 为单位来存储数据，因此可大大节省存储空间。

每个 bit 数组对应一个 key 值，多个 key 将需要同样长度的 bit 数组来存储，存储代价很高，所以 bit 数组在这种情况下不适合直接存储，结合我们的列存储的 RowId 特性（每个数据块从 0 开始自增），腾讯实时多维分析平台在分析过程中实时构建 Bitmap 作为计算逻辑基本单元，利用位运算来提高查询分析速度。例如：where gender=" 男 " and age="30"，只需要实时构建 gender 为男的 Bitmap 和 age 为 30 的 Bitmap，将两者进行与（and）运算，获得我们所需要的 Bitmap 集以进行下一步逻辑处理。

通过 Bitmap，在分析 TB 级及以上规模的复杂数据时，实现了关键数据的快速定位，在大规模数据上实现秒级的数据按需访问分析。倒排索引与 Bitmap 结构的转换如图 5-10 所示（计算触发实时加载转换）。

基于位图的索引技术，大大降低了用户画像系统中，业务自定义的用户包 / 组与大盘画像数据进行关联的分析耗时，其业务场景如图 5-11 所示。

快速分析的关键在于，预先将用户包 / 组与大盘人群做关联，生成用户包 / 组位图；在执行分析任务时添加用户包 / 组的标识，将用户包 / 组位图与其他分析条件生成的位图进行相应的逻辑操作，即可得到最终的分析结果。

（3）代码生成和向量化加速

一般 Group By 查询分为两种计算方式，排序分组与散列分组。

排序分组的优化就需要依赖存储引擎的预排序，这就很难做到即时分析任意字段组合的 Group By 语句，因为存储层只能对固定维度组合进行预排序，并且排序计算过程中没法降低内存的消耗；而散列分组，随着计算过程的推进，不断地在聚合结果，所以，内存消耗比排序计算要有更大的优势。

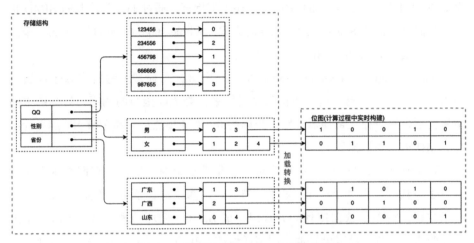

图 5-10　倒排索引与 Bitmap 结构的转换

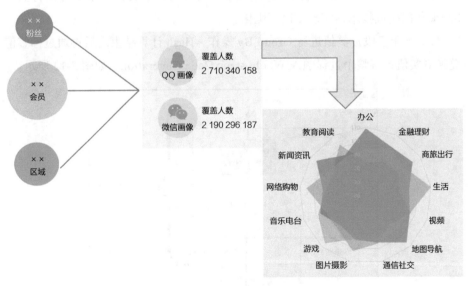

图 5-11　业务场景（见彩插）

针对散列分组计算 Group By，其最主要的耗时是对每一行数据进行

HashCode 操作，如果能加速 HashCode 操作的速度自然可以提高 Group By 的性能，这种对每一行数据进行相同计算的过程恰好非常适合利用 SIMD 加速。截至 2020 年 1 月，正式发布的 JDK 版本还不支持直接通过 Java 语言执行 SIMD 指令，我们可以借鉴 Spark 使用 SIMD 的方式：Whole-stage Code Generation（全阶段代码生成）和 Vectorization（向量化）。

Whole-stage Code Generation 就是将一个 stage（阶段）的所有算子逻辑翻译为等价的手写代码，这样将抽象逻辑抹平，避免虚函数的调用，计算的中间结果就更容易缓存在寄存器级别，简单的 for 循环预热后，易于被 JIT 翻译为执行 SIMD 指令的机器码。

Vectorization 这一项技术是针对一些非常复杂的逻辑的，它们很难直接翻译成手写代码，例如 Parquet 文件扫描等。它修改迭代器以避免每一次只处理一条数据，将多条数据按列的方式组织成 Batch，循环处理。这样也减少了虚函数的调用次数，可以更好地利用编译器和 CPU loop unrolling 等进行优化。

腾讯实时多维分析平台的 Group By 实践就结合了自身引擎的存储特点与 Spark 代码生成技术，实现了以下优化。

1）基于字段标签值进行 Group By 操作，Hash 计算结束之后再通过标签值兑换真实值，将整个过程融入 Whole-stage Code Generation，如图 5-12 所示。

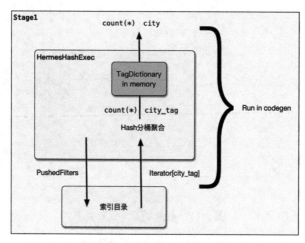

图 5-12　代码生成

2）按块批量读取数据，避免因按条读取数据 I/O 而打断上层计算的优化。向量化（Vectorization）技术如图 5-13 所示。

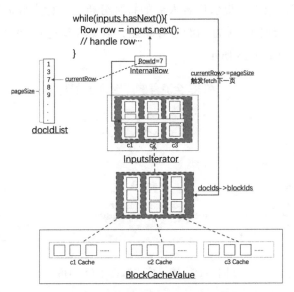

图 5-13　向量化（Vectorization）技术

5.1.3　应用案例

（1）腾讯用户画像（见图 5-14）

腾讯 QQ 账号体系的用户画像平台包含 10 亿级用户，在多个子业务产品中产生的用户数据包含推荐业务、增长业务、广告业务等领域相关的用户数据。这些数据一方面作为特征来推荐模型训练，另一方面为规则引擎提供精准细分的定向人群，支持业务的个性化投放需求。腾讯实时多维分析平台引擎在此类业务场景下应用效果非常优秀，多维单表分析小于 2s，多表 join 关联分析平均耗时小于 10s。

图 5-14　用户画像

（2）腾讯广告数据平台 ADS

腾讯实时多维分析平台在广告应用中的数据涵盖腾讯公司各个业务、各个维度的全量用户数据，提供广告人群的特征分析、目标人群筛选、人群洞察、账号映射、数据地图、关键词洞察等功能，数据规模达到 100+TB 级别，查询耗时小于 2s，如图 5-15 所示。

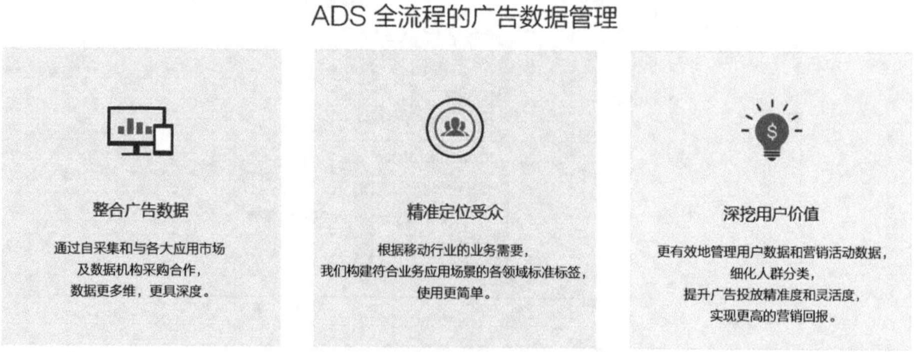

ADS 全流程的广告数据管理
整合广告数据
通过自采集和与各大应用市场
及数据机构采购合作，
数据更多维，更具深度。
精准定位受众
根据移动行业的业务需要，
我们构建符合业务应用场景的各领域标准标签，
使用更简单。
深挖用户价值
更有效地管理用户数据和营销活动数据，
细化人群分类，
提升广告投放精准度和灵活度，
实现更高的营销回报。

图 5-15　腾讯广告数据平台 ADS

（3）微信支付日志

微信支付日志覆盖数千个业务模块，日增量万亿条，峰值每秒处理 2000 万条。按业务模块的等级划分资源分组，快速分组毫秒级响应，普通分组秒级响应。日志接入腾讯实时多维分析平台的流程如图 5-16 所示。

采集
分发
入库
业务模块 C
业务模块 PHP
...
logAgent
logSrv
TubeMQ
topic1
topic2
topic3
...
腾讯实时多维分析平台分组
快速分组
支付分组
非支付分组
...

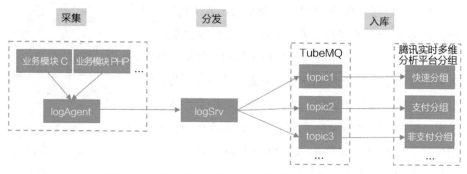

图 5-16　日志接入腾讯实时多维分析平台的流程

（4）统一日志服务 UTA

UTA（User Tracing Analysis，用户跟踪分析）提供稳定、安全、快速、易用、开放、廉价的染色监控服务，帮助开发者对系统或程序运行日志进行统一配置、染色、采集、上报、转发、存储、检索、分析、监控、告警，以快速诊断并分析问题。UTA 基于腾讯实时多维分析平台实现日志分析检索功能，支持 PB 级日志数量存储。截至 2020 年 1 月 UTA 每日日志总量超千亿级，采用实时采集传输，写入腾讯实时多维分析平台即可被查询分析，千亿级别日志查询只需短短几秒即可返回结果，方便用户快速地分析处理海量日志数据。UTA 产品架构如图 5-17 所示。

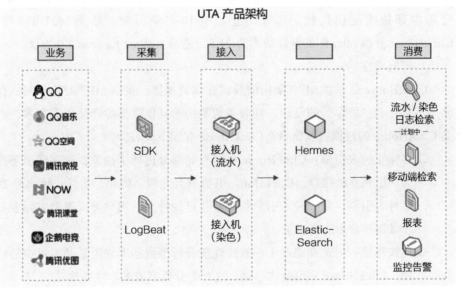

图 5-17　UTA 产品架构

5.2 关系型 OLAP：ClickHouse

5.2.1 概述

ClickHouse 是 Yandex 公司为了服务一款 Web 流量分析工具（Yandex. Metrica）而开发的高性能 OLAP 引擎，在存储超过 20 万亿行的情况下，做到了 90% 的查询都能在 1s 内返回。随后又在 Yandex 公司内部应用到几十个分析场景。目前，已有国内外几十家知名企业在使用 ClickHouse[⊖]。

ClickHouse 在 OLAP 领域的细分上属于 ROLAP，标准的 MPP 架构，存储计算不分离；在设计时以性能优先，对硬件和算法追求极致优化，且在 Yandex 公司内部持续迭代优化，迄今为止已有 10 多年历史。截至 2021 年 5 月，ClickHouse 开源 release 的最新版本为 21.5，遵循 Apache License 2.0 协议。

1. 产品特性

ClickHouse 是一款 MPP 架构的列式存储数据库。虽然 MPP 架构和列式存储并不是什么"稀罕"的设计，拥有类似架构的其他数据库产品也有很多，但是 ClickHouse 的性能极其出众。ClickHouse 有如下核心特性。

- 多样化的表引擎：ClickHouse 也将存储部分进行了抽象，把存储引擎作为一层独立的接口。ClickHouse 共拥有合并树、内存、文件、接口等 20 多种表引擎，每一种表引擎都有着各自的特点，用户可以根据实际业务场景选择合适的表引擎。

- 列式存储：列式存储对于一款高性能分析型数据库来说是必不可少的特性，ClickHouse 采用列式存储，这对于分析型请求非常高效。

- 数据压缩：由于 ClickHouse 采用列存储，相同列的数据属于同一类型，有利于获得更高的数据压缩比；ClickHouse 支持 GZ、ZSTD 等通用压缩算法，还支持 Delta、DoubleDelta、Gorilla 等专用编码算法。

- 多级索引：列式存储用于裁剪不必要的字段读取，而索引则用于裁剪不必要的记录读取。ClickHouse 支持一级索引、二级索引等丰富的索引类

⊖ 参考：https://clickhouse.tech/docs/zh/introduction/adopters/。

型，从而在查询时尽可能裁剪不必要的记录读取，提高查询性能。

- □ 向量化执行引擎：在支持列式存储的基础上，ClickHouse 实现了一套基于 SIMD 指令的向量化计算引擎，使得大量的计算逻辑都可以支持向量化执行，大大加快了查询速度。
- □ 完备的 DBMS 功能：ClickHouse 拥有完备的管理功能，兼容 ANSI SQL，并支持 JDBC、ODBC 等接口，同时具有权限控制、数据备份与恢复等功能。
- □ 近似查询：支持近似查询算法、数据抽样等近似查询方案，以加速查询性能。

2. 应用场景

自从 ClickHouse 在 2016 年 6 月 15 日开源后，ClickHouse 中文社区随后成立，先后有腾讯、京东、美团、新浪等多家公司，参与到 ClickHouse 中文社区的建设上来，随着开源社区的不断活跃，ClickHouse 逐渐风靡大数据领域。

（1）用户行为分析

在网站、App 和游戏中，对用户的点击、时长等使用数据进行收集，导入云数据仓库 ClickHouse 中，构建用户特征分析大宽表，借助云数据仓库 ClickHouse 的优异查询性能，分析系统进行多维度、多模式分析时可以在亚秒级内响应，快速分析出用户行为特征和规律，为精准营销和会员转化等业务提供强力支持。

（2）企业经营分析

在企业经营分析中，把规模庞大的业务数据导入云数据仓库 ClickHouse，对数亿记录或更大规模的大宽表和数百维度的查询，都能在亚秒级内响应，得到查询结果。ClickHouse 能够随时进行个性化统计和不间断的分析，辅助商业决策。云数据仓库 ClickHouse 的查询效率数倍于传统数据仓库，而且扩展灵活，按需扩容，很好地满足了大数据时代下企业数据仓库对高性能、低成本、易扩展的需求。

5.2.2 技术架构

1. 单机架构

图 5-18 为 ClickHouse 的单机架构图，各个模块的作用如下。

❑ Connector：用于对接第三方用户。

❑ Connection Management：管理连接请求、鉴权等。

❑ Management：管理系统。

❑ Sql Interface：处理 DDL、DML 等语句。

❑ Parser：通过递归下降的方法把 SQL 解析成 AST 语法树。

❑ Interpreter：解释 AST 语法树，串联整个查询过程。

❑ Storage Engine：将数据组织起来，按照特定格式编码，支持映射远程的数据。

❑ FileSystem：数据存放的位置。

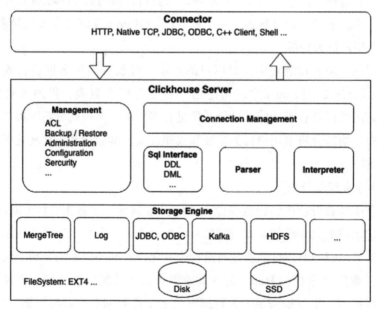

图 5-18　ClickHouse 的单机架构图

ClickHouse 提供了丰富的存储引擎，存储引擎的类型决定了数据如何存放、如何做备份、如何被检索、是否使用索引等。不同的存储引擎在数据写入/检索方面做平衡，以满足不同业务需求。ClickHouse 提供的存储引擎多达十几种，主要使用 MergeTree 系列表引擎。

（1）MergeTree 引擎

ClickHouse 中最强大的表引擎是 MergeTree（合并树）引擎及该系列中的其他引擎（*MergeTree）。MergeTree 系列引擎被设计用于将大量的数据插入一张表中，数据可以以数据片段的形式一个接着一个地快速写入，且不可修改，数据片段在后台按照一定的规则进行合并，这也是被称为合并树的原因。

从图 5-19 可看出，MergeTree 主要由数据标记、索引和数据文件组成。

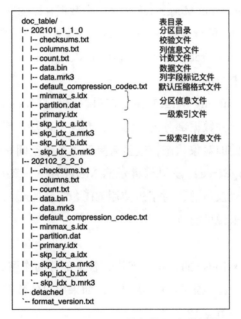

图 5-19　MergeTree 数据物理存储结构

（2）MergeTree 家族

合并树当前的家族成员众多，除了 MergeTree 之外，还有 ReplacingMerge-Tree、SummingMergeTree、AggregatingMergeTree、CollapsingMergeTree、VersionedCollapsingMergeTree 和 GraphiteMergeTree 等。每一种合并树的变种除了继承了 MergeTree 的能力，还增加了独有的特性，在所有合并树表引擎前

面加 Replicated 前缀，又会得到一组支持数据副本的表引擎。

- ❑ ReplacingMergeTree：该引擎和 MergeTree 的不同之处在于它会删除排序键值相同的记录。
- ❑ SummingMergeTree：该引擎继承自 MergeTree。区别在于，当合并 SummingMergeTree 表中的数据片段时，SummingMergeTree 会把所有具有相同主键的行合并为一行，该行会对数值类型列进行汇总。如果业务数据存在主键大量相同的行，则可以显著减少存储空间并加快数据查询的速度。
- ❑ AggregatingMergeTree：该引擎继承自 MergeTree，并改变了数据片段的合并逻辑，AggregatingMergeTree 会将一个数据片段内所有具有相同主键（准确说是排序键）的行合并成一行，这一行会存储一系列聚合函数的状态。
- ❑ CollapsingMergeTree：该引擎继承自 MergeTree，并在数据块合并算法中添加了折叠行的逻辑。
- ❑ VersionedCollapsingMergeTree：该引擎继承自 MergeTree 并将折叠行的逻辑添加到合并数据部分的算法中，允许快速写入不断变化的对象状态，删除后台中的旧对象状态，这显著降低了存储空间。
- ❑ GraphiteMergeTree：该引擎继承自 MergeTree。该引擎用来对 Graphite 数据进行瘦身及汇总，对于想使用 CH（ClickHouse）来存储 Graphite 数据的开发者来说可能有用。

2. 分布式架构

图 5-20 是 ClickHouse 的分布式架构，各个部分的作用如下。

- ❑ LB：用作用户指定集群的负载均衡，如果用户的数据只存放在某个节点，则需要指定该节点 IP。
- ❑ Node：单机架构的 ClickHouse Server。
- ❑ Shard：数据分片。
- ❑ Replica：数据副本。
- ❑ ZooKeeper：保证副本一致性，集群共享一部分元数据。

ClickHouse 表的数据分片（Shard）、分区（Partition）和副本（Replica）的关系如图 5-21 所示。

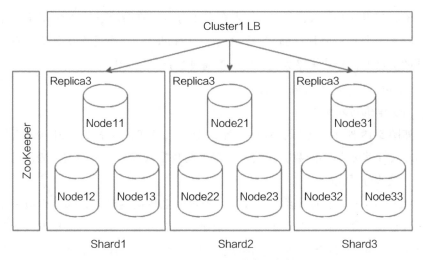

图 5-20　ClickHouse 分布式架构

	Node11	Node21	Node31	
2021.01	Shard1	Shard2	Shard3	Partition1
2021.02	Shard1	Shard2	Shard3	
2021.03	Shard1	Shard2	Shard3	Partition3
	Hash (ID) 1	Hash (ID) 2	Hash (ID) 3	

Replica

	Node12	Node22	Node32	
2021.01	Shard1	Shard2	Shard3	Partition1
2021.02	Shard1	Shard2	Shard3	Partition2
2021.03	Shard1	Shard2	Shard3	Partition3
	Hash (ID) 1	Hash (ID) 2	Hash (ID) 3	

图 5-21　ClickHouse 的数据分片、分区和副本的关系

图 5-21 中 ClickHouse 的一张表有多个分区，在分布式表的情况下一个分区会有多个分片，分片存储在不同的节点（Node）上，每个分区的副本存储在不同的节点上，分片策略为随机的或者通过哈希函数（Hash）指定。

3. MergeTree 数据写入流程

（1）单机写入流程

如图 5-19 所示，分区目录格式为 202101_1_1_0，其中 202101 表示分区目录 ID，1_1 表示最小的数据块编号与最大的数据块编号，最后的 0 表示合并的层级。默认分区 all。

MergeTree 只能按分区聚合数据，当每一批数据落盘时，都会生成一个新的分区目录，属于相同分区的目录会依照规则合并到一起，然后按照设置的表属性 index_granularity，会分别生成一级索引文件 <primary.idx>、二级索引文件 <skp_idx_ 索引名称 .idx>、每一列字段的 .mrk 数据标记文件和 .bin 数据文件。

（2）多机 Shard 写入流程

多机 Shard 写入一般有以下两种方案。

- ❑ 方案一：在 ClickHouse 外部，事先将数据均匀分片，再写入 ClickHouse 集群的各个本地表，这种方案有更好的写入性能。
- ❑ 方案二：某个 ClickHouse Server 节点实时写入数据并落盘，根据分区规则，如果是写入本地的数据，则直接写入本地分区的临时目录；如果是写到远程的数据，则会落到一个带远程信息的本地临时目录，完成后发送到远程节点，远程节点收到数据后写入本地分区，最终确认一致性并完成。

（3）多机 Shard 多副本写入流程

ClickHouse 的多副本写入机制依赖于 ZooKeeper 服务。接收数据的主节点在写入完成后，会向 ZooKeeper 的 /log 目录发送一个 LogEntry，从节点监听到 /log 目录的变化后，会去主节点上拉取数据并写入本地；主节点发起 Merge 操作时，也会向 /log 目录上发送 LogEntry，其他从节点监听到，则会触发相同的 Merge 操作来保证数据的一致性。

4. MergeTree 数据查询流程

（1）单机查询流程

对于单机表，用户通过 connector 发送 SQL 到 ClickHouse Server，然后经过 Parser 和 Intercepter 的解析选择读取的 MergeTree 数据。

（2）多机 Shard 查询流程

一条查询分布式表的 SQL，会被接收到该 SQL 的 ClickHouse Server，解析为需要在多个节点执行 SQL，所有拥有分片的节点执行完对应的 SQL 后，将数据返回给发起查询的节点，该节点对数据进行汇总计算并返回结果。

从以上流程可以发现，在大数据场景下对全局某列数据做 Count Distinct 基本不可能，如果返回所有该列的详细数据可能导致汇总节点内存溢出（OOM），目前一般使用 HyperLogLog 来做近似统计。其他类似 TopN 等聚合函数在分布式场景也只能做近似计算。

join 操作在多机 Shard 场景也非常不方便，join 的底层实现都是哈希 join，需要右表是一张小表，并将右表分发到所有 Shard 节点上进行 join 操作。如果两张表都是分布式表，最好的连接方案是连接的 key 使用相同 Shard 算法，将对应的数据分到相同的 Shard 节点上。

（3）多机 Shard 多副本查询流程

多机 Shard 多副本的查询流程只比多机 Shard 查询多一个步骤，就是判断选取哪个副本的数据；当前是选取出错次数最小的副本，可以配置在相同出错次数下的策略。

5.2.3　系统调优

1. 配置优化

ClickHouse 的通用优化配置如表 5-1 所示，大部分配置需要根据线上实际情况进行优化，具体需要优化的配置可参考官方文档：

https://clickhouse.tech/docs/en/operations/settings/query-complexity/

https://clickhouse.tech/docs/en/operations/settings/

表 5-1　ClickHouse 的通用优化配置

配置名	推荐配置	说明
max_server_memory_usage_to_ram_ratio	机器内存的 90%	占用物理机内存比例
max_memory_usage	根据单查询内存使用量和并发合理调整	单查询最大使用内存量
background_pool_size	CPU 核心数的两倍	后台 Merge 操作的线程数
max_parts_in_total	1000000	单机最大 part 个数
parts_to_delay_insert	3000	单个分区下的活跃 part 数超过该值后，会延迟新的写入
parts_to_throw_insert	4000	单个分区下的活跃 part 数超过该值后，会丢弃新的写入
old_parts_lifetime	0 表示立即删除旧的 part，根据业务需求调整	后台合并和数据过期后旧的 part 保留的时间
max_concurrent_queries	根据机器资源调整	某个 MergeTree 的最大查询数
max_bytes_before_external_group_by	推荐开启，具体值为 max_memory_usage 的一半	Group by 过程允许数据落盘

2. 查询优化

用户在查询数据时，可以参考如下几点对 SQL 进行优化：

1）通过 explain 命令来查看执行计划，确认查询计划是否合理。

2）先过滤数据（减少 I/O）再进行 join 等操作。

3）join 操作，大表在前，小表在后。

4）建议使用大宽表进行查询，不要进行多次 join。

5）业务允许时，可以使用近似函数代替精确函数，例如用 uniq 代替 count distinct。

6）两张分布式表进行 join 时，可以在写入数据前，按照相同规则分片（shard）到相同节点。

7）子查询为分布式表时，需要使用 GLOBAL 关键字。

3. 表相关优化

用户在创建表时，可以参考如下几点：

1）尽量不用 string 类型的字段。

2）使用默认值代替空值。

3）能进行分区的事实表尽量进行分区。

4）可以使用二级索引。

5）业务允许的情况下配置 TTL，删除不必要的数据。

6）尽量做 1000 条以上的数据写入，减少后台 Merge 压力。

5.2.4　运维管理

1. 机器要求

（1）CPU

如果想安装预构建好的安装包，需要使用 X86_64 架构的 CPU 且支持 SSE 4.2 指令（向量化执行引擎），或者用户可以自己通过源码编译构建来生成安装包。

（2）内存

一般需要配置 4GB 以上的内存，内存的需求量受查询的复杂度、数据量和并发等因素的影响。

（3）虚拟内存

关闭虚拟内存，不然会产生大量的缺页中断导致查询速度变慢。

（4）存储

安装包需要 2GB 的存储空间，存储的数据最好单独指定目录，具体的磁盘大小取决于需要存储的数据量，可以指定对应的压缩算法来提高压缩比。

（5）网络

集群模式网络带宽尽可能在 10Gbit/s 以上。

2. 监控

用户自己可以选取 Node Exporter + Prometheus 这种成熟的监控方案，也可以自建监控体系。

（1）硬件资源

ClickHouse 需要重点关注 CPU 负载、内存占用、磁盘 I/O、网络 I/O 等指标。

（2）ClickHouse 进程

用户可以从 system.metrics、system.events、system.asynchronous_metrics 等系统表中获取监控指标，也支持配置监控指标并上报给 Graphite。

3. 配置

配置文件为 XML 格式，支持多配置文件管理，默认配置文件为 /etc/clickhouse-server/config.xml，用户可以增加自己的目录，创建新的配置文件并通过 include_from 标签引入 config.xml 中。详细配置参考：

https://clickhouse.tech/docs/en/operations/server-configuration-parameters/settings/

4. 访问控制和用户管理

（1）配置文件

在配置目录下新增 user.d 目录，并在目录下创建用户配置文件例如 alice.xml，然后在 config.xml 里面引入。

```xml
<yandex>
    <users>
        <alice>
            <profile>analytics</profile>
            <networks> <ip>::/0</ip> </networks>
            <password_sha256_hex>...</password_sha256_hex>
            <quota>analytics</quota>
        </alice>
    </users>
</yandex>
```

（2）SQL 操作

官方支持 SQL 命令文档：

https://clickhouse.tech/docs/en/operations/access-rights/

（3）其他支持

LDAP、Kerberos 可参考官方文档：

https://clickhouse.tech/docs/en/operations/external-authenticators/

5. 数据备份和还原

尽管副本机制和磁盘 Raid5 等方式可以保证数据的安全，但是可能会存在人工误删等情况，所以，用户可以定期备份数据。备份数据可以参考如下方法：

1）从数据源获取数据时，将数据双写到冷存储上。

2）文件系统快照。

3）ClickHouse copier。

4）使用 ALTER 命令创建表分区的本地副本。

6. 熔断机制

熔断机制可依据以下两个方面实现。

1）依据时间周期内的使用量，主要参考的指标有：查询次数、异常次数、返回结果行数、分布式查询时获取远端节点数据行数、执行查询的时间等。

2）依据单次查询的使用量，主要配置有：max_memory_usage_for_user、max_memory_usage_for_all_queries、max_rows_to_read、max_bytes_to_read、read_overflow_mode 等，具体可以参考官方文档：https://clickhouse.tech/docs/zh/operations/settings/query-complexity/。

7. 运维痛点

1）当前扩容 / 缩容后数据无法自动平衡，需要人工进行平衡。

2）大量的离线数据导入特别慢，而且会影响线上服务，需要人工在其他地方先写好再加载到分布式表的各个 shard 节点。

3）对用户要求较高，需要用户理解底层原理，一条 SQL 可以引发的问题比较多。

5.3　多维 OLAP：Kylin

5.3.1　Kylin 概述

Kylin（这里指 Apache Kylin）是基于 Hadoop 大数据平台的开源 OLAP 引擎，其提供了 Hadoop/Spark 之上的 SQL 查询及多维分析功能，可处理 TB 甚至 PB 级别的分析任务。它通过预计算技术将用户设定的多维立方体缓存到 HBase 中，将大数据的查询速度提升至亚秒级。

目前，Kylin 是一个应用比较广泛的预处理 OLAP 引擎，并且在国际开源社区具有极大的影响力。

1. Kylin 的主要特点

Kylin 旨在降低 Hadoop 在十亿乃至百亿级数据规模下的查询延迟，其底层数据存储在 HBase 中，具有较强的可伸缩性。其主要有以下特性。

（1）标准 SQL 接口

Kylin 提供了标准 SQL 并且将其作为对外服务的主要接口。SQL 是绝大多数分析人员最熟悉且最常用的分析工具，SQL 简单易用，代表了绝大多数用户的第一需求，这也是 Kylin 能快速推广的一个关键前提。

（2）支持超大数据集

Kylin 使用了 Cube 预计算技术，理论上，Kylin 可以支撑的数据集大小是没有上限的，仅受限于存储系统和分布式计算系统的承载能力，并且查询速度不会随数据集的增大而减慢。Kylin 在数据集规模上的局限性主要在于维度的个数和基数。它们一般由数据模型来决定，不会随着数据规模的增长而线性增长，这也意味着 Kylin 对未来数据的增长有着更强的适应能力。

（3）亚秒级响应

Kylin 拥有优异的查询响应速度，这得益于预计算，很多复杂的计算（比如连接、聚合）在离线的预计算过程中就已经完成，这大大降低了查询时所需要的计算量，提高了响应速度。

（4）与 BI 及可视化工具无缝集成

Kylin 提供了丰富的 API，可以与多个已有的 BI 工具无缝集成，其接口主要包括：Rest API、ODBC 接口和 JDBC 接口。

2. Kylin 的应用场景

Kylin 主要适用于以下场景。

1）数据量巨大，查询结果需要秒级响应。

2）查询需要的是统计结果，不需要明细数据。

3）查询维度比较固定，维度数一般在 20 以内。

5.3.2　Kylin 基本概念

为了便于后续 Kylin 的学习，我们首先来了解一下 Kylin 中经常出现的核心概念和术语。

事实表（Fact Table）是指存储具体时间记录的表，事实表的记录在不断地动态增长，所以它的体积通常远大于其他表。

维度表（Lookup Table）是与事实表相对应的一种表，它保存了维度的属性值，可以跟事实表做关联，相当于将事实表上经常重复出现的属性进行抽取和规范，并用一张表进行管理。使用维度表有诸多好处，具体如下：

- ❑ 可以减小事实表的大小。
- ❑ 便于维度的管理和维护，增加、删除和修改维度的属性，不必对事实表的大量记录进行改动。
- ❑ 维度表可以被多个事实表重用。

维度（Dimension）是观察数据的角度，一般是一组离散的值，因此统计时可以把维度值相同的记录聚合在一起，然后进行聚合计算。维度是指可指定不同值的对象的描述性属性或特征。例如，地理位置的维度可以包括"纬度""经度"或"城市名称"。"城市名称"维度的值可以为"旧金山""柏林"等。

度量（Measure）是被聚合的统计值，也是聚合运算的结果，它一般是连续的值。

数据立方体（Cube）是一种多维分析的技术，通过预计算将计算结果存储在某多个维度值所映射的空间中，在运行时通过对 Cube 的再处理而快速获取结果。

数据模型（Data Model）定义了一张事实表和多张维度表的连接关系，Kylin 支持星形模型和雪花模型的多维分析；在创建 Cube 之前，用户必须预先定义一个数据模型。

Cube Segment 是对特定时间范围的数据进行计算而生成的 Cube，每个 Segment 对应一张 HBase 表。

维度组合（Cuboid）是每一种维度的组合，如果有 10 个维度，则存在 2^{10}

个 Cuboid。

基数（Cardinality）是每个 Dimension 不同值的数量。

5.3.3 Kylin 技术架构

1. Kylin 的工作原理

Kylin 的核心思想是预计算，理论基础是利用空间换时间，即对多维分析可能用到的度量进行预计算，将预计算好的结果保存成 Cube 并保存在 HBase 中，供查询时直接访问。

Kylin 可把高复杂度的聚合运算、多表连接等操作转换成对预计算结果的查询，这决定了它能够拥有很好的快速查询和高并发能力，具体工作过程如下：

1）指定数据模型（Model），定义维度（Dimension）和度量（Measure）。

2）预计算 Cube，计算所有 Cuboid 并保存为物化视图。

3）执行查询时（Restful API/JDBC/ODBC），读取 Cuboid 并运算，产生查询结果。

2. Kylin 架构

Kylin 系统主要包括在线查询和离线构建两部分，技术架构如图 5-22 所示。

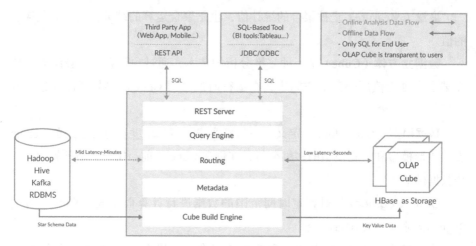

图 5-22　Kylin 技术架构

（1）数据源

Kylin 最开始的时候只支持 Hive 和 Kafka 作为数据源，自 v2.3.0 版本之后，开始支持 JDBC 作为第三种数据源，用户可以直接集成 SQL 数据库（如 MySQL、PostgreSQL、Microsoft SQL Server 等）到 Kylin 中。

（2）存储引擎

Kylin 将预计算的结果保存在 HBase 中。HBase 作为一个高可靠性、高性能、可伸缩的键值数据库，提供了高效的 Fuzzy Key 过滤技术和 Coprocessor 并行处理技术，以并行计算方式检索数据，支持查询逻辑下压存储节点，实现了数据检索问题由 $O(N)$ 的计算复杂度降低为 $O(1)$。

（3）Kylin 的核心模块

1）REST Server。Kylin 提供了丰富的 Restful 接口，包括 Cube 的创建、构建、刷新、合并等相关的操作，以及工程数据和源数据的增删等元数据管理的接口，用户访问权限的控制，SQL 的查询，等等。这些都极大地方便了 Kylin 与其他系统的融合。

2）Query Engine，查询引擎。Kylin 的查询引擎构建在开源的 Apache Calcite 框架之上，通过 Apache Calcite 将 SQL 解析成基于关系表的逻辑执行计划。

3）Routing，路由引擎。它负责将解析 SQL 生成的逻辑执行计划转译为基于 Cube 的物理执行计划，最终转化成查询 HBase 的请求，并将存储在 HBase 中的 Cube 结果经处理后返回给用户。这部分查询可以在秒级甚至毫秒级完成。

4）Metadata，元数据。该模块主要用于管理 Kylin 中大量的元数据信息，包括模型的定义、Cube 的定义、Job 信息和执行 Job 过程中的输出信息等。Kylin 的所有元数据都存储在 HBase 中，存储的格式是 JSON 字符串。

5）Cube Build Engine，构建引擎。它是所有模块的基础，主要负责生成 Cube 构建任务。首先通过 Hive 读取源数据信息，然后再提交 MapReduce/Spark 计算任务，用来生成 HBase 所需的 HFile 文件，最后将 HFile 文件加载到 HBase 表中。

（4）Kylin 提供的接口

Kylin 提供了 Restful API 和 JDBC/ODBC 接口，方便与第三方工具对接，如 Tableau、Saiku 等。

3. Cube 构建算法

（1）逐层算法（Layer Cubing）

我们知道，一个 N 维的 Cube，由 1 个 N 维子立方体、N 个（N–1）维子立方体、$N(N-1)$/2 个（N–2）维子立方体……N 个 1 维子立方体和 1 个 0 维子立方体构成，总共有 2^N 个子立方体。在逐层算法中，按维度数逐层减少来计算，每个层级的计算（除了第一层，它是从原始数据聚合而来的）是基于它上一层级的结果来计算的。

比如，[Group by A, B] 的结果是基于 [Group by A, B, C] 的结果，通过去掉 C 后聚合得来的；这样可以减少重复计算；当 0 维度 Cuboid 计算完成时，整个 Cube 的计算也就完成了。

图 5-23 展示了一个四维 Cube 构建过程。

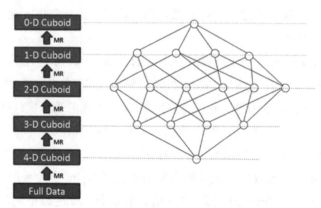

图 5-23　四维 Cube 构建过程

此算法的 Mapper 和 Reducer 都比较简单。Mapper 以上一层 Cuboid 的结果（Key-Value 对）作为输入。由于 Key 是由各维度值拼接在一起的，可从其中找出要聚合的维度，去掉它的值得到新的 Key，并对 Value 进行操作，然后把新 Key 和 Value 输出，进而 Hadoop MapReduce 对所有新 Key 进行排序、洗牌（shuffle），再送到 Reducer 处；Reducer 的输入会是一组有相同 Key 的 Value 集合，对这些 Value 做聚合计算，再结合 Key 输出就完成了一轮计算。

每一轮的计算都是一个 MapReduce 任务，且串行执行；一个 N 维的 Cube，至少需要 N 次 MapReduce Job。

1）逐层算法优点。此算法充分利用了 MapReduce，处理了中间复杂的排序和洗牌工作，故而算法代码清晰简单，易于维护。

受益于 Hadoop 的日趋成熟，此算法对集群要求低，运行稳定；在内部维护 Kylin 的过程中，很少遇到在这几步出错的情况；即便是在 Hadoop 集群比较繁忙的时候，任务也能完成。

2）逐层算法缺点。当 Cube 有比较多维度的时候，所需要的 MapReduce 任务也相应增加；由于 Hadoop 的任务调度需要耗费额外资源，特别是集群较庞大的时候，反复递交任务造成的额外开销会相当可观。

由于 Mapper 不做预聚合，此算法会对 Hadoop MapReduce 输出较多数据；虽然已经使用了 Combiner 来减少从 Mapper 端到 Reducer 端的数据传输，所有数据依然需要通过 Hadoop MapReduce 来排序和组合才能被聚合，无形之中增加了集群的压力。

对 HDFS 的读写操作较多。由于每一层计算的输出会用作下一层计算的输入，因此这些 Key-Value 对需要写到 HDFS 上；当所有计算都完成后，Kylin 还需要额外的一轮任务将这些文件转成 HBase 的 HFile 格式，以导入到 HBase 中去。

总体而言，该算法的效率较低，尤其是当 Cube 维度数较大的时候。

（2）快速算法（Fast Cubing）

该算法的主要思想：将 Mapper 所分配的数据块，计算成一个完整的小 Cube 段（包含所有 Cuboid）；每个 Mapper 将计算完的 Cube 段输出给 Reducer 做合并，生成大 Cube，也就是最终结果。快速算法流程如图 5-24 所示。

快速算法与逐层算法的区别：Mapper 会利用内存做预聚合，算出所有组合；Mapper 输出的每个 Key 都是不同的，这样会减少输出到 Hadoop MapReduce 的数据量，也不再需要 Combiner，一轮 MapReduce 便会完成所有层次的计算，减少了 Hadoop 任务的调配。

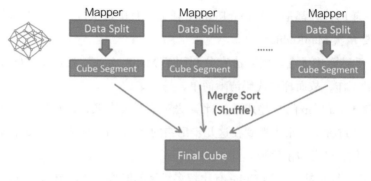

图 5-24　快速算法流程

4. SQL 查询

Cube 构建成功后，该 Cube 的状态会变为 "READY"，就可以进行查询了。Kylin 的查询语言是标准 SQL 的 SELECT 语句，这是为了获得与大多数 BI 系统和工具无缝集成的可能性。通常的一个查询语句类似于代码清单 5-1 的 SQL。

代码清单 5-1

```
SELECT DIM1, DIM2, …, MEASURE1, MEASURE2… FROM FACT_TABLE
    INNER JOIN LOOKUP_1 ON FACT_TABLE.FK1 = LOOKUP_1.PK
    INNER JOIN LOOKUP_2 ON FACT_TABLE.FK2 = LOOKUP_2.PK
WHERE FACT_TABLE.DIMN = '' AND …
    GROUP BY DIM1, DIM2…
```

需要注意的是，只有当查询的模式跟 Cube 定义相匹配的时候，Kylin 才能使用 Cube 的数据来完成查询。Group By 的列和 Where 条件里的列，必须是在 Dimension 中定义的列，而 SQL 中的度量，应该跟 Cube 中定义的度量相一致。

在一个项目中如果有多个基于同一模型的 Cube，而且它们都满足查询对表、维度和度量的要求，那么，Kylin 会挑选一个 "最优的" Cube 来进行查询，这是一种基于成本（cost）的选择。Cube 的成本计算中包括多方面的因素，例如 Cube 的维度数、度量、数据模型的复杂度等。查询引擎将为每个 Cube 估算一个完成此 SQL 的成本值，然后选择成本最小的 Cube 来完成此查询。

5.3.4　Cube 优化

Kylin 的核心思想是根据用户的数据模型和查询样式对数据进行预计算，并在查询时直接利用预计算结果返回查询结果。Kylin 具有响应时间快、查询时资源需求小、吞吐量大等特点。

在构建 Cube 之前，Cube 的优化手段提供了更多与数据模型或查询样式相关的信息，用于指导构建出体积更小、查询速度更快的 Cube。

1. Cuboid 剪枝优化

在默认情况下，Kylin 会对每一种维度的组合进行预计算，每种维度组合的预计算结果被称为 Cuboid，这些 Cuboid 组成了 Cube。当 Cuboid 过多时会对存储及查询性能造成一定的压力。所以，我们有必要对 Cuboid 进行剪枝优化。剪枝优化的工具主要有以下两个。

（1）衍生维度

衍生维度用于在有效维度内将维度表上的非主键维度排除掉，并使用维度表的主键（其实是事实表上相应的外键）来替代它们。Kylin 会在底部记录维度表主键与维度表其他维度之间的映射关系，以便在查询时能够动态地将维度表的主键"翻译"成这些非主键维度，并进行实时聚合。

（2）聚合组

聚合组（Aggregation Group）是一种更为强大的剪枝工具。聚合组假设一个 Cube 的所有维度均可以根据业务需求划分成若干组（当然也可以是一个组），由于同一个组内的维度更可能被同一个查询用到，因此会表现出更加紧密的内在关联。

对于每个分组内部的维度，用户可以使用三种可选方式定义它们之间的关系：强制维度（Mandatory）、层级维度（Hierarchy）、联合维度（Joint）。

2. 并发粒度优化

当 Cube Segment 中某一个 Cuboid 的大小超出设置的阈值时，系统会将该 Cuboid 的数据分片到多个分区中，以实现 Cuboid 数据读取的并行化，从而优化 Cube 的查询速度。

3. Rowkeys 优化

Cube 的每个 Cuboid 中都包含了大量的行，每个行又分为 Rowkeys 和 Measure 部分。每个 Cuboid 数据中的 Rowkeys 都包含当前 Cuboid 中所有维度值的组合。

（1）编码

编码（Encoding）代表了该维度的值应该使用何种方式进行编码，合适的编码能够减少维度对空间的占用。目前，Kylin 支持的编码方式有 Date 编码、Time 编码、Integer 编码、Dict 编码和 Fixed_length 编码。

（2）按维度分片

默认情况下，Cuboid 的分片策略是随机的。按维度分片（Shard by Dimension）是一种更加高效的分片策略，即按照某个特定维度进行分片。简单地说，如果 Cuboid 中某两行的 Shard by Dimension 的值相同，那么无论这个 Cuboid 最终会被划分成多少个分片，这两行数据必然会被分配到同一个分片中。

（3）调整 Rowkeys 顺序

Kylin 会把所有的维度按照顺序黏合成一个完整的 Rowkeys，并且按照这个 Rowkeys 升序排列 Cuboid 中所有的行。在调整 Rowkeys 的顺序时需要注意以下几个原则：

1）在查询中被用作过滤条件的维度有可能放在其他维度的前面。

2）将经常出现在查询中的维度放在不经常出现的维度的前面。

3）对于基数较高的维度，如果查询会有这个维度上的过滤条件，那么将它往前调整；如果没有，则向后调整。

5.3.5 Kylin 运维管理

1. 元数据备份与恢复

元数据是 Kylin 中最重要的数据之一，元数据的备份与恢复是运维工作中至关重要的环节。

Kylin 会将所有的元数据信息组织成层级文件系统的形式并存储到 HBase 中，在 Kylin 的配置文件 kylin.properties 中，会有以下配置项：

```
kylin.metadata.url=kylin_metadata@hbase
```

这表明元数据被保存到了一张名为"kylin_metadata"的 HBase 表中。

（1）备份元数据

如果需要将 Kylin 的元数据信息备份到本地，可以执行以下命令：

```
${KYLIN_HOME}/bin/metastore.sh backup
```

该命令会将 Kylin 的元数据导出到本地的 KYLIN_HOME/metadata_backups 目录下，备份文件的命名规则使用了当前时间作为参数：

```
${KYLIN_HOME}/meta_backups/meta_year_month_day_hour_minute_second
```

此外，还可以通过以下命令来备份部分元数据信息：

```
${KYLIN_HOME}/bin/metastore.sh fetch /path/to/store/metadata
```

（2）清空和恢复元数据

如果清空 Kylin 所有的元数据，可以执行以下命令：

```
${KYLIN_HOME}/bin/metastore.sh reset
```

注意：该命令会清除 Kylin 中所有的元数据信息，须谨慎操作。

恢复先前备份的元数据文件，可以执行以下命令：

```
./bin/metastore.sh restore $KYLIN_HOME/meta_backups/meta_xxxx_xx_
xx_xx_xx_xx
```

等恢复操作完成后，可以在"Web UI"的"System"页面单击"Reload Metadata"按钮来刷新元数据缓存，即可看到最新的元数据。

2. 垃圾清理

Kylin 在运行一段时间后，会有一部分数据因为不再使用而变成了垃圾数据，这些数据占据着大量的 HDFS、HBase 等资源，当积累到一定规模时它们会对集群的性能产生一定的影响。

虽然 Kylin 可实现垃圾回收的自动化，但不一定能覆盖到所有的情况，所以需要定期做离线的清理。

（1）清理元数据

对元数据进行清理的步骤如下。

1）检查哪些元数据将会被清理，这一步不会删除任何东西，通过参数"--jobThreshold 30"来指定要保留的 metadata resource 的天数，命令如下：

```
${KYLIN_HOME}/bin/metastore.sh clean --jobThreshold 30
```

2）确认无误后，增加参数"--delete true"来清理这些资源：

```
${KYLIN_HOME}/bin/metastore.sh clean --delete true --jobThreshold 30
```

（2）清理存储

对 HBase 和 HDFS 上的垃圾数据进行清理，步骤如下：

1）检查哪些资源将会被清理，这一步不会删除任何资源：

```
${KYLIN_HOME}/bin/kylin.sh org.apache.kylin.tool.StorageCleanupJob
    --delete false
```

这一步只是会列出哪些资源将会被删除，此时可以检查部分资源是否真的没有被使用，避免误删。

2）如果确认 1）中的结果没有异议，可以加上"--delete true"选项进行物理删除：

```
${KYLIN_HOME}/bin/kylin.sh org.apache.kylin.tool.StorageCleanupJob
    --delete true
```

3）如果想要删除所有资源，可添加"--force true"选项：

```
${KYLIN_HOME}/bin/kylin.sh org.apache.kylin.tool.StorageCleanupJob
    --force true --delete true
```

清理完成后，Hive 中所有的中间表、HDFS 上所有的中间文件及 HBase 中不再使用的表都会被移除。

5.4 多维 OLAP：Druid

5.4.1 Druid 概述

Druid（这里指 Apache Druid）是一个实时分析型数据库，旨在对大型数据集进行快速的查询分析（OLAP 查询）。Druid 最常被当作数据库用以支持实时摄取、高性能查询和高稳定运行的应用场景，同时 Druid 也常用作为 GUI 分析应用程序提供动力的数据存储，或者用作需要快速聚合的高并发 API 的后端。Druid 最适合应用于面向事件类型的数据。

Druid 常见的应用领域包括：

❑ 点击流分析（网络和移动分析）。

❑ 网络遥测分析（网络性能监控）。

❑ 服务器指标存储。

❑ 供应链分析（制造指标）。

❑ 应用程序性能指标。

❑ 数字营销 / 广告分析。

❑ 商业智能 /OLAP。

Druid 的核心架构吸收和结合了数据仓库、时序数据库以及检索系统的优势，其主要特征如下。

1）列式存储：Druid 使用列式存储，这意味着在一个特定的数据查询中它只需要查询特定的列，这样极大地提高了部分列查询场景的性能。另外，每一列数据都针对特定数据类型做了优化存储，从而支持快速的扫描和聚合。

2）可扩展的分布式系统：Druid 通常以集群形式对外提供服务，集群规模可达数十甚至数百台，并且可以提供每秒数百万条记录的接收速率、数万亿条记录的保留存储以及亚秒级到几秒的查询延迟。

3）大规模并行处理：Druid 可以在集群中并行处理查询。

4）实时或批量摄取：Druid 可以实时（已经被摄取的数据立即可查）或批量摄取数据。

5）自修复、自平衡、易于操作：伸缩集群只需添加或删除服务，集群就会在后台自动重新平衡数据，而不会造成任何停机。如果任何一台 Druid 服务器发生故障，系统将自动绕过损坏。Druid 设计为 $7 \times 24h$ 全天候运行，不会出于任何原因而导致计划内停机，包括配置更改和软件更新。

6）不会丢失数据的云原生容错架构：一旦 Druid 摄取了数据，副本就安全地存储在深度存储介质（通常是云存储、HDFS 或共享文件系统）中。即使某个

Druid 服务发生故障，也可以从深度存储中恢复数据。对于仅影响少数 Druid 服务的有限故障，副本可确保在系统恢复时仍然可以进行查询。

7）快速过滤的索引：Druid 使用由 CONCISE 或 Roaring 压缩的位图索引来创建索引，以支持快速过滤和跨多列搜索。

8）基于时间的分区：Druid 首先按时间对数据进行分区，另外同时可以根据其他字段进行分区，这意味着基于时间的查询将仅访问与查询时间范围匹配的分区，这将大大提高基于时间的数据的性能。

9）近似算法：Druid 应用了近似 count-distinct、近似排序以及近似直方图和分位数计算的算法，这些算法占用有限的内存使用量，通常比精确计算要快得多；对于精度要求比速度更重要的场景，Druid 还提供了精确 count-distinct 和精确排序。

10）自动汇总聚合：Druid 支持在数据摄取阶段进行数据汇总，这种汇总会部分预先聚合数据，并可以节省大量成本并提高性能。

Druid 适合场景：

❑ 数据插入频率比较高，但较少更新数据。

❑ 大多数查询场景为聚合查询和分组查询（GroupBy），同时还有一定的检索与扫描查询。

❑ 将数据查询延迟目标定位 100ms 到几秒钟之间。

❑ 数据具有时间属性（Druid 针对时间做了优化和设计）。

❑ 在多表场景下，每次查询仅命中一个大的分布式表，查询又可能命中多个较小的 lookup 表。

❑ 场景中包含高基维度数据列（例如 URL，用户 ID 等），并且需要对其进行快速计数和排序。

❑ 需要从 Kafka、HDFS、对象存储（如 Amazon S3）中加载数据。

Druid 不适合场景：

❑ 根据主键对现有数据进行低延迟更新操作，Druid 支持流式插入，但不支持流式更新（更新操作通过后台批处理作业完成）。

❑ 延迟不重要的离线数据系统。

❑ 场景中包括大连接（将一个大事实表连接到另一个大事实表），并且可以
接受花费很长时间来完成这些查询。

5.4.2　Druid 原理与架构

1. 架构设计

Druid 是一个多进程、分布式的架构，该架构设计为云友好且易于操作。每
个 Druid 进程都可以独立配置和扩展，在集群上提供最大的灵活性。这种设计
还提供了增强的容错能力，一个组件的中断不会立即影响其他组件。

2. 进程与服务

Druid 有以下不同类型的进程。

❑ Coordinator 进程：管理集群中数据的可用性。

❑ Overlord 进程：控制数据摄取任务的分配。

❑ Broker 进程：处理来自外部客户端的查询请求。

❑ Router 进程：一个可选进程，可以将请求路由到 Broker、Coordinator 和
Overlord。

❑ Historical 进程：存储可查询的数据。

❑ MiddleManager 进程：负责摄取数据。

为了便于部署，建议将 Druid 组织成三种服务器类型：Master、Query 和
Data。

❑ Master：运行 Coordinator 和 Overlord 进程，管理数据可用性和摄取。

❑ Query：运行 Broker 和可选的 Router 进程，处理来自外部客户端的请求。

❑ Data：运行 Historical 和 MiddleManager 进程，执行摄取负载和存储所有
可查询的数据。

3. 外部依赖

除了内置的进程类型外，Druid 同时有以下三个外部依赖。

（1）深度存储

深度存储是每个 Druid 服务器都可以访问的共享文件存储。在集群部署中，
通常使用一个像 S3 或 HDFS 这样的分布式对象存储，或者是一个网络挂载的

文件系统。在单服务器部署中，通常使用本地磁盘。Druid 使用深度存储来存储任何已被系统接收的数据。

Druid 只使用深度存储作为数据备份，并作为在后台进程之间传输数据的一种方式。为了响应查询，Historical 进程不会从深层存储中读取数据，而是从本地磁盘读取在执行查询之前预缓存的段，这意味着 Druid 在查询期间不需要访问深层存储，这有助于它提供尽可能好的查询延迟。这也意味着必须在深层存储和所有 Historical 进程中都有足够的磁盘空间来存储计划加载的数据。

深度存储是 Druid 弹性、容错设计的重要组成部分。即使每个数据服务器都丢失并重新配置，Druid 也可以从深层存储启动操作。

（2）元数据存储

元数据存储包含各种共享的系统元数据，如段可用性信息和任务信息。在集群部署中，通常使用像 PostgreSQL 或 MySQL 这样的传统 RDBMS。在单服务器部署中，通常使用本地存储的 Apache Derby 数据库。

（3）ZooKeeper

用于内部服务发现、协调和领导选举。

4. 架构图

图 5-25 展示了 Druid 的架构，其按照职责划分成不同的角色节点。

（1）Master 服务

Master 服务管理数据的摄取和可用性。它负责启动新的摄取作业并协调下面描述的 "Data 服务" 上数据的可用性。

Master 服务的功能分为两个进程：Coordinator 和 Overlord。

❑ Coordinator 进程。Coordinator 监视 Data 服务中的 Historical 进程，它们负责将数据段分配给特定的服务器，并确保数据段在各个 Historical 之间保持良好的平衡。

❑ Overlord 进程。Overlord 的作用主要有两个：一是负责集群资源的管理和分配，并监视数据服务中的 MiddleManager 进程；二是负责将接收到的任务分配给 MiddleManager 及协调数据段的发布。

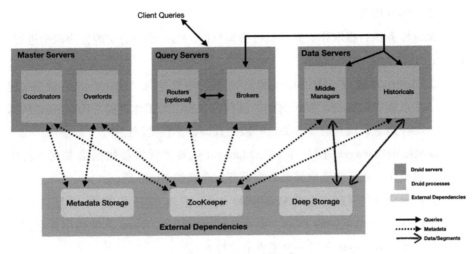

图 5-25 Druid 架构[⊖]

（2）Query 服务

Query 服务提供用户和客户端应用程序交互，将查询路由到 Data 服务的请求、其他 Query 服务请求，以及可选的代理 Master 服务请求。

Query 服务的功能分为两个进程：Broker 和 Router。

❑ Broker 进程。Broker 从外部客户端接收查询并将这些查询转发到 Data 服务器，当 Broker 接收到子查询的结果时，它们会合并这些结果并将其返回给调用者。用户通常查询 Broker，而不是直接查询 Data 服务器中的 Historical 或 MiddleManager 进程。

❑ Router 进程。Router 是可选的进程，相当于为 Druid Broker、Overlord 和 Coordinator 提供一个统一的 API 网关。Router 还运行着 Druid 控制台，一个用于数据源、段、任务、数据进程（Historical 和 MiddleManager）和 Coordinator 动态配置的管理 UI。用户还可以在控制台中运行 SQL 和进行本地 Druid 查询。

⊖ 图中带"s"英文词语表达的是一组类似功能的服务节点，下文中对应的英文词语不带"s"是描述该功能节点的功能。

（3）Data 服务

Data 服务执行摄取作业并存储可查询数据。Data 服务的功能分为两个进程：Historical 和 MiddleManager。

❑ Historical 进程。Historical 负责处理存储和查询"Historical"数据（包括系统中已提交足够长时间的任何流数据）的工作进程。Historical 从深层存储下载段并响应有关这些段的查询，不接受写操作。

❑ MiddleManager 进程。MiddleManager 负责处理将新数据摄取到集群中的操作，还负责读取外部数据源并发布新的 Druid 段。

❑ Peon 进程。Peon 是由 MiddleManagers 生成的任务执行引擎。每个 Peon 是一个单独的 JVM，负责执行一个任务。Peon 总是和孕育它们的 MiddleManager 在同一个主机上运行。

（4）服务混合部署的利弊

Druid 进程可以基于上面描述的 Master/Data/Query 服务组织进行混合部署，这种部署方式通常会使大多数集群更好地利用硬件资源。但是，对于非常大规模的集群，可以分割 Druid 进程，使它们在单独的服务器上运行，以避免资源争用。

❑ Coordinator 进程和 Overlord 进程。Coordinator 的工作负载往往随着集群中段的数量而增加。Overlord 的工作量也会根据集群中的分段数而增加，但程度要比 Coordinator 小。在具有大量段的集群中，可以将 Coordinator 进程和 Overlord 进程分开，以便为 Coordinator 进程的分段平衡工作负载提供更多资源。

❑ 统一进程。通过设置 druid.Coordinator.asOverlord.enabled 属性，Coordinator 进程和 Overlord 进程可以作为单个组合进程而运行。

❑ Historical 进程和 MiddleManager 进程。对于更高级别的数据摄取或查询负载，将 Historical 进程和 MiddleManager 进程部署在不同的主机上以避免 CPU 和内存争用。Historical 还受益于内存映射段提供可用内存，这也是分开部署 Historical 和 MiddleManager 进程的另一个原因。

5. 存储设计

（1）数据源和段

Druid 数据被存储在" datasource"（数据源）中，类似于传统 RDBMS 中的表。每一个数据源可以根据时间进行分区，还可以进一步根据其他属性进行分区。每一个时间范围称为一个"块"（chunk）（例如，如果数据源按天分区，则为一天）。在一个块中，数据被分为一个或者多个"段"（segment）。每个段是一个单独的文件，一般情况下由数百万条数据组成。由于段被组织成时间块，有时可以把段想象成生存在时间轴上，如图 5-26 所示。

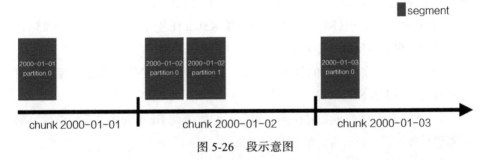

图 5-26　段示意图

一个数据源可能有几十万甚至几百万个段。每个段都是在 MiddleManager 上创建的，但此时段是可变的和未提交的。段构建过程包括以下步骤，旨在生成一个紧凑且支持快速查询的数据文件：

❏ 转换为列格式

❏ 构建位图索引

❏ 使用不同的算法进行压缩

- 对 String 类型的字段做字典编码，存储编码后的 id，减少存储空间。
- 对位图索引进行压缩。
- 所有列的类型感知压缩。

段周期性地被提交和发布，此时，它们将被写入深度存储且变得不可更改，同时从 MiddleManager 移动到 Historical 进程。有关段的信息也写入元数据存储中，这个信息是一个自描述的信息，包括段的 schema、大小以及在深度存储中的位置，Coordinator 根据这些信息确定集群上有哪些数据是可用的。

（2）索引和切换（indexing and handoff）

索引（indexing）是创建新段的一种机制，切换（handoff）是发布新段并开始由 Historical 进程提供服务的机制。索引机制在索引端的工作方式如下：

1）索引任务开始运行并生成新段。必须先在索引任务构建段之前确定段的标识符，对于追加数据类型的任务（例如 Kafka 任务或者其他追加模式的索引任务），将通过调用 Overlord 的"allocate"API 来在现有的段集合中添加一个新的分区。对于重写类型的任务（例如 Hadoop 任务，或者一个非追加模式的索引任务），将通过锁定间隔并创建新的版本号和新的段集来完成。

2）如果一个索引任务是实时任务（像 Kafka 任务），那么段在此刻可以被立即查询，它是可用的，但是未发布。

3）索引任务完成对段的数据读取后，会将其推送到深层存储，然后通过将记录写入元数据存储来发布。

4）如果索引任务是实时任务，则此时它将等待 Historical 进程加载段。如果索引任务不是实时任务，它将立即退出。

在 Coordinator 和 Historical 方面：

1）对于新发布的段，Coordinator 会周期性（默认是 1min）地拉取元数据存储信息。

2）当 Coordinator 发现一个发布的且可用的段处于不可用的状态时，会选一个 Historical 进程来加载这个段。

3）Historical 加载这个段并开始为其服务。

4）如果索引任务此时正在等待切换，它将退出。

（3）段标识符

段都有一个由四部分组成的标识符，包含以下组件：

❑ 数据源名称。

❑ 时间间隔（包含段的时间块，这与摄取时指定的 segmentGranularity 有关）。

❑ 版本号（通常是 ISO8601 时间戳，对应于段首次启动的时间）。

❑ 分区号（整数，在 datasource+interval+version 中是唯一的，不一定是连

续的)。

例如这样一个段标识符,数据源为 clarity-cloud0,时间块为 2018-05-21T16:00:00.000Z/2018-05-21T17:00:00.000Z,版本号为 2018-05-21T15:56:09.909Z,分区号为 1:

```
clarity-cloud0_2018-05-21T16:00:00.000Z_2018-05-21T17:00:
    00.000Z_2018-05-21T15:56:09.909Z_1
```

分区号为 0 的段(块中的第一个分区)忽略分区号,如下例所示,该段与上一个时间块位于同一时间块中,但分区号为 0 而不是 1:

```
clarity-cloud0_2018-05-21T16:00:00.000Z_2018-05-21T17:00:
    00.000Z_2018-05-21T15:56:09.909Z
```

(4)段版本

Druid 支持批处理覆盖模式。如果你所做的只是附加数据,那么每个时间块只有一个版本。但是当你覆盖数据时,会使用相同的数据源和相同的时间间隔,但更高的版本号会创建一组新的段。这向 Druid 系统的其他部分发出了一个信号:旧版本应该从集群中删除,新版本应该替换它。

这个切换对用户来说似乎是瞬间发生的,因为 Druid 通过首先加载新数据(但不允许查询它)来处理这个问题,然后在新数据全部加载后,将所有新查询切换为使用这些新段。几分钟后,旧的段被卸载。

(5)段生命周期

每个段都有一个生命周期,涉及以下三个方面。

元数据存储:段的元数据(一个小的 JSON,通常不超过几千字节)在段构建完成后存储在元数据存储中,这称为发布(Publishing)。这些元数据记录中有一个"used"的布尔标识,它控制段是否可查询。被实时任务创建的段在发布之前是可用的,因为它们仅在完成之时发布,并且不再接收额外的数据行。

深度存储:一旦构建了一个段,在将元数据发布到元数据存储之前就会将段数据文件推送到深度存储。

可查询性:段在某些 Druid 数据服务器上是可查询的,如实时任务或 Historical 进程。

可以使用 Druid SQL 查询 sys.segments 表以检查当前活动段的状态，它包括以下标志。

- ❏ is_published：如果段的元数据已发布到元数据存储且 used 是 true 的话，则为 true。
- ❏ is_available：如果段当前可用于查询（实时任务或 Historical 进程），则为 true。
- ❏ is_realtime：如果段仅在实时任务上可用，则为 true。对于使用实时摄取的数据源，这通常从 true 开始，然后在发布和切换段时变为 false。
- ❏ is_overshadowed：如果段已发布（used 设置为 true），并且被某些其他已发布段完全覆盖，则为 true。一般来说，这是一个过渡状态，处于该状态的段很快将其 used 标志自动设置为 false。

6. 查询处理

查询首先进入 Broker，Broker 识别哪些段可能与本次查询有关。段列表总是按时间进行筛选和修剪的，当然也可能按其他属性，具体取决于数据源的分区方式。然后，Broker 将确定哪些 Historical 和 MiddleManager 为这些段提供服务，并向每个进程发送一个子查询。Historical 和 MiddleManager 进程接收查询、处理查询并返回结果，Broker 将接收到的结果合并到一起形成最后的结果集并返回给调用者。

Broker 精简是 Druid 限制每个查询扫描数据量的一个重要方法，但不是唯一的方法。对于比 Broker 更细粒度级别的精简筛选器，每个段中的索引结构允许 Druid 在查看任何数据行之前，找出哪些行（如果有的话）与过滤器集匹配。一旦 Druid 知道哪些行与特定查询匹配，它就只访问该查询所需的特定列。在这些列中，Druid 可以从一行跳到另一行，避免读取与查询过滤器不匹配的数据。

因此，Druid 使用三种不同的技术来最大化查询性能：

- ❏ 精简每个查询访问的段。
- ❏ 在每个段中，使用索引标识必须访问哪些行。
- ❏ 在每个段中，只读取与特定查询相关的特定行和列。

5.4.3　Druid 应用案例

从 Apache Druid 官网看到，有 150 多家企业在使用 Druid，包括很多国内的公司，例如 BAT、字节跳动、知乎、优酷、小米、OPPO、有赞、作业帮等。

腾讯很多部门在多个场景中使用 Druid，例如腾讯微视使用 Druid 来满足微视数据的实时统计需求，实时统计任意时间段内各类数据指标，指标可分为两类：一类是 pv，例如曝光量、播放量等；另一类是 uv，例如播放 uv、推荐链路覆盖数等。网络平台使用 Druid 来做网络设备流量的 TopN 分析，让用户实时查询流量。微信团队使用 Druid 来分析不同场景下小程序的启动耗时，并进行小程序的性能优化。还有其他很多团队在各自的场景下使用。

第6章

TENCENT BIG DATA

资源调度平台

当前，大数据领域开源技术林立。在 2012 年，流行的大数据资源系统的开源项目主要有 Yarn、Corona 以及 Mesos，我们考虑到当时与公司项目的结合度以及未来的趋势，选择了 Yarn。

Yarn 在业务支持上可以兼容 TDW 原来的 MR、Hive 等任务。对于 Storm、Spark 等，Yarn 也可以较好地支持。从 Yarn 自身看，虽然它出现最晚，当时也不是最成熟的技术，但是它的可扩展性的架构优势、良好的兼容性和 Container 的资源管理方式等，都代表了未来资源管理系统的趋势；最后从社区的活跃度以及生态圈看，不但有 MR On Yarn、Storm On Yarn，Hive On Yarn，Hbase On Yarn，且比较新兴的 Samza、Spark 等，也都在"On Yarn"。Corona 和 Mesos 主要是 Facebook⊖和 Twitter 在使用，并且它们也同时使用 Hadoop 集群，这两个开源项目社区都远远不如 Hadoop 社区活跃，影响力也差很多。基于这些现实情况，我们最终选择了当时并不是很完善的 Yarn。

如前所述，Yarn 还非常不完善。尤其是在腾讯的场景下，集群规模更大，作业并发度更高，业务场景更多，把开源 Yarn 直接拿过来使用，显然是不够的。因此，我们依托集群资源管理和调度系统的优势，开发了调度器 Sfair，提升了 Yarn 的调度能力以及集群的可扩展性，同时，在资源管理方面，优化了 Yarn 的内存资源管理，增加了网络带宽等维度的管理。因此，我们的集群资源管理和调度系统又不仅仅是 Yarn。

6.1　Yarn 项目背景

6.1.1　Hadoop 1.0 架构的问题

如图 6-1 所示，Hadoop 1.0 架构主要由两部分组成，分别是 JobTracker 和 TaskTracker。JobTracker 负责 Worker 节点（TaskTracker）的资源管理，跟踪资源使用率，管理作业的生命周期（如调度作业的各个任务、跟踪进度），以及为任务提供容灾服务。TaskTracker 的职责比较简单，根据 JobTracker 的命令启

⊖　现已更名为 Meta。——编辑注

动 / 清除任务，并周期性地向 JobTracker 提供任务的状态信息。

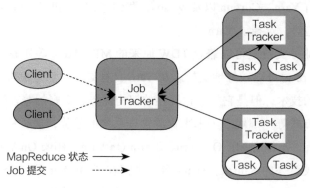

图 6-1 Hadoop 1.0 架构

Hadoop 1.0 是一个非常优秀、非常成功的开源系统，但也逐渐暴露了太多的问题，这里主要说明几个与资源管理调度相关的问题。

1. 可靠性

底层系统的可靠性至关重要，但 JobTracker 在 Hadoop 中是单点，对生产环境中的业务是一个致命伤，这也是很多公司对 Hadoop 做的第一个改造。

2. 可扩展性

随着业务规模的扩大，Hadoop 集群的可扩展性问题越来越凸显，而在原来的架构下，Hadoop 1.0 单集群上限的官方数字是 3000，但是实际中常常需要达到万台规模。

3. 兼容性

Hadoop 1.0 的兼容性经常被用户诟病，不同版本的 Hadoop 互不兼容，这严重影响了用户的升级积极性。

4. 资源使用率

Hadoop 1.0 以 Slot 管理资源，而不是按照作业的使用资源需求，造成了很大的资源浪费，在资源使用率上是一大损失。

6.1.2　Yarn 的基本架构

Yarn 的基本思想是将 JobTracker 的两大主要职能——资源管理、作业的调度 / 监控拆分为两个独立的进程：一个全局的 ResourceManager 和与每个 Application 对应的 ApplicationMaster（AM）。ResourceManager 和每个节点上的 NodeManager（NM）组成了全新的通用操作系统，以分布式的方式管理应用程序。

ResourceManager 拥有分配系统中所有应用的资源的决定权。对应于每个 Application 的 ApplicationMaster 是框架相关的，负责与 ResourceManager 协商资源，以及与 NodeManager 协同工作来执行和监控各个任务。

ResourceManager 有 一 个 可 插 拔 的 调 度 器 组 件 ——Scheduler，负 责 为运行中的各种应用分配资源，分配时会受到容量、队列及其他因素的制约。Scheduler 是一个纯粹的调度器，不负责 Application 的监控和状态跟踪，也不负责在 Application 失败或者硬件失败的情况下对 task 的重启。Scheduler 基于 Application 的资源需求来执行其调度功能，使用了资源 Container 的抽象概念，其中包括多种资源维度，如内存、CPU、磁盘，以及网络。

NodeManager 是与每台机器对应的 slave 进程，负责启动 Application 的 Container，监控它们的资源使用情况（CPU、内存、磁盘和网络），并报告给 ResourceManager。

每个 Application 的 ApplicationMaster 负责与 Scheduler 协商合适的 Container，跟踪 Application 的状态，以及监控它们的进度。从系统的角度讲，ApplicationMaster 也是以一个普通 Container 的身份运行。图 6-2 给出了 Yarn 的架构图。

1. 资源管理器 ResourceManager

如前所述，Yarn ResourceManager 是一个纯粹的调度器，它根据 Application 的资源请求严格限制系统的可用资源。在保证容量、公平性及服务等级（SLA）前提下优化集群资源利用率，即让所有资源都被充分利用。为了适用不同的策略，ResourceManager 有一个可插拔的调度器来应用不同的调度算法，例如有些注重容量，有些注重公平性。

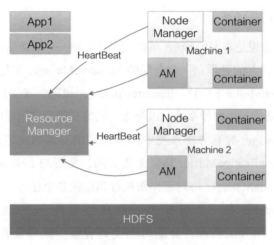

图 6-2 Yarn 的架构图

2. ApplicationMaster

Yarn 中一个重要的新概念是 ApplicationMaster。ApplicationMaster 实际上是特定框架库的一个实例，负责与 ResourceManger 协商资源，并和 NodeManager 协同工作来执行和监控 Container 以及它们的资源消耗。它有责任与 ResourceManager 协商并获取合适的资源 Container，跟踪它们的状态，以及监控其进展。

ApplicationMaster 的设计使 Yarn 可以提供以下新的重要特性。

❑ 可扩展性：ApplicationMaster 提供了 JobTracker 中很多与作业相关的功能，借此系统可以显著地提升可扩展性。仿真结果表明，在没有明显问题的前提下，作业可以扩展到 1000 个现代硬件节点组成的集群。作为一个单纯的调度器，ResourceManager 不必提供跨集群的资源容错等功能。通过将容错功能转移到 ApplicationMaster 中，控制就变得局部化，而不是全局的。此外，由于 ApplicationMaster 是与 Application 一一对应的，因此它基本不会成为集群中的瓶颈。

❑ 开放性：将所有应用框架相关的代码都转移到 ApplicationMaster，使系统变得通用，这样就可以支持如 MapReduce、MPI 和图计算等多种框架。

❑ 灵活性：将所有的复杂性（尽可能）交给 ApplicationMaster，同时提供足够的功能给应用框架的开发者，使之具有足够的灵活性。因为 ApplicationMaster 本质上还是用户端代码，因此不能信任。换言之，ApplicationMaster 不是一个特权服务。

Yarn 系统（ResourceManager 和 NodeManager）必须保护自己免受错误的或者恶意的 ApplicationMaster 的影响，并拥有所有的资源授权。

在真实环境中，每一个应用都有自己的 ApplicationMaster 实例。为一组应用提供一个 ApplicationMaster 是完全可行的，如 Pig 或者 Hive 的 ApplicationMaster。

3. Resource Model

Hadoop 1.0 版本中，使用 "Slot" 管理资源，而 Yarn 中使用了 "Resource" 的资源管理方式。

Slot 是一个逻辑概念，表示集群中机器上的一个任务的抽象资源容量，每个 TaskTracker 被划分为多个 Slot，每个 Map 或者 Reduce Task 都要占用一个 Slot。Job 申请资源时以 Slot 为单位，TaskTracker 通过心跳汇报自己的空闲 Slot，JobTracker 分配资源也是以 Slot 为单位。

Slot 的资源管理方式的好处主要是简单，把多种资源维度抽象成了一个概念，简化了资源管理，也减少了调度中的碎片问题，然而它的问题也很明显：

1）按照 Slot 划分资源，而不是按照实际资源使用划分，会造成资源的浪费，影响集群的实际资源使用率。

2）Slot 本身也是有两类，Map Slot 和 Reduce Slot，本质上都是 Resource，但是人为加上了界限，可能会导致其中一种类型的 Slot 资源紧张，也降低了资源使用率。

3）通常情况下，一类机型的 Slot 划分在配置时就指定好了，无法动态修改。

4）只有划分没有控制，因此没有实现任务之间的隔离。

Yarn 提供了非常通用的应用资源模型。一个应用（通过 ApplicationMaster）可以请求非常具体的资源，如下所示：

资源名称（包括主机名称，机架名称，以及可能的复杂的网络拓扑）
内存
CPU（核数 / 类型）
其他资源，如 disk/network I/O, GPU 等资源

4. ResourceRequest 和 Container

Yarn 被设计成可以允许 Application（通过 ApplicationMaster）以共享的、安全的以及多租户的方式使用集群的资源。它也会感知集群的网络拓扑，以便可以有效地调度并优化数据访问（即尽可能为应用减少数据移动）。

为了达成这些目标，位于 ResourceManger 内的中心调度器保存了 Application 的资源需求信息，以帮助它为集群中的所有应用做出更优的调度决策。由此引出了 ResourceRequest 和 Container 的概念。

本质上，一个 Application 可以通过 ApplicationMaster 请求特定的资源需求来满足它的资源需要。Scheduler 会分配一个 Container 来响应资源需求，用于满足由 ApplicationMaster 在 ResourceRequest 中提出的需求。

ResourceRequest 具有以下形式：

```
<resource-name, priority, resource-requirement, number-of-containers>
<资源名称，优先级，资源需求，Container 数 >
```

资源名称是资源期望所在的主机名、机架名，用 * 表示没有特殊要求。未来可能支持更加复杂的拓扑，比如一个主机上的多个虚拟机、更复杂的网络拓扑等。

优先级是 Application 内部请求的优先级（而不是多个 Application 之间）。优先级会调整 Application 内部各个 ResourceRequest 的次序。

资源需求是需要的资源量，如内存量、CPU 时间（目前 Yarn 仅支持内存和 CPU 两种资源维度）。

Container 数表示需要这样的 Container 的数量，它限制了用该 ResourceRequest 指定的 Container 总数。

本质上，Container 是一种资源分配形式，是 ResourceManager 为 ResourceRequest 成功分配资源的结果。Container 为 Application 授予在特定主机上使用资源（如内存、CPU）的权利。

ApplicationMaster 必须取走 Container，并且交给 NodeManager（NM），NM 会利用相应的资源来启动 Container 的任务进程。出于安全考虑，Container 的分配要以一种安全的方式进行验证，以确保 ApplicationMaster 不能伪造集群中的应用。

6.2 调度器性能优化

我们基于 Yarn 社区 2.6 版本的 FairScheduler 自主研发了调度 SFairScheduler，以满足大规模集群的性能需求。在 2014 年已经支持单集群 8800 台的规模，每日调度上亿 Container。

6.2.1 大集群的优点与挑战

大集群的优点有很多，比如：计算资源可以共享、提高机器利用率、方便共享数据、减轻运营负担。与此同时，大集群也带来了相应的挑战，它对调度器调度性能的要求更高，出现问题后带来的影响更大。

6.2.2 如何找到性能瓶颈

为了测量调度性能，找到性能瓶颈，我们主要做了以下三件事：

1）原生的 SLS 工具，使它具有可扩展性，这样就能方便地用多台机器模拟 1 万甚至几万个节点。改造后，SLS 模拟节点是直接向真实的 RM（ResourceManager）发送请求。同时，我们开发了一个工具来生成 SLS 的输入，用于模拟节点和作业。

2）对 RM 进行性能分析，获取代码中的函数级热点分布情况。

3）最后分析热点部分代码，寻找各种可能的优化点。

图 6-3 是性能分析的部分结果，可以看到 update 线程 85% 的时间在创建 Resource 对象。

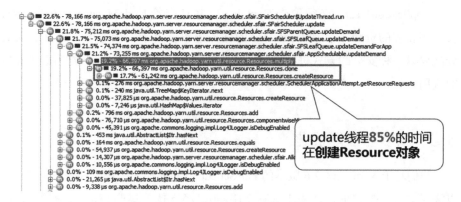

图 6-3　性能分析的部分结果

6.2.3　优化思路

诊断结果分析如下：

1）在 1 万个节点、2000 个资源池、1 万个作业的情况下，Yarn 社区版的调度器每秒能调度的 Container 远小于我们的目标 2500 以上。

2）80% 的 CPU 时间，消耗在 Collections.sort 函数上。

3）调度器使用了"一把大锁"，三个重要线程大多数代码都在这个"锁"的保护下执行，锁竞争很激烈。

调度器里三个重要线程分别是 update 线程、事件处理线程和调度线程，其中调度线程的主要工作流程是：对节点排序，依次调度这些节点，然后对队列进行排序，选好队列后，再对队列里的 App 进行排序，选好 App 后，调度 Container。刚才提到的消耗大部分时间的 Collections.sort 就是这几个排序过程。因为排序是主要的性能瓶颈，所以我们主要分析怎么优化它。

排序为什么这么耗时：一个是比较函数开销大，6 万次比较大约耗时 40ms；另一个是比较函数调用次数非常多，1 万个作业，每秒调度 2000 个 Container 的话，每秒大约上亿次。因此解决思路也是从这两方面入手。

首先是减少时间复杂度，排序函数 Collections.sort 使用 TimSort，时间复

杂度是 $O(n\log(n))^{\ominus}$，我们发现实际上只需要找到最前面的 k 个元素，大小堆（heap）很适合这种场景，时间复杂度变为了 $O(n + k\log(n))$。另外，我们发现并不是所有正在运行的作业都还需要更多的资源，那些暂时不需要更多资源的作业，没有必要参加排序，基于这个观察，我们把原来的一个作业列表，拆成两个：ActiveAppList 和 InactiveAppList，调度时只需要访问 ActiveAppList，直接减少了比较次数，减少了问题规模。

其次是降低每次比较的开销。

1）减少创建临时对象。我们发现调度线程在比较函数中创建大量临时对象，通过优化可以避免每秒几亿个临时对象的创建，使 JVM 的垃圾回收，（Garbage Collection, GC）负载减小了 50%。

2）避免频繁查找。比较函数会用到一些保存在以作业名为关键字的 Map 中的作业属性。每次获取这些参数都要做一次 Map 的查找操作，如 FSQueue. getWeight()、getMinShare()、getMaxShare()。我们将比较函数要用到的一些作业的属性直接保存到作业对象中，避免查找，直接获取，因此避免了每秒几亿次查找操作，平均单次比较时间下降了 23%。

3）减少持锁时间。线程之间存在着激烈的锁竞争：不开调度线程时，添加 5000 个节点大概需要 2s；打开调度线程后，增加到 30s。排序消耗了 80% 的 CPU 时间，这个过程中其实不需要锁保护。

总体来说，优化思路如下：

❑ 找到热点代码。

❑ 改进算法，降低时间复杂度。

❑ 避免重复查找、重复计算；避免创建大量临时对象。

❑ 减少锁竞争，优化锁粒度，如：Scheduler 里的 Syncronized 锁改为 Reentrantlock，大锁换小锁，提升性能，但要注意死锁的情况。

最终的优化效果是：Queue 数目 2000 以上，节点数目 8800 以上，作业并发数 5000 以上，每天运行作业数目 120 万以上，每秒分配 Container 数 3000 以上，每天分配 Container 数目 1 亿以上，资源利用率 95% 以上。

⊖ 此处及本书中其他涉及 log 取对数的运算，通常实现是 lg，但也有不同实现。

6.3 集群的高可用性

6.3.1 ResourceManager 高可用性

在 Hadoop 2.4 之前，Yarn 并没有实现高可用性，其架构如图 6-4 所示，Resource-Manager（以下简称 RM）重启后会导致整个集群重启，所有的任务需要重新运行。

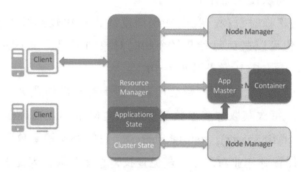

图 6-4　Yarn 架构

Hadoop 2.4 以后，开启 Yarn HA 功能，其架构如图 6-5 所示，Active RM 将 App 等状态信息存储在 ZooKeeper（以下简称 ZK）中，如果 Active RM 停掉后，Standby 的 RM 将通过 ZK 恢复状态以接管集群。

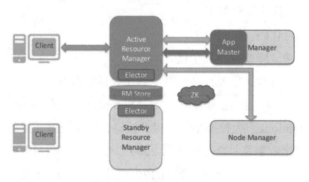

图 6-5　Yarn HA 架构

下面详细介绍这一过程，以及腾讯大数据团队对 RM HA 功能的优化。

1. Leader（领导者）选举

常用的实现 HA 的方式有 Active-Standby 和 Active-Active。RM HA 采用的实现方式是 Active-Standby，其中主 RM（active RM）只有一个，备 RM（standby RM）可以是一个或多个。首先要解决的问题是谁是 active RM：多个 RM 通过竞争决定，最后的胜者就是 active RM，这一过程即分布式应用的 Leader 选举过程。

RM 的 Leader 选举使用了 ZK 的临时节点功能实现。ZK 的临时节点与普通节点的不同之处在于：一旦创建这个临时节点的 ZK 会话（session）超时或关闭，这个节点将消失。我们通过图 6-6 说明 Leader 选举的基本原理。

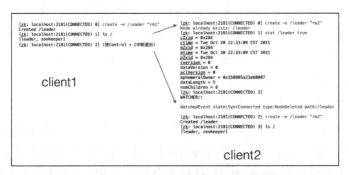

图 6-6　Leader 选举的基本原理

client1 创建了一个临时节点 /leader，同时 client2 也尝试去创建相同的临时节点 /leader，此次尝试失败，成功创建临时节点 client1 成为 leader。创建失败后，client2 使用 stat 命令在该节点上设置了 watch，节点的状态发生变化后，client2 将收到通知。此时，我们使用 <Ctrl + C> 结束 client 1 的会话，client2 将收到通知" WatchedEvent state:SyncConnected type:NodeDeleted path:/leader"。收到通知后，client2 再次尝试创建临时节点 /leader，并且成功了，成为新的 leader。

RM 进行 leader 选举的基本原理和这类似。相应的临时节点（在 RM 中称之为锁节点）的路径为 /yarn-leader-election/${CLUSTER_ID}/ActiveStandbyElectorLock，该节点的 ACL 的默认值为 world:anyone:rwcda，任何人都有所有权限对这个节点进行操作。每个 RM 都会尝试去创建锁节点，成功创建该节点的 RM 成为 active RM，调用 becomeActive()，启动 RM 的服务程序，其他 RM 成为 standby RM，调用 becomeStandby(), standby RM 只启动基本的服务, 比如 RM 重定向页面。active RM 和 standby RM 都会时刻监听锁节点的状态, 如果该节点的状态发生变化 (比如: active RM 挂了或者连接超时, 导致 ZK 会话关闭, 临时的锁节点将消失), 则进行相应的处理, 并进行再次 leader 选举, 这样保证了任一时刻, 都有 acitve RM 服务整个集群, 而且不会出现多个 active RM, 导致集群状态不一致。在 RM 中实现 leader 选举的类为 EmbeddedElectorService, 它基于 ActiveStandbyElector (Hadoop common 里的一个类, 也用于 HDFS 的选举) 实现。

2. RM restart: RM 状态保存与恢复

Standby RM 成功选举变成 active RM 后, 对集群状态一无所知, 它需要从某个地方获取集群当前的运行状态, 这些状态只有前一个 active RM 才知道, 因此, 前一个 active RM 需要将一些重要状态记录下来。集群中需要记录的信息有很多, 有些信息是元信息, 另外的一些信息可以通过元信息推断出来或者通过其他方式获取, 这些元信息就是 RM 需要保存的元数据。

经过分析可以得出需要保存的元数据有: App 信息、attempt 信息、token 信息。发生 RM HA 后, NM 可以将 NM 信息以及它上面运行的 Container 信息通过心跳上传给新的 active RM。这样就避免了由 RM 保存大量的 Container 信息 (TDW 集群中同一时刻运行的 Container 数是十万级别的)。

保存 App 信息的结构如代码清单 6-1 所示。

代码清单 6-1

```
message ApplicationStateDataProto {
    optional int64 submit_time = 1;
    optional ApplicationSubmissionContextProto application_
        submission_context = 2;
    optional string user = 3;
    optional int64 start_time = 4;
    optional RMAppStateProto application_state = 5;
    optional string diagnostics = 6 [default = "N/A"];
    optional int64 finish_time = 7;
}
```

保存 attempt 信息的结构如代码清单 6-2 所示。

代码清单 6-2

```
message ApplicationAttemptStateDataProto {
    optional ApplicationAttemptIdProto attemptId = 1;
    optional ContainerProto master_container = 2;
    optional bytes app_attempt_tokens = 3;
    optional RMAppAttemptStateProto app_attempt_state = 4;
    optional string final_tracking_url = 5;
    optional string diagnostics = 6 [default = "N/A"];
    optional int64 start_time = 7;
    optional FinalApplicationStatusProto final_application_status = 8;
    optional int32 am_container_exit_status = 9 [default = -1000];
    optional int64 memory_seconds = 10;
    optional int64 vcore_seconds = 11;
    optional int64 finish_time = 12;
}
```

可以看出每个 App 和 attempt 要保存的信息量并不太大，因此我们主要关注保存的 App 和 attempt 的数量。保存的 App 包括已完成的 App 和正在运行的 App，其中已完成的 App 的数量可以配置，默认是 1 万个，正在运行的 App 的数量与集群规模有关，TDW 上同时运行的 App 数量为 3000 个以上。每个 App 下会有多个 attempt，与 AM 重试次数相关，尝试次数越多，保存的 attempt 越多，该值可配置，默认是 3。RM 提供了多种保存介质：MemoryRMStateStore 保存到内存；FileSystemRMStateStore 保存到文件系统，如 HDFS；LeveldbRMStateStore 保存到 leveldb；ZKRMStateStore 保存到 ZK；MemoryRMStateStore 用于调试；LeveldbRMStateStore 将状态保存到本地的 leveldb 中，如果所在的机器挂了，该状态就丢失了。剩下的就是 HDFS 和 ZK 之间的比较，ZK 有较好的防御（fence）机制，不会存在多个 RM 同时向 ZK 写数据的情况，而 HDFS 存在这种可能性，比如：active RM 由于 ZK session 超时变为 standby RM 后，还没来得及停止 HDFS 的操作，而此时刚变为 active 的 RM 可能已开始向 HDFS 写数据，导致出现数据不一致的情况。下面介绍 ZK 的 fence 机制，它保证任意时刻 active RM 能向 ZK 写数据。

RM 进行每一次 ZK 操作时会先创建一个 fence 节点 /rmstore/ZKRMState-Root/RM_ZK_FENCING_LOCK，创建结束后删除该节点，整个过程在一个 transaction 中完成。如果创建 fence 节点失败了，接下来的操作就不会进行。

/rmstore/ZKRMStateRoot 的 ACL 为 "word:anyone:rwa, digest:'XXX':cd"，即任何人都有 rwa 权限，只有 digest 为 XXX 的有 cd 权限。active RM 会将 "digest:'XXX':cd" 中的 XXX 改为自己的，这样只有 active RM 有 cd 权限，只有它能在该目录下创建子节点，而 fence 节点正是它的子节点，因此任一时刻只有 active RM 能进行 ZK 操作，如代码清单 6-3 所示。

代码清单 6-3

```
[zk:localhost:2181(CONNECTED)17]getAcl /rmstore/szss-test-serving/
    ZKRMStateRoot
'world,'anyone
: rwa
'digest,'szss-test-gaia-rm1:7A3CWXVXFTPDs9ZyBTWZ7PPm1yA=
: cd
```

通过 transaction 实现 fence 机制的代码如代码清单 6-4 所示。

代码清单 6-4

```
createFencingNodePathOp = Op.create(fencingNodePath, new byte[0], zkAcl,
    CreateMode.PERSISTENT);
private synchronized void doMultiWithRetries(
    final List<Op> opList) throws Exception {
    final List<Op> execOpList = new ArrayList<Op>(opList.size() + 2);
    execOpList.add(createFencingNodePathOp);
    execOpList.addAll(opList);
    execOpList.add(deleteFencingNodePathOp);
    new ZKAction<Void>() {
        @Override
        public Void run() throws KeeperException, InterruptedException {
            zkClient.multi(execOpList);
            return null;
        }
    }.runWithRetries();
}
```

ZK 中的目录结构如代码清单 6-5 所示。

代码清单 6-5

```
ROOT_DIR_PATH
|--- VERSION_INFO
|--- EPOCH_NODE
```

```
|--- RM_ZK_FENCING_LOCK
|--- RM_APP_ROOT
|      |----- (#ApplicationId1)
|      |         |----- (#ApplicationAttemptIds)
|      |
|      |----- (#ApplicationId2)
|      |         |----- (#ApplicationAttemptIds)
|      ....
|
|--- RM_DT_SECRET_MANAGER_ROOT
|      |----- RM_DT_SEQUENTIAL_NUMBER_ZNODE_NAME
|      |----- RM_DELEGATION_TOKENS_ROOT_ZNODE_NAME
|      |         |----- Token_1
|      |         |----- Token_2
|      |         ....
|      |
|      |----- RM_DT_MASTER_KEYS_ROOT_ZNODE_NAME
|      |         |----- Key_1
|      |         |----- Key_2
|                ....
|--- AMRMTOKEN_SECRET_MANAGER_ROOT
|      |----- currentMasterKey
|      |----- nextMasterKey
```

App 和 attempt 有很多状态（App 有 8 种状态，attempt 有 10 种状态），状态之间的转换是通过状态机实现的，什么时候需要保存 attempt 和 App 的状态呢？如果每次发生状态变化都进行保存，ZK 的压力将会非常大，严重影响 RM 的性能。因此，RM 只保存关键状态，其他状态可以通过其他信息（如 attempt 所拥有的 Container 的运行状态）推测出来，我们可以将这些状态称为元状态。分析清楚这些元状态后，需要保存状态的次数就少了很多。在一个 App 的生命周期中，只需要保存 App 的状态 2 次：NEW_SAVING 和 FINAL_SAVING，App 开始和结束时各保存一次就够了。在一个 attempt 的生命周期中，只需要保存 attempt 的状态 2 次：ALLOCATED_SAVING、FINAL_SAVING，attempt 分配和结束时各保存一次。

3. NM/AM Failover

当 NM（NodeManager）连接旧的 active RM 失败时，会依次向配置文件中配置的所有 RM 地址发送心跳，所有 standby RM 都不能处理该心跳，新的 active RM 会向 NM 发送 RESYNC 回应，NM 会发送包含 NM 节点信息的

RegisterNodeManagerRequest（包含 nodeId、httpPort、totalResource、nodeManager-VersionId、containerStatuses）。RM 会根据这些信息恢复集群的状态。发生 RM HA 时，如果 AM 正在向 RM 进行 register 或 unregister 操作，正常调用即可。如果 AM 正在调用 allocate 时，将会收到 RM 的 RESYNC 命令，然后 AM 此时需要调用 registerApplicationMaster 重新注册，在接着的 allocate 中将所有未分配的资源请求一起发送给 RM。NM/AM 这些重新注册对 Yarn Client 和业务逻辑都是透明的，不会对它们产生影响。

4. RM HA 功能优化

优化一，减少 ZK 上 watch 数量，防止 ZK session 重连时失败。RM HA 对 ZK 的依赖较强，除了使用 ZK 进行 leader 选举，还将状态信息存储在 ZK 上（借用 ZK 实现 fence 机制，保证任一时刻只有 active RM 能进行 ZK 操作），在 ZK 上传输和存储大量数据会导致 ZK 性能下降，甚至出现问题。为保证长时间运行的 App 不会因为 AM 挂掉而失败，我们将 AM 可重试次数配置得比较大，但是重试次数越多，在 ZK 上保存的 attempt 越多，这会导致 ZK 上 watch 数太多，进而导致 ZK Session 重连时失败。保存 attemp 数量太多，会导致 ZK Client 和 ZK Server 之间通信的信息太大，而 ZK 默认的大小为 1M，需要设置 ZK Server 的配置项 jute.maxbuffer。RM 在所有的 ZK 节点（包括所有保存的 App 和 attempt）上设置了 watch，当 seesion 超时重连时，需要发送大量的 watch 信息（具体原因见 ZOOKEEPER-706），导致重连失败。我们去掉了 ZK 节点上的 watch，这样当 seesion 重连时就不会失败，我们将该优化贡献给了社区，并被社区合并，请参考 YARN-3480。

优化二，减少 attempt 数量，加速 RM 重启的恢复速度。经过测试，恢复 1 万个左右的 App（每个 App 有 1 个 attempt）需要 10 ~ 20s。在集群中实际测试时，我们将 attempt 的最大重试次数设为 10 000（attempt 重试次数设置得更大，能进行更多的重试，更能保证 App 不会因为 attempt 挂掉而失败），这样每个 App 下有 1 ~ 10 000 个 attempt，我们发现某次的恢复时间长达 6min 左右。这对运行 Service 类型的作业的集群是无法容忍的。在不降低重试次数的前提下，我们希望降低 RM 恢复时间。我们的基本解决方案是减少 attempt 的数量，同时需要解决删除 attempt 带来的副作用。Container 结束后，相应的 attempt 会进行处理，释放其占用的资源，如果该 attempt 被删除了，那 Container 相关的事件就不能被处理。我们对这种情况进行识别，并引入一个 dummyAttempt（App 中的第一个 attempt）来处理这些事件。保存更多的 attempt 意味着有更多的历史信息，为了最大限度地保存历史信息，我们只删除了 ZK 上的 attempt 信息，保存了 RM 内存中的 attempt 信息。一般情况下，RM 切换的次数并不太多，这也使得内存中的 attempt 信息得到了较长时间的保留。attempt 中有一些是 disk failed 等原因杀死的 attempt，如果这些情况比较多，attempt 的数量就没法得到控制了，导致恢复时间不确定。我们在删除 attempt 时充分考虑了这些情况，当 attempt 数量在限定值之外时，会删除这些特别的 attempt。

优化三，推迟恢复已完成的 App 的信息，加速 RM 重启的恢复速度。如前文所说，集群里默认保存的已完成的 App 数是 10 000，正在运行的 App 数远小于这个数（TDW 较大的大集群同时运行的 App 数大于 3000，但是一般的小集群可能只有上百或几十个正在运行的 App），如果我们可以推迟恢复已完成的 App 的信息，那么就可以大大缩短恢复的时间（对于 TDW 大集群，可以减少约 75% 的恢复时间，对于小集群，其恢复时间基本可以忽略不计）。因为这个原因，很多集群把保存的 App 数都设置得很小，但是这样不方便查看历史信息。当恢复 App 时，检查该 App 是否已完成，如果是，则加入一个队列中，推迟恢复。推迟恢复会导致一个问题，如果此时有客户端去查询 App 的状态，RM 查不到其状态，便会返回错误的状态。我们通过 on-demand-recover 的方式解决了这个问题：当有客户端查询某个已完成但还未恢复的 App 的状态时，实时恢复该 App，然后返回结果给客户端。

优化四，防止因 RM 出现 bug 导致集群上的作业被全部杀掉。为了解决脑裂（brain split）带来的问题，当 NM 在配置的时间内连不上 RM 时，它会自杀并杀死其上运行的 Container，这是一种好的机制，但是如果 RM 有 BUG（YARN-3474），那么可能 RM 由于 bug 而一直不能正常启动，这样会导致集群里所有的 NM 都因超时而挂掉，集群里所有运行的 App 都会被杀死。解决这个问题最直观的方法是：延长 NM 连接 RM 的时间。但是延长到多长时间合适呢？而且只延长时间，会导致不能处理脑裂问题。这个配置是静态的，不能随时改变。我们引入了维修状态的概念，通过 ZK 将该消息通知给 NM。当 NM 连不上 RM 时，它会去检查 RM 是否处于维修状态。如果是，则会睡眠一段时间，然后继续尝试连接 RM。通过这种方式，即使所有的 RM 都挂了以后，集群上已运行的作业也不会受到影响。同时也能区分是脑裂问题还是 RM 处于维修状态。我们会随时监控 RM 的状态，如果所有的 RM 都不能正常工作了，则会设置为维修状态，且会通知相应的负责人。

这些性能调优及 bug 修正的结果，部分已被合并到了社区的代码中（YARN-3480、YARN-4497、YARN-3469、YARN-4005、YARN-3094、YARN-2617 等）。

6.3.2　NodeManager 热重启

NM 重启是一项功能，可以重新启动 NodeManager 而不会丢失在节点上运行的容器。

当 NM 处理请求时，它将任何必要的状态同步地存储到状态存储器中。当 NM 重新启动时，它通过加载各种子系统的状态来恢复正常工作。

1. 本地化资源状态存储和恢复

当 NM 开始下载资源时，它通过调用 startResourceLocalization(user, appId, rsrcProto, localPath) 来保存本地资源。公共资源的 user 和 appId 应该是空的，而私有资源仅 appId 是空的。localRsrcProto 是与容器请求关联的原始资源请求。

NM 使用键值存储数据库 leveldb 来存储本地状态，存储本地资源请求时其对应的键为

- ❏ 公共资源：Localization/public/started/
- ❏ 私人资源：Localization/private/filecache/started/
- ❏ 应用资源：Localization/private/<user>/appcache/<applicationId>/started/
  <local filesystem path>

这些键对应的值是根据本地资源请求构造的 LocalizedResourceProto 对象。

如果一个本地资源下载成功，NM 调用 finishResourceLocalization(user, appId,

localizedRsrcProto) 来保存状态。这个操作将在 leveldb 中存储一个 completed 的 <key，localizedRsrcProto> 对，completed 键与 started 键除了 /started 被替换为 /completed 之外，其他部分一致。通过这种键的差异在恢复状态时很容易区分正在进行和已经完成的下载资源。在恢复状态时，NM 通过加载这些键值对以实现重新下载那些没有完成的本地资源。

2. 应用和容器状态的存储和恢复

在恢复状态期间，loadApplicationsState 方法从 leveldb 加载应用程序状态，对于已经结束的 App，会对其进行日志聚合并清理 App。loadContainerState 方法从 leveldb 加载容器状态，一个容器的状态包括 Requested、Launched、Killed 和 Completed。如果容器的状态是 Completed，NM 将把状态切换为 DONE 并对其进行日志聚合。如果容器的状态是 Launched，NM 将对这个容器执行正常的启动流程。当恢复一个正在运行的容器时，NM 会给这个容器创建一个 RecoveredContainerLaunch，RecoveredContainerLaunch 通过 Pid 文件和 exitcode 文件周期性跟踪容器状态。如果 Pid 文件对应的进程已经结束，但是没有 exitcode 文件，NM 将汇报这个容器的状态是 LOST。

为了支持在 NM 重启过程中保存容器的退出状态，在运行容器的 bash 脚本中会启动一个子进程来保存容器的结束状态。

3. NM 和容器令牌（Token）的状态存储和恢复

NM 的令牌存储在 NMTokens/ 前缀的 key 中，master key 存储在 NMTokens/CurrentMasterKey 和 NMTokens/PreviousMasterKey 下，与 App attempt 相关的 master key 存储在 NMTokens/ 下。在恢复状态期间使用 loadNMTokenState 方法加载这些令牌以恢复 NMTokenSecretManagerInNM 的状态。

容器的令牌存储在 ContainerTokens/ 前缀的 key 中，master key 存储在 ContainerTokens/CurrentMasterKey 和 ContainerTokens/PreviousMasterKey，过期时间存储在 ContainerTokens/<containerId> 下。在恢复状态期间使用 loadContainerToken-State 方法加载这些令牌以恢复 NMContainerTokenSecretManager 的状态。

4. 日志聚合的恢复

日志聚合服务没有状态存储。App 恢复后，App 的 init/finished 事件将传播到日志聚合服务。如容器被恢复，已经结束的容器的完成事件被传播到日志聚合服务。当日志聚合服务接收到 App 完成的事件，它会从头开始为其上传日志，覆盖任何现有的 .TMP 文件。

6.4 多资源维度弹性管理

业务在 Yarn 提交的任务最终以容器的方式在计算节点上运行，一个计算节点会同时运行多类任务，各类任务共享节点上的计算资源，包括 CPU、内存、GPU、本地磁盘等。节点资源管理的重要目标是管理节点上的资源并将其分配给各类任务，确保任务正常运行，同时还要保证任务之间的资源隔离，确保任务之间不会相互影响。

实例在节点上运行，主要是通过系统 Cgroup 方式进行隔离。用户可以通过 /proc/cgroups 查看本机支持哪些 Cgroup Subsystem，如图 6-7 所示。

图 6-7 通过 /proc/cgroups 查看本机支持哪些 Cgroup Subsystem

用户提交任务，需要填写该任务的资源量，如 0.1 个核、256Mi。这些资源配置对应到容器 Cgroup 目录上的某个配置，Cgroup 可以限定业务进程的资源使用量。另一方面，我们又不想限定业务的资源使用量，如机器有大量空闲内存资源，某个任务临时需要大量内存，且需要量大于申请量。若把这个任务的内存资源量限制为申请量，则该任务内存使用达到申请值时就会因内存不足而被杀死。若让这个任务临时借用空闲资源，则可以保证任务正常运行，也可以提高资源整体利用率。所以，我们提倡弹性资源管理，弹性资源管理允许业务突破其申请量，同时考虑当多业务突破其申请量达到机器资源的负载时，该如何处理。下面我们依次展开说明，针对不同的资源，需要采取不同的措施。

6.4.1 CPU 管理

CPU 是一种可压缩资源，进程不会因为 CPU 资源不足而被杀死，只是表现为运行慢。与 CPU 相关的 Cgroup Subsystem 为 cpu、cpuacct、cpuset。CPU 相关文件如图 6-8 所示。

```
                          ~]# ls /sys/fs/cgroup/cpu,cpuacct/
cgroup.clone_children  cgroup.procs            cpuacct.stat    cpuacct.usage_percpu  cpu.cfs_quota_us  cpu.rt_runtime_us  cpu.stat  notify_on_release  system.slice  user.slice
cgroup.event_control   cgroup.sane_behavior    cpuacct.usage   cpu.cfs_period_us     cpu.rt_period_us  cpu.shares         docker    release_agent      tasks
                          ~]# ls /sys/fs/cgroup/cpuset/
cgroup.clone_children  cgroup.sane_behavior    cpuset.mem_exclusive    cpuset.memory_pressure          cpuset.memory_spread_slab    cpuset.sched_relax_domain_level  release_agent
cgroup.event_control   cpuset.cpu_exclusive    cpuset.mem_hardwall     cpuset.memory_pressure_enabled  cpuset.mems                  docker                           tasks
cgroup.procs           cpuset.cpus             cpuset.memory_migrate   cpuset.memory_spread_page       cpuset.sched_load_balance    notify_on_release
```

图 6-8　CPU 相关 Cgroup 文件

其中比较重要的文件如下。

1）cpu.shares：CPU 权重值。业务申请的 CPU 资源量，最终配置到该文件。如业务申请了 0.1 个核，cpu.shares 为 102（乘以了 1024）。业务申请的 CPU 资源越多，其 shares 值越大，在 CPU 使用过程可以有更多的机会获得 CPU 资源。

2）cpu.cfs_quota_us/cpu.cfs_period_us：二者组合使用，对 CPU 资源进行硬限制，二者最大值均为 1 000 000μs，即 1s。cpu.cfs_period_us 可理解为 Cgroup 的 CPU 时间周期，该周期越短，切换越频繁，性能消耗更高。cpu.cfs_quota_us/cpu.cfs_period_us 比值表示可使用的 CPU 资源，如比值为 1，表示只能使用 1 个核，进程 CPU 使用表现为 100%。在 Yarn nodemanager 的配置文件 site.xml 中，其 percentage-physical-cpu-limit 配置，便落地到这两个配置，计算公式如下：

cpu.cfs_quota_us / cpu.cfs_period_us = cpu_nums_on_machine * cpu_limit

其中固定 cpu.cfs_quota_us 为 1000000，计算 cpu.cfs_period_us。

cpuset.cpus 和 cpuset.mems 也是对 CPU 资源的一种硬限制，和设置 cpu.cfs_period_us 的方式不同的地方在于：Cpuset 是限制进程只能运行在特定的核上。对于计算敏感性业务，通过这种绑核方式，可以避免进程在 CPU 之间的跳动，增加 CPU Cache 概率，可以明显提高计算性能。关于 CPU Cgroup 相关的详细介绍，可参考：https://www.kernel.org/doc/Documentation/cgroup-v1/。

可以对 Nodemanage 上的 Cgroup 目录结构进行抽象，得到 Yarn 计算节点

CPU 分布, 如图 6-9 所示。

其中业务申请的 CPU 资源配置到容器 Cgroup 目录的 cpu.shares, 而 Nodemanager 的 CPU limit 配置则落地到上层所有容器父目录所在 Cgroup 的 cpu.cfs_period_us 和 cpu.cfs_quota_us。这样就可以弹性控制 CPU 资源, 当业务需要更多 CPU 资源时, 只要此时还有空闲 CPU 资源, 则此业务就可以使用更多 CPU 资源, 直到父目录的限制值。而此时另有业务开始使用 CPU 资源时, 这两个业务按照 shares 值的比例, 分摊 CPU 资源。

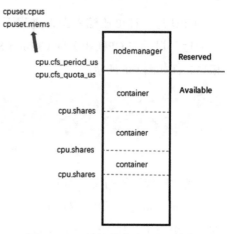

图 6-9　Yarn 计算节点 CPU 分布

限制业务总的可用 CPU 资源是按照 cpu.cfs_quota_us 和 cpu.cfs_period_us 组合来进行限制的, 这种方式是给一组进程 (Cgroup 管理的进程) 分配一定的时间片, 当时间片用完之后, 便立即切换到下一组进程, 若切换频繁, 会造成一定的性能开销。这里给出的建议是采用 Cpuset 的方式, 将所有业务使用的 CPU 资源绑定到固定的核上 (如图 6-9 所示), 核的选择考虑机器的 NUMA 架构, 尽量固定到同一个 Socket 或同一个物理核。这样减少了进程组 CPU 切换的开销, 可以提供业务总的性能。同时对于某些计算敏感性业务, 也建议采用 Cpuset 的方式。

6.4.2　内存管理

内存是一种非可压缩资源, 区别于 CPU 资源, 若出现内存资源不足, 进程会因 Out of memory 而被杀死。这就要求业务对于自己使用的内存资源的预估一定要准确。然而现实中, 业务的内存使用曲线也是变化的, 高峰时刻会使用更多的内存, 低峰时刻使用的内存则非常少。若是按照高峰时刻申请内存, 则低峰时刻会造成内存资源浪费, 若按照低峰时刻申请内存, 则满足不了高峰时刻的内存需求。基于此，我们提倡弹性内存管理，对业务申请的内存不进行强限制，在高峰时刻可以临时借用更多资源，满足业务需求。我们会给机器上业务的总内存资源设置一个 Limit 值，确保若某业务疯狂申请内存，不会把所有的内存资源都用完，而导致机器卡死。

内存也是采用 Cgroup 进行管理，其与内存相关联的文件如图 6-10 所示。

```
~]# ls /sys/fs/cgroup/memory/
cgroup.clone_children  memory.force_empty          memory.kmem.tcp.limit_in_bytes      memory.memsw.failcnt         memory.oom_control        memory.use_hierarchy
cgroup.event_control   memory.kmem.failcnt         memory.kmem.tcp.max_usage_in_bytes  memory.memsw.limit_in_bytes  memory.pressure_level     notify_on_release
cgroup.procs           memory.kmem.limit_in_bytes  memory.kmem.tcp.usage_in_bytes      memory.memsw.max_usage_in_bytes  memory.soft_limit_in_bytes  release_agent
cgroup.sane_behavior   memory.kmem.max_usage_in_bytes  memory.kmem.usage_in_bytes      memory.memsw.usage_in_bytes  memory.stat               system.slice
docker                 memory.kmem.slabinfo        memory.limit_in_bytes               memory.move_charge_at_immigrate  memory.swappiness         tasks
memory.failcnt         memory.kmem.tcp.failcnt     memory.max_usage_in_bytes           memory.numa_stat            memory.usage_in_bytes      user.slice
```

图 6-10　内存相关联的 Cgroup 文件

1）memory.limit_in_bytes：内存硬限制，即 Cgroup 内的所有进程及子 Cgroup 使用的内存之和不能超过该限制，包括 Cache 内存。

2）memory.soft_limit_in_bytes：内存的软限制，Cgroup 内所有进程及子 Cgroup 使用的内存总和可以超过该限制。当上层 Cgroup 目录出现内存不足时（上层 Cgroup 目录配置了 Limit 硬限制），优先回收超出 Soft 最大的 Cgroup 的内存资源。

3）memory.oom_control：Cgroup oom kill 开关。若关闭该配置，在 Cgroup 目录出现内存资源不足时，进程会因申请不到内存而卡住。若打开该配置，当进程申请内存时，若发现不足，便会杀死一个合适的进程来释放内存。该文件的另一个属性 under_oom 则表明了该 Cgroup 是否正处于 Out of memory 过程中。

可对 Nodemanager 关于内存 Cgroup 目录结构进行抽象，得到 Yarn 计算节点内存分布，如图 6-11 所示。

业务提交任务，其申请的内存资源量对应到容器目录的 memory.soft_limit_in_bytes 文件。而 Nodemanager 上报的机器内存资源量对应到业务

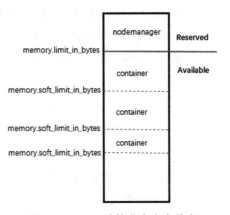

图 6-11　Yarn 计算节点内存分布

总目录的 memory.limit_in_bytes 文件，这样就可以实现业务内存资源的弹性使用。当业务需要更多内存资源时，因配置的是 Soft 值，可以继续使用更多资源。若多个业务同时使用大量内存资源，导致机器整体内存资源不足，则 Nodemanager 会立刻选出一个超过业务申请量（memory.soft_limit_in_bytes）最大的业务来杀死。这里我们把 Cgroup 的 oom 功能关闭掉，由 Nodemanager 选择需要杀死的业务。这是因为在选择杀死哪个业务时，要考虑更多的因素，如优先级，而不能只考虑内存的使用量。我们对业务 Cgroup 目录的父目录配置了 memory.limit_in_bytes，确保业务不会把机器整体资源消耗完，而导致机器挂掉。

6.4.3　GPU 管理

随着机器学习任务的增多，我们对 Yarn 增加了 GPU 任务支持，包括增加了 GPU 资源维度（根据用户申请的 GPU 资源进行调度），优化了 GPU 分配算法，并且对 GPU 资源进行了隔离。

首先我们打造了一个新的调度器 GPUAwareScheduler，它使用的是公平调度策略，保证资源分配的公平性与最大使用，同时它针对 GPU 的调度和分配做了特定的优化。因 GPU 任务都需要 40Gbit/s 网络带宽进行通信，交换机内部通信可以达到该网络带宽，但不同交换机之间的速率共享 160Gbit/s 网络带宽。如果应用内的实例分布在不同的交换机内，在不同的应用竞争网络带宽的情况下，实例之间的网络带宽可能无法满足 40Gbit/s 的需求。为此，我们增加了基于交换机调度的功能，应用分配资源时，会将网络拓扑结构考虑在内，将应用内的实例分配在一个交换机内，这样保证了多机上的进程之间通信能达到 40Gbit/s 网络带宽，带来了性能的提升。

不同于传统的以机器为粒度将 GPU 机器分配给用户，Yarn 以 GPU 为粒度进行分配，细粒度的调度能最大限度地利用 GPU。调度器根据公平调度算法将这些 GPU 公平高效地分配给各个应用。

如图 6-12 所示，多 GPU 系统是有拓扑结构的，Yarn 能"理解"这种拓扑结构，尽量为应用程序分配最佳的 GPU，达到最好的性能，并且省去了用户选择 GPU 的过程：针对单机单 GPU 或单机多 GPU，Gaia 将分配最"接近"的 GPU 组合；针对多机多 GPU 程序，Yarn 将分配最靠近网卡的 GPU 组合，这样能最大限度地降低网络延迟。

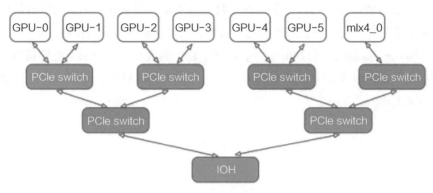

图 6-12　多 GPU 系统的拓扑结构

针对机器上的 GPU 资源隔离，我们采用 device 的方式，将 GPU 挂载到容器中，例：--device=/dev/nvidia0 将限制容器只能使用 0 号 GPU，对用户来说完全透明。同时使用环境变量 CUDA_VISIBLE_DEVICES 指定容器能使用的 GPU，例如，如果设置"CUDA_VISIBLE_DEVICES=4,5"，CUDA 会将 GPU 设备号进行重新 mapping，用户只能看到 mapping 后的 0 号、1 号 GPU，它们分别对应原先的 4 号、5 号 GPU，通过这种方式将限制容器对 GPU 的使用。

6.4.4　本地磁盘管理

随着业务的多样化，某些业务可能会产生大量的日志，而把整个分区占满，导致这台机器上的所有业务都不可用，Yarn 把磁盘容量当作一种资源来管理是有必要的。磁盘容量管理同时遵循弹性原则，还有一个目标是多磁盘管理，适用于机器上有多块磁盘或分区。

磁盘容量管理，首先把机器上的空闲分区资源上报给集群，上报的资源量等于分区的总容量减去预留量，同前面的 CPU 和内存资源一样，要预留一定的资源给系统。

业务提交任务，填写需要申请的磁盘容量值，实例在机器上启动时，Nodemanager 先在分区上创建一个容器目录，并将该目录挂载到容器里。实例运行过程中，Nodemanager 会实时统计该容器目录的磁盘使用，同时也会统计分区的磁盘使用量。若发现分区的磁盘资源不足，则选择一个超出申请量最大的实例杀死，并释放磁盘资源，通过这种方式实现磁盘容量的弹性管理。

Nodemanager 是通过 du 命令统计某个目录的大小，若目录下文件很多，这会引入一定的性能消耗。因此，考虑引入 DiskQuota 机制，用来实时统计和限制目录大小。

第 7 章

TENCENT BIG DATA

数据治理体系

数据治理对任何一家企业都是至关重要的。基于完备元数据采集延伸的数据血缘、数据成本管控等是企业非常重要的数据治理手段，完备的数据治理体系是保护企业数据的必要环节。本章将基于腾讯的落地实践，对元数据和数据资产管理、数据安全展开详细介绍。

7.1 元数据

元数据的价值和意义随着数据规模的增长、业务形态的多样化才慢慢凸显，特别是当数据增长到一定程度，例如 EB 级别。我们需要元数据来分析、挖掘存量数据的真实价值，在成本和业务之间取得平衡。例如，大量的冷数据存储对于企业来说就是一个沉重的负担，降本提效是一个永恒的难题。

简单地说，在我们需要进入业务深水区时，需要通过精细化的运营数据来提升数据价值的利用率，那么元数据的建设就是一把利器。此外，不同大数据生态组件之间的联动，需要一座桥梁来建立联系，让不同组件之间形成一个完善体系的数据中台，那么一个统一的元数据服务或者系统就是这样一个作用。

7.1.1 元数据介绍

1. 元数据定义

元数据（MetaData）是描述其他数据信息的数据，是对共性数据结构化的描述记录，简单来说，元数据是数据的数据（data about data）。在大数据领域，元数据几乎无处不在，元数据记录了数据的生成、传递、应用及最终消亡的整个过程。从大数据生态建设的角度看，元数据是数据治理、数据资产管理中非常核心的部分，是辅助数据中台建设的重要环节。

通常来说，大数据的元数据信息分为两类：技术元数据和业务元数据。

技术元数据主要定义数据在各种技术组件中的描述性信息。目前腾讯的元数据体系中涉及 TDBank（数据接入）、Hive（离线计算）、统一调度（任务 DAG 调度）、太极（机器学习）、Oceanus（实时计算）、HBase（KV 存储）、腾讯实时多维分析平台（OLAP 引擎）和 HDFS（离线存储）。根据不同组件的各自特性，技术元数据又可以细分为以下几种类型。

❑ 数据源元数据：主要是各计算组件的原始数据源，例如 TDBank 中数据接入的来源（DB、文件、消息队列、HTTP 接口接入等），智能钛及腾讯实时多维分析平台中的库表信息，Oceanus 中的实时计算数据来源等信息。

❑ 存储元数据：这个是元数据最为核心的组成部分，涉及 Hive、腾讯实时多维分析平台、HBase 等模块。其中以 Hive 最为主要，详细信息可以细分为

  • 管理属性：创建人、产品组、归属 BG。

  • 生命周期：创建时间、DDL 时间、版本信息。

  • 存储属性：位置、物理大小、压缩协议、文件个数、记录数、加密方式。

  • 数据结构：表名、表类型（内表 / 外表）、归属数据库、字段及字段的类型、主分区字段、子分区字段、数据输入格式、输出格式、序列化方式、表的分类、标签。

❑ 计算元数据：主要描述计算过程的元信息，其中最主要的是统一调度、Oceanus、智能钛等的 DAG 作业调度信息。在这个环节我们串联了整个数据与数据之间的依赖关系，建立完整的数据血缘关系。以统一调度系统为例，具体细分为

  • 基本信息：作业名称、作业类型（MR、shell、Spark、负责人）。

  • 调度信息：周期类型、起始时间、依赖类型、调度时间。

  • 参数配置：不同的作业类型有不同的参数配置，大体上包含是否重试、终止时间、调度优先级、重试次数、步长、代理 IP。

  • 依赖信息：上下游依赖的作业信息。

❑ 成本元数据：成本分为两块，分别是存储成本和计算成本，涉及存储量、存储增长趋势、计算消耗 CPU、计算消耗的增长趋势等信息。

❑ 审计元数据：主要是各个模块库表的创建、删除、修改、访问记录。

❑ 运维元数据：记录各个组件的作业运行状态、成功数、失败数等，基于作业的历史运行状态给出一些分析报告。

❑ 安全元数据：每份数据的可见范围，具体到字段级别。

业务元数据是一种对于业务的描述，通过模型抽象以更聚焦的视角去看业务场景的真实情况，例如业务领域建模。业务元数据是一个桥梁，搭建底层技术属性和业务之间的关系，让技术元数据能够以业务视角来发现、查找和查看。例如数据仓库模型中的维度指标系统、报表系统等。在腾讯中的具体产品有用户画像、黄金眼等配置运行元数据。

2. 元数据的价值

元数据的存在，对于整个大数据平台的建设有非常大的价值，既是数据资产管理的基础，也是计算引擎强依赖的必要服务。所以元数据的价值挖掘分为两个方向：其一是离线元数据价值分析，也就是元数据的 OLAP 领域，通过对数据有效地区分、组织和加工，简化了庞大数据资产体系中数据发现和查找问题的工作；其二，当前的大数据生态非常繁荣，不同计算引擎百花齐放，不同引擎之间都在构建自己的元数据体系，那么从平台角度来看，迫切需要一个统一的元数据系统来打通不同计算引擎的元数据发现和使用，这也就是元数据另一面——OLTP 方面的价值。具体的业务架构如图 7-1 所示。

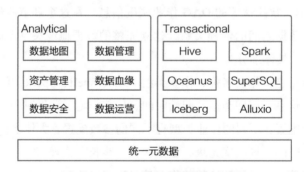

图 7-1　统一元数据的业务架构

统一元数据的 Transactional 和 Analytical 两个方向，同时满足不同侧的需求，不同于行业中部分企业对于元数据的使用局限在 Analytical 领域。

此外，腾讯的人员规模在 2021 年已超过五万，不同的部门都在建立自己的数据体系，那么对于公司级别的数据平台来说，必然迫切需要将数据以一定的形式进行组织，提供良好的数据检索机制。另外，通过计算元数据的统计分析，可以得出数据资产在业务侧的存在价值、数据的访问频次、数据的大小分布和每个部门数据使用的容量，这些可以帮助我们更好地运营整个大数据平台。此外，完善的数据血缘关系链路，可以追踪数据从生成到最终应用的整个过程，准确评估数据的生命周期。同时，元数据的多版本记录可以追溯信息的历史变更。

7.1.2　元数据系统设计

元数据系统自身的完善程度，很大程度上决定了大数据平台运营的成熟度，有尽量完整的元数据信息，才能对数据中台有更精准的把控及治理思路。所以，大的建设方向是要完整、实时地收集数据链路上的技术和业务元数据。

元数据系统自身是一个独立于其他系统的系统，同时对于其他系统又有比较强的数据依赖，基于这样的背景我们确立了几个系统设计目标。

- ❏ 动态元类型扩展：采集元数据边界是一直变化的，这个变化体现在采集系统的扩展和已采集系统元数据自身信息的变化，所以在系统设计之初，我们就需要考虑这些情况的存在，做到无缝扩展。

- ❏ 离线 / 实时同步：元数据采集的最理想情况是全部实时采集，当然我们需要应对一些特殊情况，例如链路故障、数据错误等，所以在系统中需要同时支持离线采集和实时采集。可以针对某一种类型的元数据进行指定时间内的离线同步，采集指定时间段内的元数据信息。

- ❏ 支持亿级元数据的存储和检索：腾讯的元数据体量是在百亿级别，而且每天产生的元数据在千万级别，所以技术选型需要考虑如此体量下的存储和快速检索，这种检索包含了模糊检索和单点的检索查询。

- ❏ 旁路采集：元数据作为一个独立系统，希望做到无干扰，在各个模块的主业务完成后获取元数据信息，信息尽量通过消息中间件的形式实现解耦。

- ❏ 秒级实时性：预期元数据具有 Transactional 的能力，那么数据的实时性是一个非常重要的指标，所以在整个系统链路中保障数据的准确秒级传递是系统的重要指标。

❑ 完整可见性：采集元数据是一个复杂的系统，在整个链路中快速地进行问题定位和修复是非常重要的，就需要在采集的各个环节进行可见性监控。除了元数据采集端、消费端的实时完整性验证之外，还需要通过日对账的形式来保障数据的完整性。

❑ 灵活的 API：单一团队的能力和精力都是有限的，每个 BG 或者部门的数据中台会根据基础的元数据信息，建设自己的数据中台，那么必然需要稳定、灵活的 Open API 来支撑外部系统的建设。

元数据的逻辑架构如图 7-2 所示。

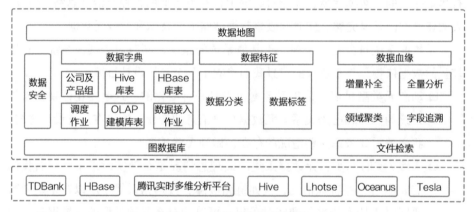

图 7-2　元数据的逻辑架构

7.1.3　元数据安全

安全是任何系统都非常重要的一个环节，在腾讯安全更是重中之重，考虑到不同业务线数据的敏感度，各个业务之间在未经用户书面同意前，数据必须互相独立且隔离，并以此为原则建立了严格的权限控制体系。

整体上来说，对于数据的安全在元数据层面落地是通过两个方面来实现的。其一是对于静态元数据如何做控制，其二是对于动态的数据交换在元数据层面如何来保护和定义。

在静态的权限隔离方案中，我们结合了自身的业务特性进行设计，具体如

图 7-3 所示。

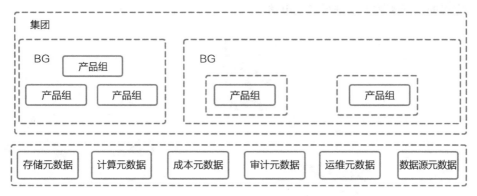

图 7-3　静态的权限隔离方案

在安全方面，不同 BG、不同业务对于数据的出口有不同的考量和要求，控制数据的安全查看非常重要，例如数据权限的审批流程、数据脱敏规则设置等，统一元数据系统也做了充分的抽象。作为一个基础的元数据平台，具备开放能力非常重要，需要为各个业务的数据中台提供定制的安全审批流程。针对不同的业务可以设置数据的安全等级，细化到字段级别的安全等级，同时针对表进行脱敏规则和下载上限条数的自定义配置，对于不同的安全等级以及权限采取不同的控制流程，如图 7-4 所示。

权限分为查询权限与下载权限。

查询权限分为脱敏查询权限与明文查询权限。执行 SQL 语句时，从安全中心进行第一次权限获取，判断该用户对 SQL 涉及表是否有相应的查询权限。如仅有脱敏查询权限，则计算层 SuperSQL 根据元数据配置的脱敏规则将结果返回至数据查询平台，允许用户进行数据查看；如有明文查询权限，则计算层直接将结果返回至数据查询平台，不再执行脱敏算法。

下载权限分为脱敏下载权限与明文下载权限。每种权限同时绑定相应的下载上限条数，规定每人每天每表的下载上限条数。针对数据下载请求，在用户执行下载操作时，从安全中心进行第二次权限获取，判断该用户对 SQL 涉及表是否有相应的下载权限与可用下载条数。如用户没有下载权限，则需向安全中心申请相应下载权限；如可用下载条数不足，也允许用户在权限有效期内对相应表的下载条数上限进行二次申请。

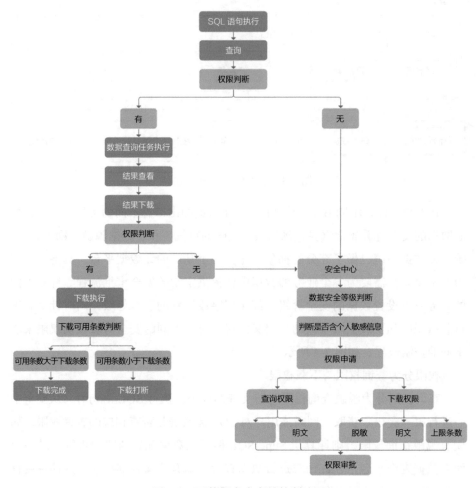

图 7-4　元数据安全审批控制流程

此外，在实际权限判断与申请的过程中，数据安全等级、权限覆盖、审批流程、下载上限等信息，都会影响数据最终的查询与下载结果，表 7-1 为在实际应用场景中权限控制明细。

表 7-1　权限控制明细

申请权限类型	覆盖权限				审批路径影响因素	上限条数
	脱敏查询	明文查询	脱敏下载	明文下载		
脱敏查询	√	×	×	×	数据安全等级	无
明文查询	×	√	×	×	数据安全等级 个人敏感信息	无
脱敏下载	√	×	√	×	数据安全等级 个人敏感信息	可配置
明文下载	×	√	×	√	数据安全等级 个人敏感信息	可配置

如表 7-1 中所示，在具体权限实现过程中，下载权限同时包括了对应的查询权限，同时，最终的权限审批路径由表的数据安全等级以及该表是否包含个人敏感信息来决定。

架构上元数据系统分为 7 个子模块：数据接入（TDBank）、数据加工（Lhotse、Oceanus、Tesla）、数据字典、数据血缘、数据特征、数据安全和数据服务（HBase、Hive、Hermes）。对于数据字典通过抓取或 hook 的方式提取，尽量减少对业务的直接干扰。采集到元数据后，根据元数据的类型进行分类，并将数据访问控制内聚在 BG 内部，BG 内部也建立不同的隔离级别，以保证数据的安全。建立数据血缘首次通过全量分析一次性导入，后续通过增量的方式调整数据血缘，对于血缘内容根据业务维度进行局部的提取和抽象，例如将业务元数据分类为支付、社交关系、广告等维度。在血缘跟踪上实现了字段级别的追踪。对外提供统一、安全、高可靠的数据服务，以支持各个业务在计算、存储预估、成本衡量、数据质量把控、安全审计等领域的数据治理工作。

7.1.4　元数据应用

随着计算能力和存储能力的飞速提升，大数据能够提供的价值逐渐被大家所认知。通过数据的分析建模，大数据可以支持决策者做出更精准的方案选择，可以帮助管理层分析组织流程中的关键效能或问题环节，可以帮助产品经理对产品体验迭代改进。同理，元数据之于大数据是同样的作用，它是对数据资产进行运营的关键基础。对于数据开发人员来说，元数据可以提供快速的数据查找；对于数据仓库工程师来说，元数据的数据血缘和数据字典可作为数据建模的依据；对于大数据运维来说，元数据是保证系统可见性必不可少的环节。

1. 元数据管理平台

元数据管理平台是我们在元数据建设上开放的第一个平台，也是用户使用最为频繁的产品，其目标是打造一个公司级别统一的元数据服务平台，为上层的各类数据中台应用提供支撑。其中，最为核心的是数据地图，算法工程师、数据仓库工程师、数据开发工程师、数据分析人员、数据运营人员等可通过数据地图便捷快速地进行数据字典检索。数据地图定义了 BG 到产品组再到表的三级模型搜索路径，也支持 BG、产品组、数据库名、表名、分区信息、列名、HDFS 路径、存储格式等多个维度的模糊检索。数据地图以图的方式展现表和列之间的依赖关系，并支持通过表和列各自两个维度反向追溯数据的流向。数据地图针对每个表有详细的审计日志，例如表的创建、字段的修改和删除等操作。同时，数据地图强大、严密的数据血缘关系可以使数据开发人员快速进行数据问题排查。数据使用人员可通过数据地图使用私人文件夹来管理表信息，对于表也可以自定义标签进行分类，系统侧通过表的归类分析也会提供建议标签。

2. 系统生态融合

统一元数据服务作为基础系统，与整个大数据平台中的系统进行深度的融合和合作，将自身的能力价值最大化，以赋能其他系统功能升级，便于更好地服务用户。

在整个大数据链路中，通常将数据分为离线数据和实时数据来加工处理。我们通过 US（统一调度）来处理离线数据的 ETL，依赖 DAG 的任务调度进行数据的加工，通过 TDBank 来完成实时数据接入。如何快速发现数据问题和缩小数据回溯链路是非常重要的。

在统一元数据平台，当用 TDBank 的实时数据接入时，用户可以构建数据质量规则。TDBank 调用元数据的规则接口对数据进行加工，例如用户在元数据平台对某个接入源数据的一个字段做脱敏处理，那么 TDBank 在处理某个接入源的数据时会将原始数据加工处理成期望的结果，在数据消费时，获取的是加工后的数据，以保障数据的安全。如此就解决了数据实时接入侧的一些定制化需求。

此外，在对离线数据的加工中，开发人员在关联 DAG 任务时，会遇到一些难点，例如谁依赖了表数据，在对数据进行加工时需要依赖哪一个上游任务等。统一元数据可解决这些问题，通过离线分析出来的任务血缘和数据血缘，为用户在 US 系统中提供推荐的 DAG 任务和表，以加快数据开发的效率。

7.2　数据资产管理

数据在企业发展中发挥着越来越重要的作用。在企业经营过程中，数据采集的颗粒度会越来越细，这使得企业的数据规模快速膨胀。以腾讯为例，经过短短几年的时间，每年产生的数据量从不到 1PB 快速增长到 1000PB。面对如此海量的数据资产，已经无法纯粹靠人来管理。本节将从数据资产与数据资产管理、数据资产实践（数据资产实体、数据归属关系、数据价值分析、数据血缘分析、智能化生命周期管理和无效数据发现）系统性地介绍我们的实践经验。

7.2.1　数据资产与数据资产管理

数据资产是指企业拥有归属权的数据记录，这里特指电子数据记录。

数据为什么具有资产属性，是因为它可以为企业带来巨大的价值。大数据技术给广告行业带来了颠覆性的变化和巨大经济价值。业界对数据的价值已经产生共识，而一个企业往往对其数据资产没有全面的了解和有效的管理方式。

数据资产管理就是要解决企业对数据资产的管理，除了在数据产生源头就对数据进行登记，也要记录并分析数据在日常应用中的使用情况，并且对其元数据进行分类管理，方便查询分析。

数据资产管理的核心是通过系统、科学的方式甄别出平台中数据的价值。凡是资产必有优劣之分，数据资产也不例外，有优质的高价值数据，也有劣质的垃圾数据。数据资产管理可以很好对其进行管理区分，将不必要的数据进行删除，对有价值但不常用的数据进行差异化存储，以节约存储成本。

1. 避免垃圾数据的堆积

企业发展过程中，数据呈现爆炸式增长。腾讯业务发展非常快，新业务和业务自增长就非常迅猛。其次，数据的产生、记录清洗和使用分析，是由不同团队负责的，这难免会存储一些在分析使用方面没有太多价值的数据。这些数据对于平台管理者而言，往往被称为"垃圾数据"。假设每年新增的1000PB存储中，有30%是垃圾数据（实际中往往比这个比例更高），这将产生巨大的存储成本。

另外，垃圾数据的堆积，对线上系统来说是额外负担。Hadoop的HDFS模块的元数据集中存储在管理节点的内存中，集群中的数据越多，占用管理节点的内存也越多，管理节点的压力也就更大，这也给平台稳定运营增加了风险。当集群发生重启时，将会付出更多的时间成本。数据过多也会让用户在使用过程中花更多精力去管理和识别数据，而这些数据又基本用不到，使得用户体验很不友好。

2. 区分优质数据资产

数据可以给企业带来管理价值并产生经济价值。它不仅可以指导企业在运作过程中节省开销，更可以产生经济效益。如系统能力相关指标，可以使得整个建设周期更加科学有效，同时又能更好地降低建设成本；又如可对海量用户行为日志进行挖掘，产生基于用户行为的属性标签，从而对不同类别的用户进行差异化营销活动推广或广告推送等。

以用户点击网页上某个页面的行为事件为例，该行为会在多个由不同团队负责的系统上产生各式各样的日志，如记录页面点击日志、页面程序响应性能日志、对应系统运行日志、红点标志显示日志以及各种运营监控日志等。在这些日志的基础上，可计算出不同类别和状态的中间表，再将这些中间表加工成上层数据应用使用的结果表。整个计算过程中生成的各种数据表都会被保存下来。这些数据表的价值有高有低，优秀的管理策略应当根据数据价值的高低设置不同的保存周期。

当成千上万张表的数据汇集在一起后，如果纯粹靠人力去跟进并且评估这些数据的保存周期，工作量会非常繁重，并且难免会有疏漏。因此，系统是否能自动地对这些数据进行评估，就尤为重要。

下面将介绍如何用技术手段辅助识别和管理数据，但前提是当前已经产生了数据。如果数据尚未生成，就无法使用技术手段进行管理。即便建立了较为完备的数据管理系统，"人"的因素在数据治理过程中，也会起到非常重要的作用。系统与人缺一不可。

7.2.2 数据资产管理实践

1. 数据资产实体

在分析数据资产价值之前，需要知道整个平台拥有多少数据资产，这就需要对数据资产进行盘点。这里，我们介绍如何盘点 HDFS 资产。HDFS 提供离线镜像查看器（Offline Image Viewer），通过该工具可以将整个 HDFS 文件系统元数据导出。

离线镜像查看器导出的信息包括：路径／文件、副本数、修改时间、访问时间、BLOCK 大小、BLOCK 个数、文件大小、命名空间配额、磁盘空间配额、权限、用户和组等信息。

资产盘点的前提是需要对数据存储路径进行归类，这就涉及路径使用规范问题。经过多年实践，我们对数据资产路径制定了如下规范。

（1）Hive

Hive 表使用统一的父目录。如果是分区表，则日期分区必须作为一级分区。按照这个规范实施以后，通过对文件路径的分析就可以知道该文件属于哪张表。另外，分区表以日期分区作为一级分区，也可以很方便地实现生命周期管理。

（2）HDFS 路径

对于不满足 Hive 表规则的路径，统一归类为 HDFS 路径。对于 HDFS 路径，也采用统一的父目录命名规则，路径强制要求包含产品信息和应用组信息。这样，通过路径名称就可以知道该目录所属产品和应用组。用户可以自由决定父目录下一级的目录层级，但是，对于按日期滚动的数据，必须和 Hive 表一致，使用相同的日期格式和命名规范。这样就可以统一管理 HDFS 生命周期。

对于 Hive 表，表即为最小资产管理实体。对于 HDFS 路径，借鉴 Hive 表的分类，对于按日期滚动的 HDFS 路径，资产管理实体为日期之上的父目录，这与分区表类似；对于不按日期滚动的 HDFS 路径，资产管理实体为最低层的目录层次，这与非分区表类似。不同类型的资产实体及其对应的路径示例如表 7-2 所示。

表 7-2　数据资产实体路径示例

类型	资产实体	路径示例
Hive 分区表	db1::table1	/basedir/db1.db/table1/p_20190901/file1
Hive 非分区表	db1::table2	/basedir/db1.db/table2/file2
HDFS 路径日期滚动	/product1/group1/dir	/product1/group1/dir1/p_20190901/file1
HDFS 路径非日期滚动	/product1/group1/dir2	/product1/group1/dir2/file2

对于 Hadoop，数据资源分成两类实体，分别是 Hive 表和 HDFS 路径。这些实体是数据资产管理的最小粒度，由平台侧统一管理。利用离线镜像查看器导出的信息，可以计算出每一个资产实体的总存储大小、总 BLOCK 个数、起始分区、结束分区等统计汇总信息。

（3）离线镜像查看器（HDFS OIV）

离线镜像查看器是 HDFS 自带工具，它可将 HDFS 镜像文件（fsimage）的内容转储为人类可读的格式，并提供只读的 WebHDFS API，以允许离线分析和检查 HDFS 群集的名称空间。该工具能够相对快速地处理非常大的镜像文件，支持 HDFS 2.4 及更高版本。如果是旧版本，那么可以使用 HDFS 2.3 的离线镜像查看器或 oiv_legacy 命令处理。如果该工具无法处理镜像文件，则会直接退出。另外，离线镜像查看器不需要运行在 Hadoop 集群上。

离线镜像查看器提供了以下几个输出处理器：

❑ Web 是默认的输出处理器。它会启动一个 HTTP 服务器，该服务器公开只读的 WebHDFS API。用户可以使用 HTTP REST API 以交互方式查看名称空间。Web 不支持安全模式，也不支持 HTTPS。

❑ XML 输出处理器可以创建镜像的 XML 文档，并包含所有信息。该处理器的输出适合使用 XML 工具进行自动处理和分析。由于 XML 语法具有冗长性，因此该处理器还将生成最大量的输出。

❑ Delimited 输出处理器可以生成文本文件，包含 inode 和 inode-under-construction 的所有元素，每行一个 inode 元素。各个信息之间以分隔符分隔，默认分隔符是 \t，另外也可以通过参数更改分隔符。

关于离线镜像查看器的详细说明及使用方法可参见 Hadoop 最新官方文档（https://hadoop.apache.org/docs/r1.2.1/hdfs_imageviewer.html），这里不再赘述。

2. 数据归属关系

公司内部的数据资产归属，是从事业群到产品再到应用组，一层一层按树形方式展开的。应用组可以理解为产品的一个项目，它拥有数据资产，包括了上面介绍的 Hive 表和 HDFS 路径。

HDFS 父目录包括了产品和应用组信息，因此 HDFS 路径实体总能找到对应的应用组，而库由应用组创建，所以库也能找到创建它的应用组，表实体也就能找到对应的应用组。数据资产的归属关系如图 7-5 所示。

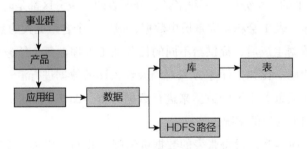

图 7-5　数据资产的归属关系

所有的数据实体都可以找到对应的归属关系，且对应的应用组负责人、产品负责人和事业群负责人都有数据的管理职责，他们负责对数据价值做出判断，并根据数据实体价值决定相应的生命周期，这也是早期的以人为主的数据资产管理思路。

以腾讯为例，应用组负责人通常是数据应用的开发者，从他们的角度看，希望数据能够保存得尽可能多、尽可能久。比如，有些新的分析需求可能需要用到较长时间的历史数据；再比如，数据发生异常时，需要回溯历史数据分析原因。产品负责人则更多考虑的是产品本身对数据的诉求。比如，产品承诺数据的保留周期是多久，那么实际的数据保留周期肯定会比承诺的时间长；再比如，产品更看中的是数据应用的价值，至于需要哪些数据以及数据之间的关系，则通常不会那么关注。至于事业群负责人，他们考虑更多的是数据实体产生的运营成本，数据保存越久，数据量越大，所消耗的运营成本就越多。另外，对于已向用户承诺保存周期的数据，必须以承诺的周期为准。这几个因素最终会依据各自的约束条件协调出数据实体的生命周期，但这种纯粹靠人来管理的思路，对数据实体价值的判断存在很多主观因素，很难做到准确。接下来介绍一些系统化的分析方法。

3. 数据价值分析

我们使用一种更客观的方式来判断数据实体的价值。在介绍这种方式之前，先简单回顾一下数据从采集到入库的流程。以典型的 Hive 表 T 为例，业务系统产生的原始数据经过采集系统落地到 HDFS 上，这些数据经过入库任务处理后生成 Hive 表 T 的一个分区。一般来说，分区表的一级分区都是时间分区，但随着时间的推移，表 T 会积累大量历史数据，成为一个容量庞大的数据实体。

表 T 的数据生成后，提供给不同的任务加工处理，每个任务访问数据的时间跨度各不相同。比如，任务 A 只对当天新入库的数据进行汇总统计，而任务 B 则需要访问最近若干天的数据来进行数据分析。图 7-6 描述了表 T 从数据采集、入库到加工处理的情况。

那么，如何客观衡量每张表的数据价值呢？我们采用两个维度来对表数据价值进行衡量。第一个维度是业务维度，业务维度一般记录在元数据中。比如，如果表 T1 保存的是支付相关的信息，根据监管的要求，该表至少要保留 N 年，则表 T1 在 N 年内的分区数据都是非常重要的资产。再比如，如果表 T2 保存的是某种操作行为，产品特性需要向用户承诺可回溯 3 个月的数据，则 3 个月内的分区数据都是重要资产，而 3 个月以前的分区数据则迅速衰变成无价值资产。业务维度是一个较容易理解的维度，通常由应用组负责人、产品负责人和 BG 接口人共同管理。

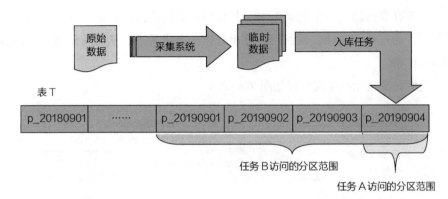

图 7-6　表 T 数据从采集、入库到加工处理

表数据价值的第二个维度是数据访问行为维度。数据访问情况可以客观反映出数据的价值。如果只有两个任务对表 T3 进行访问，任务 A 只访问当天的分区数据，任务 B 访问最近 4 天的分区数据，则认为对于表 T3 而言，4 天内的分区数据是重要的数据资产，4 天以前的分区数据从当前使用行为上看是无价值的数据资产。

两个维度组合在一起，为数据价值分析提供了更为客观的信息，这也为数据管理的智能化之路指明了方向。

4. 数据血缘分析

表的数据访问行为维度能对数据价值分析提供更客观的结果，这实际涉及表的数据从哪里来，又被哪些任务访问的问题，本质上是对数据血缘进行分析。数据血缘分析需要记录数据访问情况，而数据的访问行为是由任务触发的，任务读取输入数据，对它们进行加工处理，再生成输出数据，如图 7-7 所示。

以任务为中心，可以区分输入数据和输出数据，这种数据的流转关系可以细化并拆分

图 7-7　数据任务关系

成以下两个三元组（数据、任务和访问方向）来表示。

❑ 数据访问三元组（输入数据、任务和读取）。

❑ 数据生成三元组（输出数据、任务和写入）。

将所有数据访问行为记录下来，并将相同数据连接到一起，可以形成一个关系链。通过该关系链，就可以计算出数据的血缘关系，从而构建出数据价值的分析体系。

数据血缘三元组生成流程如图 7-8 所示。

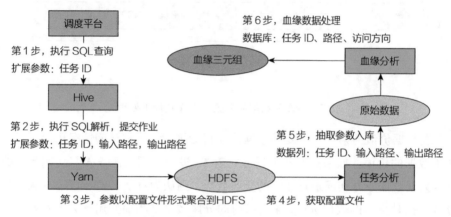

图 7-8　数据血缘三元组生成流程

举一个例子，如图 7-9 所示。任务 ID 为 20190529172200666 的任务，运行 20190901 日期的实例，该实例的计算逻辑是：访问表 db1::table1 和 db1::table2 的 20190901 分区的数据，加工处理后，将结果写入表 db1::table3 的 20190901 分区。

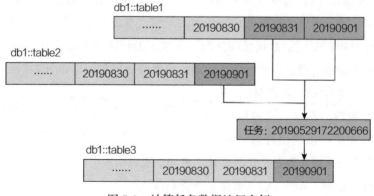

图 7-9　计算任务数据访问实例

该实例通过采集保存的原始信息如表 7-3 所示。

表 7-3 任务实例采集信息

字段	类型	示 例
job_id	string	job_1536836392085_69718907
user_param	string	20190529172200666_20190901
input_dir	string	/basedir/db1.db/table1/p_20190901, /basedir/db1.db/table1/p_20190831, /basedir/db1.db/table2/p_20190901
output_dir	string	/basedir/db1.db/table3/p_20190901

对该原始信息进行处理，可以抽取得到数据血缘三元组如下：

```
(db1::table1, 20190529172200666, R)
(db1::table2, 20190529172200666, R)
(db1::table3, 20190529172200666, W)
```

对一段时间内所有三元组的集合进行分析，就可以得到数据血缘关系。除此之外，还可以分析出更多有用信息。

5. 智能化生命周期管理

数据血缘分析的一个实际应用是智能化生命周期管理。作为数据资产实体，不管是表还是 HDFS 路径，大部分都是按日期滚动。随着时间的推移，这些实体的规模越来越大，占用非常大的存储空间。通常，这些数据资产实体的负责人会根据实体价值配置合理的生命周期，但这些实体的生命周期配置得是否合理，需要有一个评估标准。

我们通过扩展数据血缘关系，实现了一个基于访问行为的评估方案。首先，我们将数据血缘三元组（数据、任务和访问方向）扩展到五元组（数据、任务、访问方向、访问偏移量和访问跨度），上节的例子扩展之后的五元组如下：

```
(db1::table1, 20190529172200666, R, 2, 2)
(db1::table2, 20190529172200666, R, 1, 1)
(db1::table3, 20190529172200666, W, 1, 1)
```

访问偏移为 1 说明在 20190902 当天运行 20190901 的实例。日常的大部分统计都是计算前 1 天的数据。访问跨度为 2 说明任务访问了该表 2 天的数据。我们通过沉淀一段时间的血缘五元组，就可以计算出一张表基于历史访问行为的最大访问时间跨度，排除已向用户明确承诺了数据存储周期的数据而计算得到的这个时间跨度就是该表推荐的生命周期。举个例子，有两个任务在访问表 T，一个是每天访问前一天的日任务，一个是每周一访问上一周七天的周任务，如图 7-10 所示。

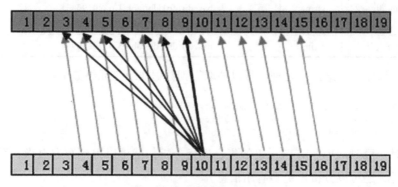

图 7-10　任务的数据访问行为

图 7-10 中由下向上的第一行的序号用于指代表 T 的日期分区，第二行的序号用于指代自然日期。10 号是周一，访问了表 T 上一周 7 天的数据，深色箭头线表示该访问行为。其他日期都是每天访问上一天的数据，浅色箭头线表示该访问行为。如果该表的访问行为在一段时间内都是如此，则基于历史访问行为可以说明该表的生命周期应该设置为 7 天。

基于历史访问行为生成的数据生命周期，我们建设了一套智能化生命周期管理机制，该机制的处理流程如图 7-11 所示。该流程具备以下几个特点。

1）数据资源实体需要有生命周期管理。

2）数据资源实体的生命周期管理设置需要在合理推荐值范围内。

3）新实体缺少访问行为数据，仍需使用默认配置。

4）历史原因遗留的未配置实体需要确认，不能随意清理。

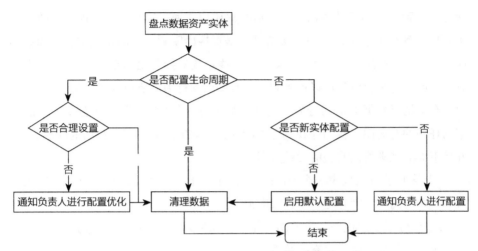

图 7-11　智能化生命周期管理机制的处理流程

6. 无效数据发现

随着大数据技术在公司内应用越来越广泛，很多用户会在平台上创建很多任务，这些任务会生成大量的数据。这些数据是否有效，也是平台管理者需要解答的问题。最直接判断无效数据的逻辑是：数据实体已经长时间没有更新，也就是说数据实体的最近修改时间和最近访问时间距离当前时间有相当长的距离（如近 3 个月无访问和更新）。利用前面介绍的离线镜像查看器导出数据，可以发现无效数据。

是否有更新或者有访问的数据就是有效数据呢？这也未必。数据是否有效还在于是否真正得到应用，包括数据的生产者及数据的后续使用者是否对其进行加工并落地到应用层。利用数据血缘，三元组生成流程可推算数据是否是有效数据。正常情况下，业务系统产生的数据经过采集系统入库至大数据平台中，数据分析人员对入库后的数据进行处理和加工，产生中间数据或者结果数据。这些结果数据要释放价值就必须出库到业务对应的系统中。比如，算法模型最终在推荐系统中上线才能提高推荐效果；再比如，统计分析结果必须推送到产品经理才能用于产品决策等。

一般来说，大数据平台计算产生的结果数据最终落地到应用系统上有三种途径。一种是将结果数据出库，然后数据应用方通过客户端将出库后的数据取走再应用到线上系统；一种是将结果数据直接出库到相应的系统中，比如数据库、KV 等；还有一种是直接和第三方在线系统对接，比如 BI 系统等。这里面有些访问行为平台侧是可以检测到的，有些访问行为需要业务侧提供。

有了结果数据的访问行为，就可以基于前面介绍的数据血缘分析，构造数据与任务的有向图。我们先找到无下游任务读取的所有类型为数据的叶子节点，并按下面的规则找出其中的无效数据：

1）该叶子节点代表一个 Hive 表，由于无下游任务读取它，业务用户能通过客户端访问它，则它是一个无效数据。

2）该叶子节点代表一个 HDFS 路径，如果无非集群的客户端访问它，则它是一个无效数据，否则是有效数据。

3）该叶子节点代表一个数据库表，通过库表的访问行为可以判断它是否为无效数据。

4）该叶子节点代表一个第三方系统，如果第三方系统可以提供有效访问行为数据记录，那么可以判断它是否为无效数据，否则默认按有效数据处理。

在数据和任务的有向图中，向上可以找出中间节点的无效任务。中间节点无效任务的判断逻辑为：如果该任务所有写入的数据均为无效数据，则该任务为无效任务。接着再向上找出上一层中间节点的无效数据，以此类推。通过向上回溯无效数据和任务，并且不断迭代直至所有的无效数据均被找到为止。图 7-12 是一个无效数据回溯例子。

说明：

- db1::table1 是一个 Hive 表，有两个任务访问它：一个是出库任务 1，出库到 MySQL 表 t1.table1，用于现网的配置信息；另一个是统计任务 3，实现某些统计逻辑。

- db1::table2 也是一个 Hive 表，有两个任务访问它：一个是出库任务 2，出库到 MySQL 表 t1.table2，用于现网的配置信息；另一个是统计任务 3，实现某些统计逻辑。

- 统计任务 3 对 db1::table1 和 db1::table2 进行关联操作，将结果写入 Hive

表 db1::table3。

- 统计任务 4 对 db1::table2 和 db1::table3 进行关联操作，将结果写入 Hive 表 db1::table4。
- db1::table4 是一个 Hive 表，没有下游任务访问它。
- db1::table1 和 db1::table2 还有上游任务，由于篇幅限制就不进一步展开了。

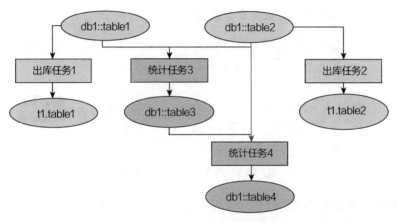

图 7-12　无效数据回溯示例

在这样的数据血缘关系网中，若第一步将 db1::table4 识别为无效数据，则通过血缘关系网，db1::table3 也将识别为无效数据。无效数据发现后，会通知应用组或产品负责人进行确认，确认无效后就会直接清除。

7.3　大数据安全

通过之前的章节可以看到腾讯内部提供了丰富的平台和工具，业务用户可以根据需要完成海量数据的接入、存储、分析等场景。腾讯大数据平台在提供高效稳定的数据处理能力的同时，在数据安全体系建设方面也做了大量的工作。本节将带读者走进腾讯大数据安全体系，揭开大数据安全领域的神秘面纱。

7.3.1　大数据安全介绍

当今，大数据已无处不在，各种类型的数据呈 TB/PB 级别增长，拥有海量高价值的数据对于企业来说已经是一个事实存在的情况。那么，如何保证数据的安全性、保密性、可用性并杜绝数据泄露和非法篡改的风险成为企业首要考虑的问题，因此一套完善全面的安全体系对于保障大数据平台安全运行来说至关重要。

图 7-13 所示为腾讯大数据安全架构。

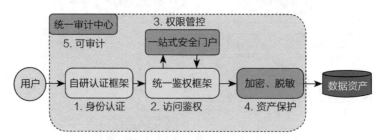

图 7-13　腾讯大数据安全架构

腾讯大数据安全机制如下：

（1）访问控制安全机制

❑ 身份认证：确认访问者的真实身份。

❑ 权限管理：授予和检查访问者合理的权限。

❑ 行为记录：记录用户数据的访问行为。

（2）数据保护安全机制

❑ 存储完整：避免数据丢失。

❑ 加密存储：高安全级别的数据加密存储。

❑ 安全传输：保障数据传输过程中不被窃取。

（3）审计告警机制

审计用户行为，识别高危风险，保留行为日志并及时告警。

7.3.2 大数据安全体系

1. 认证体系

身份认证是数据安全体系的第一道防线。通过身份认证，大数据系统才能识别出真正的用户，使得用户与数据产生关系，从而实现多租户架构。

如图 7-14 所示，用户在访问服务时，向服务发送一个标志其身份的验证块，服务使用认证方法将其验证，从而可以得出用户的身份。

图 7-14　认证示意

不同于常规的 Web 应用采用的 HTTPS + 用户名 / 密码的方式验证用户身份的方案，大数据系统通常采用自定义的网络传输协议，在分布式环境下，采用非标准化通信协议进行通信的机制下，不同组件之间的动态加入需要有更严格的控制，因此大数据体系的认证需要一套更复杂的设计来保障。

Hadoop 原生使用 Kerberos 及令牌作为认证手段，通过 JAAS（Java Authentication and Authorization Service）——Java 认证与授权服务（用于用户登录验证场景），以及 SASL（Simple Authentication and Security Layer）——简单认证与安全层（多用于网络通信协议认证与加密场景），实现用户本地登录认证与远程通信认证（RPC、Streaming、HTTP 等）。

（1）JAAS

JAAS（Java Authentication and Authorization Service）提供灵活和可伸缩的机制来保证客户端或服务器端的 Java 程序。Java 早期的安全框架强调的是通过验证代码的来源和作者，保护用户免于受到下载代码的攻击。JAAS 强调的是通过验证谁在运行代码以及确认运行者的权限来保护系统免受用户的攻击。如图 7-15 所示，JAAS 提供了一些 LoginModules 的参考实现代码，比如 JndiLoginModule 验证用户存放于目录服务器（LDAP/Active Directory）中的身份信息。开发人员也可以自己实现 LoginModule 接口，如在 Hadoop 中使用 HadoopLoginModule 实现 Hadoop 默认登录场景，Krb5LoginModule 实现 Kerberos 认证登录场景等，通过登录时身份验证确保客户端当前运行的用户是可信的。

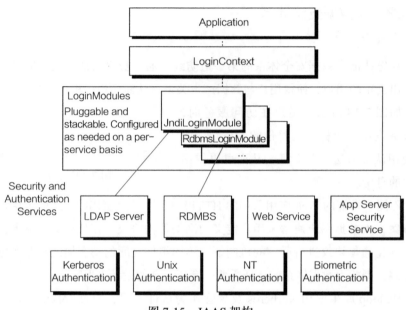

图 7-15　JAAS 架构

（2）SASL

SASL 是一种针对面向连接协议的认证框架，提供认证和安全服务。它通过提供协议和安全机制的接口来将应用程序和安全机制分层。SASL 的验证是基于请求响应形式的，它把认证机制从程序中分离开，理论上，使用 SASL 的

程序协议可以使用 SASL 所支持的全部认证机制。认证机制可支持代理认证，即一个用户可以承担另一个用户的认证。SASL 同样提供数据安全层，在数据安全层提供了数据完整性验证和数据加密。

图 7-16 所示为 SASL 机制。Hadoop在 RPC 和 Streaming 协议中嵌入 SASL机制，在连接建立时通过服务端完成对客户端用户身份的认证，默认支持

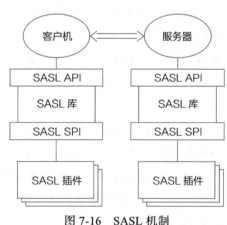

图 7-16　SASL 机制

Kerberos（GSSAPI）和 Token（DIGEST-MD5）认证方式。以 DIGEST-MD5 认证为例，客户端与服务端分别通过相同的加密散列函数（MD5）结合共享的密钥计算得到两个加密串，通过对比两个加密串是否一致来确认用户身份。

（3）Kerberos

Kerberos 是一种基于加密技术实现的网络认证协议，可以运行在非安全的环境中，通过向客户端与服务端提供可信的第三方 KDC（Key Distribution Center），实现用户与服务的双向认证。它相较于 Token 认证更为严格，Hadoop 把 Kerberos 作为首要认证手段，通过 Kerberos 认证后 KDC 才能向客户端颁发基于共享隐私密码的 Token。

Kerberos 由 KDC、KDC Database、客户端以及服务端组成，其中 KDC 按照功能由划分为 AS（Authentication Server）认证服务和 TGS（Ticket Granting Server）票据认证服务组成，总体架构如图 7-17 所示。

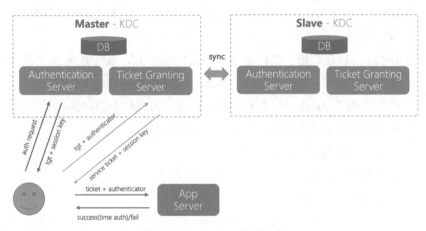

图 7-17　Kerberos 总体架构

Kerberos 认证涉及的组件包括

❏ KDC（Key Distribution Center）：密钥分配中心。参与用户与服务认证的认证服务器，既负责密钥的分发，也负责辅助身份认证。KDC 由 AS 与 TGS 组成，分别提供首次的认证服务以及票据授权服务。

❏ AS（Authentication Server）：认证服务。用于认证用户的首次请求，认证后先授予用户 TGT（Ticket Granting Ticket），即票据授权的票据，这样用户可使用 TGT 免密通过后续认证，避免后续流程中继续使用用户密钥而导致密钥泄露的可能。

❑ TGS（Ticket Granting Server）：票据授权服务。用于验证用户请求中的 TGT 后向用户授予 ST（Service Ticket），用户可使用 ST 向服务方认证。

❑ Client：客户端。用户通过客户端获得服务方提供的服务。客户端需要在 KDC 完成认证。

❑ Application Server：服务方。服务方使用 Kerberos 认证机制对用户请求的 Service Ticket 进行认证，决定是否对其开放服务。

❑ TGT（Ticket Granting Ticket）：票据授权的票据。用户密码使用的场景越少，泄露的风险越低。因此首次认证后，AS 将向用户颁发 TGT，可以使得在 TGT 有效的周期内免密通过 TGS 的认证。

❑ ST（Service Ticket）：服务票据。用户在访问具体服务时，携带 TGT 到 TGS 换取相应的 ST，ST 中包含服务认证信息。

❑ Ticket：认证票据。票据由用户提交给服务方，服务方通过一系列解密操作可完成用户的身份确认。Ticket（票据）中包含如下信息：

- 用户的 Principle，标识用户身份信息，可理解为用户名。
- 请求服务的 Principle，标识服务身份信息。
- 客户端信息，如 IP 地址等。
- 票据颁发的时间。
- 票据的有效时间。
- 会话密钥（SessionKey），票据中带有被加密的会话密钥和被会话密钥加密的身份信息。

Kerberos 认证的流程：

1）AS 请求。Client 向 AS（Authentication Server）发起认证请求（含 Authenticator）。

2）AS 响应。AS 随机生成一个 SessionKey，使用客户端密码加密的 SessionKey，并使用 TGS 密码加密 SessionKey 与客户端 Authenticator（TGS_TGT）。

3）TGS 请求。客户端使用自己的密码解密出 SessionKey，使用 SessionKey 加密 Authenticator，并与 TGS_TGT 以及目标 Service 一起发送至 TGS 以换取 Service Ticket。

4）TGS 响应。TGS 使用自己的密码解密得出 TGT 中的 Authenticator 与 SessionKey，进而解出客户端使用 SessionKey 加密的 Authenticator，并对比 TGT 中的 Authenticator 与客户端传递过来的 Authenticator 是否一致，一致则视为用户身份可信并返回 Service Ticket。ServiceTicket 的生成与 TGT 相似：TGS 随机生成一个 SessionKey，向客户端返回两部分数据，第一部分为使用客户端密码加密的 SessionKey，第二部分为使用服务端密码加密的 SessionKey 和客户端 Authenticator。

5）Client 向 Service 发出请求。客户端收到 TGS 响应后，解出 SessionKey，并加密 Authenticator，与 C2S（Client to Service）Ticket 一起发送请求至 Service Server。

6）Service 响应。Service 使用自己的密码解出 SessionKey 与 Authenticator，进一步通过 SessionKey 解出客户端加密的 Authenticator，对比两个 Authenticator 身份是否一致，如一致则返回用 SessionKey 加密的 Authenticator 中的时间戳供客户端验证。

7）客户端验证。客户端解密出时间戳并与本地时间戳比较，若一致，则视为服务端可信。

（4）令牌认证

在分布式场景下，一个 Job 可能会并发成千上万个 Task，这给 Kerberos 服务器造成极大的稳定性压力，因此 Hadoop 演化出不同的组件，通过首次认证后颁发可信令牌，在令牌会话期内，可凭令牌免密认证，而令牌交由用户负责保管，这样极大地减轻了 Kerberos 的压力。

Hadoop 类令牌分为

❑ 授权令牌 DelegationToken：由服务端颁发给通过认证的客户端用户，如 Namenode、ResourceManager 等。

❑ 数据块密钥 BlockAccessToken：由 Namenode 同步至 Datanode，当用户

于 Namenode 获得 Block 位置信息时，也获得相应的 BlockAccessToken，只有持有正确的 BlockAccessToken 才能访问到 Datanode 的数据，避免 Datanode 端的数据泄露。

❑ AuthToken：AuthToken 类似 DelegationToken，用于 Web 认证场景，在通过服务端 Web 认证后，服务端把 AuthToken 写入 HTTP Cookie 中，客户端可以使用 Cookie 中的 AuthToken 免密认证。

（5）代理认证

在 Hadoop 场景里，用户并非亲自提交作业，而是委托代理服务提交作业。出于保密性的考虑，用户不会将自己的密钥共享出来。针对这类场景，Hadoop 提供 Impersonate（伪装代理）机制，该功能允许一个超级用户代理其他用户执行作业或者命令，但对外看来执行者仍是普通用户。

（6）腾讯认证

腾讯大数据针对 Hadoop 原生认证中的一些问题，做了以下改进。

1）为简化 Kerberos 认证复杂度并避免单点的问题，使用同样基于第三方可信认证中心的身份验证协议 TAUTH，由认证中心分别给服务端与客户端颁发密钥，同时客户端与服务端在不向对方传递密钥的情况下利用加解密算法完成身份认证，TAUTH 已应用于 Hadoop RPC 场景。相较于 Kerberos 认证，TAUTH 省去 TGS 认证环节，用户获取认证中心颁发的 Ticket 后可在本地加密缓存，以降低对认证中心的依赖程度。

如图 7-18 所示，TAUTH 认证步骤如下：

① 携带个人身份信息以及要访问的服务信息请求认证中心，认证中心随机生成 SessionKey，使用用户密钥加密（SessionKey）形成 ClientTicket，使用服务密钥加密（SessionKey + Authenticator）形成 ScrviceTicket，并返回给用户。

② 用户使用用户密钥从 ClientTicket 中解密 SessionKey，并使用 SessionKey 加密自己的身份信息形成加密后 ClientAuthenticator，与 ServiceTicket 组成 AuthTicket 一并发送至服务端。

③ 服务端使用服务密钥从 ServiceTicket 解密出 SessionKey+Authenticator，并使用 SessionKey 解密出用户加密的 ClientAuthenticator，对比二者身份是否

一致，一致则视为认证通过。

　　④ 响应并返回认证结果。

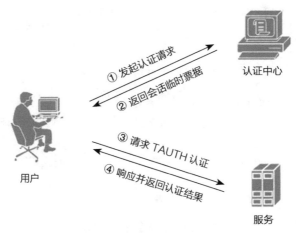

图 7-18　TAUTH 认证步骤

　　相较于 Kerberos 的 7 步认证，TAUTH 简化了步骤，并且可以允许认证中心出现一定时间的不可用。

　　2）全局令牌认证。通常，HDFS 集群按照业务维度独立部署，相互隔离。用户在代码中可能访问多个 HDFS 集群的数据，按照 Hadoop 令牌认证的要求，需要提前获取对应 HDFS 集群的令牌，对用户使用并不友好。

　　我们基于 HDFS DelegationToken 实现了一套全局令牌，多个 HDFS 集群可以共用一个 DelegationToken，当用户持有全局 HDFS 令牌访问时，Namendoe 将优先从本地令牌查找，如果该令牌为全局令牌，则从认证中心处获取全局令牌，进而验证用户令牌的有效性，如图 7-19 所示。

　　3）授权代理认证。Hadoop 原生认证过程中支持的 Impersonate 模式缺乏灵活性，且用户无法感知代理关系，对于用户来说存在风险，特别是外部平台代理用户访问数据时，需要确认是否经过用户的授权许可。

　　如图 7-20 所示，授权代理认证借鉴了 TAUTH 认证及令牌认证，即上层平台需要得到用户的具体授权才能代表用户以指定的授予权限访问数据。

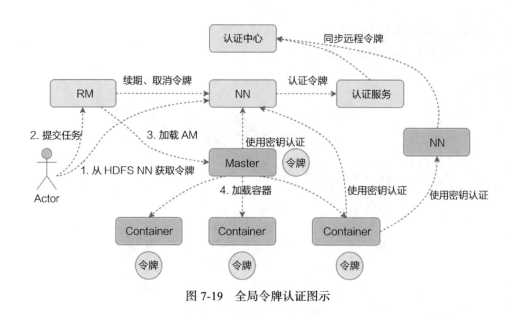

图 7-19　全局令牌认证图示

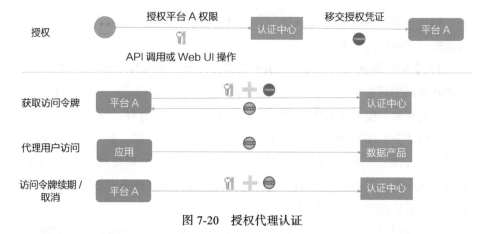

图 7-20　授权代理认证

2. 权限体系

大数据体系中各组件对权限需求各异，如 HDFS 针对目录或文件，Hive 针对库或表以及列，Yarn 针对队列等，我们使用 Ranger 这一开源组件通过插件的方式提供统一的权限管理和验证，为所有需要权限判断的组件提供支持。

Ranger

Ranger（这里指 Apache Ranger）是 Hortonworks 推出的集中式权限控制平台，并提供了 Hadoop 生态中组件细粒度权限控制，也可灵活地定制插件以支持其他组件。

Ranger 具备如下特性：

1）基于策略的访问权限管控。

2）通用的策略引擎，基于插件式的组件扩展接入，并支持审计。

3）内置 Hadoop（HDFS、Hive、HBase、Yarn 等）组件权限控制插件。

4）内置基于 LDAP、Unix 的用户同步机制。

5）统一的中心化管理界面。

如图 7-21 所示，Ranger 作为统一的权限控制中心，集中为腾讯大数据中各组件提供基础的权限服务，另外基于访问的行为采集，有助于构建数据地图及用户行为分析，也可作为风险识别的重要依据。

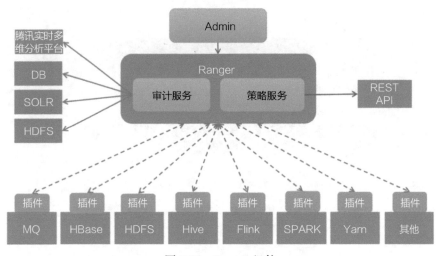

图 7-21　Ranger 组件

3. 数据保护

基于认证和授权可以保障对大数据平台访问的安全可控，但对于数据本身的安全性，需要提供加密机制保障，腾讯大数据平台支持数据加密存储以及对网络传输数据加密。

（1）加密存储

如图 7-22 所示，我们采用 HDFS 的透明加密（Transparent Encryption）支持对数据端到端的透明加密，保护底层磁盘数据的安全访问。借助 KMS，用户数据写入时自动加密并存在 HDFS，在用户使用时自动解密。对于 HDFS 来说，只存放加密后的数据，以及被第三方 KMS 加密后的密钥。其中，EZ Key（Encryption Zone Key）是加密区域的密钥，每创建一个 HDFS 的加密区域（即一个目录）就会生成一个，一般保存在后端的密钥存储库（比如数据库）中。DEK（Data Encryption Key）是每个文件都使用的唯一加密密钥。EDEK（Encrypted Data Encryption Key）是 DEK 被 EZK（Encryption Zone Key）加密后的密钥，保存在 Namenode 的元数据中。

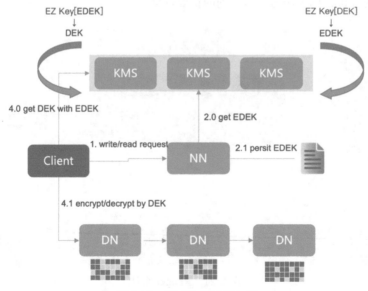

图 7-22　HDFS 的透明加密

（2）加密传输

Hadoop 提供了基于身份的认证，但默认不保护网络传输的数据，可能会造成敏感信息的泄露，为了解决这方面的问题，我们启用了 Hadoop 网络加密。Hadoop 不同组件的进程通信协议有如下三种。

1）RPC。Hadoop 使用 SASL 作为安全协议，该协议首要支持身份认证，对于数据的校验可以由底层机制实现，如 MD5-DIGEST、GSSAPI 或 SASL PLAIN 机制。前面提到 MD5-DIGEST 机制基于共享的隐私密钥，可以选择仅提供身份验证（auth）、消息完整性验证（auth-int）或完整的消息机密性 / 加密（auth-conf）等安全控制选项，从而实现 RPC 数据传输得到的安全保障，如防止令牌泄露。

2）DataTransfer（TCP/IP）。与 RPC 的机制不同，HDFS 客户端与 DataNode 之间是通过原生的 TCP/IP 协议完成数据传输。与 RPC 的令牌认证加密机制相似，客户端在请求文件时，NameNode 向客户端颁发 Block 令牌，然后客户端使用令牌的共享密钥进行可信认证，然后通过基于 MD5-DIGEST 的 SASL 机制对网络传输的数据进行加密。

3）HTTP。Hadoop 使用 HTTP 数据传输场景主要包括 Web-UI、Image 传输以及 Shuffle 等，可使用 HTTPs 加密 HTTP 网络传输。

4. 监控审计

前面提到的身份认证与授权检查可以防范大部分数据安全，但不能防止用户密钥泄露或非正常的数据获取。因此建立完善的审计制度可以确保用户历史访问可追溯，另外可以监控重点事件如多次认证失败、越权访问等，并且根据历史访问行为进行实时监控和分析。

通常来说，审计包含如下方面：

❑ 认证和授权记录，重点关注认证和授权异常事件。

❑ 越权访问记录，如 HDFS 文件、Hive 库表越权访问。

❑ 风险操作记录，如下载文件、转移文件、权限放大等。

❑ 作业记录，包含作业、修改、查看等记录，如修改作业替换运行包。

图 7-23 所示为安全审计架构，腾讯大数据采集各个组件中的用户行为数据后，通过分析处理，输出报表以及必要的风险处理操作。

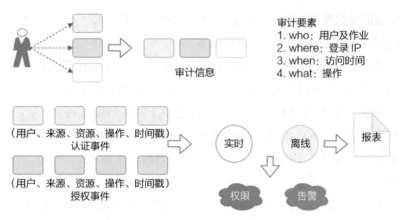

图 7-23　安全审计架构（见彩插）

7.3.3　统一安全中心

有了比较完善的数据认证、鉴权、审计等底层技术能力支撑的同时，为了降低用户在数据安全管控方面的使用门槛，大数据平台内部开发了一个安全管控的门户系统——统一安全中心。安全中心提供完善的前端功能交互，使用户通过友好的页面交互完成安全体系内相关业务流程的构建。在安全中心内部按使用场景划分了认证和权限两大模块。

1. 认证

认证模块主要维护用户账号、平台服务、密钥等信息。用户可以通过该模块获取到身份凭证，在后续访问底层资源时使用该凭证完成个人身份的认证，以确定合法的用户身份。

- ❏ 用户管理：普通用户、虚拟用户的账号及密钥管理。
- ❏ 授权代理：进行账号代理及对应代理授权的管理。
- ❏ 服务管理：配置大数据体系内部各个服务、平台的信息及其对应的密钥。

2. 权限

权限模块主要完成用户对底层资源创建及资源访问权限的申请、查看、续期等功能。

❑ 在资源创建流程中，用户可以根据需要申请创建需要的资源（如 Hive 的数据库）。审批通过后系统会自动完成底层资源的创建。

❑ 在权限申请流程中，后台系统会根据用户申请资源的类型、安全等级等因素动态确定审批流程。安全等级越高的资源审批流程，其长度越长，审批人的行政级别也越高。

机器学习平台

2020 年 7 月，腾讯发布《2020 人工智能白皮书：泛在智能》。白皮书认为：一个"泛在智能"的世界正在加速到来。"泛在"包括两层含义。第一，技术和能力的泛在。人工智能越来越成为一种通用技术，成为像水和电一样的基础设施，促进产业的数字化升级和加速变革。第二，应用的泛在。工业、医疗、城市管理等各个领域都在与人工智能发生关联，各个方面都能看到人工智能的身影。人工智能正在泛于大众、惠于大众。

人工智能的落地应用离不开 5 大要素的驱动：算法、算力、数据、工程系统和领域经验。腾讯大数据紧跟学术界和工业界技术发展潮流，聚焦在业务落地中遇到的痛点和难点问题（大模型训练、大规模图挖掘和图机器学习、隐私保护和数据安全等），建立起工业级的人工智能平台。

在深度学习技术浪潮席卷而来的时候，腾讯大数据勇立潮头，在 2015 年开始研发大规模分布式机器学习平台 Angel，致力于解决推荐系统遇到的高维模型训练问题。2017 年前后，深度学习技术被应用在图数据上，诞生了新的图学习技术，新技术的诞生和图结构在信息表达上的天然优势使得图智能技术成为未来最具前景的技术方向之一。腾讯大数据自主研发了 EasyGraph 图智能平台，聚焦图数据的存储、分析和学习。随着大数据分析和人工智能技术在各行各业的落地，数据安全和隐私保护变得迫在眉睫。如何在保证用户隐私和保护数据安全的前提下，打破数据孤岛，充分发挥数据的价值是至关重要的。腾讯大数据在隐私计算平台 PowerFL 中进行了大量的探索和实践，成果颇丰，目前已在金融、广告和推荐领域取得显著效果。

本章将详细介绍 Angel、EasyGraph 和 PowerFL 的架构和实现。

8.1　图智能平台

随着互联网、云计算、人工智能等技术的高速发展，以及智能终端、数字化转型等信息概念的普及，大数据呈现爆发式的增长，人和人、人和物、物和物之间构成了各种复杂联系，使得数据之间的关联也更加多样，如社交网络、电商购物、商业支付、移动通信等场景的网络关系。同时社交、金融、推荐、营销、安全等业务场景也对数据挖掘提出了更高的要求，传统的单点分析技术逐渐难以准确或完整地刻画个体，针对关系数据的关联性计算和查询分析成为常态需求。

近年来针对图数据的图数据库技术和图计算技术逐渐在工业界得到重视，特别是图神经网络（Graph Neural Network, GNN）在各业务场景取得的显著效果，使得图神经网络逐渐成为人工智能火热的研究方向。当然图技术并非一门新兴技术，它作为一种必不可少的数据分析方法，早已在工业界得到广泛应用；如 Google 利用 PageRank 计算网页影响力以提升搜索排序效果，Facebook 利用图计算对社交网络进行挖掘，以提升推荐效果，金融行业利用图数据库提升安全风控能力，问答系统中利用知识图谱实现在线推理，QQ 利用共同好友算法提升好友推荐等。

作为拥有业界最大规模社交网络的互联网公司之一，腾讯在 QQ、微信、支付、广告、游戏、视频、音乐等场景有着丰富多样的图数据，当考虑到多源、动态、异构的复杂场景时，可构成万亿级的超大规模网络。如此庞大的图数据自然是公司最宝贵的财富，蕴藏着极大的价值，同时也给图的存储、计算、分析和可视化带来极大的挑战。为了充分挖掘和利用图数据的价值，也为了给用户提供更安全和更好的服务，我们围绕图的存储、计算、算法、可视化等多个功能需求，构建了高可靠、高性能和易用的图智能平台，以满足业务对图分析技术和图平台能力的要求，最终业务得到大幅度提升。

8.1.1　图存储

海量数据，无限未来。数据作为公司最宝贵的资产之一，首先要考虑的问题便是存储。由于数据具有一定的多样性，因此也需要多样性的存储，以便提供最快捷、最直观的读写服务。

以 TDW 为核心的数据平台，在漫长的演进过程中形成了全方位的存储，如非结构化的数据存储 HDFS、结构化的数据存储 Hive 和 NoSQL 的 KV 存储 HBase 等。当涉及图数据时，传统的 RDBMS 关系型数据库便无法满足需求。以 MySQL 为例，当单表的数据量过大时，查询性能会有明显下降；即使对表水平切分成多张表，也存在切分规则难以抽象，数据多次扩展难度大等问题；特别是对顶点多跳查询时，join 性能很差，难以满足图查询的实际需求，因此在高度连接的数据中进行复杂多跳的查询，也需要相应的图数据库。

在图数据库的应用过程中，我们经历了从开源 S2Graph 到自研 EasyGraph 的阶段。

1. 开源图数据库

2017 年我们开始使用开源图数据库 S2Graph，并对其进行了深度优化。S2Graph 是一款发布于 2015 年的基于 HBase 的开源图数据库，它借鉴了 HBase、Spark、H2 Database 的特点，在此基础上将精简后的图操作与其整合，尽可能避免过度设计，并采用轻度耦合，因此保障了查询性能并具有一定的灵活性。相比 JanusGraph，S2Graph 的查询性能在复杂查询时有一个量级的性能提升。

S2Graph 的底层数据存储格式如图 8-1 所示，可以看出其采用了点边分离存储的方式。它的设计主要支持两种查询业务：一是如 "我的好友都在听哪些音乐" 的多个关系网络间的串联式查询，二是类似 "我的好友听得最多的 TopK 音乐" 的 TopK 查询。这两种查询业务在推荐和金融风控等领域也比较常见，其底层的数据模型由三种内部数据格式来支持：Index Edge、Snapshot Edge 和 Vertex。

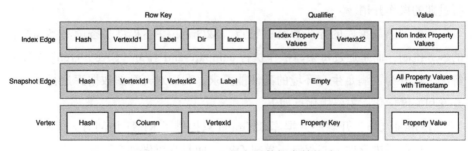

图 8-1　S2Graph 的底层数据存储格式

❑ Index Edge：索引边支持由一个或多属性来创建索引，Row Key 部分包含了源点 ID 的散列值、源点 ID、Label、Direction 和 Index 编码，以支持根据属性快速得到 TopK 结果，而 Qualifier 则存储索引属性值及终点

ID，Value 存储非索引属性值。

- Snapshot Edge：快照边用于管理索引边，可以根据快照边快速定位索引边，从而实现对索引边的修改或删除，并且在修改边时保留状态信息，以保证数据的一致性。通过快照边在修改边属性时，实现了多线程互斥，也避免了并发问题。
- Vertex：S2Graph 设计由于聚焦在边上，对顶点的支持比较简单，仅支持对顶点的查询。

在数据写入时，S2Graph 支持 Asynchbase 异步访问 HBase，相比原生阻塞式客户端有近 3 倍的性能提升；当批量导入数据时，则通过 HBase 的 Bulk load 离线批量导入方式，将 CSV 格式的图数据以 HFile 格式导入 HBase，避免批量调用更耗时的 Put 命令。

在实际的图数据库应用场景中，通常 95% 的时间为读操作，5% 的时间为写操作，因此为了避免过度设计而降低性能，S2Graph 并没有对强一致性做太多工作，而是在业务层进行了一些优化，如图数据库的 CURD 操作带有版本（时间戳）信息，记录的状态分为 old state、request state、new state 三个阶段。当多条操作传递过来后，按照操作的版本排序，相同类型的操作只保留版本号最大的，这样既避免了操作传递顺序的错乱而导致的不一致问题，又减少了执行过期的操作开销。

考虑到图数据库的异步执行的特点，S2Graph 并不提供多条读写操作组合的事务机制，而是通过每条写操作执行 compare-and-swap（CAS）+retry 机制来解决。此外为了满足生产环境的高性能要求，我们对开源图数据库进行了二次开发和深度优化，主要优化点如下。

- Graph Lib：开源图数据库 S2Graph 只提供了 REST 访问方式（Server），这种耗内存的方式限制了单机 QPS，而且难以做到存储和计算分离。我们通过分离读写 HBase 的功能模块，实现了直连 HBase 的访问方式——Graph Lib，使得单机查询的 QPS 提升 5 倍，并且可以横向水平扩展，满足了 OLTP 的高 QPS 访问场景。
- 批量导入：除了优化查询性能，我们还对批量导入性能进行了优化。实现了用 CSV 文件批量导入来生成 HFile 的组件，并借助 HBase 的 Bulk load 方式批量导入图数据库，同时将元数据从 S2Graph 中分离出来，这样导入数据的同时 S2Graph 服务不中断，这种方式相比开源版本导入性能提升 4 倍以上。

❏ Traverse API：S2Graph 并没有常用的 Traverse API，我们实现了 k-out、k-neighbor、最短路径查询、ego-network 查询等接口，以满足业务的切实需求。

通过上述优化，我们在 19 台 RegionServer 的 HBase 集群上，并在 9 亿顶点、1506 亿边的图上进行了二跳子图查询（平均包含 7.3 万顶点）。HBase 定制化、社区 S2Graph 和优化后 S2Graph 的性能对比如图 8-2 所示。

图数据库虽然为支持属性图增加了存储开销，但是稳定状态时的平均耗时为

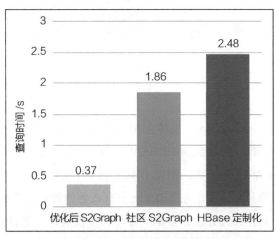

图 8-2　二跳子图查询性能对比

1.86s，相比 HBase 定制化方案的 2.48s 性能要好；而优化版本查询性能相比社区版本也有明显的提升，只需要 0.37s，性能提升 5 倍以上，满足了内部业务对图数据实时查询的性能要求。

2. EasyGraph

随着业务和数据规模的快速增长，基于 HBase 的 S2Graph 图数据库越来越难以满足业务需求。一方面 HBase 的读写性能比较受限，查询性能延时往往在 10ms 以上，难以满足高并发低延时的需求；另一方面 S2Graph 的单点服务器并不完善，缺少高效的缓存设计和超级顶点解决方案，难以应对高并发的实时查询业务场景。考虑到业务需求以及图数据库的可持续性优化，我们选择新的图数据库 EasyGraph，其技术架构如图 8-3 所示。

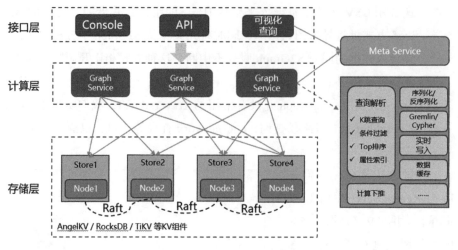

图 8-3　EasyGraph 技术架构

　　EasyGraph 整体采用存储计算分离架构，在 KV 存储组件的选型上，我们选择了性能优异的 TiKV 和内部 AngelKV 组件；Rocksdb 作为一款优秀的单机 KV 读写引擎，相比 HBase 有更强的读写能力，而 TiKV 作为分布式 Rocksdb 的开源组件，在 TiDB 上也有成熟的解决方案；通过引入 TiKV 可以解决图数据的分布式分区和多副本管理，以便满足数据存储的可扩展性和可靠性，而 TiKV 通过 Raft 算法实现了数据多副本间的一致性；AngelKV 作为在腾讯广告等场景下 tp99 小于 5ms 的高性能 KV 组件，面对高并发实时场景时比 TiKV 更具有优势，可以满足社交、广告、推荐等业务场景需求。

　　在解决超级顶点问题时，我们引入了 rule-based 的超级顶点判断，为超级顶点添加默认系统属性，当查询到超级顶点时可以高效地执行并行优化，大幅度提升查询性能。在设计 Graph Service 时也兼顾了有状态和无状态两种模式：无状态模式查询引擎的水平扩展，保证应对高并发查询时的扩展能力，而有状态模式可以发挥 Graph Service 的分布式计算，解决了三跳以上的深度查询或 AP 分析的性能瓶颈问题。

　　通过持续完善 EasyGraph 高性能低延时的分布式图数据库解决方案，相比开源的 Neo4j、JanusGraph、S2Graph、TigerGraph、HugeGraph 等开源图数据

库产品，在查询性能（见图 8-4）、大数据生态、数据安全、易用性等方面都有
明显的优势，且已服务于内部微信支付、企业微信、和平精英、王者荣耀、游
戏安全、AMS 广告推荐、腾讯云、全民 K 歌等多种业务场景。

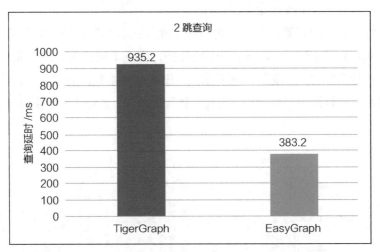

图 8-4　单机同等机器下 Twitter 数据集 Tiger300 性能对比

8.1.2　图计算

　　Google 曾发表了开辟大数据时代的三篇论文，其中 MapReduce 模型为大
数据分布式计算框架带来了革命性影响。传统的 MapReduce 任务，由于假设
数据之间的联系较弱，使得数据划分和并行较为容易，但是对图数据而言，数
据之间的耦合性较强，往往需要先对图进行划分，而不同的划分方式对计算效
率影响很大；若用 MapReduce 的粗粒度划分进行图计算，便会导致机器之间
负载不均衡、通信代价高、计算效率低等问题；而且图算法往往需要迭代，如
pagerank、kcore 等算法迭代过程中活跃顶点不断变化，使得图数据的组织和处
理较为复杂。

　　2010 年 Google 发布了 Pregel 分布式图计算框架，Pregel 也称作 Google 后
Hadoop 时代的新的"三驾马车"之一，从而开启了大数据时代的分布式图计
算。Pregel 将图计算过程看作迭代序列，并提出以顶点为中心的编程思想，以

便灵活地表达许多图算法。

此后工业界和学术界先后提出 Giraph（Facebook）、GraphLab、PowerGraph、Graphx（Spark）等一系列优秀的分布式图计算框架，并在图的切分、通信模式、计算效率等方面做出改进优化。

我们在实现图计算框架时，也借鉴了业界已有的先进图计算框架的思想，并吸收 Spark、PyTorch 和 Angel PS 的优势；实现了高性能、高可靠、易用的分布式图计算架构，覆盖了传统图挖掘、图神经网络和图表示学习，使三种图计算需求在计算框架层面达到"三位一体"的效果。Angel 图计算架构如图 8-5 所示。

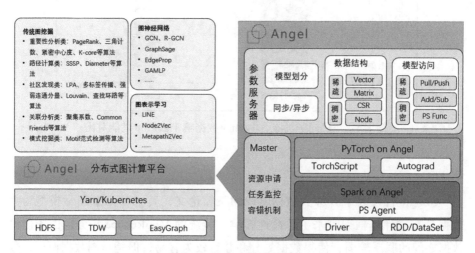

图 8-5　Angel 图计算架构

由于 Angel PS 和 Spark 生态的无缝融合，Angel 图计算架构既保留了 Spark 的灵活性、容错性和易用性，又发挥了 PS 的高性能，特别是当考虑到 end-to-end 的图计算时，Angel 图计算架构的性能优势更加明显。

在算法实现上我们也做了大量工程优化，如图的压缩、超级顶点的缓存机制、批量计算控制等。此外为了达到"以图治图"的目的，我们梳理了各种图算法之间的依赖关系，并形成 DAG 图，以便深度优化前置算法，如对三角结构类、连通类、传播类等几个大类图算法精细优化，大幅度地提升整体图算法的性能。

　　由于内部业务有较大的图数据规模，而图的切分方式往往对图算法的影响较大，因此在图的切分方面，我们兼顾多种图切分方法，如点切、边切、点边混合切分，考虑到一些社交场景在地域上具有聚集性，也可以根据 LBS 位置信息或社团结果对图进行精细切分，值得一提的是由于社团结构较好地保留了子图的局部性，当图规模较大时这种切分方法对图算法的性能提升也较为明显。通过极致的优化，Angel 图计算架构可以做到仅用 Spark Graphx 1/3 的资源，就可获得相比 Graphx 10 倍的性能提升。

　　根据计算模式和学习目标的不同，现有算法大致分为三类，如图 8-6 所示。

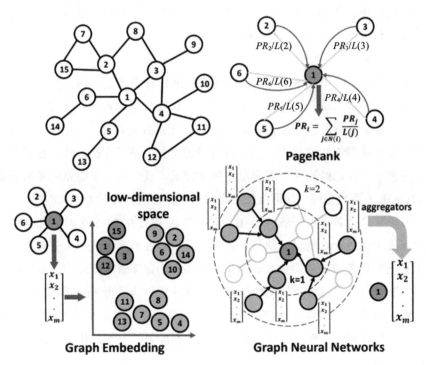

图 8-6　Angel 图算法

　　目前 Angel 图计算架构已实现传统图挖掘、图表示学习和图神经网络的各类算法。其中传统图挖掘算法包括如 Diameter、Degree 等构成的图测度算法，

PageRank、Closeness 等节点重要度算法，以及社区发现类和标签传播类算法；图表示学习算法包含通过不同游走策略结合 Embedding 技术的如 DeepWalk、Node2Vec、LINE 等算法；而图神经网络算法则包括 GraphSage、GCN、DGI 等算法。目前这些算法已服务于内部微信支付、QQ 好友推荐、游戏安全、音乐推荐、视频推荐、广告推荐等业务场景，加快了业务对图数据的快速挖掘和应用，大幅度地提升了业务效果。

8.1.3 业务应用

图智能平台的存储、计算、可视化、图算法等已在腾讯内部多个业务场景得到广泛应用，如调度系统、金融风控、社交推荐、知识图谱等场景，这里以统一调度系统和金融风控场景为例。

1. 调度系统

统一调度是腾讯数据平台部自主研发的通用任务调度平台，并取代了上个版本的洛子调度系统，它相当于平台管家，负责数据的入库、计算、出库、数据挖掘、模型分析等，每天支撑着 1050 万以上的任务调度、300 万以上的 SQL 查询，搬迁数据 300PB 以上。随着任务量的增长，洛子在扩展性、稳定性、实时性等多个方面已经逐渐不能满足业务的需求。其中一个主要原因是洛子采用了 MySQL 关系数据库，而调度任务之间往往存在依赖关系（见图 8-7）。

天任务 C 依赖小时任务 A 和 B，只有当 A 和 B 在 24 个小时的任务实例都执行完成才会触发 C 的调度执行，这种任务依赖在调度系统中十分常见。洛子由于缺乏对任务依赖的图抽象，而采用了 MySQL 存储依赖关系，所以在每次依赖判断时只能通过暴力扫描数据库，这样导致只能采用 2min 间隔轮询方式，使得调度系统的实时性无法满足需求，特别是整个调度系统中小时任务居多，容易存在单点瓶颈，整点时任务量大导致数据库繁忙，难以快速完成依赖判断和任务实例化。

为了解决调度系统的实时性和吞吐性能，我们将任务之间的依赖构成静态图，在调度系统的数据层引入 EasyGraph 图数据库，并在调度层利用图查询快速完成依赖判断，及时触发和响应新的任务执行，如图 8-7 所示。

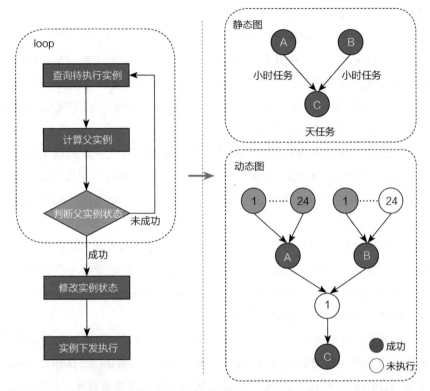

图 8-7　调度系统中的任务依赖

通过对图分析技术的应用，相比洛子中的循环扫描数据库，新的调度系统调度层的依赖判断耗时由 2min 下降至 30ms，大幅度提升了调度系统的实时性；而且在整点时刻新的调度系统也没有明显的波峰，保障了业务侧各个环节的任务调度能够高效完成。

2. 金融风控

图数据库的另一个典型应用场景是金融风控，在金融业务场景经常需要查询用户的 N 跳交易关系，以便准确识别交易异常或欺诈团伙等风险。此时若基于 MySQL 分析单点的多跳关系，一方面，当涉及复杂异构的网络时，常需要编写复杂的 SQL 查询，而且表间的 join 也会导致性能问题，难以满足业务需求；另一方面，基于关系型数据库查询的结果展示并不直观，由于缺少相应的可视化平台，对业务进一步研判造成较大的阻力。

为了方便业务利用图数据库和图可视化平台高效查询、准确分析业务中的难题，EasyGraph 提供了强大的图可视化分析能力，以便快速对单点用户进行分析，将原来关系型数据库平均耗时 10min 的查询分析提升至秒级。EasyGraph 还支持零编码的模板查询、多命令执行、where 条件检索、自定义 GraphUDF，以及灵活的点边染和大小调节等渲染功能。

考虑到离线图计算分析和数据闭环，我们在图可视化模块提供了结果导出功能，支持查询结果导出至 TDW、HDFS 或本地，方便用户在机器学习平台上完成更复杂的离线分析。目前 EasyGraph 图可视化已支持金融、知识图谱、游戏安全等业务场景。

大数据时代的万物互连给图技术提供了广阔的应用场景，我们根据内部业务对图平台的需求，围绕图的存储、计算、可视化、算法等多个能力维度，构建了高可靠、高性能和易用的图智能平台，满足内部众多核心业务的需求，也为用户提供更安全、更可靠和更精确的服务。

立足业务，放眼未来，图智能平台也将成为各领域"智能"的基础能力而发挥更大的价值。我们常提的 AI 的三个核心能力：Cognition（认知）、Decision（决策）、Generate（生成），实现三个核心能力不仅需要语音技术、计算机视觉、自然语言处理这样的基础研究，也需要图数据库和图计算形成的图智能平台能力来解决知识的存储、查询、计算、推理和解释等问题，最终图技术将为 AI 带来进一步的智能，也会在各领域或业务场景得到应用。

8.2 Angel

Angel 是腾讯数据平台部自主研发的分布式机器学习平台，致力于解决高维模型和稀疏数据训练问题。Angel 诞生于腾讯大数据生态中，通过融合大数据、传统机器学习和深度学习生态，建立起一个端到端机器学习平台，功能涵盖传统机器学习、图挖掘、图学习、深度学习和隐私计算等。在腾讯公司内部，Angel 已经广泛应用于广告推荐、金融风控、用户画像和短视频推荐等业务。

除了服务于公司内部业务外，Angel 于 2017 年对外开源，是国内第一个 LF AI
基金会顶级项目。

8.2.1　Angel 项目背景

随着人工智能技术的发展，深度学习和图计算在推荐场景得到了越来越
多的应用。新技术的应用大幅度提高了模型效果，但同时也对计算平台提出
了挑战：推荐场景具有典型的高维模型和稀疏数据的特点，模型的规模可达
万亿维以上，训练样本量大而且非常稀疏。我们之前一直使用 Spark 作为机器
学习平台，但是 Spark 受限于单点瓶颈，难以支撑高维模型，而业界流行的
TensorFlow 和 PyTorch 等框架聚焦在稠密模型领域，对高维模型稀疏数据这一
部分的关注度不够。为了解决高维模型和稀疏数据的训练问题，我们在 2015 年
启动了 Angel 项目。

1. 大规模图分析和高维度模型训练带来的挑战

高维模型稀疏数据给计算平台带来了相当大的挑战：首先是模型存储的挑
战，大模型需要很大的内存空间，一般会远超单机承载能力，所以只能分布
式存储在多个节点上。以 LINE 算法为例，十亿节点的图对应的模型参数需要
10TB 级的内存空间。其次是网络通信的挑战，不管是推荐算法还是图算法，它
们都需要频繁访问模型参数，频繁访问带来的是巨大的网络通信开销。最后是
计算的挑战，由于训练数据是稀疏的，在计算过程中会有大量的稀疏矩阵计算，
稀疏矩阵计算性能远远低于稠密矩阵计算，如何提高稀疏矩阵计算性能是一个
比较大的挑战。

2. Angel 的设计目标：图分析 + 机器学习

为了解决高维模型稀疏数据带来的挑战，Angel 必须具备以下特点。

1）高性能：Angel 需要有专门用于优化的稀疏数学库和高效的自动求导组
件，同时需要有高效的模型存储方式和访问接口。

2）良好的稳定性：Angel 的各个组件都需要具备良好的稳定性，例如负载
均衡、过载保护和流量控制等；同时，Angel 需要有多层次的容灾方案，系统
层各个组件要具备快速恢复宕机的功能，算法层要具备根据算法的容忍度定制

高效的容灾方案的功能。

3）出色的扩展性：首先是系统扩展性，系统要避免出现单点瓶颈，通过简单增加计算资源就可以支撑更大的模型；其次是功能扩展性，我们希望将Angel 打造成通用的计算平台，同时支持传统机器学习算法、深度学习算法、图挖掘算法（例如 PageRank、K-Core 等）、图表示学习算法（LINE、Node2Vec等）和图神经网络算法（GCN、GraphSAGE 等）等，这些算法特性迥异，这就要求 Angel 具备优秀的定制化功能，以及在不牺牲性能的前提下高效的定制算法需要的功能和接口。

4）优秀的易用性和强大的生态：融合大数据、传统机器学习和深度学习生态，让整个机器学习流程在一个系统中完成，提升效率的同时提高系统的易用性。

3. 版本历史

Angel 项目于 2015 年 5 月正式启动，2017 年对外开源，截至 2020 年 5 月已经发布了 5 个里程碑版本。Angel 版本历史如图 8-8 所示。

图 8-8　Angel 版本历史

2017 年 6 月发布 1.0 版本并正式对外开源，这个版本主要包含一些平台基础特性和传统的机器学习算法，例如 LR、LDA 和 GDBT 等。

2018 年 3 月发布 1.5 版本，在这个版本中，Angel 新增了用户自定义的 PS函数（PS Function，PSF），算法开发人员可以利用它来定制任意需要的 PS 接口，

同时可以实现计算下推，减少不必要的网络通信开销。1.5 版本还推出了 Angel
PS Service 工作模式和基于 Angel PS Service 打造的 Spark On Angel 平台，将大
数据生态和 AI 生态做了比较好的融合。

2018 年 9 月发布 2.0 版本并捐赠给 LF AI 基金会。2.0 版本对算法库和稀疏
矩阵运算库进行了彻底的重构，推出了专门针对稀疏矩阵的数学库和全新计算
图编程框架。2.0 版本首次引入了推荐领域的深度学习算法并在图计算方向上做
了初步的尝试。

2019 年 8 月发布 3.0 版本。Angel 3.0 试图打造一个全栈的机器学习平台，
新增了 AutoML 和模型服务组件 Serving 等。在 3.0 版本中，Angel 补齐了在深
度学习方向上的短板，推出了 PyTorch On Angel 平台，并将 2.0 版本中的深度
学习算法移植到了 PyTorch On Angel 平台之上，性能有了本质提升。Angel 3.0
在 2.0 的基础上对图算法进行了丰富，Angel 图计算成为集图挖掘、图表示学习
和图神经网络三大类算法于一身的通用图计算平台。

2019 年 12 月，Angel 从 LF AI 基金会毕业，成为国内第一个 LF AI 基金会
顶级项目。

2020 年 5 月发布 3.1 版本，将图计算能力和图算法库全面开源。

8.2.2　Angel 基础架构

1. Angel 系统架构

Angel 系统架构如图 8-9 所示。

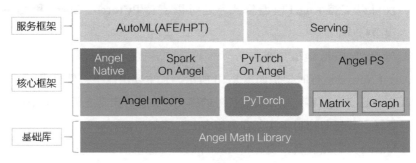

图 8-9　Angel 系统架构

- Angel Math Library：Angel 的 Java 数学库，针对稀疏大矩阵计算做了大量的优化，它是整个 Angel 系统的基石，Angel 的算法库（mlcore）和 Parameter Server（PS）均在其上进行构建。
- Angel PS：Angel 提供的一个稳定、高性能的参数服务器。Angel PS 采用了大量的开放式接口，算法开发人员可以根据 PSF（PS Function）扩展任意形式的 PS 接口，也可以定制任意需要存放于 PS 上的数据类型。
- 算法核心（Angel mlcore 和 PyTorch）：算法核心负责具体的算法计算。目前 Angel 支持两类算法核心：Angel mlcore 和 PyTorch。Angel mlcore 是 Angel 自主研发的算法核心，主要负责浅层高维模型。它支持自动求导，可以使用 JSON 配置文件定义和运行算法。除了常见的可以使用计算图表示的算法外，它还包含树模型、图挖掘和图表示学习算法等。PyTorch 主要负责深层模型，例如推荐领域常用的深度学习算法和图深度学习算法等。
- 计算框架（Angel Native、Spark On Angel 和 PyTorch On Angel）：计算层可以看作执行算法核心的容器。目前支持 3 种计算框架，原生的 Angel、Spark On Angel（SONA）和 PyTorch On Angel（PyTONA），这些计算框架使得 Spark 和 PyTorch 用户可以无缝切换到 Angel 平台。
- AutoML：一个基于 Spark 实现的自动机器学习工具，包含自动特征工程和自动超参数调节。
- Serving：Angel 模型服务平台。Serving 目前采用了高可扩展性架构，不仅可以支持 Angel 模型格式，还可以支持 PyTorch、Spark 和 XGBoost 模型格式。

2. Angel Native 运行时架构

Angel Native 运行时架构如图 8-10 所示。它主要由以下组件组成。

- Client：Angel 客户端，负责任务的提交。在任务启动之后，可以向 Master 发送一些任务控制和状态查询指令。
- Master：主控节点，负责 Worker 和 PS 资源申请和状态管理。
- PS：参数服务器，负责参数的存储，可以有多个实例，每个 PS 负责存储模型的一部分。由于 PS 可以无限扩展，所以 Angel 可以支持很大的模型。Angel 的 PS 比较灵活，它还可以负责一部分的计算。

❑ Worker：计算节点，负责计算训练数据，生成模型的更新。Worker 也可以有多个实例，每个实例负责一部分的训练数据。Worker 将本地计算的模型更新推送至 PS 端进行合并，然后拉取合并后的模型开启下一轮计算。

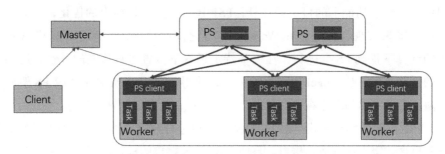

图 8-10　Angel Native 运行时架构

3. Angel On Yarn/Kubernetes

运行 Angel 任务并不需要单独搭建集群，它可以运行在 Yarn 或者 Kubernetes 集群之上。因此，Angel 的使用门槛是比较低的，只需要配置一个客户端环境就可以向 Yarn 或者 Kubernetes 集群提交任务了。Angel 目前所有的组件都不是常驻的，每提交一个任务都会单独启动一套 Client、Master、Worker 和 PS。

4. Angel 生态的基石：Angel PS Service 和 Angel PS Function

诞生于大数据生态的 Angel 系统在设计之初就考虑到与现有大数据系统结合的问题，参数服务器可以作为一种通用的组件存在于大数据生态中，给其他系统提供参数存储服务。为此，Angel 新增了 Angel PS Service 的工作模式，在这种工作模式下，Angel 只启动 Master 和 PS，其他的计算平台可以使用 Angel 的 PS 来存储参数。

由于需要对接各种不同的计算平台，所以 Angel PS 必须拥有良好的可扩展性，也就是可以定制存储在 Angel PS 之上的存储对象以及访问它们的接口。为了达到这个目的，Angel 使用了比较多的开放式接口，其中两个比较有代表性的就是 Angel 的可定制数据类型和 Angel PS Function（PSF）。

开发者可以通过实现 Angel 定义的 IElement 接口来定制需要存放在 Angel PS 的数据类型。在 Angel 图计算中,我们通过这种方式实现了在 Angel PS 存储邻接表和节点特征等复杂数据类型的功能。

有了定制化的数据类型,还需要有定制化的访问接口。Angel 设计了一套可定制的函数接口——PSF(PS Function),通过扩展 PSF,可以实现任意的 PS 访问接口。除了功能上的可扩展性外,PSF 还可以实现性能上的优化,例如可以使用 PSF 来实现计算过程在 Worker 和 PS 之间的分配,也就是可以将 Worker 上的计算下推到 PS 上进行,在一些特定场景下节省参数传输的开销,达到最优的性能。PSF 让 Angel 架构更加灵活,使得 Angel PS 突破了传统 PS 架构的局限:除了基本的参数存储功能外,它也可以作为重要的计算节点。

PSF 具体的实现方式是对 PS 的基础接口进行抽象,然后将其中可变的部分暴露出来,定义成开放式接口。具体来说,PS 接口的执行流程如图 8-11 所示。

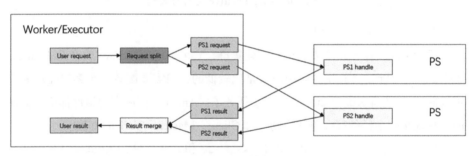

图 8-11 PSF 执行流程

收到应用层请求后,Angel 的 PS 客户端(一般运行在 Worker 中)需要对请求进行划分(Request split),因为请求的对象一般是分布式存储在各个 PS 之上的。划分完成后需要按照路由将这些请求发送给对应的 PS。PS 接收到之后处理这些请求(PS handle)并将结果返回给客户端。客户端需要对这些结果进行收集和合并(Result merge),最后将最终结果反馈给应用层。

从上述的流程可以看出和接口具体功能相关的其实就是 PS handle 和 Result merge,当然,有些接口对 Request split 过程也有定制的需求,Angel 将这 3 个过程抽象出来定义成接口,算法的开发者只需要实现这个接口就可以实现功能定制。

5. 大数据 + AI：Spark On Angel

Spark 是一个通用的计算平台，拥有强大的数据分析功能，同时有自己的机器学习算法组件 mllib 和图算法组件 graphx。但是原生的 Spark mllib 因单点性能瓶颈难以支撑高维模型训练，Spark graphx 受限于 rdd 而性能不是很好。Angel 的 PS 可以比较好地解决这些局限性。

为了将 Spark 和 Angel 的优势结合起来，Angel 推出了 Spark On Angel（SONA）平台，SONA 同时拥有强大的数据分析功能和高维模型训练的能力，可以在一个平台上完成从数据预处理到模型训练的整个过程。

SONA 的架构如图 8-12 所示，它与 Angel Native 非常相似，最大的不同就是将执行单元由 Angel 的 Worker 变成了 Spark 的 Executor。SONA 任务在运行过程中会启动两个独立的任务：Spark 和 Angel，它们相互配合完成整体任务的计算。Angel 提供了两个基本的接口供 Spark 与 Angel 进行交互：Angel Client 和 PS Client。Angel Client 负责启动 Angel 任务以及向 Angel Master 发送一些全局的控制指令（例如创建矩阵、写 Checkpoint 等）。PS Client 负责与 Angel PS 进行数据交互，完成模型的拉取和更新。

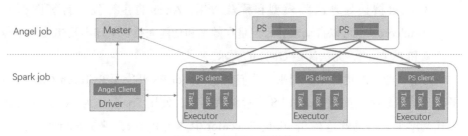

图 8-12　SONA 的架构

SONA 一般会首先使用 Spark 完成数据的预处理，在模型训练之前在 Spark Driver 中调用 Angel Client 接口启动 Angel，然后在 Spark Executor 中使用 PS Client 与 PS 进行数据交互。

目前 SONA 平台主要负责基础的机器学习算法、图挖掘和图表示学习算法。

6. 分布式 PyTorch + PS：PyTorch On Angel

PyTorch On Angel 是 Angel 3.0 新增的特性，它主要是为了解决大规模图表示学习和深度学习模型训练问题。

在过去几年时间，GNN 快速发展，一系列的研究论文以及相关的算法问世：例如 GCN、GraphSAGE 和 GAT 等，研究和测试结果表明，在许多情况下，它们能够比传统图表示学习更好地抽取图特征。腾讯拥有庞大的社交网络（QQ 和微信）和大量图数据分析的需求，而图表示学习正是这些分析的基础，因此腾讯内部对 GNN 有着强烈的需求，这也是 Angel 项目组建设 PyTorch On Angel 平台的原因之一。

大规模图的表示学习面临着两个主要的挑战：第一个挑战来自超大规模图结构的存储和访问，例如需要提供高效的访问任意节点的两跳邻居的接口；第二个挑战来自 GNN 计算过程，需要有高效的自动求导模块。

通过对 Angel 自身状况和业界已有系统的分析，得到如下结论：

❑ TensorFlow 和 PyTorch 拥有高效的自动求导模块，但是它们不擅长处理高维模型和稀疏数据。

❑ Angel 擅长处理高维模型和稀疏数据，Angel 自主研发的计算图框架（mlcore）也可以自动求导，但是在效率和功能完整性上却不及 TensorFlow 和 PyTorch，无法满足 GNN 的要求。

为了将两者的优势结合起来，我们基于 Angel PS 开发了 PyTorch On Angel 平台，基本思路是使用 Angel PS 来存储大模型，使用 Spark 作为 PyTorch 的分布式调度平台，也就是在 Spark 的 Executor 中调用 PyTorch 来完成计算。具体来讲，就是将 PyTorch 作为一个黑盒来调用，所有与分布式相关的细节都交给 Spark 和 Angel，Spark 和 PyTorch 之间通过 JNI 调用方式来交换数据、模型和梯度。

PyTorch On Angel 的架构如图 8-13 所示。PyTorch On Angel 有以下 3 个主要组件。

❑ Angel PS：存储模型参数、图结构信息和节点特征等，并提供模型参数和图相关数据结构的访问接口。

❑ Spark Driver：中央控制节点，负责计算任务的调度和一些全局的控制功能，例如创建矩阵、初始化模型、保存模型、写 Checkpoint 以及恢复模型命令等。

❑ Spark Executor：读取计算数据，同时从 PS 上拉取模型参数和图结构等信息，然后将这些训练数据、模型参数和图结构传给 PyTorch，PyTorch 负责具体的计算并返回梯度，最后 Spark Executor 将梯度推送到 PS 更新模型。

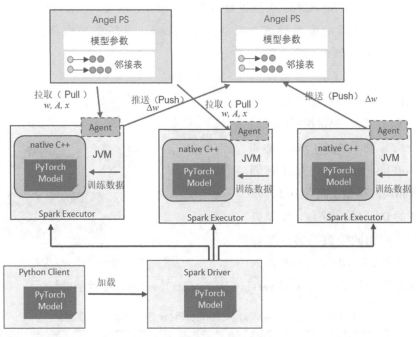

图 8-13　PyTorch On Angel 的架构

7. 模型服务：Angel Serving

为了满足在生产环境中高效地进行模型服务的需求，我们开发了 Angel 在线模型推理组件 Angel Serving，其架构如图 8-14 所示。

Angel Serving 主要有以下几个组件：

❑ gRPC Server 和 HTTP Server：用于接收来自客户端的模型服务请求，目前支持 RPC 和 Restful API 两种接口。

❏ Server Core：负责服务的创建、管理维护和监控。

❏ Source：模型版本监控，负责监控模型加载路径，如果发现模型加载路径下有新的模型版本，它需要向模型管理组件 AspiredVersionManager 发起版本管理命令。

❏ AspiredVersionManager：模型版本控制器，负责执行客户端和 Source 发出的模型管理指令。

❏ Pluggable Servable：可插拔易拓展的模型服务模块，并通过扩展 Servable 来支持新的模型格式。目前 Angel Serving 支持的模型格式有 Angel、PyTorch 和 PMML。

表 8-1 展示了 Angel Serving 和 TensorFlow Serving 的性能对比。我们在两台配置相同的机器上分别部署了 Angel Serving 和 TensorFlow Serving，并让它们加载相同的模型（拥有 100 万个特征的 DeepFM 模型）。测试方法是使用相同个数的客户端以并发形式发送 100 000 条样本的预测请求。结果表明 Angel Serving 比 TensorFlow Serving 性能略好。

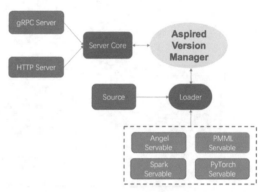

图 8-14 Angel Serving 架构

表 8-1 Angel Serving 和 TensorFlow Serving 的性能对比

	Angel Serving	TensorFlow Serving
总耗时 /s	56	59
最小响应时间 /ms	1	1
平均响应时间 /ms	2	2
99% 分位响应时间 /ms	2	3
QPS	1900	1800

8.2.3　Angel 高性能

1. 智能化数据切分和模型切分

数据切分和模型切分是一个分布式机器学习平台需要处理的基本问题之一，为了降低用户的使用门槛，Angel 会自动对数据和模型进行切分，用户一般情况下感知不到这个过程的存在。

Angel 可以使用数据并行的方式处理超大的训练数据集。为了实现数据并行，Angel 需要对训练数据集进行均衡的划分，保证每一个计算节点处理的数据量大致相等。

Angel 的计算数据一般存储在分布式的文件系统（例如 HDFS）中，为了和大数据生态对接，Angel 沿用了 MapReduce 的 InputFormat 接口。一般情况下，用户在使用算法时不需要关注具体的数据划分逻辑，只需要传递一个或多个数据的路径即可。Angel 提供了默认的数据切分算法，该算法尽量保证两个原则：一是每个数据块大小相等；二是考虑数据块的存储机器地址，单个数据块所在的机器地址尽量集中，这样便于在调度计算节点时实现计算本地化，减少读取非本地化数据导致的网络开销。当然，在一些特殊的应用场景，用户或者算法开发人员也可以通过配置和扩展 InputFormat 接口来实现数据切分算法。

Angel 的模型分布式存储在多个 PS 实例上，模型切分的方式会较大程度影响整个任务的计算性能。首先是负载均衡问题，如果模型切分不均匀，会导致某些 PS 负载过重成为性能瓶颈，影响整个任务的执行效率。其次是模型路由问题，Angel 客户端需要频繁地判断模型参数存储在哪个 PS 之上，如果处理不好，这里也会成为性能瓶颈。

Angel 支持两种路由和模型切分方式：hash 路由和 range 路由。

在 hash 路由中，需要为每一个特征 key 计算 hash 值和对应的桶编号，hash 算法和桶的个数是可以配置的，桶和 PS 之间的对应关系是动态变化的，即桶可以在 PS 之间动态迁移，达到动态的负载均衡。

在 range 路由中，Angel 根据模型参数 Index 的范围进行切分，将 Index 范围切分成一个个连续的区间，这样在做大批量参数路由时只需要将参数 Index

排序然后遍历一遍即可得到所有参数的路由信息。

在默认情况下，range 分区中每个 Index 区间大小是相等的，如图 8-15（左）所示。但是由于参数本身并不是均匀分布的，而且每个参数被访问的次数也是不相同的，因此这种简单粗暴的模型分区方式往往会导致 PS 负载的不均衡。为了解决 PS 负载均衡的问题，Angel 实现了更加智能化的模型分区方式 LoadBalancedPartitioner。LoadBalancedPartitioner 的实现方式是对训练数据进行简单的分析，得到每一个参数被访问的次数，然后根据访问次数信息对整个 Index 范围进行划分，保证每个分区中的参数被访问的次数尽量相等，即保证了每个 PS 的负载基本是相等的，如图 8-15（右）所示。LoadBalancedPartitioner 付出的代价是需要读取一遍数据并对数据做一些分析。在实际的使用案例中，使用 LoadBalancedPartitioner 划分出来的模型分区由于负载比较均衡，缓解了由于部分 PS 热点带来的无用等待，可以明显缩短训练时间。

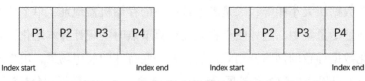

图 8-15　默认 range 分区（左）和负载均衡 range 分区（右）

hash 路由的优势是可以支持任意类型的特征 key 或图节点 ID，同时天然地解决了特征空间分布不均衡的问题，但是它需要预估 hash 表的大小，在 insert 的过程中可能会发生 rehash，从而带来额外的开销；range 路由的优势是在某些场景下可以使用数组来加快特征索引时间和节约存储开销，但是 range 路由只适合整型的特征 key 或图节点 ID。算法开发人员可以根据算法本身的特性和数据特点选择最合适的路由方式，也可以在一种算法中同时使用两种路由方式，即部分矩阵或 KV 表使用 range 路由，其他的选择 hash 路由。

2. 高性能数学库

Angel 是一个基于参数服务器架构的分布式计算平台，致力于解决高维模型稀疏数据训练问题。在高维模型稀疏数据训练过程中涉及大量稀疏向量的计算，而业界已有的数学库主要关注的是稠密向量计算，稀疏向量的计算性能并不理想，因此在 Angel 2.0 版本中，我们自主研发了数学库，针对大规模稀疏向量计算做了优化。在 Angel 3.0 中，我们将数学库独立出来，成为 Angel 的一个子项目 math2。

Angel 数学库具有如下特点。

❑ 无泛化设计：采用 Java 的基础数据类型而不是泛化类型来加速计算，使用 Velocity template 来生成数学库的源代码以减少开发工作量。

❑ Long-key 索引和 Component 向量 / 矩阵：Long-key 向量索引的范围为 Long 范围，Long-key 索引的引入使得用向量表示超大规模稀疏数据成为可能；Component 向量是由多个 Simple 向量组合而成，通过这样的向量组合能够解决单个 Simple 向量无法支持超大维度向量存储的问题。

❑ 存储感知：使用 smart rehash 策略和存储切换策略来提高内存使用效率。smart rehash 策略将集合的交并集运算原理引入数学库中，运算之前判断运算类型、估计结果大小，使得数据最多只散列一次，从而提高运算性能。存储自动切换的提出是为了解决在运算过程中向量 / 矩阵的稀疏程度发生变化而导致的运算性能下降问题。这里通过运算中的向量 / 矩阵的稀疏度阈值来控制向量从稀疏向稠密或从稠密向稀疏的转换，从而能够充分利用不同存储类型的优势来提高运算性能。

❑ 执行表达式（Executor-expression）架构：执行表达式架构中表达式与运算执行相分离，用户生成新的运算只需要实现相应的 expression，无须关心执行过程，使数学库基础运算高效且易于扩展，同时最大化地降低了迭代的次数。

❑ 稠密运算使用并行计算和 Blas 加速：由于使用纯 Java 来实现稠密矩阵乘法，效果往往不如人意，Angel 数学库支持 netlib 封装的 Blas 库来进行稠密矩阵乘法，通过加载计算节点上的 Blas 本地动态链接库和并行的计算实现运算加速。

breeze 与 Angel 数学库在二元运算中的性能对比主要涉及 sparse-sparse、dense-sparse、sparse-dense 之间的二元运算，如 +、−、*、/ 等。图 8-16 展示了数据的维度为 100 000、稀疏度在 1% ~ 60%，breeze 与 Angel 数学库二元运算

的性能比较，其中耗时比为完成相应运算所耗时间的比值平均值。从图中可以看出，在稀疏向量的二元运算方面，Angel 数学库的平均性能是 breeze 的十多倍。

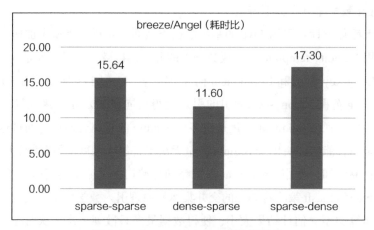

图 8-16　breeze 与 Angel 数学库对比

3. 内存和 GC 优化

Angel 的 PS 是使用 Java 语言开发的，在大部分场景中，Angel PS 都是大内存的进程。如果内存使用不得法或者 GC 参数存在问题，有可能导致 Angel PS 进程频繁发生 GC 甚至长时间停顿，进而影响 Angel PS 的稳定性，导致大量的 RPC 异常，降低计算效率。

为了解决长时间停顿的问题，Angel 从内存使用和 GC 参数两方面进行了针对性的优化。Angel 的 PS 内存主要消耗在模型的存储以及 RPC 的接收和发送缓冲区。由于一个任务的模型大小一般是不变的，因此在模型初始化完成之后其占用的内存空间便确定下来了，而 RPC 请求消息和结果对象需要频繁申请和释放。因此 RPC 流程中频繁的对象申请是导致 GC 的主要原因，缓解 GC 问题需要从优化 RPC 流程入手。

一般 RPC 的处理流程如下：首先接收被序列化的 RPC 请求到网络缓冲区；然后将 RPC 请求消息反序列化，得到请求参数等；之后就是具体的 RPC 处理逻辑；最后将返回结果序列化，放入网络缓冲区发送给客户端。在这样一个流程中，网络接收缓冲区、请求消息对象、结果对象和网络发送缓冲区需要申请和使用内存空间。由于 PS 的 RPC 请求消息体和结果基本都是大对象，因此 Angel PS 会频繁产生和销毁大对象，这对 GC 算法来说是一个大的挑战。Angel 对这种情况进行了优化。首先，Angel 的网络缓冲区都使用 Direct 内存池，其次 Angel 对核心 RPC 接口做了流水化处理。即在处理 RPC 请求时，并不需要把请求消息体完全反序列化后才进行消息的处理，也不需要等待整个 RPC 请求执行完成后才开始将结果进行序列化，而是一边对请求消息反序列化，一边处理消息，将结果立即写入网络缓冲区。这样避免了产生请求消息和返回结果这两个大对象，在很大程度上降低了发生 GC 的频率。

在一般情况下，Angel 并不要求用户调整 GC 参数，因为 Angel 会自适应地为 Master、PS 和 Worker 组件生成一套默认的 GC 参数，这套默认的 GC 参数经过大量的测试调优，在大部分情况下都可以工作得很好。当然，用户也可以根据实际情况在默认参数的基础上进行微调。

4. 网络 I/O 优化

分布式机器学习平台由于需要在各个计算节点之间频繁地同步模型参数，而且这些模型参数往往都规模巨大，因此网络 I/O 会成为整个系统的瓶颈，如何缓解这个瓶颈也是分布式机器学习平台面临的一大挑战。

为了解决网络 I/O 瓶颈问题，Angel 首先使用 PSF 优化计算流程，避免不必要的网络传输；其次大量使用异步 RPC 接口，使得网络通信和计算重叠；再者使用数据过滤和压缩等策略减少传输数据量。

算法开发人员通过 PSF 可定制 PS RPC 接口，同时优化计算流程，将一部分计算下推至 PS 端，在 PS 端完成计算，然后 PS 端返回结果，在某些特定场景下可以避免大量的网络 I/O。使用 PSF 减少网络 I/O 的方式在 Angel 算法实现中被大量使用，取得了非常明显的效果。

每一个 Angel PS 对外提供的 RPC 接口都有同步和异步两个版本，算法开发人员可以根据算法特征使用异步 RPC 接口，使得计算和网络 I/O 时间重叠。

为了减少传输的数据量，Angel 提供了数据过滤接口和用于数据压缩的工具类。使用这些接口和工具类，算法开发人员可以过滤掉一些对模型结果影响较小的参数更新操作，同时对浮点类型进行低精度压缩，减少传输数据量。

8.2.4 Angel 稳定性建设

1. Angel 稳定性面临的主要挑战

Angel 的基本工作流程是 PS 客户端（Worker 或者 Spark Executor）从 PS 上将模型拉取（Pull）到本地，训练完成后再将模型的更新推送（Push）到 PS 端。在高维模型的场景下，Worker 和 PS 之间会发生大量的数据交互，由于 PS 个数通常远少于 Worker 个数，因此若不对 Worker 和 PS 之间的请求流量进行控制，很有可能出现 Worker 的请求超出 PS 处理能力的情况，从而导致 PS 宕机或者长时间没有响应。

除此之外，为了降低对运行环境的要求，Angel 并不要求用户搭建独立的集群或者独占物理节点。在实际的应用场景中，Angel 一般运行在共享集群环境，例如 Yarn 集群等，在共享集群环境，Angel 需要和其他计算框架（例如 MapReduce、Spark 等）共享计算资源。当一台机器上需要运行多个计算任务时，Yarn 通过 Container 对计算资源进行隔离。对于 CPU 资源，Container 采用弹性管理方式，当机器上计算任务较少时，这些计算任务能够获取较多的 CPU 资源，而当机器上运行的计算任务增加时，每个计算任务获得的 CPU 资源会相应减少。Angel 的 PS 的处理能力并不是固定的，而是会出现一些波动。因此，PS 需要对 Worker 端请求进行控制以适应这种处理能力的波动。

综上所述，必须有一种流量控制机制能够实时监测 PS 处理能力并控制客户端发送请求的速度。

除了流量控制问题，在共享集群中出现各种故障的概率比较高，Angel 的各个组件都有可能出现宕机，如果不对组件进行容灾处理，有可能导致整个任务失败甚至计算结果错误。

2. PS 流量控制

Worker 和 PS 之间的流量控制是根据 PS 的处理能力来调节 Worker 发送请求的速度。因此进行流量控制的前提是能够较好地衡量当前 PS 的负载情况。一个比较好的衡量指标是内存使用情况：PS 分配的内存资源是确定的，而且内存占用也比较好计算。

PS 端的内存使用率监控服务会实时监控内存占用、当前正在处理和排队等待处理的请求数量，并根据内存使用率将 PS 设置为不同的状态：IDLE（内存占用小于 50%，阈值可配置）、GENERAL（内存占用介于 50% ~ 80%，阈值可配置）和 BUSY（内存占用大于 80%，阈值可配置）。为了应对突发的大内存块申请的情况，一旦出现无法分配要求大小的内存块时，内存监控服务会立即将 PS 当前状态置为 BUSY。

PS 端会维护一个队列用于保存等待处理和正在处理的请求。内存监控模块同时也会监控这个队列的长度，得到队列长度和内存占用率之间的对应关系，计算出平均每个请求需要占用的内存大小。进一步计算出该队列的长度上限。

在不同状态下，PS 会采用不同的处理逻辑。

当处于 BUSY 状态时，PS 会拒绝所有新的 RPC 请求，并通知客户端不要进行重试，直到 PS 端消化掉已有的 RPC 请求，变成 GENERAL 状态。PS 处于 BUSY 状态时，客户端不能向 PS 发起 RPC 请求，但是可以发起探测请求，探测 PS 当前的状态。

当处于 GENERAL 状态时，表明当前 PS 比较繁忙，需要对客户端 RPC 请求进行一定的限制，采用的方法就是给客户端分配一定的配额，只有当客户端拥有配额时才能向 PS 发起指定数量的 RPC 请求。PS 在返回给客户端的消息中携带了当前的状态。

当处于 IDLE 状态时，表明当前 PS 比较空闲，暂时不用进行流量控制，客户端可以无限制地向 PS 发起 RPC 请求。

3. 系统层容灾

虽然 Angel 目前主要用于离线计算场景，但是许多大型任务的计算时间比较长，而且共享集群环境出现故障的概率也比较高，因此 Angel 需要有比较强的容错能力。

首先是 PS 的容错。模型参数分布式存储在 PS 节点上，只要有一个 PS 宕机，模型就缺失了一块，整个模型是不可用的，计算也无法进行下去。由于 PS 负载较高，出问题的概率也大一些。PS 容错采用了 Checkpoint 的模式，也就是每隔一段时间或者几轮迭代将 PS 承载的参数分区写到 HDFS 上去。如果 PS 宕机，新启动的 PS 会加载最近的一个 Checkpoint，然后重新开始服务。这种方案的优点是简单，借助了 HDFS 多副本容灾。缺点就是不可避免地会丢失一部分参数更新。但这对大部分机器学习算法而言不是太大的问题，因为算法本身拥有较强的容忍度，能够容忍一部分更新丢失。

下面来具体看一下 Angel PS 容灾过程，如图 8-17 所示。

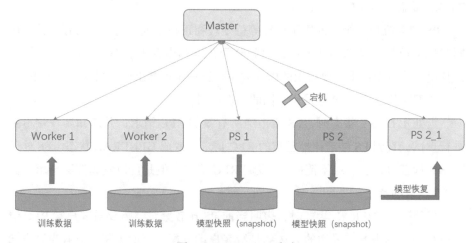

图 8-17 Angel PS 容灾

如何检测一个 PS 可不可用呢？Angel 的检测机制有多种。首先 PS 和 Master 之间维持了心跳，当超过一定的时间（可设置）Master 还没有收到来自 PS 的心跳时，就认为 PS 已经不可用；其次，Master 维持了到 Yarn RM 的心跳，如果 Yarn RM 在心跳信息中反馈 PS 所在的 Container 已经退出，这表明该 PS 已经不可用；还有一种情况，当 Worker 向 PS 发起 RPC 请求时，连续发生调用失败或者超时，Worker 会将异常信息上报给 Master，如果 Master 在一段时间内连续收到多个 Worker 上报的异常信息，则可以确认 PS 出现了异常。

一旦 Master 得知某个 PS 不可用，它就会重新启动一个新的 PS 实例，新的 PS 实例利用故障 PS 留下的 snapshot 恢复模型参数，重新加入任务并提供服务。具体流程如下：

- ❏ 与 Yarn 或者 Kubernetes 通信，释放故障 PS 占据的资源，同时为新的 PS 申请资源。
- ❏ 资源申请到后启动 PS 服务，新的 PS 检查是否存在故障 PS 写的 snapshot 文件，若存在，则尝试加载它，加载完成后，向 Master 注册，表示自己已经准备好可以向 Worker 提供服务了。
- ❏ Master 通知 Worker 更新 PS 的地址。

相比于 PS 容灾，Worker 的容灾比较简单，因为 Worker 本身维护的状态信息比较少。训练数据可以从 HDFS 获取，模型参数可以从 PS 获取，状态信息可以从 Master 获取。具体过程如下：

- ❏ 与 Yarn 通信，释放故障 Worker 占据的资源，同时为新的 Worker 申请资源。
- ❏ 资源申请到后启动 Worker 服务，Worker 启动之后向 Master 注册，表明启动成功。
- ❏ Worker 从 Master 获取训练数据分片信息、模型分区元数据信息和迭代进度信息等；然后从 PS 处获取模型参数，从 HDFS 上读取训练数据并开始计算。

在 Spark On Angel 和 PyTorch On Angel 平台中，计算节点（Spark Executor）的容灾是由 Spark 计算框架来保证的，当一个 Task 或者 Executor 出错时，Spark 会对它们进行重试。

Master 维护整个任务所有组件的状态。它会将一些必需的信息和状态转换信息写入 HDFS 中：例如训练数据划分信息、模型参数划分信息、Worker 和 PS 当前状态，以及 Task 迭代进度信息等。

Master 的容错需要借助 Yarn 或者 Kubernetes。下面以 Yarn 为例来说明，Master 和 Yarn 的 RM 维护了心跳信息，如果心跳超时或者 Master 所在 Container 异常，Yarn 会将该任务所属的所有组件（Master，Worker 和 PS）全都杀死，然后重新拉起 Master，Master 从状态日志中恢复整个任务各个组件的状态以及各种元数据信息，接下来就是为 Worker 和 PS 申请资源并启动它们。具体过程如下：

- ❏ Yarn 检测到 Master 异常后，杀死任务所有组件（Master、Worker 和 PS）。

- Yarn 拉起新的 Master 实例，新的 Master 从老的 Master 所写的状态日志中恢复。
- 新的 Master 恢复的状态信息为 Worker、PS 申请资源，并启动它们。
- PS 从 Checkpoint 中恢复模型参数，恢复完成后向 Master 注册，表示自己已经可以提供服务。
- Worker 启动后向 Master 注册并从 Master 获取迭代进度、模型参数分区元数据等信息，再从 PS 获取模型参数，最后从 HDFS 读取训练数据，开始计算。

4. 算法层容灾

有了上述的容灾方案后，可以解决大部分算法的容灾问题。但是，对于某些容忍度较差的算法而言，上述的策略是不够的，对于这些算法而言，一旦发生更新丢失的情况，会导致结果错误。

为了解决这个问题，Angel 添加了 Checkpoint 回滚的功能，并且将写 Checkpoint 和 Checkpoint 回滚接口暴露给算法开发人员。

在一般的算法流程中，存在一些稳定点。以 Spark On Angel 为例，稳定点位于两个 Stage 之间，稳定点的特征是 PS 的状态是稳定的，没有参数被更新，也没有 Task 在执行，例如一个 epoch 执行完成，下一个 epoch 还未开始。

在一些容忍度比较差的算法中，可以在稳定点调用 Angel 提供的 Checkpoint 接口，将 PS 上承载的模型写入 HDFS，在执行到下一个稳定点时，检查在两个稳定点之间有没有异常发生（例如 PS 或者 Spark Executor 宕机、更新类 RPC 异常等）。如果检查到有异常发生，首先需要等待宕机的组件重新启动，然后调用 Checkpoint 回滚接口回滚到上一个稳定点的状态，这里的回滚不仅是 PS 上的参数回滚，计算节点的状态也会被回滚，这样在异常发生后，整个任务从一个稳定点重新开始计算，保证了计算结果的正确性。

8.2.5 Angel 编程接口

1. 系统层接口

Angel 为算法开发人员提供了多层次的编程接口。在一般情况下，算法开发人员使用 Angel 或者 PyTorch 提供的计算图编程接口就可以完成一个新算法的开发，但是考虑到计算图的描述能力有限，并不能实现所有的算法，因此 Angel 提供了一套更加底层的编程接口。使用这一套编程接口，算法开发人员可以实现任何所需的算法，但是由于其抽象程度不及计算图编程接口，因此使用它进行算法开发的难度要大一些。

底层的编程接口主要有两个：AngelClient 和 MatrixClient。AngelClient 提供的是一些全局的控制接口，一般在中央控制节点（例如 Spark Driver）上调用。MatrixClient 提供了数据传输接口，主要用于和 PS 进行交互。

AngelClient 包含

❑ startPSServer：启动 Angel PS。

❑ createMatrices：创建矩阵。

❑ load：加载模型，一般用于增量训练。

❑ recover：回滚 Angel PS 状态到某个稳定点。

❑ run：启动计算节点并开始计算。

❑ save：保存模型。

❑ Checkpoint：将 Angel PS 的状态写入 HDFS。

❑ stop：停止任务。

❑ kill：杀死任务。

MatrixClient 提供的接口非常多，这里就不一一列举，按功能可以划分为下面几个类别。

❑ Pull 类：包含按索引获取单行或多行的一个部分、获取完整的单行或多行等。

❑ Increment 类：包含按索引更新单行或多行的一个部分、更新完整的单行或多行等，更新方式是累加。

❑ Update 类：包括按索引更新单行或多行的一个部分、更新完整的单行或多行等，更新方式是替换。

❑ PSF：PS Function 接口，可以通过它定制所需的任意 PS 操作接口。

值得一提的是 Angel 自身提供了一套 PSF 函数库，这套函数库基本上包含了大量难以使用基础 Pull/Increment/Update 接口描述的 PS 操作接口，表 8-2 展示了一些目前在 Angel 算法中常用的 PSF 函数。

表 8-2　PSF 函数库

函数类型	函数列表
Aggregate	sum、max、min、nnz、size、nrm2
Unary	fill、pow、sqrt、exp、log、ceil、floor
Binary	axpy、dot、copy、sub、add、mul、div
Graph	get feature、sample neighbor
Other	get hllp、merge hllp、gbdt histogram

2. 算法层接口

Angel 提供的算法编程接口主要有两类：一是我们自主研发的计算图编程框架；二是 PyTorch 的 TorchScript 编程框架。

自主研发的计算图编程框架采用粗粒度的 Layer 作为图中的最小编程单元，一个 Layer 可以对应神经网络的一个层。使用 Angel 计算图编程框架实现算法是一件非常简单自然的事情：只需要将各个基础的 Layer（Angel 提供了输入、特征交叉、全连接层等常见的 Layer）拼接组装成一个完整的计算图即可，具体的过程可以参考 GitHub 开源文档。

TorchScript 是原生 PyTorch 提供的算法编程框架，它可以让算法开发人员使用 Python 语言调用 PyTorch 提供的自动求导库来编写算法，门槛非常低。编写完成的 TorchScript 脚本可以直接提交给 PyTorch On Angel 平台去运行。当然，由于 PyTorch On Angel 是分布式运行的，编写一个可以在 PyTorch On Angel 上运行的 TorchScript 脚本会和单机 PyTorch 版本有微小的差别，这些差别主要体现在数据组织方式上，因为分布式版本的算法一般是以 mini-batch 方式训练的。

3. 算法库

Angel 的算法库目前主要包括推荐算法和图算法。如表 8-3 所示。

表 8-3　Angel 算法

算法大类	细分类	算　　法
推荐算法	基于计算图的算法	LR、Linear Regression、Robust Regression、SVM、FM、DeepFM、Wide And Deep、xDeepFM 和 Attention Net 等
	树模型	GBDT
	文本聚类	LDA
图算法	图挖掘	Pagerank、K-Core、Closeness、common-friends、Triangle Counter 和 Fast Unfolding 等
	图表示学习	LINE 和 Node2Vec 等
	图神经网络	GCN、GraphSAGE、Deep Graph Infomax 和 R-GCN 等

8.3　联邦学习

这一节介绍联邦学习的概念与关键技术，Angel PowerFL 联邦学习平台，以及联邦学习应用场景。

8.3.1　联邦学习概念

联邦学习是一种分布式机器学习和深度学习的技术和系统，包括两个或多个参与方，这些参与方通过安全的算法和协议进行联合建模，可以在各方数据不出本地的情况下联合多方数据源建模和提供模型推理及预测服务[3-5]。在联邦学习的模型训练过程中，各参与方只交换密文形式的中间计算结果或转化结果，不交换原生数据，可以保证各方数据不会暴露，实现"数据可用不可见"。训练好的联邦学习模型可以置于联邦学习系统的各参与方，由各参与方协作进行模型推理服务或者在线预测服务。根据联邦学习各参与方拥有的数据的情况，可以将联邦学习分为横向联邦学习（Horizontal Federated Learning，HFL）、纵向联邦学习（Vertical Federated Learning，VFL）和斜向联邦学习（Diagonal Federated Learning，DFL）。

如图 8-18 所示，在横向联邦学习中，两个或多个参与方在数据的"数量"这个维度上进行合作。通过横向联邦学习，可以联合多个参与方的分散的数据来进行联合建模，以便解决单个参与方遇到的因训练数据不足而无法构造满足业务要求的模型的问题。横向联邦学习模型训练好之后，各参与方可以独立使用训练好的模型进行推理或预测。如图 8-19 所示，在纵向联邦学习中，两个或多个参与方在数据的"特征"和"标签"这两个维度上进行合作。通过纵向联邦学习，可以联合多个参与方的特征进行联合建模，尤其是使用某个参与方提供的标签信息，以便解决单个参与方拥有的特征过少或者没有标签的问题。在开始纵向联邦学习的模型训练之前，需要对参与方的训练样本进行对齐，找出参与方共同拥有的样本 ID，这一步需要使用隐私集合求交技术（PSI）。在纵向联邦学习模型训练过程中，可以通过结合安全多方计算技术来保护中间计算结果或转化结果。对于训练好的纵向联邦学习模型的使用，需要参与方协作进行联邦模型推理或预测。

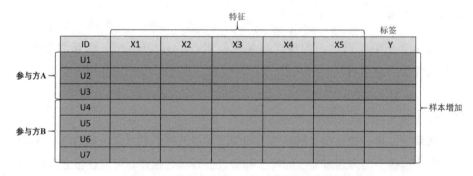

图 8-18　横向联邦学习助力建模数据量扩增

如图 8-20 所示，在斜向联邦学习中，参与方 A 和参与方 B 各拥有一部分特征，且两个参与方分别拥有一部分样本的标签信息。两方斜向联邦学习适用的场景是联邦学习的两个参与方 A 和 B 的训练数据有重叠的数据样本，两方拥有的数据特征却不同，参与方的数据特征空间形成互补，类似于纵向联邦学习场景。与纵向联邦学习不同的是，在两方斜向联邦学习里，参与方 A 和参与方 B 各拥有一部分 PSI 交集里的样本对应的标签信息，甚至参与方 A 和参与方 B 可能同时拥有一部分样本的标签信息。所以从标签信息维度看，斜向联邦学习又类似于横向联邦学习。

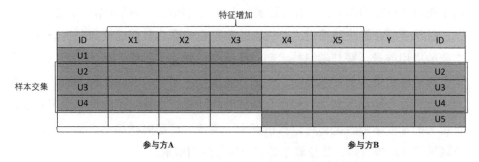

图 8-19 纵向联邦学习助力建模数据特征扩增

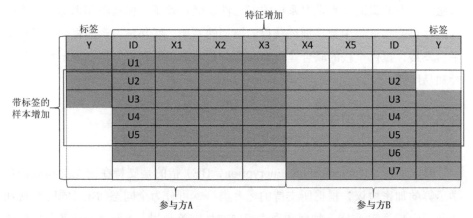

图 8-20 斜向联邦学习助力建模数据特征和带标签的数据量扩增

斜向联邦学习的应用场景常见于金融领域。不同的金融机构（例如，银行与支付平台）拥有的数据特征不一样，且它们可能各自拥有一部分样本的标签信息（例如，信用卡逾期记录）。斜向联邦学习的算法协议可以从纵向联邦学习演化发展得到。例如，在两方纵向联邦逻辑回归（Logistic Regression，LR）协议里，拥有标签信息的一方称为 Guest，另外一方称为 Host，在两方斜向联邦LR 协议里，可以请两个参与方 A 和 B 轮流担任 Guest 和 Host 的角色，这样就可以分别使用参与方 A 和 B 拥有的标签信息。需要注意的是，在进行小批次（mini-batch）数据划分时，每个小批次中的训练样本的标签信息必须属于同一个参与方。如参与方 A 和 B 都拥有某些样本的标签，那么可以通过协商，提前约定使用哪一方的样本，或者通过实验来确定使用哪一方的样本效果更好。

联邦学习在解决跨部门、跨机构、跨行业的联合数据建模和分析场景中有广阔的应用前景。联邦学习技术和产品逐渐成熟，是目前隐私计算领域发展最快、落地应用最多的技术方向。例如，腾讯自主研发的 Angel PowerFL 联邦学习平台具有全栈的联邦学习和联合数据分析功能，支持常用的机器学习和用户自定义的深度学习模型，可以提供安全、高效、稳定的联邦学习服务，已经在金融风控、广告营销、智慧政务等多个场景应用落地。

未来，联邦学习将与安全多方计算、区块链、可信执行环境等技术进行深入融合，不断提高联邦学习系统的安全性、交付效率，保证联邦训练的模型的性能尽可能接近集中数据训练获得的模型的性能。联邦学习产品将会向通用型平台发展，提供全栈的联合建模和联合分析功能，不断提升产品稳定性、鲁棒性和易用性。

8.3.2　联邦学习关键技术

1. 同态加密

同态加密（Homomorphic Encryption，HE）指的是支持在密文空间运行数学运算的加密协议，根据所支持的运算类型，可分为全同态加密（同时支持加法和乘法）、加法半同态加密和乘法半同态加密等 [6, 11]。下面以一种经典的加法半同态加密协议，即以 Paillier 加密协议为例，对同态加密技术和其在联邦学习中的应用进行简要介绍。Paillier 加密协议主要支持以下几种操作 [11]。

- ❑ 初始化：在初始化阶段，Paillier 加密协议生成公钥 pk 与私钥 sk。公钥可被公开；但私钥必须保持私有，不可被公开。
- ❑ 同态加密：给定一个数值（明文）x，采用公钥进行加密操作得到密文，即 Enc(x,pk) → [x]。
- ❑ 解密：给定一个密文 [x]，采用私钥进行解密操作复原数值（明文），即 Dec([x],sk) → x。
- ❑ 密文同态加法：给定两个密文 [x] 和 [y]，通过密文空间同态加法操作得到新的密文 [z]，即 [z]=[x]·[y]（Paillier 加密算法密文空间加法等价于

密文相乘 [111]），则满足 $\text{Dec}([z],\text{sk}) \rightarrow x+y$。

- 标量乘法：给定一个密文 $[x]$ 和一个明文标量 y，通过密文空间标量乘法操作得到新的密文 $[z]$，即 $[z]=[x]^y$（Paillier 加密算法密文空间标量乘法等价于幂运算 [111]），则满足 $\text{Dec}([z],\text{sk}) \rightarrow xy$。
- 明文与密文相加：明文 x 与密文 $[y]$ 相加操作可以通过一次加密操作 $\text{Enc}(x,\text{pk}) \rightarrow [x]$ 和一次密文同态加法操作来完成：$[z]=[x] \cdot [y]$（Paillier 加密算法密文空间加法等价于密文相乘 [111]）。然后通过解密获得：$\text{Dec}([z],\text{sk}) \rightarrow x+y$。

基于上述操作，Paillier 加密协议可以在保护数据的同时完成机器学习算法中所需的线性代数运算。例如，假设参与方 A 拥有矩阵 M_1，参与方 B 拥有矩阵 M_2 和 M_3。假设参与方 A 希望计算 $M_4=M_1 \times M_2+M_3$，同时保护每一方的数据不被对方所得知，其流程为

- 参与方 A 初始化公钥和私钥，并将公钥发送给参与方 B。
- 参与方 A 使用公钥加密 M_1 得到 $[M_1]$，并将 $[M_1]$ 发送给参与方 B，这里 $[M_1]$ 指的是由多个密文组成的矩阵，且其中每个密文是矩阵 M_1 对应位置上的密文。
- 参与方 B 计算 $[M_4]=[M_1]^{M_2} \times [M_3]$。
- 参与方 B 将 $[M_4]$ 发送给参与方 A，随后参与方 A 使用私钥对 $[M_4]$ 进行解密得到 M_4，可以获得 $M_4=M_1 \times M_2+M_3$，因此以上步骤完成了所需的线性代数运算。

在联邦机器学习中，线性代数运算是最为基础的操作，许多联邦学习算法，如逻辑回归算法、神经网络算法等均可通过以上的方式支持安全的模型训练与预测。

2. 秘密分享

秘密分享（Secret Sharing，SS）是隐私计算中的另外一种常用技术，其基本思路是将每个数值 x 拆散成多个随机数（也称为份数，share）之和，并将这些随机数分发到多个参与方那里 [6,12]。然后每个参与方得到的都是原始数据的一部分，一个或少数几个参与方无法还原出原始数据，只有各参与方把各自的数据凑在一起时才能还原真实数据。计算时，各参与方直接用自己本地的数据

进行计算，并且在适当的时候交换一些数据（交换的数据本身看起来也是随机的，不包含关于原始数据的信息），计算结束后的结果仍以秘密分享的方式分散在各参与方那里，并在最终需要得到结果的时候将某些数据合起来。这样的话，秘密分享便保证了计算过程中各个参与方看到的都是一些随机数，但最后仍然算出了想要的结果。例如，参与方 A 选择随机数 x_1 和 x_2 满足 $x=x_1+x_2$，并将 x_2 发送给参与方 B；参与方 B 选择随机数 y_1 和 y_2 满足 $y=y_1+y_2$，并将 y_1 发送给参与方 A。于是，参与方 A 与参与方 B 分别得到了两个秘密分享的密文 $\langle x \rangle=\{x_1, x_2\}$ 和 $\langle y \rangle=\{y_1, y_2\}$。假设参与方 A 和参与方 B 希望计算加法 $z=x+y$，可以直接通过本地计算获得，即获得秘密分享形式的求和 $\langle z \rangle=\{x_1+y_1, x_2+y_2\}$。秘密分享同样支持乘法操作，感兴趣的读者可以查阅相关资料了解乘法操作的详细过程，本文不再赘述。

在联邦学习中，同态加密与秘密分享通常被结合使用，以保护数据的安全。如图 8-21 所示，同态加密与秘密分享可以简单而高效地进行转换。

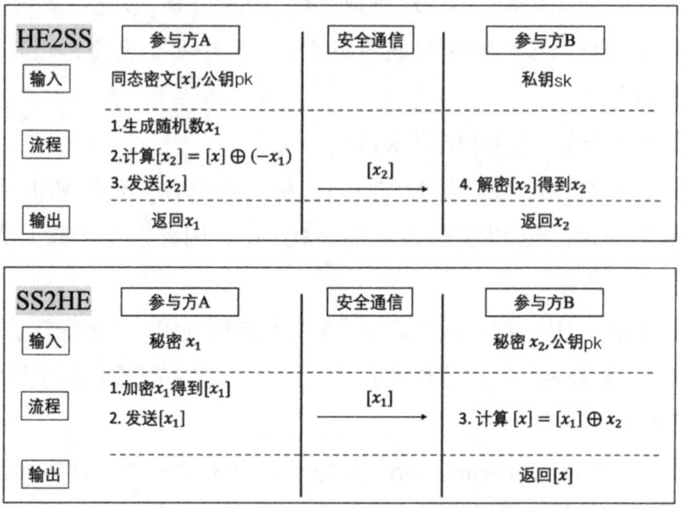

图 8-21　同态加密与秘密分享之间的转换

3. 差分隐私

与差分隐私相关的一个关键概念是相邻数据集。假设给定两个数据集 D 和

D'，如果它们有且仅有一条数据不一样，那么这两个数据集可称为相邻数据集。对于一个随机算法 A，如果其分别作用于这两个相邻数据集得到两个输出（例如，分别训练得到两个机器学习模型），而难以区分是从哪个数据集获得的输出，那么这个随机算法 A 就被认为满足差分隐私要求。从数学上看，(ε, δ) – 差分隐私定义为[14]：

$$\forall W \quad \Pr[W \text{ 由数据集 } D \text{ 计算得出 }] \leqslant \exp(\varepsilon) \cdot \Pr[W \text{ 由数据集 } D' \text{ 计算得出 }] + \delta$$

其中，W 表示机器学习模型参数；δ 是很小的正数，与集合 D（或者集合 D'）的元素个数成反比；ε 表示隐私损失度量。该公式的意义是，对于任何相邻数据集，训练得到一个特定机器学习模型的概率都是差不多的。因此，观察者通过观察机器学习模型参数很难觉察出数据集的细小变化，通过观察机器学习模型参数也就无法反推出具体的某一个训练数据。通过这种方式来达到保护数据隐私的目的。

基于差分隐私的隐私保护方案，其最大优点就是不会增加通信量，没有密文膨胀问题。在实际应用中，基于差分隐私的方案通常有两种实现方式。一是，通过直接在交互信息上添加随机噪声来达到隐私保护的目的，这种方式实现简单，没有引入显著计算开销。然而，这种方式会影响联邦神经网络模型的效果，且噪声越大隐私保护级别越高，但对模型效果影响也越大。所以实际使用时，如何选择合适的随机噪声的方差是个比较困难的问题。二是，使用具有差分隐私功能的梯度下降法进行模型训练，例如，基于 DP-SGD 的方法[15]。这种方法的好处是，在达到同样隐私保护级别目标时，需要添加的随机噪声的方差较小，因此对模型效果的影响也就较小。然而，这种方式是在梯度层面添加随机噪声，其引入的计算开销相对较大。

4. 隐私集合求交

隐私集合求交（Private Set Intersection，PSI）是在两个或多个参与方互相不公开本地集合的前提下，共同计算得出多个参与方的集合的交集，且不能向任何参与方泄露交集以外的信息[7-9]。PSI 是纵向联邦学习的关键支撑技术之一，在纵向联邦学习场景，PSI 也被称为样本对齐（Sample Alignment）或者数据库撞库，即各参与方需要首先计算各自的训练样本 ID 集合之间的交集，然后基于计算得到的训练样本 ID 交集进行纵向联邦模型训练。考虑到 PSI 在纵向联邦学习中的重要作用，我们这里进一步举例说明 PSI 协议的实现方法。

图 8-22 所示为基于 Blind RSA 协议的 PSI 算法。关于 Blind RSA 方案的技术细节，可以参考文献 [7-8]。图 8-22 所示的两方 PSI 方案中，H(), H'() 都表示哈希函数，例如 H() 是 SHA256。id_A 和 id_B 分别是参与方 A 和参与方 B 的用户 ID 集合，例如，手机号集合，或者是手机号的 MD5 哈希值集合。在分析 Blind RSA 方案的安全性时，重点是分析双方的信息交互（即发送什么内容给对方）。

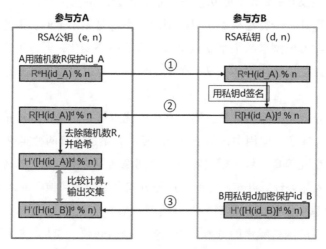

图 8-22　基于 Blind RSA 协议的 PSI 算法

步骤①中，参与方 A 向参与方 B 发送消息，参与方 A 通过添加随机数来保护自己的 ID。因为有随机数，参与方 B 无法获得参与方 A 的任何 ID 信息。

步骤②中，参与方 B 向参与方 A 发送消息，但不涉及参与方 B 的任何 ID 信息。

步骤③中，参与方 B 向参与方 A 发送消息，参与方 B 通过私钥加密和哈希函数来保护自己的 ID。参与方 A 负责计算 ID 交集。

因为参与方 A 是比较 H'([H(id_A)]d % n) 与 H'([H(id_B)]d % n)，参与方 A 无法获得交集之外的参与方 B 的 ID 信息。参与方 A 最后将求交结果发送给参与方 B。

在双方拥有的样本 ID 数量不对称的情况下，基于 Blind RSA 的方案可以显著减少计算和通信开销[3]。

这里简单介绍了基于 Blind RSA 协议的两方 PSI 协议。另一种常用的实现两方安全样本对齐的方案是 Freedman 协议[9]，是基于多项式求值的，其核心思想是使用加法同态加密对多项式系数进行加密，只有交集中的样本 ID 才能使得多项式取值为零。Freedman 安全求交协议可以扩展到多方安全求交，其核心思想是在两方安全求交协议的基础上增加了秘密分享。

8.3.3 Angel PowerFL 平台

Angel PowerFL 是腾讯与北京大学联合研发的联邦学习平台，兼顾了工业界的高可用性和学术界的创新性，并已在金融、医疗、政务、广告等多个行业应用落地[16-17]。下面从平台框架、系统架构设计等方面对 Angel PowerFL（以下简称 PowerFL）平台进行介绍。

1. PowerFL 平台特点

在功能方面，PowerFL 平台拥有全栈的安全联合机器学习和深度学习功能，支持多方及非对称 PSI、非对称联邦学习、斜向联邦学习、多方联合在线预测和模型版本管理，并支持多方安全联合数据分析功能。

在数据保护方面，PowerFL 平台提供多种隐私保护机制，包括半同态加密、秘密分享、差分隐私、可信执行环境（TEE）等，并且 PowerFL 采用去中心化的架构设计，不依赖任何中心节点，以此提供多样化的、可按需选择的隐私保护机制来满足更加安全、更加多样的实际应用场景。

在性能方面，依托 Angel 机器学习平台的海量数据处理能力，PowerFL 支持千亿级的海量数据计算，通过异步高并发计算、通信消息压缩、硬件加速等多种技术创新来提高计算和通信效率。基于 Pulsar 消息队列的底层通信组件增强了系统的稳定性和容错能力。基于 Spark 的计算框架和基于 Pulsar 的底层通信框架都是业界隐私计算平台首创。

在易用性方面，PowerFL 平台采用云原生设计，支持容器化部署和基于

Yarn 和 k8s 的灵活资源扩缩容等特性。PowerFL 平台采用计算层和服务层分离设计，在高并发计算和灵活资源扩缩容方面优势明显。

2. PowerFL 平台框架

如图 8-23 所示，PowerFL 平台包括五层功能组件，下面自下向上依次介绍。

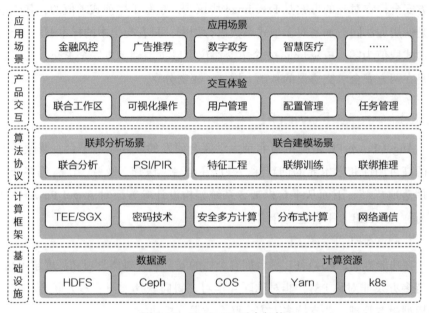

图 8-23   PowerFL 平台架构

1）基础设施：PowerFL 支持两种主流的计算资源调度引擎，即 Yarn 和 k8s。一方面，所有的服务组件均以容器化的形式部署于 k8s 集群上，大大简化部署和运维成本，可以方便地实现服务的容错与扩缩容；另一方面，所有的计算组件均通过 Yarn 集群进行调度，从而在保障大规模机器学习任务并行加速的同时，保证计算的稳定性与容错性。通过 k8s 集群对计算组件进行调度也正在开发中。在数据源接口方面，PowerFL 支持从多种数据源读取数据，包括 HDFS，Ceph、MySQL 以及 COS 云存储等。

2）计算框架：在计算和数据资源之上，PowerFL 实现了一套针对联合机器学习与联合数据分析的计算框架，重点解决了联合建模与分析在实践过程中最常见的以下难点。

- □ TEE/SGX：除了通过软件的方式来保障数据安全，PowerFL 还支持通过 TEE/SGX 在 Enclave 中对数据进行计算，从而以硬件的方式实现算法性能的大幅提升。
- □ 密码技术：PowerFL 实现了多种常见的安全多方计算技术，包括同态加密、秘密分享、TEE 等。PowerFL 通过 KonaJDK 算法库支持国密算法。除密码技术外，PowerFL 还支持基于差分隐私的数据隐私保护方案。
- □ 安全多方计算：PowerFL 支持多种安全多方计算技术和实现方式，包括混淆电路、函数加密、密码分享、不经意传输等。通过安全多方计算技术进一步保证联邦学习的各计算流程中不会泄露任何隐私数据。
- □ 分布式计算：基于 Angel-PS 的高性能分布式参数服务器[8-9]，PowerFL 可以轻松实现多种高效的分布式联邦机器学习算法；基于 Spark SQL 的联合数据查询与数据分析，PowerFL 可以无缝地与企业内的数据库进行对接。
- □ 网络通信：PowerFL 提供了一套多方跨网络传输接口，底层支持 Pulsar 消息队列组件、gRPC 远程调用服务、Socket 通信等多种通信机制，在保证数据安全的前提下，实现了稳定可靠的高性能跨网传输。为了保障联合安全计算任务的稳健性，PowerFL 支持了多种容灾手段，包括 checkpoint、节点调度、数据备份、断点续训等。

3）算法协议：基于上述计算框架，PowerFL 针对不同场景实现了常见的联邦算法协议：

- □ 对于联合建模场景，PowerFL 支持全流程建模功能，包括特征工程（如 IV 分箱、特征选择、缺失值填充等）、联邦训练（如逻辑回归、XGBoost，神经网络等），以及联邦推理等。
- □ 对于联合分析场景，PowerFL 支持两方/多方的安全样本对齐 PSI、联合分析、联合查询等。

4）产品交互：从终端用户的角度，PowerFL 作为联合安全计算的应用产品，既支持以 REST API 的形式调起任务，也支持各参与方在联合工作区上协同工作，以拖拽算法组件的方式来构建和配置联邦任务流，并进行用户、资源、配置以及任务的管理。

5）应用场景：在完善了上述的基础设施之后，PowerFL 可以在安全合规的前提下解决金融风控、广告推荐、人群画像、联合查询等多个应用场景下因数据隔离和碎片化造成的"数据孤岛"问题，真正助力合规的人工智能和大数据应用。

3. PowerFL 系统设计

图 8-24 展示了 PowerFL 在两方联合的场景下的系统架构。首先，A、B 双方分别拥有各自的与用户相关的数据，存储在本地集群，在整个联合建模与分析的过程中，A 和 B 双方的原始数据均不出本地。可以看到，PowerFL 系统架构具有以下特点。

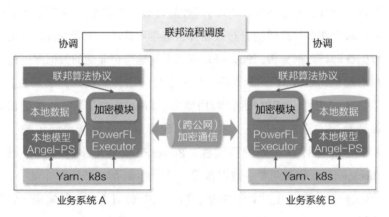

图 8-24　PowerFL 的系统架构

1）A、B 两方独立部署 PowerFL 的本地框架，支持 Yarn、k8s 多种资源申请方式，与业务现有系统完全兼容。

2）本地计算框架 PowerFL Executor 的计算采用 Spark，充分利用其内存优先和分布式并行的优点，效率高且易于和现有大数据生态（如 HDFS 等）对接。

3）本地学习平台构建在 Angel-PS 参数服务器之上，支持超大规模数据量的分布式训练，高达万亿级的高维度特征数据集。同时，Angel-PS 支持 Checkpoint，意外失败的任务可以从上次保存的进度继续执行，具有很好的容错性和断点续训功能。

4）联合建模分析的相关数据经过加密模块加密后，在 A、B 两方之间直接通信而不依赖第三方参与转发，实现了"去中心化"，整个训练流程仅需要协调双方的进度即可，大大增强了跨企业合作中的安全性与实用性。

5）在上述系统框架的基础上，可抽象出一层算法协议层，利用平台提供的计算、加密、存储、状态同步等基本操作接口，实现各种联邦机器学习与联合数据分析算法。算法协议层负责控制本地算法逻辑步骤，例如，梯度计算、残差计算、模型更新、消息发送等，同时与 PowerFL 流程调度模块交互以同步执行状态，并按照协议触发对方进行下一步动作。

4. PowerFL 平台部署

如图 8-25 所示，PowerFL 系统包括服务层和计算层 [17]。服务层构建在 k8s 集群之上，利用了其优异的资源调度能力、完善的扩缩容机制以及稳定的容错性能，将 PowerFL 的常驻服务以容器的形式部署在服务节点之上。这些常驻服务组件包括：

1）消息中间件 Pulsar，负责所有服务和计算组件之间的事件驱动、各方计算组件之间的算法同步及加密数据异步通信。

2）任务流引擎 Argo，负责控制单侧联邦任务流的调度，执行节点按事先定义的任务流顺序以容器的方式被调起，计算任务在执行节点中执行，或在执行节点中向 Yarn 集群提交计算任务。

3）任务面板 TRAINS，负责收集任务流中各个算法组件每轮迭代或最终模型输出结果的关键性能指标展示，例如 AUC，Accuracy、KS、特征重要性等。

4）多方联邦调度引擎 Flow-server，负责多方之间联邦任务的调度和同步，并提供了一套 API，它提供了联邦任务流的创建、任务的发起、终止、暂停、删除、状态查询等接口。

Angel PowerFL 系统的计算层构建在 Yarn 集群之上，充分利用了 Spark 大数据生态套件，负责 Angel PowerFL 运行时各个算法组件的分布式计算。计算任务实际上由服务层的任务节点发起并向 Yarn 集群申请资源运行 Angel PowerFL 的联邦算子。

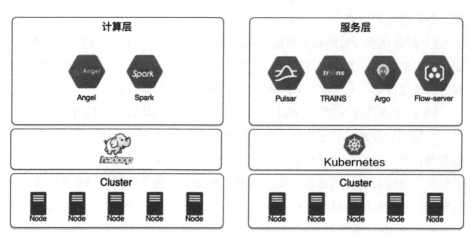

图 8-25　PowerFL 部署组件

8.3.4　联邦学习应用

近年来，联邦学习技术受到广泛关注，发展迅速，已经在金融、医疗、政务、广告等多个行业应用落地[10]。

1. 智慧金融

通常情况下银行都是基于历史还款信息、征信数据和第三方的通用征信分来做贷前反欺诈，仍存在数据维度缺乏、数据量较少等情况，需要融合多方数据联合建模才能构建更加精准的反欺诈模型。这一过程中隐私保护和数据安全是不可忽视的重要环节，联邦学习可以有效解决合作中数据隐私与特征变量融合的矛盾，在双方或多方合作中线上保障特征变量交换时的信息安全。例如，某银行通过腾讯 Angel PowerFL 平台融合多方的黑灰产行为等特征，联合建模风控模型的 KS（Kolmogorov-Smirnov）指标提升 30% 以上，每年阻止数亿资金的风险贷款申请，如图 8-26 所示。

2. 智慧医疗

AI 在医疗领域被广泛用于辅助疾病检查、诊断和预防。医疗数据通常存储于不同的机构中，单个医疗机构拥有的带标签的数据规模和特征维度都有限。由于病人隐私和数据保护法律的考虑，医疗数据无法在多个医疗机构之间直接共享或者集中整合。数据整合问题制约了 AI 在医疗领域的发展和应用。为了解决这个问题,越来越多的医疗机构开始采用基于联邦学习的数据合作方案。通过联邦学习,多个医疗机构在不需要共享原始数据的情况下就可以进行联合建模和联合数据分析,有效推动了 AI 技术在医疗领域的应用。

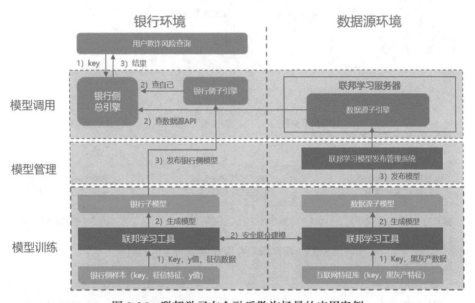

图 8-26 联邦学习在金融反欺诈场景的应用案例

举例来说,如图 8-27 所示,多家医疗机构可以通过横向联邦学习联合构建目标检测模型,用于辅助通过医疗图像的疾病检查(如肺部 X 光片检查等)。基于横向联邦学习的解决方案在各医疗机构的数据不出域的前提下,利用多家医疗机构的数据联合训练一个目标检测模型,使得有效训练数据显著增加,多方联邦训练所获得的模型的性能比用单个医疗机构的数据训练的模型的性能有显著提升。

基于横向联邦学习的方法实现了多家医疗机构的医疗图像数据的合作,并且不需要共享原始医疗图像数据,既可以保护敏感的医疗数据,又可以实现数据融合应用。不仅是联邦学习,更多的隐私计算技术(如安全多方计算和区块链)可以在智慧医疗的应用中成为基本解决方案,破局数据合作难题。联邦学习在医疗领域的广泛应用将会有效推动医疗 AI 的发展和应用落地,可以有效缓解医疗资源紧张的问题，产生重要社会价值。

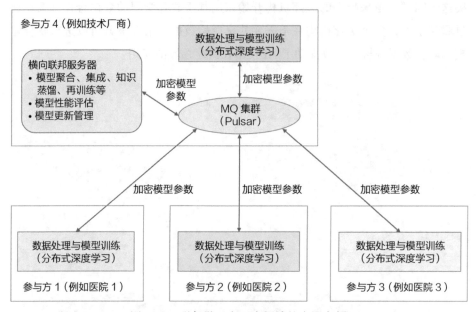

图 8-27 联邦学习在医疗领域的应用案例

3. 智慧政务

基于联邦学习技术可以助力政府数据开放，实现精准施策。政府部门汇集了大量的如交通、社保、税务、医疗和教育等高价值数据，推进政务数据开放共享，有助于促进社会经济的发展和提升政府的治理和服务水平，尤其是在政策实施过程中，通过政府数据与多方数据的融合，能够实现基于数据驱动的精准施策。但因涉及个人信息保护等问题，以往的政务数据开放，还是处在以统计形式为主的信息公开这个层次，可用性大大减弱。借助联邦学习，可以提升政务数据的含金量，实现隐私保护下的高质量数据协作。另外，通过联邦学习平台，可以促进政务和企业的数据协作，实现政企数据融合应用。例如在某地，通过腾讯安全提供的 Angel PowerFL 联邦学习平台，实现了政务、银行、企业的三方协作建模，在疫情期间对小微企业进行了精准画像，模型的 AUC 提升了 40%，实现了企业综合评估、银行授信和政府贴息全闭环，大大降低了信息不对称的成本，提升了资金流转的效率，促进了产业政策精准落地，如图 8-28 所示。

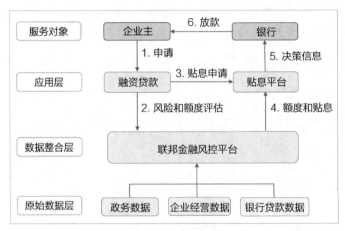

图 8-28　联邦学习在智慧政务领域的应用案例

4. 数字广告

联邦学习助力广告程序化交易联合建模，提升广告主投放效果和用户体验。在广告场景中，流量方和广告主侧各拥有一部分链路数据，比如流量方拥有流量相关点击行为和基础画像，而广告主侧拥有深度转化链路数据如付费，后者属于广告主核心资产，不能完全同步给流量方，但是双方都需要优化广告投放效果，以提升成本控制和起量效果。借助联邦学习可以在保护合作双方各自数据安全的前提下，联合训练、建模、优化模型效果。如图 8-29 所示，在这样的背景下，基于 Angel PowerFL 联邦学习平台，通过广告主和流量方的联邦建模，融合双方的数据优势，在游戏、金融、教育、电商行业的广告应用案例中能够取得显著效果提升，如某电商 ADX 模式中，ROI 取得了 10% 以上的增长。

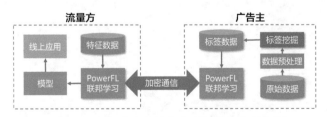

图 8-29　联邦学习在数字广告领域的应用案例

第 9 章

TENCENT BIG DATA

数据内容挖掘

随着移动互联网深入人们的生活，在咨询、购物、娱乐等场景聚集了各种类型的结构化、半结构化及非结构化的海量数据。海量数据如何被理解，是大数据应用面临的最主要挑战之一。数据内容挖掘技术是理解海量数据价值的重要手段，它包括文本理解、图片和视频理解、语音理解等多个方面，涉及自然语言处理、计算机视觉、语音信号处理、机器学习和数据挖掘等多个计算机的应用分支，是一项非常具有挑战而且有意义的工作。

数据内容挖掘的一个核心分支是用户画像建设，也就是给用户构造语义可理解的标签，这里的标签通常是人为定义的高度精练的特征标识，如年龄、地域、兴趣等。用户画像主要就是通过不同维度对用户进行标签刻画。建设用户画像，是大数据业务和技术的一块基石。

数据内容挖掘是推荐系统、广告系统等众多大数据应用的基石。本章将介绍数据内容挖掘的相关方法。读者阅读完本章后会对数据内容挖掘有一个体系化的理解和认知。

9.1 概览

用户在看到内容后是否点击，一方面跟用户属性、兴趣、需求等因素有关，另一方面也跟内容呈现给用户的形式有关。这些形式主要包括文本、图片和视频等多媒体载体。本章我们会以广告这类载体为例重点介绍数据内容挖掘中用到的方法。

关于用户画像，业界有两种截然不同的释义：

1）User Persona。User Persona 也叫作用户角色，是真实用户的虚拟代表，是建立在一系列真实数据之上的目标用户模型。通过调查和问卷去了解用户，根据他们的目标、行为和观点的差异，将他们区分为不同的类型，并从中抽取出典型特征，赋予其名字、照片、人口统计学要素、场景等描述，就形成了一个 Persona。用户角色是用户群体属性的集合，不需要指代特定的"谁"，而是一个目标群体的"特征"组合。例如，微博早期的 User Persona 是这样的：一二线城市、20 ~ 35 岁、教育程度较高、收入 6000 元以上的都市白领。前期微博所有的产品交互、设计也会围绕该人群进行。但是随着微博业务的逐渐发展，它的用户群体可能逐渐扩展到三四线城市用户，这时微博的 User Persona 也应该有所调整。这种情况下，User Persona 有时会反应滞后，这时我们就需要 User Profile 粒度上的用户画像。

2）User Profile。User Profile 是用来描述用户数据的标签变量集合。User Profile 主要用来描述单个用户的不同维度的属性，也可以用来描述一个用户群体。User Profile 正是本书所要介绍的"用户画像"概念。

9.2　广告内容挖掘

推荐及广告场景中，商品和广告包含丰富的文本信息，如广告描述信息、商品标题信息等。我们使用这些文本信息来构造文本特征，通常可以划分为文本分类特征、文本主题特征和文本关键词特征三类。下面介绍构造三类文本特征的一些方法。

9.2.1　文本分类特征

文本分类是自然语言处理的经典任务，属于基础性工具。学术界在文本分类上的创新层出不穷，在模型上，从最开始的朴素贝叶斯、最大熵模型、支持向量机，到近几年被工业界广泛认可与应用的 FastText、TextCNN、Bert + fine-tuning 等端到端模型，我们都基于内部海量文本数据，进行了深入的尝试与研究。

1. 自顶向下还是全局建模

腾讯广告类目体系分两级，一级分类 18 个，二级分类 109 个，且部分类目广告文案较少，类别之间样本失衡。

对多层分类任务建模时，按照每次考虑类别数量的不同，可以将建模策略分为局部策略和全局策略。局部策略也被称为自顶向下的建模策略，它建立一系列分类器，分类时从类目体系根节点出发，自顶向下调用每一层训练好的分类模型，逐层分类裂解问题。全局策略则忽略层次关系，直接基于叶子分类节点训练一个单一分类器，分类器的类目数量等于叶子分类节点的数量。

研究表明，在处理拥有层次结构的分类任务时，相较于简单的全局策略，自顶向下策略在面对诸如新闻、广告、电商这种规模较大、类别间样本不均衡的数据集时，其分类性能及准确率都有明显优势。最终，我们采用了自顶向下的策略构造电商、广告等场景下的文本分类机器。

2. 逻辑回归（Multi-Level）+ word2vec 模型

逻辑回归（Logistic Regression，LR）是经典的二分类模型，具有训练速度快，实现简单，模型可解释性强，易于调优等优点，在工业界被广泛使用。在实践中，我们通常使用 LibLinear 工具包进行模型训练，工具包在处理多分类问题的时候，采用 one-vs-all 策略，将一个 k 个类别的多分类问题，拆解为 k 个二分类问题。

在广告、商品这类短文本分类的场景下，为了提升模型的泛化能力，除了 one-hot 的关键词特征之外，我们基于腾讯内部大规模场外语料预训练的 word2vec 模型，得到每一个训练文本的 Embedding 作为 LR 模型的训练特征。

加入 Embedding 特征之后，分类模型的泛化能力有明显提升，例如训练数据中，原本不包含"空调"的相关广告文本，由于"空调"与其他家电在词向量上较为相似，当一个新的广告文案中出现"空调"相关描述时，模型也能准确地把文案分类到家电类目下。

3. FastText 模型

FastText 是由 Armand Joulin 等人于 2016 年提出的文本分类模型，相比于传统的 LR、SVM 等模型，FastText 省去了烦琐的特征工程及特征选择工作。FastText 与 CNN、RNN 等深度学习模型相比，在训练速度上有明显优势，对相同情感分类数据集合，当 FastText 隐层维度 $h = 10$ 时，训练一个与 VDCNN 情感分类效果相当的 FastText bigram 模型，只需要 10s 的时间。而 VDCNN 达到同等分类准确率，则需要花费整整 7h 的训练时间。

图 9-1 为 FastText 的模型结构图，x_1，x_2，$\cdots$，x_N 为经过编码后的文本特

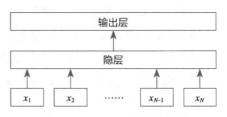

图 9-1　FastText 模型结构图

征向量，每一个特征 x_i $(1 \leq i \leq N)$ 都会被编码为维度为 h 的 Embedding 向量，可以是关键词或 ngram。如式（9-1），对文本向量特征 x_1, x_2, $\cdots$, x_N 按照式（9-2）进行求和平均，得到文档的最终特征向量 V_d，最后经过一层 softmax 变换，得到分类结果。式（9-2）为 FastText 的最大似然函数，其中 D 为训练数据集文档总量，W 为 softmax 参数矩阵。

$$V_d = \frac{1}{N} \sum_{i=1}^{N} x_i (V_d, x_i \in R^h) \tag{9-1}$$

$$LLK = -\frac{1}{D} \sum_{d=1}^{D} y_d \log(f(WV_d)) \tag{9-2}$$

在表 9-1 中，我们在内部电商数据集上对上述几个模型进行了分析对比，从表中可以看出，相比于加入 word2vec 特征的逻辑回归，基于词粒度的 FastText 模型在评测集上，准确率有提升。

表 9-1　不同分类器在电商数据上的准确率对比

分类模型	模型特点	准确率（词）	准确率（字）
LR（Multi-Level）	特征工程，便于调试	89%	—
CNN	端到端，n-gram 特征自动化	86%	80%
LSTM	端到端，引入词序	88.3%	87.3%
FastText	端到端，易收敛	90.4%	89.9%

4. Bert+fine-tuning

近年来，不少自然语言处理领域的经典任务，如文本分类、命名实体识别等，在模型训练过程中，通过引入大规模语料预训练的语言模型，效果得到显著提升。最早被工业界认可并广泛应用的预训练神经网络语言模型（NNLM）方法有 word2vec 及 glove。随着人工智能的引爆，深度学习进入快速发展阶段，一些更有效的深度学习语言模型进入了我们的视野，如 ELMO、GPT2 等。Bert 的出现更是让人眼前一亮，一举刷新了 11 项 NLP 任务的纪录。自此之后，大规模预训练语言模型 + 训练数据微调（fine-tuning）的建模方式风靡 NLP 领域，有种一统江湖的意味。

与 FastText 相比，首先，Bert 能更加容易地捕捉到上下文信息，FastText 通过 ngram 特征增强对局部上下文的理解，但在全局信息的理解上仍存在不足，如表 9-2 所示，当句子中包含某个类目的"显著词"时，会倾向于预测为该类目，如：旅行、酒店是旅游类目较为显著的关键词，FastText 直接将该广告分到了旅游，而 Bert 综合考虑全局信息，将该广告分到了数码家电。其次，Bert+fine-tuning 方法，引入了场外预训练语言模型，而 FastText 只基于现有数据进行训练，遇到训练数据之外的关键词时，无法给出分类结果。

表 9-2　FastText 与 Bert+fine-tuning 分类器预测结果对比

广告文案	FastText（词）	Bert + fine-tuning
男朋友嫌弃我穿得丑，还好蘑菇街教我穿搭秒变美女	婚恋	服饰鞋帽
旅行烧水，自用的壶！从此不怕酒店"脏"水壶	旅游	数码家电

我们基于清洗后的 100 万广告文本，进行训练数据微调 8h 得到基于 Bert 的广告分类器，在准确率上有显著提升，但伴随而来的是模型参数规模的增加，而且必须借助 GPU 才能将预测速度控制在 10ms 以内。

5. 小结

在文本分类特征建设上，我们先后尝试了线性模型、浅层神经网络模型 FastText 及深层神经网络模型 Bert 等，线性模型训练速度快，可解释性强，调优方便。神经网络这种端到端的模型，能减少烦琐的特征工程，其中 Bert 还可以引入场外信息，并在分类过程中，增强对文本上下文的理解，然而，深层神经网络模型训练及预测成本较高。

综合来看，在训练数据量较大，文本较短的情况下，可优先尝试 FastText 这种较为简单的浅层神经网络模型，分类准确率可以得到较好的保证。Bert 适合处理高层语义信息提取的任务，如情感分析以及需要依赖全文信息进行综合判断的文本分类任务。

9.2.2　文本主题特征

在电商及广告场景下，除了对商品、广告（以下统称为 item）构建类目特征，我们还可以基于商品的文本、点击行为，将拥有相似语义或点击行为的商品进行聚类，形成对商品的多维度理解。这样的聚类特征，可以作为商品、广告侧特征，也可以基于用户点击行为映射到用户侧，形成用户兴趣画像。

用户对商品的行为矩阵通常极度稀疏，加之部分商品的描述数据的缺失，给用户兴趣特征的完整性带来了极大的挑战。例如：在移动联盟场景下，部分App 会出现描述数据缺失或者较短的问题，在这种情况下，我们无法通过描述内容直接理解 App 而进行分类或者聚类。

下面将着重介绍我们基于用户行为和商品文本信息，使用主题模型构造文本聚类特征的一些基本方法。

1. LDA 主题模型

LDA 主题模型（Topic Model）是由 Blei 等人于 2003 年最早提出的无监督主题模型，自提出后，学术界对主题模型的改进及创新层出不穷，非监督领域有引入主题间关联性的 Correlated Topic Model，可在一定程度上自动决定主题数量的 HDP 等，在监督学习领域，则有 Supervised Topic models、Labeled-LDA 这样的主题模型，考虑如何引入类目信息来监督主题模型的训练。下面首先介绍 LDA 基本原理及定义，然后阐述在广告场景下主题模型的应用方式。

设文档集合 S 中，文档数量为 D，文档 i 中的关键词向量用 w 表示，K 表示文档中的主题数量，需预先设定。假设 S 中的文档都由 K 个主题构成。每个主题下，存在一个维度为 $|v|$ 的关键词概率分布，其中 $|v|$ 为关键词字典大小。关键词在各主题下出现的概率各不相同，例如，在音乐主题下，钢琴、小提琴和演奏家这类词出现的概率会比较大，而在体育主题下，足球、篮球、姚明等词出现的概率会比较大。

LDA 的概率图模型可以形象地解释为如下过程：作者在撰写某篇文档时，首先从以 α 为参数的 Dirichlet 分布抽取 K 维的主题分布向量 Θ_d（Θ_d 与图 9-2 中的 θ 对应，表示文档的主题分布向量），在撰写文档中的关键词 w 时，作者在以 Θ_d 为参数的多项分布中抽取一个主题 z，再依据主题 z 下关键词概率分布 Φ_k（Φ_k 与图 9-2 中的 ϕ 对应，表示关键词的概率分布向量）抽样关键词 w，来表达主题 z。若文章有 N 个关键词，则重复上述关键词抽样过程 N 次，最终生成整篇文章。

图 9-2 为 LDA 概率图模型示意图。下面对概率图模型涉及的参数进行说明。

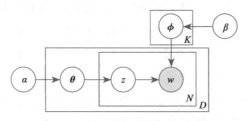

图 9-2　LDA 概率图模型示意图

1）α 和 β 分别是 Dirichlet 分布的模型超参数，用来生成 Θ 和 Φ。

2）$\Theta \sim \text{Dir}(\alpha)$，文档在 K 个主题下的概率分布矩阵，维度为 $D \times K$。图 9-2 中 θ 为某个文档的主题分布向量，维度为 K。

3）$\Phi \sim \text{Dir}(\beta)$，$K$ 个主题下关键词的概率分布矩阵，维度为 $K \times |v|$，$|v|$ 为关键词数量。图 9-2 中 ϕ 为某个主题下关键词的概率分布。

4）Dirichelt 分布和 Multinormal 分布是共轭的。

5）α 控制着 Θ 的均值和 Multinormal 分布的稀疏度。

式（9-3）为 LDA 概率图模型对应文档集合的联合概率分布函数，对隐变量 Θ、Z、W 进行积分，其中 Z、W 分别表示文档集合的主题矩阵、关键词矩阵，Z_{dn} 与图 9-2 中的 z 对应，表示文档 d 中第 n 个关键词的主题，W_{dn} 与图 9-2 中的 w 对应，表示文档 d 中第 n 个位置的抽样得到的关键词。将每个文档的概率相乘，可得到式（9-4），$p(W|\alpha,\beta)$ 表示生成文档集合的概率。依据最大似然估计，我们只需要在保证 $p(W|\alpha,\beta)$ 概率最大的情况下，求解模型参数即可。利用吉布斯抽样（Gibbs sampling）或者 EM 算法可对 LDA 中的隐变量 Z、Θ 进行求解，进而求解 K 个主题下关键词的概率分布矩阵 Φ。

$$p(\Theta,Z,W|\alpha,\beta) = \prod_{d=1}^{D} p(\Theta_d|\alpha) \prod_{n=1}^{N} p(Z_{dn}|\Theta_d) p(W_{dn}|Z_{dn},\beta) \qquad (9\text{-}3)$$

$$p(W|\alpha,\beta) = \prod_{d=1}^{D} \int p(\Theta_d|\alpha) \left[\prod_{n=1}^{N_d} \sum_{z_{dn}} p(Z_{dn}|\Theta_d) p(W_{dn}|Z_{dn},\beta) \right] \mathrm{d}\Theta_d \qquad (9\text{-}4)$$

在腾讯各个业务场景下，沉淀了海量无类目标签的文本数据，对这些无类标文本数据一一构造类目体系，是不现实的。为了快速理解和应用海量文本数据，我们通常使用无监督方式对数据进行分析聚类，LDA 主题模型就是一个非常不错的选择。加之对开源的 PS 框架 Angel 进行了完备的部署，在资源充足的情况下，Angel-LDA 训练基于 TB 级文本数据训练主题模型，耗时仅需 2h，大大加快了数据加工挖掘的速度。

针对主题数量如何选择的问题，在实践中，我们同时训练多个主题数量不同的模型，分别计算各模型上不同主题向量之间的 KL（Kullback-Leibler Divergence）距离，选择主题间相似度最小的模型进行线上应用。

2. BC-LDA 主题模型

通过 LDA，基于文本对 item 数据进行聚类，可以解决大部分场景下的文本主题分析的问题。然而，在部分业务场景下，会出现 item 文本缺失的情况。例如，在移动联盟 App 广告推荐场景下，拥有描述信息的 App 只占所有 App 数量的 70%，LDA 使用 App 文本描述进行建模，也就是说，30% 的 App 将无法打上 LDA 主题标签，用户在 30% App 上的行为也将无法得到很好的理解。这会造成用户主题兴趣的覆盖率下降，导致用户画像不够精准。

我们对 LDA 概率图模型进行改进，结合用户在 item 上的行为信息，及 item 本身的文本信息，联合建模 item 主题向量。使缺失文本描述但具有丰富行为的 item，也可以得到主题向量。这种结合用户行为及文本语义来挖掘用户画像的主题模型，称为 BC-LDA（Behavior Content LDA）。

图 9-3 为 BC-LDA 概率图模型示意图，为使用户行为信息和产品的文本信息同时影响用户主题，改进后的主题模型同时接受行为和文本双向输入，经过训练，将得到同主题空间下的用户、产品、关键词层面的主题向量。下文用 u 表示用户，图 9-3 中 U 表示用户总量。

图 9-3 中上半部分的参数说明和 LDA 概率图模型中的参数说明一致，下面给出图 9-3 中下半部分的参数说明：

1）t 是用户产生行为的产品（item），如用户点击了一篇文章，则 t 表示该文章。

2）用户产生行为的每一个 item t，都对应一个隐式主题 c。

3）$\varphi \sim \mathrm{Dir}(\tau)$，每个主题下产品的概率分布向量，维度为 $|I|$，$|I|$ 为商品的数量。

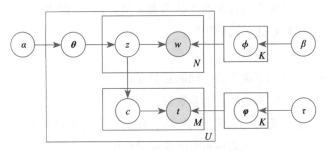

图 9-3　BC-LDA 概率图模型示意图

对用户产生行为的 item 对应的文本描述进行分词后再拼接（如将用户阅读过的所有文章标题进行拼接）可生成用户的描述文本，BC-LDA 假设用户对产品产生行为经过如下过程：

1）用户描述文本上的每一个关键词 w 都对应一个主题 z，形成主题向量 Z_u，Z_u 长度等于用户描述文本中关键词的数量。

2）用户在对产品产生行为前，首先会从 Z_u 等概率抽取一个主题 c。

3）再从 c 对应的产品概率分布向量 φ 按概率抽样产品 t。

4）如果用户对 M 个产品产生了行为，则重复 2～3 步骤 M 次。

BC-LDA 的概率图模型可形式化表示为以下概率函数：

$$p(W,T,Z,C,\Theta \mid \alpha,\beta,\tau) = p(Z \mid \Theta)p(\Theta \mid \alpha)p(W \mid Z,\beta)p(T \mid C,\tau)p(C \mid Z) \quad (9\text{-}5)$$

模型中，关键词主题分布向量 ϕ 和产品主题分布向量 φ 的求解，可通过吉布斯抽样，分别对模型两组隐变量、关键词的主题矩阵 Z 和产品的主题矩阵 C 迭代抽样，直至收敛。经过推导后的抽样用户 u 的关键词和 item 主题的概率公式分别如下：

$$p\left(Z_{u,j} = k \mid W,T,Z_{\setminus j},C\right) \propto \frac{N_{ku\setminus j} + \alpha}{N_{u\setminus j} + \alpha K} \frac{N_{kw_j\setminus j} + \beta}{N_{k\setminus j} + \beta|V|}\left(\frac{N_{ku\setminus j} + 1}{N_{ku\setminus j}} \frac{N_u - 1}{N_u}\right)^{M_{ku}} \quad (9\text{-}6)$$

$$p(c_i = k | \boldsymbol{W}, \boldsymbol{T}, \boldsymbol{Z}, \boldsymbol{C}_{\backslash i}) \propto \frac{M_{k_{t_i} \backslash i} + \gamma}{M_{k \backslash i} + \gamma |I|} \frac{N_{ku}}{N_u} \qquad (9\text{-}7)$$

式中，$Z_{u,j}$——用户 u 描述文档中第 j 个关键词的主题；

$C_{u,i}$——用户 u 产生行为的产品列表中第 i 个产品的主题；

$\boldsymbol{W}$——用户描述关键词矩阵；

$\boldsymbol{T}$——用户产品矩阵；

$|v|$——关键词字典中关键词的总数量；

$|\boldsymbol{I}|$——产品字典中产品的总数量；

N——用户关键词主题分布矩阵优化过程中引入的隐变量；

M——用户产品主题分布矩阵优化过程中，引入的隐变量；

$N_{ku \backslash j}$——用户 u 描述文档中，剔除第 j 个关键词，属于主题 k 的关键词数量；

$N_{kw_j \backslash j}$——w_j 对应的主题 k，不考虑 w_j，属于主题 k 的关键词数量；

N_u——用户 u 描述文档中，关键词的总数量；

M_{ku}——用户 u 产生行为的产品列表中，属于第 k 个主题的产品数量；

$M_{k_{t_i} \backslash i}$——t_i 对应的产品中，剔除 t_i 对应的主题 k_{t_i}，属于第 k 个主题的计数；

$M_{k \backslash i}$——不考虑当前抽样的产品 i，属于第 k 个主题的产品总数。

从式（9-6）、式（9-7）描述的抽样过程可看出，产品和关键词的主题在 Gibbs 抽样过程中相互影响。用户 u 描述文档中关键词 j 属于主题 k 的概率，受用户产生行为的产品列表中属于主题 k 的产品数量 M_{ku} 的影响，属于主题 k 的产品数量越多，关键词 j 属于 k 的概率越大。同理，用户 u 的产品列表中产品 i 属于主题 k 的概率，受用户描述文档中属于主题 k 的关键词数量 N_{ku} 影响，属于主题 k 的关键词数量越多，则产品 i 属于 k 的概率越大。

我们在联盟 App 数据上，训练了 BC-LDA，发现原本无描述的教育类 App，与教育类关键词出现在同一个主题下，表明 BC-LDA 得到的主题向量，很好地结合了行为、文本两部分的特征，如图 9-4 所示。

主题 1		主题 2		主题 3	
App 名称	关键词	App 名称	关键词	App 名称	关键词
艾教育	家长	手机管家	电话	QQ 阅读	阅读
口语 100	班级	触宝电话	通话	宜搜小说	小说
纳米盒	教育	微会	免费	追书神器	图书
智慧树	孩子	微信电话本	拨打	爱阅读	读书
一起学	老师	QQ 来电	通讯录	搜狗阅读	言情
掌通家园	教师	搜狗号码通	号码	多看阅读	玄幻
微家园	家园	微微电话	陌生	掌阅	都市
乐教乐学	幼儿园	微话	打电话	起点读书	书单

图 9-4　主题模型同一主题下的 App 和关键词示例

9.2.3　文本关键词特征

相比于类目特征及主题特征，文本的关键词特征粒度最细，关键词代表了文本中最重要的部分，用户通过浏览关键词，可以在短时间内理解文本的主要内容。无论是对于长文本还是短文本，往往都可以通过一些关键词窥探整个文本的主题思想。关键词在文本聚类、分类、摘要等场景下，都起着重要作用。在新闻推荐及商品推荐中，文本关键词通常作为推荐模型的特征使用，因此关键词抽取的准确率，会直接影响到推荐系统的最终效果。

下面主要介绍在实际业务场景下尝试一些有效的无监督关键词抽取算法。

1. 基于 TF-IDF 的关键词抽取算法

TF_w 表示关键词 w 在文档中出现的频率，IDF_w 表示一个单词 w 的逆文档频率，可以使用式（9-8）计算，式中 $|D|$ 表示文档集合中文档的总数，$|D_w|$ 表示文档集合中包含关键词 w 的文档的数量。从式（9-8）可以看出，一个关键词 w 拥有较大的 IDF，证明该关键词在较少的文档中出现过。

式（9-9）展示了使用 TF-IDF 计算关键词 w 权重的公式，在实际业务场景下，为了凸显词性对关键词权重的影响，降低部分形容词、停用词权重，还会考虑对词性进行加权（$weight_{pos}$）。

$$\mathrm{IDF}_w = \log\frac{|D|+1}{|D_w|+1}+1 \qquad\qquad (9\text{-}8)$$

$$\mathrm{weight}_w = \mathrm{TF}_w \times \mathrm{IDF}_w \times \mathrm{weight}_{pos} \qquad\qquad (9\text{-}9)$$

2. 基于主题模型的关键词抽取算法

表 9-3 展示了在广告文本关键词抽取的任务中，TF-IDF 算法关键词抽取结果，可以看到，很多与文本主旨内容无关的词，因为 IDF 较高，被抽取为文本关键词。

表 9-3　TF-IDF 算法关键词抽取结果示例

广告文本	关键词（TF-IDF 算法）	问题
寻找 1993 年出生的新人 拍摄：婚纱照 活动：3000 元婚纱照抵用券 条件：1993 年出生	**抵用券** 婚纱照 新人	**抵用券** 不相关
没钱不用借高利贷！来这里，简单填下手机号，最高借你 200 000 元！秒到账，还能分期 5 年慢慢还	借高利贷 秒到账 没钱 **手机** 分期	**手机** 不相关
大哥传奇新年贺岁来袭，一人一服，不需 WiFi，无人抢怪，装备自己刷，回收秒到账	**秒到账 贺岁** 回收 **大哥** 传奇	**秒到账 贺岁 大哥** 不相关

我们尝试引入主题模型来解决关键词与主题的相关性问题。我们使用大规模语料训练得到的 LDA 主题模型，得到文本 d 的主题分布 $p(z|d)$，其中 $p(z_k|d)$ 表示主题分布中第 k 个主题的概率。接着，我们使用式（9-10）计算每一个关键词在该文档主题分布下的得分。在文档中出现过，且与文档主题相关的关键词，得分高。

$$p(w|d) = \sum_{k=1}^{K} p(w|z_k)p(z_k|d) \qquad\qquad (9\text{-}10)$$

式中，d——文档内容；

$\qquad z_k$——文档主题；

$\qquad w$——关键词；

$p(z_k|d)$——文档对应的主题分布；

$p(w|z_k)$——主题对应的关键词分布。

表 9-4 展示了基于主题模型算法抽取关键词时，候选关键词的权重，排列

靠前的关键词，基本上与文本主题一致。

表 9-4　基于主题模型的关键词抽取结果示例

广告文本	关键词（TF-IDF 算法）
寻找 1993 年出生的新人 拍摄：婚纱照 活动：3000 元婚纱照抵用券 条件：1993 年出生	婚纱照：0.70886。婚纱摄影：0.41694。婚纱拍摄：0.30660。新人：0.18636。**抵用券：0.17641**
没钱不用借高利贷！来这里，简单填下手机号，最高借你 200 000 元！秒到账，还能分期 5 年慢慢还	贷款：0.69982。借高利贷：0.31122。**秒到账：0.28796**。借款：0.26470。急用钱：0.20563。没钱：0.16451。**手机：0.1577**
大哥传奇新年贺岁来袭，一人一服，不需 WiFi，无人抢怪，装备自己刷，回收秒到账！每日领元宝 精品手游推荐	手游：0.76629。传奇：0.38663。元宝：0.22312。装备：0.21237。回收：0.16287。精品：0.15944。**大哥：0.15127**。贺岁：0.15097。**秒到账：0.15008**

3. 基于 EmbedRank 的关键词抽取算法

上述主题模型关键词抽取算法，由于计算主题权重公式中包含 $p(w|z_k)$，即关键词在主题 z_k 下出现的概率，因此在文档 d 中出现，并在主题 z_k 下高频出现的词语，在计算权重过程中存在明显优势。如下广告文案："官方正版传奇手游！1∶1 还原 1.76 版本，跟端游一模一样！爆率高，秒回收！"同时包含"手游"及"传奇"两个关键词，使用主题模型算法计算关键词，"手游"权重为 0.560，高于"传奇"权重 0.424。

为了解决这个问题，我们提出了基于 EmbedRank 的关键词提取算法，该算法的基本思想是：首先将句子与词语表示为稠密向量，然后计算候选关键词与句子向量的相似度，相似度较高的词语即为句子的关键词。其中词语的稠密向量表示可以通过 word2vec 得到，而如何得到一个高质量的句子表示是问题的关键。这里我们采用了 WR Sent2Vec 算法，该算法由 Arora 等人于 ICLR2017 提出。如图 9-5 所示，WR Sent2Vec 计算句子表示分为三步：首先对句子中词语的 word2vec 向量进行加权平均得到一个初始句向量，公式中的 $p(w)$ 指的是关键词 w 在文档集合中出现的概率；然后将语料库中所有的句向量拼接成一个句子矩阵并进行 SVD 分解，得到高频噪声向量；最后将每个原始句向量都减去高频噪声向量，得到最终的句子表示 v_s。

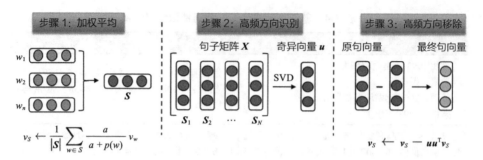

图 9-5　WR Sent2Vec 算法示意图（见彩插）

通过 WR Sent2Vec 得到每个句向量 v_s 后，基于 EmbedRank 的关键词算法计算每个候选关键词向量 $w_1\cdots w_n$ 与句子向量 v_s 相似度并进行排序，相似度较高的词语即为句子的关键词。

使用基于 WR Sent2Vec 的 EmbedRank 方法抽取文本关键词，可以有效平滑噪声。这是因为传统的 word2vec 使用向量的内积刻画词语间的共现关系，导致高频词语具有较大的词向量，因此在进行简单平均或者加权平均后得到的句子向量会在高频词语方向具有较大的分量。使用关键词向量累加得到的句子向量，可以认为由两个正交的分量合成，一个是高频噪声方向，另一个是真正表达句子语义的方向，通过 SVD 分解得到的主成分奇异向量可以近似看作高频噪声方向，因此减去噪声方向后，可以得到句子真正的语义表示。

表 9-5 对比了不同算法之间在广告文本关键词抽取上的效果，可见融合 EmbedRank 算法后，F1 值得到了显著提升。

表 9-5　几种关键词抽取算法的效果对比

算法	准确率（%）	召回率（%）	F1（%）
TFIDF(baseline)	46.21	49.05	48.11
Topic-based	53.62	58.10	55.77
EmbedRank	54.38	59.26	56.71
Topic-based+EmbedRank	56.72	60.33	58.47

9.3 用户画像数据体系

构建用户画像，第一步是要搞清楚需要构建什么样的标签，这里既需要业务知识，也需要大数据知识，是由业务需求和数据实际情况共同决定的。尤其需要注意的是标签的粒度：粒度太粗会没有区分度，粒度过细则会导致标签体系过大且没有通用性和泛化性。

当前腾讯数据平台部的用户画像数据体系概览如图 9-6 所示。

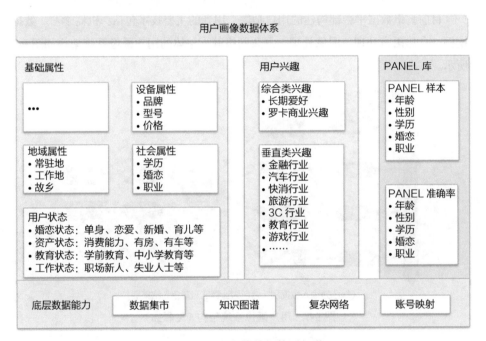

图 9-6 用户画像数据体系概览

用户画像这个词乍听起来好像更加关注基础属性中的人口属性、生活状态、爱好等基本静态信息，这多少会失之偏颇。除了静态信息的挖掘，像用户最近"要不要去旅游""有没有换机需求"等包含未来趋势预测的动态信息的挖掘，也是画像研究的一个重点。

所谓一千个观众眼中有一千个哈姆雷特。在不同的业务场景下，对用户画像的诉求都不一样，没有一套用户画像体系可以适用于所有场景，使用者需要依据自身实际业务需求，构造符合自己业务场景的用户画像体系。但像基础属性类的数据，比如年龄、性别、学历、婚恋等，更适合集中式建设，需要不断地迭代优化，一点一滴地提升其准确率和覆盖率以服务于业务。

9.4 用户画像构建方法

目前腾讯数据平台部构建的用户画像，用到的主要技术包括：机器学习、数据挖掘、自然语言处理、图像处理、复杂网络等。整体的用户画像系统架构如图9-7所示。

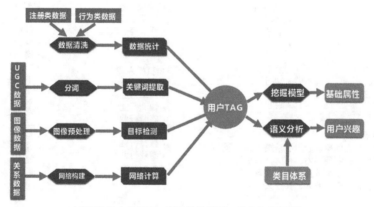

（绿色为输入数据层，蓝色为计算层，黄色为结果层）

图 9-7　用户画像系统架构（见彩插）

（1）数据清洗

❏ 异常数据清洗：过滤掉乱码等信息。

❏ 数据过滤：过滤没有任何意义的数据。

❏ 数据转换：字符集转换成统一的编码。

❏ 数据集成：将所有同类数据源整理成统一的格式。

（2）数据统计

❏ 主要是对行为类数据进行统计汇总。

（3）分词

❑ 定制化改写的开源分词库 HanLP。

❑ 新词发现、敏感词挖掘等。

（4）关键词提取

❑ 语言特征：词性、句法结构等。

❑ 统计特征：词语的 IDF、词语的 Topic 分布熵等。

❑ 嵌入特征：词向量、N-Grams 等。

❑ 场景特征：数据源特征、篇章结构特征等。

（5）图像预处理

❑ 图像数据清洗：训练图像分类模型，识别并清洗脏数据图像。

❑ 模型输入数据生成：图像解析、图像裁减、像素归一化、向量化。

（6）目标检测

❑ 基于传统手工特征的算法：HOG 检测器、DPM 模型等，模型简单、速度快，但精度相对较低。

❑ 基于区域提名（object proposal）的模型：SPP-net、Faster RCNN 模型等，准确率和精度更高，但速度相对较慢。

❑ 端到端（end-to-end）的卷积网络模型：YOLO、SSD 模型等，检测速度快，精度中等。

（7）网络构建

❑ 关系数据：任何实体和实体之间的交互都可以看作关系型数据，实体和关系构成复杂网络。融合了多种实体和关系的复杂网络进一步可以构成生态，比如知识图谱就是由关系复杂网络和实体属性来构成的。

❑ 构建网络：提取节点和关系，设置边权重和节点属性，构建网络。

（8）网络计算

❑ 网络测度：计算节点拓扑等特征。

❑ 传播模型：基于随机游走的传播算法，如标签传播算法、定向用户扩散、兴趣传播算法等。

❑ 社区发现：目标在于建设用户社区标签，分为局部社区和全局社区划分。

❑ 图神经网络：网络向量化（Graph Embedding），研发主流算法如 GCN、GAT 等。

❑ 动态网络模型：节点和边都随时间变化，研发针对这种网络的挖掘算法。

（9）挖掘模型

❑ 线性模型：LR。

❑ 树模型：GBDT+LR、RandomForest、XGBoost。

❑ 深度学习模型：DNN（Wide&Deep）等。

（10）语义分析

❑ 知识库构建：知识图谱挖掘算法（Knowledge Graph）。

❑ 文本类目标注：基于语言模型的弱监督标注算法（BERT、Attention、Language Model、Transfer Learning）。

❑ 文本类目理解：文本类目体系的表示和理解算法（Knowledge representation and reasoning）。

❑ 文本类目匹配：文本语义与类目体系语义的匹配算法（Semantic Search）。

9.4.1 基础属性

基础属性是指较长的一段时间内不会发生变化（如性别），或者不频繁变化（如年龄每年增加 1 岁）的属性，标签的有效期都在一个月以上。当前基础属性主要包括人口属性、地域属性、社会属性、设备属性和用户状态。

基础属性挖掘预测框架如图 9-8 所示。

当前基础属性建设面临的主要问题是事实数据获取困难。一般通过问卷调研或业务合作等方式可以获取部分事实基础信息，然后以这类用户作为训练样本，通过模型的方式，经过多轮迭代预测更多用户的标签值。

当前用户画像的评估，主要是针对基础属性中的年龄、性别、学历、婚恋等有明确答案的"事实"标签来评估。而兴趣类标签变动太过频繁，每个人对自己的兴趣爱好的定义程度是不一样的，这样就很难有统一的标准去衡量一个人的兴趣爱好。我们通常不在用户层面做准确率评估，而是在文本主题等 item 层面做抽样评估，此处不做详细介绍。

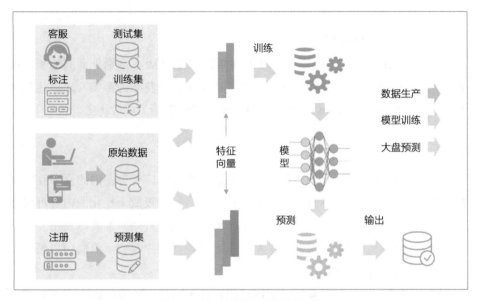

图 9-8　基础属性挖掘预测框架

1. 线下离线样本评估

对于基础属性中的"事实"标签，我们首先会通过企业 CRM 数据、市场研究公司数据（如 nielsen）等，获得一定量的 ground truth 数据；为了防止评估样本有偏差，会在年龄、性别、地域等多个维度对评测集做分层抽样，以得到一个和大盘同分布的、虽然量级更小但评测结果置集度更高的评估集，来评估模型预测结果的准确率。当前年龄模型预测结果使用此评估集，离线评估正负 3 岁的准确率可达 85% 以上。

2. 线上 A/B Test 放量实验

考虑到我们收集得到的样本，无法完全做到与社会实际分布情况一致，不合理的分布可能会导致辛普森悖论的发生。为此，我们不仅参考线下离线样本评估效果，同时也会直接观察新版本画像上线之后可能带来的收益影响。

在广告定向场景中，如果我们通过新的策略生成了一份新版画像（Uold → Unew），我们通常会设置一组 ABTest 实验来验证新版画像的优劣。

❑ A：旧版画像数据。

❑ A'：旧版画像数据。

❑ B：新版画像数据。

A、A'、B 是三组用户流量，除了在画像 U 上的版本区别外，其他条件配置完全相同。其中 A' 为 AATest，用来排除流量自身波动的影响。通过比较 A 与 B 的实验效果（ctr/cpm/cvr 等）差异，即可验证新版策略的优劣。

9.4.2　用户兴趣

用户兴趣对于包括商品推荐、内容推荐、个性化广告等在内的众多互联网场景都有非常重要的业务价值。针对用户兴趣为用户投放个性化的内容可以显著提升用户对于产品和服务的实际使用体验，进而提升用户的实际点击、购买等业务转化效率。能够从大数据中精准全面地挖掘用户兴趣是面向用户服务类公司需要具备的核心能力。

要挖掘用户的兴趣，首先需要理解用户行为交互中涉及的内容。下面首先介绍现有主要的内容标签体系的建模方法，包括标签云、标签类目体系、标签知识图谱；也同时概述了方法中涉及的主要相关算法与技术，包括文本分词、关键词提取、监督文本分类、无监督文本分类、文本关联关系挖掘、文本从属关系挖掘等。

有了内容本身的标签，后面还需要根据用户与内容的交互行为去确定用户的兴趣标签以及兴趣程度。然后进一步介绍用户兴趣程度建模的两种主流模型：人工经验模型与学习训练模型。

1. 内容标签体系建模

用户的兴趣隐含在用户的交互行为当中。我们需要通过理解用户交互的内容，来挖掘用户本身的兴趣标签。比如一个用户点击了标题为"玲珑多变的哈士奇"的文章，我们需要先挖掘出标题"玲珑多变的哈士奇"相关的标签有"哈士奇""狗""宠物"等，才能将这些标签作为用户的候选兴趣标签。

本节将以文本内容为例介绍三种常用的内容标签体系的建模与挖掘方法：标签云、标签类目体系、标签知识图谱。

（1）标签云

一种比较直观的内容标签建模方法是将内容表示为独立标签和权重组成的标签云。举例如下：

"哈士奇精力充沛，行动敏捷。哈士奇有厚厚的双层皮毛用于抵御严寒。它的皮毛可以是灰色、黑色、铜红或白色。哈士奇的眼睛通常是淡蓝色，但也可能是棕色、绿色、蓝色、黄色或异色。"

挖掘标签云的结果如图 9-9 所示。

生成标签云需要首先对文本进行分词，将文本转化为由词组成的集合，然后计算集合中每个词的权重，最后，如果一个文本对应的词过多的话，还需要

图 9-9　示例标签云

根据词的权重排序，再提取权重最大的一部分词作为文本的关键词。

1）文本分词。对文本进行分词，一般需要有一个比较完善的词典，有了词典，最简单直接的分词算法就是"最大匹配法"。"最大匹配法"顾名思义，一般是从文本左端开始，不断向右搜索和匹配词典里面包含的最长的词，直到文本划分完成。这个方法比较直观，而且是符合人阅读时候的从左到右逐字逐句的阅读习惯的。但是，这个方法分词效果一般，因为它只是考虑每个局部的最长匹配，并没有考虑整个文本的整体划分的最优性。举例来说，文本"深圳大学生前途光明"，按照"最大匹配法"分词会被划分为"深圳大学 | 生前 | 途 | 光明"。这种分词结果不是全文本最优的，而且也曲解了文本的真实含义。

一个考虑更加全面的算法是"文本最短路径"分词算法。其主要思路是将文本转化为由词组成的一张从文本起始点到结束点的有向连接图，文本的所有可能的分词划分都是图中的一条路径，然后利用算法求得其中最短的路径作为文本的分词划分。这个算法能够求得文本整体词数最短的划分。还是以文本"深圳大学生前途光明"为例，其可能的路径如表 9-6 所示。

"文本最短路径"分词算法能够找出文本整体划分最短的"深圳 | 大学生 | 前途光明"的方案。"文本最短路径"分词算法虽然能够找出文本整体的最短分词划分，但当一段文本存在多种最短分词划分时，这种算法就不能有效选出其

中最有效的分词划分结果了。

基于"统计语言模型"算法解决了以上不能对多种最短分词划分进行进一步评估和选优的问题。算法的主要思路是基于大量已有文本语料统计两个词先后出现的概率，然后求得文本的某个词划分的整体概

表 9-6　示例文本分词路径表

路　　径	长度
深 > 圳 > 大 > 学 > 生 > 前 > 途 > 光 > 明	9
……	……
深圳大学 > 生前 > 途 > 光明	4
……	……
深圳 > 大学生 > 前途光明	3

率，最后取整体概率最高的词划分结果。设函数 $p(w1,w2)$ 代表在语料库中词 $w1$ 后面是词 $w2$ 的概率，那么对于一个文本的分词划分 $\{w1,w2,w3,w4\}$ 的整体概率就能表示为：$p(,w1)p(w1,w2)p(w2,w3)p(w3,w4)$，其中 $p(,w1)$ 表示的是文本以词 $w1$ 开头的概率。

基于"统计语言模型"的分词算法是比较实用的分词算法。当然，在实际业务使用中还会有很多地方需要进一步针对性的优化和修正。

2）文本关键词提取。有了文本对应的分词结果，还需要对于每个词计算其对于表述文本含义的重要程度，最后选取重要程度比较高的词作为能够代表文本的关键词。

对于重要程度的计算，一个直观的思路就是看词在文本中出现的次数。一个词在文本里面出现的次数越多，其重要程度就越高。这里词在文本里面出现的次数就叫作"词频"（Term Frequency，TF）。但是单纯只看词频的话，会有一些比较明显的问题。比如，一些类似"的""在""是"这类词经常出现的频次非常高，但是它们本身并没有比较明显的语义。这些词叫作"停用词"（Stop Word），需要在关键词结果中过滤掉。

除了需要去除停用词，还面临的一个问题是对于出现次数一样的词，它们的重要程度需要依据指标来进一步细分。不同的词，每次出现所代表的重要程度是不一样的。比如"动物""狗""哈士奇"三个词，如果它们在文本里面出现的次数是一样的，那么"哈士奇"相对"动物"和"狗"就应该具有更高的重要度。因为"哈士奇"表述了更具体更明确的含义。

对于一个词的具体程度，一种常见的衡量指标就是"逆文档频率"（Inverse Document Frequency，IDF）。它是通过计算词在语料库中的出现次数来衡量词的这个维度指标的。举例来说，"哈士奇"这个词在语料库中出现的总次数是小于"狗"这个词的，这就代表"哈士奇"更独特、更具体。

具体来说，"词频"（Term Frequency，TF）和"逆文档频率"（Inverse Document Frequency，IDF）的公式定义如下：

$$词频（TF）= 词在文本中出现的次数$$

$$逆文档频率（IDF）= \log \left(\frac{语料库中文档总数}{包含该词的文档数 +1} \right)$$

同时为了归一化，词频又经常计算为：词在文本中出现的次数 / 文本的总词数。

这里就形成了一个最经典的计算词在文本中重要程度的指标：TF-IDF= 词频（TF）× 逆文档频率（IDF）。TF-IDF 越高的词在文本中的重要程度越高。

（2）标签类目体系

前面基于标签云的内容标签建模比较直观和具体，其特点是能够比较准确和丰富地表示内容的信息。同时，其缺点是缺乏一定的抽象和层级体系，从而使实际运营人员使用起来存在一定困难，需要进行人工关键词的遍历和筛选，而这一过程需要更多的人力。

为了解决以上问题，一般先建立一套或是多套包含层级的逐步从抽象到具体的标签类目体系，然后再将内容分类或是标注到这个固定的类目体系上面。一个示例的类目体系如表 9-7 所示。

表 9-7　示例标签类目体系

一级类目	二级类目	三级类目
娱乐休闲	电视剧	偶像
娱乐休闲	电视剧	武侠
……	……	……
娱乐休闲	电影	喜剧

（续）

一级类目	二级类目	三级类目
娱乐休闲	电影	动作
……	……	……
娱乐休闲	音乐	乡村音乐
娱乐休闲	音乐	摇滚乐
……	……	……
娱乐休闲	综艺	真人秀
娱乐休闲	综艺	情感交友
……	……	……
娱乐休闲	宠物	狗
娱乐休闲	宠物	猫
……	……	……

因为需要将文本内容分类到一个定制的类目体系，这里就需要用到文本的分类算法和模型。按照是否需要标注有真实类目的文本作为训练数据，文本的分类算法可以分为监督算法和无监督算法两种。

1）监督文本分类。现有真实业务场景中为了实现海量文本类目标，经常采用的是人工标注与监督学习算法标注相结合的方案。如图 9-10 所示，此方案一般流程为，先采用外包或众包等形式人工标注一批文本的类目，这些人工标注的结果将作为训练样本，后续采用支持向量机或是深度神经网络等监督学习算法来提取这些训练样本中文本与类目的映射模型。最终用机器学习算法提取的映射模型来对海量的文本进行标注。

人工标注
训练样本

训练机器
学习算法
标注模型

用训练的
模型标注
海量数据

图 9-10　监督文本分类流程

BERT（Bidirectional Encoder Representations from Transformers）是最近比较流行的一个文本分类算法。其基本原理是利用大量语料库中的文本先训练一个基于翻译器（Transformer）的语言模型。这个语言模型可以将文本转换为数字的向量化表示。然后再利用已有标注的文本分类数据去进一步训练和微调得到的语言模型，从而完成文本的分类任务。

BERT 比另外一些常用的文本分类算法，比如 TextCNN，在文本分类等自然语言处理任务上面能够取得更好的效果，是因为它在学习有标注类目的样本的同时也利用到了大量没有标注的语料库中文本的信息。

现有监督文本分类算法在有比较丰富和高质量的类目标注样本的时候能够实现比较好的文本分类效果。但是，这些算法依赖人工标注来形成训练样本，而且人工标注训练样本的数量随着标注类目体系包含类目的数量增多而呈线性增长。例如，假设机器学习算法学习标注一个文本类目需要人工标注 1 万条训练数据，那么学习标注一个包含 1000 个类目的文本类目体系就需要人工标注 1000 万条训练数据。这就要耗费大量的人力和财力。

实际业务场景经常是难以满足现有监督算法对于高质量和大规模类目标注样本的需求，这时候，就需要考虑采用无监督的文本分类算法。

2）无监督文本分类。文本的无监督分类是比较前沿的研究领域，现在仍存在较大的技术困难。现有监督算法的主要问题在于没有真正的知识，没有真正理解文本和类目。现有算法只是在学习大量人工标注训练样本里面的模式。

一种比较直观的无监督文本分类是可以将文本和类目向量化，然后选择与文本向量最相似的类目向量作为文本的类目。这里就是将无监督的文本分类问题转化为找文本的最大语义匹配类目的问题。这种算法的具体实现流程如图 9-11 所示。

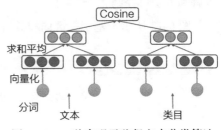

图 9-11　一种直观无监督文本分类算法

首先对文本分词处理得到 $[w1, w2, \cdots, wm]$，然后将切分好的词输入 BERT 等预训练的语言模型中，输出得到每个关键词对应的向量表示：$[[V11, V12, \cdots, V1n], \cdots, [Vm1, Vm2, \cdots, Vmn]]$，其中 m 表示词的数量，n 表示向量的维度，Vij 为实数，如：输入 ["我"，"爱"，"中国"]，经过网络编码，生成 $[[V11, V12, \cdots, V1n], \cdots, [V31, V32, \cdots, V3n]]$。得到每个关键词

对应的向量表示后，通过加权平均获得整个文本的向量。同理，对层级类目处理后进行编码和加权平均得到类目的向量表示。比如层级类目"娱乐休闲 – 宠物 – 猫"，可以处理成 ["娱乐休闲"，"宠物"，"猫"] 并输入语言模型中得到类目关键词向量。对得到的类目关键词向量加权平均得到类目的向量表示。然后计算文本向量与类目向量的 Cosine 相似度，选取最高相似度的类目作为文本对应类目的标注结果。

上面这种算法比较直观，但是在实际应用中其效果比较一般，一般只能用于分类区分度非常大的类目。

我们建立了"基于关键词知识与类目知识的无监督短文本层级分类"的探索项目来进一步优化无监督文本分类的性能。项目的主要思想是引入关键词和类目两种知识来帮助算法理解关键词和类目的含义。然后基于知识进行文本的分类和标注。关键词知识主要来自三个方面：关键词的网络搜索上下文、关键词的百科上下文、关键词到类目词的后验关联概率。我们提出类目语义表达式来支持用户表达丰富的类目本身和类目之间的关系的语义，比如支持表达类目的层级关系，类目的正向关键词、负向关键词等。引入关键词和类目帮助算法摆脱了对于大量人工标注训练样本的依赖，同时算法分类的过程做到了人工可理解和人工可控制。

图 9-12 所示为基于关键词和类目知识的无监督文本层级分类算法流程图。

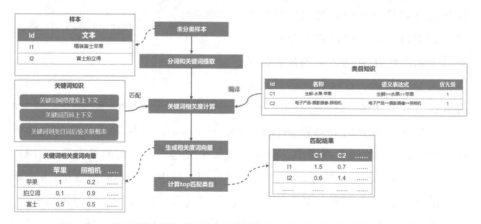

图 9-12　基于关键词与类目知识的无监督短文本层级分类算法流程图

（3）标签知识图谱

前面介绍的标签云与标签类目体系的内容建模方法有各自的优点和局限性。标签云的优点是可以比较准确地提取内容的关键部分，其缺点是比较零散，没有体系和抽象性。标签类目体系的优点是有标签的体系和层级抽象，其缺点是类目体系的定义需要人工经验，经常不能完整覆盖内容的所有关键信息。那么是不是可以有一种标签建模的方案可以兼顾内容含义表述的丰富性和层级抽象性呢？标签知识图谱就是其中一种这样的方案。

标签知识图谱是基于挖掘的标签云的结果，将关键词关联对应的图谱节点，再利用图谱节点本身和其相关节点的信息来表达内容相关的更抽象的语义。举例来说，如果一个内容的标签云包含"哈士奇"的关键词，那么通过关联如图 9-13 所示的"哈士奇"的标签图谱，就可以进一步给这个内

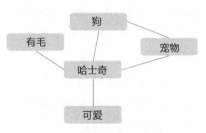

图 9-13　示例标签图谱

容赋予"狗""宠物"等原文里面没有直接出现的更加抽象的标签。

这里的关键是如何生成标签知识图谱。一种比较经典的生成标签图谱的方法是基于统计两个词在语料库中同时出现的概率，再通过概率阈值过滤形成初步的标签知识图谱。具体来说，定义 $p(w2|w1)$ 为在包含词 $w1$ 的语料中同时出现词 $w2$ 的概率。词 $w1$ 在图谱中的关联标签就是 $p(w2|w1)$ 取值超过阈值的 $w2$ 的组合。这种经典的标签图谱生成方法具有鲁棒性和实用性，但这种方法只能刻画标签之间的相关度，并不能挖掘标签之间类似于"从属"的更深度语义关系。比如，在语料库中，"哈士奇"除了和"狗"共现概率比较高之外，它和"猫"的共现概率也可能比较高，因为一般有很多同时讲"狗"和"猫"的内容。使用以上的经典的方法不能区分 ["哈士奇" > "狗"] 和 ["哈士奇" > "猫"]这两对关系的不同。

平时真实业务里面通常可以积累大量有特定类目标签的内容数据，比如商品和其对应的类目数据、图书和其对应的类目数据等。

这里再介绍一种基于已有类目的内容挖掘"从属"关系的标签知识图谱的

方法。首先，计算文本关键词到每个类目的概率。然后对于类目中包含的类目关键词，取文本关键词到类目关键词概率＝文本关键词到类目概率。相关概率计算公式：关键词 ki 到类目关键词的从属概率＝关键词 ki 所在类目中 ki 出现的次数 $/ki$ 在全部数据中出现的次数。比如文本关键词"二哈"在类目"宠物—狗—哈士奇"（对应类目关键词集合为"宠物／狗／哈士奇"）中出现了9次，在全部的数据中文本关键词"二哈"出现了10次。通过上述公式计算得三条文本关键词"二哈"到类目关键词的从属概率如下："二哈—宠物—0.9"，"二哈—狗—0.9"，"二哈—哈士奇—0.9"。后面，再通过阈值过滤，这里就能够形成标签的从属关系知识图谱。

2. 用户兴趣程度建模

有了内容本身的兴趣标签，后面还需要根据用户与内容的交互行为去确定用户的兴趣标签以及兴趣程度。对于用户兴趣程度的建模主要有人工经验模型与学习训练模型两种。

（1）人工经验模型

基于人工经验的用户兴趣程度模型是现在业界普遍采用的方法。这里一般将用户的行为统计结果作为输入，然后通过定义人工经验公式来计算用户的兴趣程度。一个典型的计算用户 u 对于标签 k 的兴趣程度的人工经验公式如下：

$$f(u,k) = \sum_{a \in A} W_a \sum_{t=1}^{T} \beta^{t-1} \frac{N_{a,t,k}}{N_{a,t,k} + C} I_{a,k}$$

人工经验模型的优点是不需要标注训练数据，人工可理解、可干预，鲁棒性强，等等。但是，其缺点也比较明显，就是需要大量人工经验，需要不断通过实验来调节经验参数。而且，人工经验一般具有局限性，不可能人工设计出全局最优的经验函数。

（2）学习训练模型

鉴于人工经验模型存在的局限与不足，工业界也开始尝试设计和应用基于学习训练的用户兴趣程度模型。

学习训练模型一般是通过用户与内容的交互行为作为特征，以人工标注的用户兴趣程度作为监督标签，然后通过机器学习模型进行训练，得到用户兴趣预测模型后，例行化通过用户新增行为对用户兴趣程度进行预测。常用的用户兴趣程度采用的机器学习模型包括线性回归、决策树，以及更加复杂的深度学习模型等。

学习训练模型可以弥补人工经验模型中人为设计经验的缺陷，在具有充足的标注样本进行训练的情况下，可以对用户兴趣进行更加精准的建模。但是由于学习训练模型需要训练模型和标注数据，机器成本和人工成本更高，同时可解释性相对较弱。因此对于人工经验和学习训练两种模型需要根据实际需求和资源进行选择。

3. 用户兴趣挖掘所面临的挑战

用户兴趣挖掘面临两方面的挑战，一个是对于内容本身的理解，一个是对于用户兴趣的理解。

对于内容本身的理解方面，主要困难在于现有流行的监督标注和分类算法需要大量的人工标注训练数据来训练模型，从而不能满足真实业务的灵活性、可控性、易迁移性的需求。真实业务中，在监督模型不能满足业务需求的时候，往往会回退到可控性较高的基于大量人工的规则标注和分类的模型，这样就违背了算法能够帮助提高挖掘效率的初衷。为了解决上面的问题，我们探索并在本节前面部分介绍了一个创新的基于关键词与类目知识的无监督文本分类模型。同时，文本的无监督分类是比较前沿的研究领域，现在仍存在较大的技术困难，需要进一步的研究和优化。

对于用户兴趣的理解方面，前面介绍的用户兴趣程度建模主要适用于用户的中长期的比较稳定兴趣的挖掘。用户还有很多短期和多变的兴趣需要进一步的针对性的挖掘和优化。同时每个用户的个体行为模式和频度也可能存在很大差异性。

当前用户兴趣挖掘遇到的问题虽然很多，但并非无解，长远来看，随着知识体系的丰富和平台的完善，是可以较好地完成用户兴趣快速挖掘的。

9.5　数据内容挖掘与推荐

推荐应用中，需要自动发现并抽象 task-specific 下不同 item 在用户行为方面的共性。这本来是预测模型需要解决的问题，但实践中往往会遇到冷启动和模型学习收敛较慢等一系列问题，因此提前为 item 提取特征就是一种折中的方案。比如：基于 item 图像底层特征相似性构建聚类 ID 或嵌入表征就可作为特征在一定程度上解决冷启动问题；再比如，统计 item 在各种人群下的点击率作为特征可以减少模型层数从而加速收敛。此外，还可以给 item 定义各种丰富的语义标签作为模型特征，当然，这里有一个潜在假设，即具有相同或相似标签特征的 item 在用户行为上具有共性。实践中我们发现，独立于预测模型提取 item 特征并不总是有效，很多时候甚至带来副作用，究其原因还是没有匹配 task-specific 下 item 在行为上的共性。

近年来，从图像和文本底层信号（像素、文字等）出发采用深度骨干网络提取泛化特征成为一种趋势，例如 CNN、Bert、GPT 等，但需要注意的是这些在图像和自然语言领域证明有效的 base-model 并不一定总是能很好地迁移到当前的推荐应用场景。本质上，骨干网络提取的特征是否有效还要看 model 输出的嵌入表征相似性是否与 item 在 task-specific 下用户行为的相似性保持一致。

9.6 数据内容挖掘与 AI 创作

机器写作技术自从进入人们的视野以来就备受争议，一方面是因为机器洗稿技术蔓延给自媒体的原创生态带来了较大的挑战，从而让人们觉得这是一项违背"科技向善"原则的技术；另一方面因为机器写作技术引发了人们的恐慌：自身工作是否会被技术替代。其实技术本无善恶，而且技术也可以用来武装人。只要使用得当，趋利避害，机器写作等 AI 技术将带给我们许多帮助。

9.6.1 机器写作业界现状

AlphaGo 掀起的 AI 热潮，大大提高了大家对机器写作水平的预期，在此做一个复杂度的比较，发现 800 字文章创作的复杂度远大于 AlphaGo 所在围棋领域的复杂度，随着文字数量的增加，复杂度呈指数倍增加。实际上机器撰写一篇 208 个字的文章的复杂度已经和 AlphaGo 所在围棋领域的复杂度相当了

（字符有很多的固定搭配，围棋也有很多套路，比较时忽略这部分的因素），如图 9-14 所示。

假设常用的汉字 5000 个，高考作文通常 800 个字的文章的可能性：

$$5000^{800} = 10^{2952}$$

远大于（>>）

AlphaGo 所在围棋领域的复杂度：

$$361! = 10^{768}$$

宇宙中的原子数 10^{80}

如果写一篇 208 字的文章，复杂度约等于 AlphaGo 所在围棋的复杂度，因为：

$$5000^{208} = 10^{769}$$

图 9-14 800 字文章创作的复杂度

由于围棋对弈双方的胜负有很清晰的判定准则，因此可以通过机器自身对弈的方式构建大量的训练数据，再加上深度强化模型的搜索能力从而达到了远超人类的水准。

目前机器在一些规则较多的场景表现还不错，比如写对联、写诗歌，因为规划的约束极大地降低了问题的复杂度，从而使得我们只需要几万首诗歌就可以训练出一个让我们感觉还不错的模型。

总体来看，在商业文案写作领域，如广告文案在百度、头条、腾讯等公司广告平台均有接入，不过开放出来给普通用户体验的只有头条。目前为中长尾的广告主提升效率和投放效果的方法层面仍然以模板模型为主，检索模型为辅，未来的方法是基于动态模板和用户画像结合的个性化文案。商品推荐语目前多为 A+B 的短句模式。从 demo 体验看，生成模型可用率仍有较大的提升空间。全自动商品软文目前业界产品较少，部分小公司按篇售卖，多为文章改写或组合，有一定的版权风险，能体验到的产品主要还是基于商品推荐语组成的软文，效果有较大的提升空间。

各大新闻网站和自媒体网站早期都会通过这部分能力来补充现有内容库的

不足，给用户提供更多的财经、天气、体育等实时资讯报道，总体看数据模板资讯是比较成熟的业务摘要组合，作为一种资讯聚合形式一定程度上给用户提供快餐式的资讯体验，不过整体效果仍有较大的提升空间。

辅助写作工具目前主要以素材推荐（原文摘要、段落切分）为主要内容，辅以热点建议、标题生成、纠错、文字润色等工具，一定程度上提升了用户的写作效率。

9.6.2 机器写作方法现状

目前业界主要的写作方法有基于检索的改写方法、基于模板的写作方法、基于大规模数据训练的神经网络模型生成方法。改写方法基于核心元素检索候选预料，修改非核心表达，包括了同义词替换、指代消解、句式变换、相似句子替换等子模块。基于模板的写作方法在不修改句式的前提下抽取核心元素并替换。基于神经网络模型的生成方法基于核心元素生成非核心表达，可以创造新的句式。

图 9-15 所示为机器写作方法示例图。在实践过程中，每一种方法都有它的适用场景，很多同学可能过高预估了机器的智能，在我们的调研和实践过程中发现，基于神经网络模型的生成方法目前在业界使用较为有限，即便是改写方法和模板写作方法也还面临着不少问题，比如改写方法中同义词替换中的方向性问题，在大多数的场景中“张国荣”都可以替换为哥哥，但是哥哥不能替换

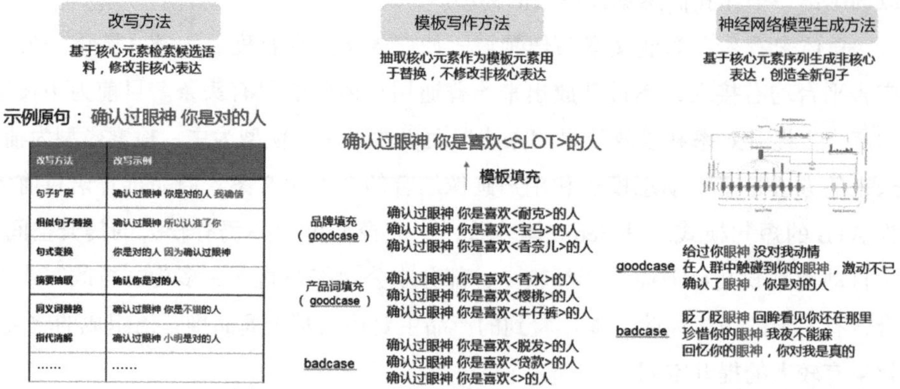

改写方法	改写示例
句子扩展	确认过眼神 你是对的人 我确信
相似句子替换	确认过眼神 所以认准了你
句式变换	你是对的人 因为确认过眼神
摘要抽取	确认你是对的人
同义词替换	确认过眼神 你是不错的人
指代消解	确认过眼神 小明是对的人
……	……

图 9-15　机器写作方法示例图

为张国荣；还有同义词替换的搭配问题，比如"确认过眼神，你是对的人"改为"确认过眼神，你是正确的人"，我们也会觉得有些别扭。同样在模板方法中，槽位（slot）的填充需要考虑填充词和上下文的搭配情况，因此我们在商业文本理解方面做了大量的工作，比如品牌识别、产品词识别、属性词识别等。

9.6.3　个性化 AI 写作

AI 写作很重要的一点是如何根据用户的喜好写出千人千面的文案，广告文案模型如图 9-16 所示。在这个过程中我们需要引入用户画像信息，用户画像信息有很多，比如用户的年龄、婚恋状态、职业、消费能力、兴趣爱好等。

图 9-16　广告文案模型

如图 9-17 所示，以酒店文案为例，针对情侣、家长、商务人群，文案模型分别生成针对性的营销文案，最好再结合动态的选品，使得产品和文案相匹配，从而最大化推荐系统的收益。

图 9-17　酒店文案示例

大数据平台运营

将大数据平台搭建起来，只是万里长征第一步。如何把大数据平台运营好，给用户提供更高效、稳定、便捷、成本低廉的大数据服务才是关键所在。大数据平台运营涉及很多方面，接下来，我们将分别从大数据平台规划、平台治理、运维体系构建、运营成本优化及数据资产管理这几方面，介绍腾讯在大数据平台发展历程中积累的一些经验。

10.1　大数据服务规划

服务规划的目的是在成本、效率及安全之间找到一个平衡点，使得服务能够更好地支撑业务快速发展。服务没有提前规划好，最直接的后果是影响产品体验、破坏产品口碑，业界也有不少案例。比如对在线服务器的容量预估不足，会导致用户登录不上服务，或者用户登录以后频繁掉线等。

在讲大数据服务规划之前，我们先来看看大数据服务与传统后台服务的差异性。传统后台服务属于封闭系统。这类系统通常与业务指标强相关。比如，一个网站接入层服务器数量，这个直接与服务器单机的处理性能以及用户请求量相关。各个区域及运营商机房需要部署多少接入层服务器，与各个区域各运营商的用户请求数量相关。因此，做传统后台服务规划会相对容易一些。大数据服务属于开放系统。大数据平台对于用户来说就是提供数据存储和计算能力。最终对用户产生价值的是运行在大数据平台之上的用户开发的数据分析及应用逻辑。而这些代码逻辑对于平台管理者来说，通常是不可见的。这使得大数据平台很难建立精确模型来描述数据应用与资源之间的关系。另外，在当前数据价值凸显的时代，为了最大限度挖掘数据价值，大数据平台的增速很大概率会超过业务指标的增长。任意增加一些采集信息的上报或者新的分析功能，平台就需要增加不少存储和计算资源。正是这些特殊性，使得大数据服务规划面临很大挑战。此外，大数据平台在进行计算时，尤其是离线计算时，会产生很大的突发流量，同时整机的负载也很高，这对基础设施也有很高要求。正是因为具有这些特点，使得大数据服务在规划时要考虑的问题也会更多，有些可能会颠覆我们常规的认知。接下来将介绍腾讯大数据服务演进过程中，在 IDC 建设规划、网络架构设计、服务器选型以及安全策略选择这几方面的一些思考。

10.1.1 IDC 建设规划

在云服务越来越普及的今天，不管是私有云还是公有云，互联网数据中心（IDC）建设看起来似乎离大家都很远。的确，当平台规模小的时候，比如只是几十台或者上百台，可以不用关注这个问题。但当平台规模扩大到几千台甚至上万台的时候，IDC 建设规划是一个绕不过的坎。通常来说，IDC 建设周期较长，一般按年计。IDC 在交付以后，若需要进行调整不仅费钱、费力、费时，而且有些还不能调整，比如每层楼能放置的总机架数量等。因此，如果 IDC 建设前期规划做得不好，后面不仅会给大数据服务持续运营带来很多问题，甚至会严重影响到上层数据应用。

当然，IDC 建设是一个非常专业的领域，涉及基建、供电、供冷、布线、安防、监控等方方面面。对于这些知识，这里不涉及。下面主要基于大数据平台的视角，重点介绍在 IDC 建设规划中，需要特别考虑的一些问题，从而使得交付的 IDC 能够更好地支撑大数据服务。

1. 承重

看到这个标题，可能读者心中会有疑问，服务器能有多重，还能把 IDC 的楼给压塌了吗？最早我们在部署大数据服务的时候，也根本没考虑过 IDC 在承重上会有问题。所以只要哪个 IDC 有机位，我们就把服务器部署上去。但是通常来说，大数据服务器，以常见的 2U1 为例，一般会挂载 12 块 SATA 盘，有些甚至会挂载 24 块 SATA 盘。这种服务器在重量上会比一般常见的逻辑型或者缓存型服务器重很多。而 IDC 在设计承重标准的时候，通常是以通用型服务器的重量标准来设计的。这就导致 IDC 交付以后，如果大规模上架大数据服务器，会造成机位空置率较高。一方面，会影响上层业务使用。比如原来规划的10 个机架，可以放 400 台服务器，因为承重问题，可能最终上架的服务器不到300 台，甚至更少，使得业务的需求不能及时得到满足。另外一方面，也会增加平台的运营成本，比如原来租用一层楼能满足业务需求，现在可能需要租用两层楼，等等。此外，随着目前整机架技术的发展，存储专用机架满载的重量会比当前单机架满载的重量还要重很多，这同样会影响到最终的上架密度。

如果 IDC 定位于支持大数据服务，那么在设计阶段一定需要考虑承重是否能够和上架的规模以及机型重量匹配，确保后续承重不会影响到服务器上架密度。

2. 供电

由于大数据平台中有大量的计算任务，既有 CPU 密集型作业，也有 I/O 密集型作业，因此服务器 CPU 以及 I/O 利用率通常会比常规在线服务器高很多。所以大数据平台服务器整体功耗也会高很多，在计算高峰期，服务器 CPU 峰值利用率甚至可以达到 100%。图 10-1 是线上大数据平台中服务器一天的平均 CPU 利用率情况。

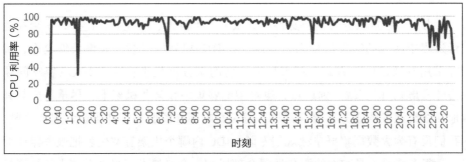

图 10-1　大数据平台服务器 CPU 利用率

通常 IDC 在设计供电的时候是以常规在线服务器为标准的，且峰值利用率按照 80% 计算。以目前常见的大数据服务器（80 线程 CPU，256GB 内存，12 块 SATA 盘）为例，单台服务器满载的功耗约 500W。但是，目前主流的 40U 机柜供电基本上只有 6000W 左右。这使得一个 40U 的机柜，最终因为电力原因，只能上架 12 ~ 13 台大数据服务器，机架中机位的空置率达到 40%。

因此，在做 IDC 建设规划的时候，供电也是重点，确保电力供应不会成为平台发展的瓶颈。

3. 供冷

如前所述，大数据平台在计算高峰期，服务器整机负载会非常高，因此所需要的冷量也比常规在线服务器大很多。如果大数据服务器集中在机房的某个区域，而 IDC 在供冷设计时没有考虑过这种高功耗的情况，那么很有可能会造成 IDC 局部升温甚至过热，进而影响到服务器工作的稳定性。极端情况下，还可能导致大批量服务器降频甚至宕机。我们在平台发展的早期，曾经就遇到过某运营商 IDC 因供冷不足导致局部过热，进而出现服务器降频影响服务稳定性的情况。由于 IDC 供冷系统改造难度太大，最终只能通过降低服务器上架密度来解决该问题。

通常来说，供冷系统按照设计标准交付以后很难改造，或者说要改造也不是一朝一夕的事情。因此，为了避免后面出现类似问题，在 IDC 建设规划阶段，也需要考虑供冷因素，提前预防。

4. 专区

由于大数据服务有其特殊性，如服务器重量大、功耗高，此外，平台在运行过程中网卡的突发流量大，因此，在 IDC 规划的时候，如果条件允许，最好采用专区建设的方式，将大数据平台的服务器集中在某个 IDC（容灾问题另外考虑）。即使做不到这点，也希望能够集中在某些机架下，尽量不要与其他在线类服务的服务器混合部署，避免影响到在线服务。在平台的起步阶段，我们没有为大数据集群单独规划专区，IDC 内哪个机架有空位就把服务器放上去，很多情况下是和在线服务器混合部署在一个机架下。当平台有大的计算任务时，就会造成网络拥塞，导致在线服务的延时增大甚至丢包，严重影响产品的用户体验。

当然，从另外一个角度看，按照专区建设又会涉及机位预留问题和运营成本问题。所以到底该预留多少，才能满足业务增长需求且成本可控，这个需要结合业务增长速度、机房建设速度及运营成本等因素来综合决策。

正是因为大数据服务和传统的后台服务差别很大，IDC 在规划和建设的时候，要充分考虑到承重、供电、供冷方面是否能满足大数据平台的需求。另外，建议采用专区建设的方式，实现集中化部署，提高平台运行效率，也降低对其他服务的影响。

10.1.2　网络架构设计

网络架构设计是一个非常专业的领域。下面从大数据服务的视角，提出一些在网络架构设计过程中需要关注的问题，使得最终的网络架构方案能够更好地支撑大数据服务，这里面不会涉及具体的网络架构设计原理。

在云环境下，用户更多关注的是网络时延、质量、成本等因素。比如传统的后台服务，用户可能会关心网络时延、出口带宽等指标，而对于内网带宽一般来说不会去关注。但对于大数据服务来说，内网带宽，尤其平台中任意两台服务器之间的点到点带宽，是一个关键指标。

通常来说，大数据平台底层的存储和计算系统采用分布式架构的集群，如HDFS、Yarn。平台中的数据文件会按照固定大小切分成多个块，然后以块为单位分布在存储集群（如 HDFS）中不同的服务器（节点）上。当有计算任务发起的时候，计算节点会通过网络将存储在其他节点上的数据读取过来（当然，通过本地化计算可以降低一部分从远程节点上读取数据的概率），计算产生的中间结果会临时存储在每个计算节点上。当需要对计算结果汇总的时候，负责运行汇总任务的节点会通过网络将其他节点计算产生的中间结果拉取过来。这使得大数据平台在计算过程中，节点之间会产生大量的网络流量，高峰时，甚至可以把万兆网卡顶满。图 10-2 是我们线上大数据平台中服务器的网络流量图。

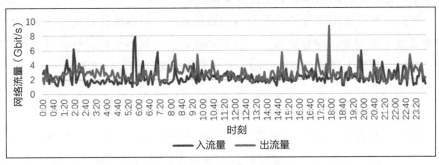

图 10-2　大数据平台服务器网络流量（见彩插）

正是因为有这样的问题，所以需要将大数据平台的服务器隔离到同一个网络模块下，尽可能降低突发流量对同 IDC 内其他服务的影响。通过图 10-2 也可以看出，集群内每个节点之间的点到点带宽是平台整体计算效率的一个瓶颈。

目前大数据平台通用的网络架构采用两层设计，如图 10-3 所示。

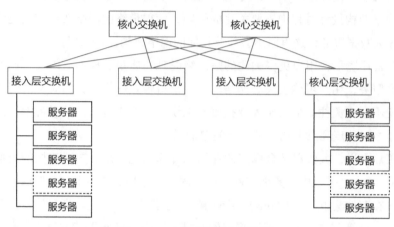

图 10-3   大数据平台网络架构

服务器挂载在接入层交换机下，接入层交换机直连内网核心交换机，多个内网核心构成一个网络模块。这里面需要重点关注，接入层交换机到内网核心交换机之间的收敛比。如果收敛比为 1，那么该网络模块下，任意两台服务器之间的点到点带宽都能跑满，效率肯定高，但这也意味着需要增加更多的核心交换机，网络模块的整体成本也会增加很多。

因此，网络架构设计要结合集群的数据规模、整体的计算量、未来的增长趋势及成本等因素，综合决策一个合理的收敛比。网络架构设计需具备可扩展性，同时在机架上预留足够的空间，来满足未来带宽扩容的需求。

10.1.3   服务器选型

整个大数据平台的成本大部分集中在服务器上。选择一款与业务匹配的服务器，让服务器各个部件能够得到充分利用，可以有效降低平台整体成本。服务器最重要的三个部件分别是 CPU、内存和硬盘。当前腾讯主流的服务器配置是：CPU 80 线程，内存 256GB，硬盘为 12 块 4TB 的 SATA 盘。不过，这个配置不一定适合其他公司。比如，有些公司可能计算任务没有那么多，那么 CPU 可以选择线程数相对少一些的型号；有些公司可能大部分是 Spark 类应用，需要大量内存资源，那么内存就要配置得更多一些；另外，有些金融类公司因为监管要求，数据需要保存很长时间，那么硬盘就可以采用 12TB SATA 盘。

服务器选型的目标，就是整机的计算能力、存储能力及 I/O 能力在业务场景下能达到一个平衡的状态，任何一方面成为短板的话，都会造成资源在一定程度的浪费。当然，除此以外，还要综合考虑部件价格。比如前几年内存价格暴涨的时候，内存配置太大肯定不会有太好的收益。

如何判断服务器配置是否符合业务需求，对于大数据这个应用场景来说，其实不那么容易。主要原因是，大数据的计算场景比较复杂，既有 I/O 密集型作业，又有计算密集型作业，还有混合型作业。并且各种类型作业占比随时在变，很难明确从整体上知道业务对算力及 I/O 的需求。过往服务器在选型时，更多的是测试服务器各部件能力，比如浮点运算次数、I/O 读写速度等。这些指标很难映射到大数据实际业务场景中，只能作为参考。对于从零开始部署大数据服务，可以参考业界已有的一些服务器配置，当然也需要结合自身业务场景进行调整。对于已经有大数据平台的团队，建议直接把测试服务器扩容到线上集群进行测试。在测试过程中，重点看作业平均时耗及整机吞吐量这两个指标。如果这两个指标满足预期，并且整机各方面能力都比较平衡，那么就可以采用这个服务器配置，否则就对配置做相应的调整。

大数据平台从架构本身的设计上看是可以容忍单机故障的，因此对服务器配置及稳定性要求没那么高。所以一个很自然的想法就是把这些旧服务器利用起来，这样可以节省采购新服务器的成本。看起来，这是一个很划算的事情。但在做这个决策之前，建议先算一下两种方案的总拥有成本（TCO）。旧服务器虽然不需要消耗现金流去采购，但是依然会产生机架租用、电费及网络成本。新机器虽然有服务器采购成本，但整体性能可能是旧服务器的好几倍，算下来整体成本不一定比前一个方案高。

总的来说，没有哪个服务器配置能满足所有业务要求，所以在为大数据平台选择服务器时，有条件的话，可以直接通过现网测试来验证配置，没有条件的话，可以参考业界经验，再结合自己应用场景进行决策，尽量让服务器各部件能够物尽其用。

10.1.4 安全策略选择

近年来，随着大数据及人工智能技术发展，数据在一个企业中的价值越来越凸显。国家也颁布了一系列法律法规来保护数据安全。由于大数据平台是存储整个企业最重要的数据资产的系统，因此如何最大限度地保障其安全，也是一个核心问题。安全细分领域很多，这里主要是从大数据平台管理者的视角去看，如何对安全策略进行取舍，不涉及具体的安全技术。

大数据平台通常部署在企业内网中，一般不能通过外网直接访问，这降低了一些安全风险。从目前社区版本的安全能力上看，缺乏认证体系保障，在权限管控方面也相对较弱，因此存在不小的安全风险。例如，对于 HDFS 来说，很容易通过伪造用户的方式越权访问数据。大数据生态中的其他组件也有类似问题。当然，社区也有一些增强方案，比如基于 Kerberos 的认证。但这会使得平台性能严重下降，同时服务也有单点问题，一般很少会在生产环境上部署。

目前业界常见的解决方案一般有两类，一类是通过修改平台代码，扩展相关的认证及鉴权功能。这个需要团队对平台内核有很强的掌控能力，一般的企业很难有这个能力。还有一类是通过在大数据平台外围构建一套系统将平台封装起来。平台不能直接访问，必须通过外围系统才能访问。认证鉴权等功能在外围系统实现，而在平台内部则继续沿用现有权限控制机制。这种方式实现相对简单，但会牺牲一些使用上的便利性。

除了平台本身需要建立健全的认证鉴权体系外，还需要关注数据本身的安全。对于一些敏感字段，建议先进行脱敏处理，避免在数据处理过程中，造成敏感信息泄露。也可以通过透明加密的方式，对存储在平台中的数据进行加密，降低数据泄露风险。另外，对于平台管理者来说，还需要把数据全流程操作流水保留下来，建立完整的审计机制，便于回溯。

安全往往和性能是一对矛盾体。追求更高的安全性，往往需要以牺牲性能为代价。平台具体该实施什么安全策略，需要结合现有防护能力、数据敏感度、性能以及成本要求综合决策。

10.2　大数据平台治理

大数据服务规划好以后，接下来是平台部署及持续运营。大数据平台有多种部署模式。一种模式是按业务独立部署。这种模式的优点是可以将平台风险按照业务隔离，降低不同业务之间相互影响。但这种模式缺点也很明显，比如不同业务之间存在错峰情况，这必然会导致平台整体资源利用率不高。再比如由于数据分布在不同业务集群，这也会降低整体数据使用效率。还有一种模式是多业务共享集群。这种模式可以显著提高资源利用率及数据使用效率，但也有很多挑战，比如如何对用户进行管理，如何保障各用户资源，如何实现安全隔离等。从成本和效率的角度上看，共享集群模式会显著优于独立模式。下面重点介绍在共享模式下的租户划分策略、资源管理策略和分级服务机制。

10.2.1　租户划分策略

大数据通常以公共服务形式，提供给企业内不同用户。从平台角度看，不同用户即属于不同租户。因此如何有效地划分和管理这些租户，也是共享模式下平台需要解决的一个问题。

结合我们的实践经验，租户划分需要适应组织架构和业务发展。一方面，需要和组织架构匹配。通常来说，组织中的每一个团队，都有特定的工作职责和权限范围。租户划分以后，也有相关的职责和权限。另一方面还需要和最终承担成本的核算单位匹配。每一个团队或产品关注的一个重要指标是投入产出比。从目前的趋势看，数据在整体运营成本中的比重也会越来越高，因此也需要能够将数据成本分摊到每一个具体的团队或产品。这样能够有一个比较清晰的成本视图。

一种常见的组织架构如图 10-4 所示，在集团下面有多个事业群，每个事业群包含多款产品，而每个产品下面会有不同的数据应用团队，因此采用这样的三层结构对租户进行划分。

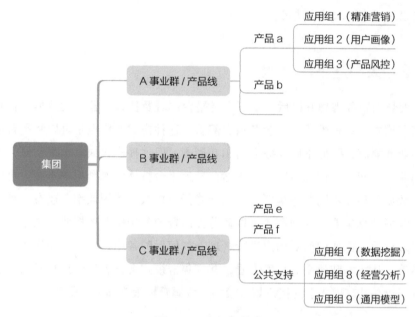

图 10-4　组织架构图

　　在成本核算时,也是按照产品、事业群的维度进行结算。当然这种划分策略也不是绝对的,只要能够适应于组织管理,能够将平台成本分摊清楚,就可以在平台上实施。

10.2.2　资源管理策略

　　由于大数据平台通常采用共享服务形式对内提供服务,因此,从资源角度,就会面临资源申请、分配。从成本角度,就会涉及预算申请及成本核算等。对于共享平台来说,最重要的是保证资源管理策略的公平性。只有保证了公平性,用户才会认可这种模式。

1. 预算管理

　　大数据平台的预算管理是可用的资源或服务的管理。每家企业都有自己的预算管理流程或制度。由于大数据平台是多租户共享,因此,在平台建设之初就应该将企业的预算管理机制引入平台资源管理流程之中,否则后续再进行拆分会很麻烦，也费时费力。

平台建立了相应的预算管理机制，一方面可以避免不同租户之间的资源使用冲突，另外一方面可以对不同租户有成本约束。从我们过往经验上看，如果没有对资源进行约束的机制，大数据平台资源需求增速会很不可控，并且用户对平台方也会有很多抱怨。

2. 资源分配

在大数据平台最重要的资源就是服务器。资源分配的原则很简单，租户有多少预算，就分配多少资源。资源的多少与预算挂钩。由于大数据平台是以服务的形式提供给用户的，因此建议在资源分配的时候，不要与具体硬件挂钩，这样可以避免在资源分配及成本核算上的麻烦。比如，服务器每年都会更新，相同的预算可能在明年就能买更好的服务器，如果按照具体服务器去分配，管理成本会较高。更好的方式是把物理资源换成标准的服务单元，比如，单位计算服务单元可以定义成 1 个内核（Core）和 3GB 内存；单位存储服务单元可以定义成 10TB。这样用户只需要关心自己需要多少计算和存储单元，而不用去管底层平台到底用什么服务器。至于服务单元的单价，可以通过平台总运营成本除以平台提供的总服务单元数得到，这样也便于成本核算。

有一类大数据应用，其单次的计算量非常大但计算频率比较低，如社群发现。这类计算任务，由于数据更新不频繁，每周甚至每月计算一次就够了。但由于计算涉及整个社群数据，单次计算量很大，同时在时效性上也有一定要求。对于这类应用，平台侧可以提供一种资源的时租模式。时租模式简单说就是平台划分出一部分资源，让用户按照小时或者分钟的粒度去申请。通过这个方式可以节省用户成本，同时也能满足用户对这类场景的计算需求。

3. 成本核算

在成本核算上，我们采用过两种模式。早期的模式是按照作业实际使用资源量进行核算，比如 CPU 时长。这种模式，初看起来非常合理，但如果严格按照实际使用资源去核算，就会发现相同逻辑的计算作业，每天成本都在波动。比如计算过程中，如果发生节点故障，可能会导致作业的整体资源消耗更多。再比如，假设一个作业需要 1 台机器执行 30h，也可以在 30 台机器上执行 1h，虽然这两种运行方式在资源消耗总量上看是一致的，但实际对平台的资源要求差别非常大。从用户角度看，当然是希望更快地完成作业，但平台总资源量是有限的。正是因为有这些问题，后面我们在成本核算的时候，采用了另外一种模式，即按照用户申请的最小资源量进行核算，不看实际资源池使用情况。这种模式好处在于：一是成本核算逻辑清晰；二是可以推动用户对资源使用进行优化，比如可以通过错峰提高资源池利用率等。当然，因为是共享模式，所以当其他用户资源空闲的时候，可以使用到更多资源，但这些资源平台侧不做保障。如果其他用户有计算需求，这些资源随时会回收。平台侧只保障最终核算的、用户申请的最小资源量。如果用户对时效性没那么高要求，可以等集群有空闲资源的时候慢慢跑，这样也可以节约成本。

10.2.3 分级服务机制

服务质量保障在一定程度上是与成本挂钩的。比如应用需要平台提供高可用服务，那么在平台部署上，各组件需要完全解耦隔离，来降低不同组件相互影响导致的稳定性风险，甚至需要提供完全冗余的跨机房甚至跨城的容灾能力。这些都与具体应用场景相关。

由于大数据平台支撑的应用类型非常多，而业务侧不同数据应用对服务质量也有不同要求，因此，平台需要为业务提供分级服务机制。具体如何分级，可以结合实际业务场景及需求来定。按照我们的经验，一般根据应用的重要性将业务分为三个等级，分别是非常重要、重要和普通。对于非常重要的应用，需要能够提供跨 IDC 容灾能力，任意一个 IDC 出现故障均不会对应用造成影响。比如实时计费类应用和在线推荐类业务。对于重要应用，当故障发生后，能以分钟级完成切换，即故障对应用的影响控制在分钟级，比如某些在线统计类应用。对于普通应用，可以在 1 天内完成恢复，故障对应用的影响时间不超过 1 天，比如离线分析类应用。

对于存储在大数据平台中的数据，也需要建立分级服务机制。按照我们的经验，也可以依据数据的重要性将数据分为非常重要、重要以及普通三个等级。对于非常重要的数据，需要能够跨城实时备份；对于重要数据，需要能够跨

IDC 备份；对于普通数据，通过多副本的方式保证可用性，不做额外的容灾。由于大数据平台存储的数据量比较大，在做数据备份时还需要考虑整体成本支出。

建立好分级服务机制以后，根据不同服务级别的应用，对平台部署和应用分布也要采取不同策略。比如，如果应用有跨城容灾要求，那么平台就需要实现多地部署。再比如，为了保证不同类型应用之间不会相互影响，还需要按应用类型来分别部署平台，比如将离线计算类型和实时计算类型拆分到不同集群。一般来说，实时计算类型应用对 I/O 比较敏感，如果和离线计算类型应用混合部署，会造成计算出现延时或者抖动。在平台发生故障时，也可以基于应用的服务等级，提供有损服务。比如，如果平台有大批量节点发生故障，资源已经不能满足所有应用需求，那么可以对服务进行降级处理，资源优先保证重要应用，普通应用则降级到排队等待。总之，通过对服务进行分级，平台可为不同应用提供差异化的、更优质的服务。

10.3　自动化运维体系构建

自动化运维能力对于大数据平台来说，尤为重要。以腾讯大数据平台为例，集群节点数过万，管理的数据达 EB 级，涉及的数据表有好几百万张，每天运行的计算任务达到千万级别。如果靠人工去管理，这是一项不可能完成的任务。下面介绍腾讯在构建整个大数据平台自动化运维体系上的一些思考，以及相关运维平台的设计原则。

10.3.1　系统运维能力演进

一般来说，系统运维能力的发展都要经历四个阶段，如图 10-5 所示。

第一个阶段是流程化。通过建立流程规范运维操作，降低运维本身的风险，同时使得运维操作能够达到标准化的目标。

第二个阶段是工具化。通过将后台的运维操作封装成工具，并将所有运维操作前台化，进一步实现提升运维效率、降低运维风险的目标。

第三个阶段是平台化。当运维工具积累到一定程度时，通过对工具进行整合和串联，形成平台。通过平台，将运维的核心能力聚合起来，并覆盖到运维过程中的各个环节，使之具备自动化能力。

第四个阶段是智能化。智能化是运维能力发展的最高阶段。它是在平台化基础之上，通过在运维过程中引入智能决策机制来减少人工干预，实现系统自治的目标。目前我们也还在向这一阶段迈进。

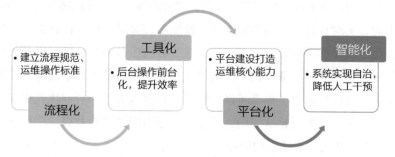

图 10-5 系统运维能力发展的四个阶段

10.3.2 系统运维工具平台

系统运维工具平台是实现自动化运维的一个关键环节，它起到承上启下的作用。一方面，通过工具建设可以将运维操作固化，确保所有运维操作能够按照流程规范执行，过程可控。另一方面，工具建设是实现自动化运维的基础。在工具平台建设中，有三个目标很重要，分别是原子化、标准化、通用化。

通常，一个运维操作包含多个执行步骤，而每个步骤对应特定的运维操作。以服务器初始化为例，一个运维操作包括如下步骤：先进行系统配置检查及初始化，然后格式化硬盘并将硬盘挂载，接下来创建用户并对用户授权，最后将初始化好的服务器交付给用户。通过这个例子可以看到，如果我们把运维操作的每一个执行步骤原子化，那么理论上每个运维操作都可以用一个 DAG 图（有向无环图）来描述。DAG 图中每一个节点代表一个原子化的运维动作，每个运维动作的输入可以是上一个动作的输出，也可以有单独输入。运维操作步骤实现原子化以后，可以最大限度在平台上实现功能复用。运维人员在做一个全新的运维操作之前，不需要实现每一个具体的执行步骤，而只需要像搭积木一样，将平台内这些原子化的运维动作按照流程堆叠起来，就可以完成整个运维操作的构建。通过这种方式，可以让运维人员更聚焦在开发通用的原子化的运维操作。

系统所有的运维操作在平台上面按照 DAG 图的形式构建完成以后，很容易实现运维操作的标准化，同时还可以按照类别固化下来。如果过程中出现问题，我们也可以很方便地在平台内对整个执行过程进行复盘。

系统运维工具平台整体架构如图 10-6 所示。

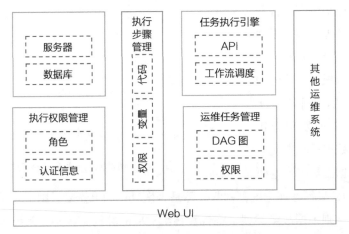

图 10-6　系统运维工具平台整体架构

由于系统运维平台的所有运维操作都固化在系统运维工具平台上，这样也可以更容易地构建自动化运维体系，这些工具就是自动化平台的执行器。

10.3.3　故障处理平台

故障处理一直以来是运维的核心工作之一，目标是当平台发生故障后，能够快速解决问题并恢复服务，降低故障影响时长。当系统规模小的时候，通过监控发现系统异常，由人工来处理就能满足可用度的要求。如果系统规模很大，比如管理的服务器达到上万台，平台涉及的模块达到几十个甚至上百个，或者对系统可用度的要求又很高，那么这种所有故障都需要依赖人工来处理的模式就不可行了。按照平台整体异常概率千分之三来算，在我们目前的平台规模下，每天至少都会发生几十起异常。如果都依赖人工处理，那么运维人员每天的工作都陷入处理故障中。运维人员的数量也会和系统规模成正比。因此，实现故障处理的自动化，是大数据平台运维的一个核心能力。

故障处理平台整体架构如图10-7所示。

基于这个平台，故障从发生到处理的基本流程是：当监控平台产生告警后，故障处理中心会根据接收到的告警，判断异常类型；然后根据故障处理规则，调用工具平台中相关工具或自助发起 ITIL 流程进行处理；状态检测中心会根据工具平台返回

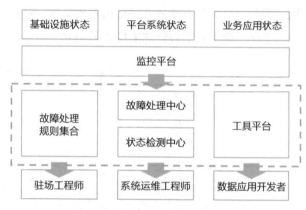

图 10-7　故障处理平台整体架构

值，或 ITIL 流程处理进度，判断故障是否恢复；如果恢复，则不发送告警；如果未恢复，则根据故障类型，将告警转给对应的驻场工程师、系统运维人员或数据应用开发者处理。其中，故障处理中心可以基于依赖人工经验配置的规则来处理，也可以基于特定场景下训练的算法模型来处理。

有了自动化故障处理平台，一方面可以降低系统故障，将运维人员从繁重的故障处理中解放出来；另外一方面，可以让运维人员将工作集中在故障识别及运维工具建设上。此外，通过该平台也能够很好地量化各个系统的自动化运维水平。

10.3.4　大数据平台无感迁移

由于大数据平台需求增长快、变化多，通常来说，前期规划很难与实际需求完全匹配。因此，对于大数据平台来说，迁移是一个无法避免的问题。大数据平台的迁移和传统的服务迁移还有所不同。对于传统服务（比如在线服务），

通常后台把新的服务部署好后，分批将流量导入新的服务就行了。再比如 DB 类服务，通常新的主机数据同步做好以后，把 query 请求直接切到新的 DB 就完成了，当然这里稍微复杂的一点是需要考虑数据一致性问题。

与这些相比，大数据平台迁移则复杂得多。大数据平台迁移，不是简单地把一个集群的数据复制至另一个集群，这里面不仅涉及底层数据迁移，也涉及上层应用迁移，并且在迁移过程中，数据和计算任务还在不断增长、变化，同时在迁移过程中还要尽可能让上层应用无感。一般的迁移过程可以概括描述如下：先搭建好一套完全一样的平台，然后将数据迁移过去，中间不断对数据进行校验；接着要和业务方沟通切换时间，确定好切换时间后，需要停服，确认数据完全一致后，再切换上层计算任务。或者数据两边同时双写，计算任务也同步运行，两套平台完全镜像，当然这样要花大量的服务器资源。由此也可以看出，迁移对于大数据平台运维人员来说，是一件非常烦琐且吃力不讨好的事情。这也是大数据运维的一个痛点。为了系统化解决大数据平台迁移问题，我们在数据任务关系链基础之上，开发了一套集群迁移平台，实现了大数据平台从数据到应用迁移的全流程自动化。

1. 数据任务关系链

大数据平台的数据来源简单来说有两种：一种是由业务系统直接产生的原始数据，这类数据具有不可再生性；一种是通过某种计算逻辑加工生成的结果数据，只要上游依赖的数据还在，这类数据还可以重新生成，非原始数据都可以认

为是结果数据。基于此，可以用关系链来描述大数据平台中的数据与数据，以及数据与任务之间的关系，如图 10-8 所示。

图 10-8 中的每一个节点代表一个数据源，比如一张表。图中每一条边代表一个计算任务，它描述的是数据与数据之间的转换关系。如图 10-8 所示，表 D 是由表 A、表 B、表 C 通过作业 A 计算得到的。通过数据任务关系链，可以

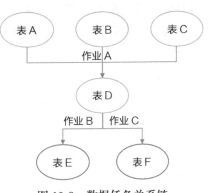

图 10-8　数据任务关系链

把大数据平台中的所有数据描述成一个由很多独立子树构成的森林。

有了这个数据任务关系链构成的森林，我们可以很直观地看到平台中数据的全貌。比如森林中，树的根节点都代表着原始数据；树里面的节点，如果边越多，说明这个数据被使用得越多，这也从侧面说明这个数据越重要等。接下来介绍的迁移平台，就是基于数据任务关系链构建的。

2. 集群迁移平台

有了数据任务关系链，就可以不用以集群为单位进行迁移，而以关系链中的独立子树为单位进行迁移。这样就相当于把一个大集群，切分成多个小的逻辑上独立的子集群，从而为迁移节省大量成本。我们只需要一小部分机器资源，就可以启动迁移。当然对于特别大的树，还需要对树进行切分，在实现上也会有一些技巧。

集群迁移平台整体架构如图 10-9 所示。其中，日志系统负责收集各个模块产生的日志，如 Yarn、HDFS、Hive、工作流等系统，这些日志存储在 HDFS 中。关系链生成模块对各系统中收集来的日志进行处理，并将处理结果生成数据任务关系链。关系链维护模块负责关系链校验及关系链拆分等功能。关系链迁移模块负责整体迁移工作，包括数据迁移、应用迁移及结果校验等工作。在迁移过程中，该模块会调用 Hive 元数据变更模块，进行元数据变更，以及调用任务迁移模块，完成计算任务迁移。

整个迁移任务执行流程如图 10-10 所示。当启动迁移以后，集群迁移平台会对数据进行复制。如果涉及关系链拆分，会创建双写表，该表的数据会在两边集群同时存在，达到关系链解耦的目的。当两边数据差异度达到一定阈值时，比如低于 10GB，平台会通知用户，确认什么时候可以进行迁移。用户确认可以迁移以后，平台会将涉及的计算任务进行临时冻结，待数据完全一致并完成变更以后再对任务进行解冻。这个过程一般很短暂，可以控制在分钟级。数据迁移完成后，会对两边集群数据一致性进行校验，确保完全一致。在元数据及任务完成切换以后，就会对计算任务进行解冻，至此，整个迁移流程完成。

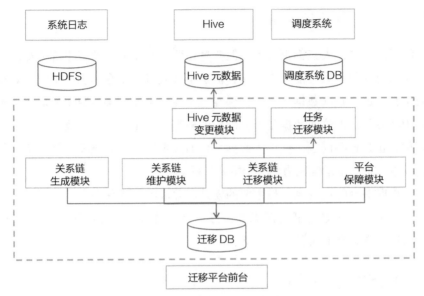

图 10-9　集群迁移平台整体架构

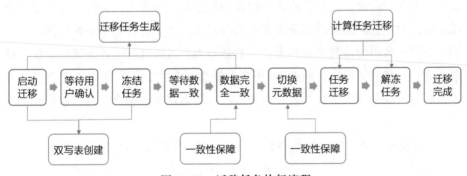

图 10-10　迁移任务执行流程

　　通过集群迁移平台，我们实现了大数据平台迁移的全自动化，同时整个迁移过程对上层应用无感，这大大地提升了平台迁移的质量和效率。由于绝大部分工作都是由系统完成的，运维人员需要做的工作只剩下选择哪些业务、哪些关系链优先迁移，这些都可以通过前台来操作，甚至这部分工作可以交给用户来做。

10.4　平台运营成本优化

数据的重要性大家都很清楚，但要量化数据在业务中的真正价值却比较困难。比如有些数据表可能现在没用，但这不代表以后不会用。由于数据具有不可再生性，那么这些数据是否应该保存下来呢？再比如某些数据的应用成本可能是 100 万元，但这些数据是否真的给业务带来了 100 万元的收益，这个也很难评估。正是这些问题，使得大数据平台的成本控制尤为重要，并且优化平台运营成本也是考量运维能力的一个重要指标。

大数据平台的运营成本最主要的就是资源成本。优化平台运营成本，可以有两个方向，一个是降低资源成本，另一个是提高资源有效利用率。接下来，将会从这两方面介绍我们的一些经验。

10.4.1　降低资源成本

大数据平台的资源成本很大一部分来自服务器。而服务器中最贵的部件是 CPU、内存、磁盘。找到这些部件的合理配比是控制成本的关键。对于平台来说，最优的服务器是在满足业务需求的前提下，各个部件都能够物尽其用。比如，如果平台中的冷数据比较多且计算量不大，可以选择大容量的磁盘配上核数相对少一些的 CPU 和内存。在服务器选型过程中，推荐采用现网测试的方式，以实现服务器的最优配置。这个方法在前面章节已经介绍过，这里就不再赘述。

从目前业界技术的发展趋势看，未来大数据平台服务器的发展方向有两个，一个是异构服务器，另一个是资源池化。理论上来讲，这两种方式都能够有效降低资源成本。

异构服务器是业界的一个热点。异构服务器通过在通用服务器中引入 GPU、FPGA、ASIC 等处理单元来实现计算加速，同时获得更好的性价比。目前业界有不少公司在这方面有尝试。比如，通过 GPU 来加速深度学习；在数据库领域，通过 GPU 加速 GroupBy、HashJoin 等算子的计算速度。在 FPGA 上业界也有不少应用。比如，可以将数据压缩工作全部交给 FPGA 卡，释放服务器 CPU 算力，同时提高网络传输效率及降低磁盘空间使用率。也有的通过 FPGA 实现特定的向量运算，在降低 CPU 消耗的同时，提高上层应用计算效率。在 ASIC 方面，业界也有不少实现特定算法（比如图像识别、音视频编解码等）的专用芯片及加速卡。我们在广告推荐以及 OCR 应用场景上也采用了异构服务器，获得了不错的性价比。随着相关技术的进一步发展及门槛的进一步降低，在服务器选型上采用异构服务器来达到降低资源成本的目标也是一个可选项。

资源池化也不是一个新的概念，在很多领域已经有应用，比如冷数据存储。冷数据访问的频率通常很低，因此不需要太多 CPU 资源。而传统的 2U1 服务器，至少需要 1 颗 CPU。实现资源池化以后，整机柜的服务器可以共用少量的 CPU 资源。大数据应用场景也很适合资源池化。服务器配置要做到完全贴合业务场景，实际上很困难。因为业务需求一直在变化，可能基于现在业务场景的这个配置很适合，但或许一年以后就不太适合了。实现资源池化以后，存储资源和计算资源等可得到充分利用，显著地降低资源浪费。目前，资源池化在大数据领域已有一些解决方案，但整体上应用得还不多。未来随着硬件技术的进一步发展，相信最终也会在大数据领域很好地落地。

10.4.2　提高资源有效利用率

提高平台资源的有效利用率也是降低平台运营成本的一个重要方向。大数据平台中存储的数据种类多且数量大，同时基于这些数据的计算任务也非常多，关系错综复杂。为使平台中的存储资源和计算资源能够最大限度地发挥价值，可对存储资源和计算资源进行优化。

1. 存储优化

通常来说，越新鲜的数据，对业务的价值越大。比如，用户最近频繁地关注汽车的相关信息，那么说明这个用户短期内对汽车很感兴趣。从大样本上看，大数据平台中的大多数计算任务都是访问最近一周或者一个月内的数据。生命周期在半年以上的数据的访问频次会比较低。对于访问频次低的数据，可以采用大容量的冷存储设备进行存储，从而降低数据整体的存储成本。按照我们的经验，通过冷热分离存储，冷数据存储成本甚至可以降低 70%。由此可见，数据的热度分析在存储优化中非常重要。

在进行数据热度分析之前，首先需要处理数据访问日志。由于日志是按照文件维度记录的，因此日志量通常来说比较大。大数据平台中的数据一般都是以天为维度进行分区存储的，因此，可以将这些日志按照分区的粒度进行合并，以达到降维的目的，进而减少计算复杂度。另外，由于计算任务输入数据大部分也是按照分区滚动的，因此，在描述数据访问行为时，可以采用如图 10-11 所示的稀疏矩阵来表示。

图 10-11 数据访问热度的稀疏矩阵

图 10-11 中横轴表示的是数据分区时间相对于数据访问日期的偏移时间。比如，按天统计数据热度，今天访问昨天的数据，那么分区偏移时间则为 1（天）。纵轴表示的是数据的访问日期。对于每一张表的数据访问，都可以构建这样一张稀疏矩阵。基于这些访问可以按照规则计算每张表、每个分区的热度。假设定义平均每天访问超过 1 次的数据是热数据（H），每周平均访问次数超过 1 次的数据为温数据（W），每周平均访问次数低于 1 次的数据为冷数据（C），由图 10-11 就可以计算出各个分区的热度。有了数据热度信息，可以采用分级多策略存储方式来降低数据整体存储成本。

对于热数据，可以采用高效的压缩算法（如 LZO）进行压缩。这种算法编解码速度快，不会消耗太多 CPU 资源，同时也有不错的压缩比，并且支持分片，可以很好地适配分布式计算环境。那些访问频次特别高的数据还可以存储在 SSD，甚至内存中，来加速计算。对于温数据，可以采用高压缩比的算法，比如 GZIP，进行压缩。这种方式通过消耗 CPU 资源来换取更高的压缩比。对于冷数据，可以在采用高压缩比算法的同时，通过 Hadoop Raid 或 Erasure Codec 等技术，降低存储的副本数。比如采用 Reed-Solomon 算法，理论上可以将数据存储的总副本数由 3 降至 1.4。此外，还可以将冷数据存储在单位存储成本更低的冷存储设备上来进一步降低存储成本。

对平台中的数据进行热度分析并实施分级多策略存储，可以达到有效降低平台存储成本的目标。

2. 计算优化

目前大数据平台支持的计算引擎及任务类型越来越丰富，计算优化一直是大数据平台资源优化中的一个难点。虽然有很大挑战，不过我们还是可以从计算的任务关系、过程及结果等几个维度发现平台中的异常任务。通过优化这些异常任务来达到提高计算资源有效利用率的目标。

从任务关系上看，如果一个计算任务对其他任务没有任何依赖，并且该任务的计算结果也没有被其他任务使用，也不出库，那么该任务可以认为是孤子任务，这种计算任务可以直接冻结，释放计算资源。

从计算过程来看，主要有两大类优化任务，一类是资源消耗明显异常的作业。比如产生笛卡儿积的计算任务，这通常都是计算逻辑不合理导致的；再比如，数据发生严重倾斜的计算任务，会导致计算资源长时间得不到释放等。还有一类是资源申请不合理的作业。比如，任务申请了 10GB 内存，但实际却只使用了 1GB，这类任务也会大量浪费计算资源。平台为了保证该任务能够拿到申请的资源，会按照任务申请的资源量进行分配，这就会导致整个平台实际资源利用率不高，平台无法下发计算任务的情况。上述这些任务都会严重影响到资源有效利用率，都需要平台侧能够及时发现并推动用户优化。

从计算结果来看，如果一个计算任务的结果长期为空或者长期失败，那么这个作业很可能异常。要么是计算逻辑有问题，要么就是数据有问题。因此，可以将这类计算任务冻结，释放计算资源。如果一个计算任务的结果不被使用，那么可以认为该计算任务是没有价值的。我们甚至可以基于任务数据关系链，通过对关系链进行回溯，把平台中与该无价值任务相关的任务和数据都找出来，判断该任务的上游数据或者任务是否有价值，从而可以把平台中所有无价值的任务和数据都挖出来，释放这部分占用的存储和计算资源。

总体来说，提高资源有效利用率是一个精细化的运营过程。对于平台管理者来说，需要构建完善的数据采集及分析体系，在此基础之上才能够更好地优化平台成本。

10.5 大数据运营分析与应用体系

数据量变引起质变。很多不是问题的问题在规模达到一定程度后会被无限放大。很多经验规则或者方法论在规模达到一定程度时会失效。当大数据平台发展到一定规模时，一些传统的运维方法和手段的局限性就会凸显。比如，系统容量管理，在很多情况下，都是依赖经验及业务的预测。当业务量较少的时候，这种方式还能够奏效，但当平台发展到需要服务上千个产品，管理的服务器数量超过万台，且业务还在高速发展期时，则过往经验或者业务预测很难有效地与实际需求匹配。

正是有这些局限性，所以我们要在运维的理念上有所改变。我们知道，数据最终通过大数据平台来释放其价值，驱动业务发展。那么在大数据平台持续运营中，我们也希望将大数据相关技术引入日常运维中，通过分析平台运营数据来驱动平台运维。

为了实现这个目标，我们在大数据平台基础之上构建了一整套大数据运营分析及应用体系，架构如图 10-12 所示。从流程上看，和大数据应用场景完全一致，也包括数据采集、分析及应用三部分。

大数据平台由各个系统运营数据，这些系统实时采集并统一存储到大数据平台，按照各种维度对数据进行清洗、整合、入库。按照机器维度，汇总各节点运行指标、作业成功率等信息。按照表的维度，汇总表的访问时间、频次、读写任务等信息。

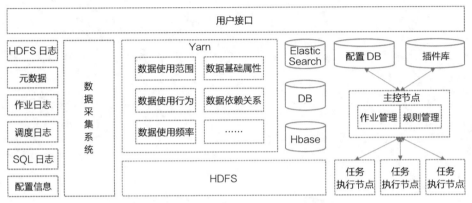

图 10-12　大数据运营分析及应用体系架构

　　数据入库以后，会按照不同分析逻辑对数据进行加工，然后生成相应的结果数据。可对数据使用范围进行分析，也可对数据使用频度进行分析。在数据应用阶段，工作流引擎会根据分析结果，将结果应用到线上系统中，可以让整个大数据平台运营更加有序、可控。基于历史数据并结合时序预测算法，可以很好地预估各集群增长趋势进行容量预测，再基于分析结果，自动地规划各个集群需要扩容多少机器、迁移多少数据。通过分析数据访问频次，可判定每张表存储的数据到底是热数据还是冷数据，这为后面数据精细化运营提供依据。未来将引入更多的数据分析手段，进一步发挥大数据平台优势，解决海量服务面临的运维挑战。

第 11 章

TENCENT BIG DATA

大数据平台产品

经过多年的技术沉淀与实际业务场景的长期考验，腾讯大数据打造出了许多优异的数据平台产品，以实现技术能力的产品化输出。通过提供数据处理、数据分析与数据挖掘平台，帮助众多行业客户完成大数据平台建设，进而赋能上层业务的转型升级。本章将从产品背景、研发思路、功能架构等角度出发，详细介绍四款腾讯大数据平台产品的核心设计要点，分享如何构建高效、稳定、灵活、易用的大数据平台。

11.1　TBDS 大数据处理套件

2018 年腾讯数据平台部联合腾讯云面向产业侧推出了腾讯大数据处理套件产品 TBDS（Tencent Big Data Suite），为金融、政务、公安、零售等行业客户提供一站式数据处理和挖掘平台，在企业级数据仓库、实时风控、物联网设备监测、精准推荐等业务场景下积累了很多应用案例和行业经验。

为了给不同行业和体量的客户提供更有针对性的产品和服务，我们逐步形成了大数据 PaaS 平台 + 工具链的产品和服务体系，既能满足大型组织的数据中台建设需求，也能为中小型组织提供深度场景化产品服务。

11.1.1　产品背景和目标

1. 企业建设数据中台的意义

（1）建设背景与价值

据国际数据公司（IDC）统计，全球近 90% 的数据将在这几年内产生，预计到 2025 年，全球数据量将比 2017 年的 16ZB 增加十倍，达到 160ZB。

腾讯的业务线众多，覆盖金融、游戏、社交、音视频等领域。在腾讯数据平台部，当前每天接入的结构化数据已经超过 60 万亿条，总量超过 2000PB，是不折不扣的海量数据了。如果能让这部分数据得以有效整合，构建集团数据体系，甚至再联合互联网公共空间数据源，以实现完整意义上的全域大数据架构，其价值不言而喻。

从更广泛的产业层面来看，今天的中国，一部手机走天下早已成为新常态，

互联网 / 移动互联网已经深入生活的方方面面，也意味着互联网增量市场的天花板越来越近。随着网民红利和增量市场空间双见顶，市场策略从野蛮生长转向精耕细作，数据与内容已经成为竞争力的核心，而数据中台则是数据核心竞争力的坚实底座。

（2）数据中台与数据仓库、大数据平台的区别与关系

数据仓库和大数据平台是提供数据处理能力的系统，为数据提供采集、加工、存储、计算能力，而数据中台是基于数据产品提供业务服务的系统，数据中台是能够直接为业务提供数据服务的。数据中台需要构建在数据各种处理能力之上，所以，数据中台可以构建在数据仓库、大数据平台之上。

数据中台能够以提供数据服务的方式直接驱动和改变业务行为，而不需要人的介入，数据中台距离业务更近，为业务产生价值的速度更快。

广义的大数据平台分为大数据采集平台、大数据治理平台、大数据可视化分析平台、大数据服务平台和大数据运营平台；数据中台则是强调数据服务业务，会把大数据平台的功能作为数据中台的基础支撑服务，更突出数据驱动业务，重点在数据服务。

2. 产品目标

（1）通用数据中台原型

典型的企业数据中台如图 11-1 所示，根据企业业务发展所处的不同技术阶段，数据技术 / 能力可能会有所侧重，根据业务对数据的需求，数据产品 / 服务的建设也会各异。整体来看，数据全生命周期的处理 / 治理能力，面向开发、产品、管理者的基础数据服务能力仍具有较大的共性。

（2）大数据 PaaS 平台 + 可扩展工具链

TBDS 是在腾讯多年海量数据处理经验之上，结合开源 Hadoop 生态和自主研发组件服务，对外提供的一站式可靠、安全、易用的大数据平台。用户可以按需在公有云、私有云、非云化环境部署，快速构建企业数据中台原型。

TBDS 核心优势如下：

1）一站式大数据处理平台。企业可依托 TBDS 大数据平台安全、便捷地进行数百 PB 级的大数据集成、处理、存储、分析、展现、机器学习等数据开发任务。

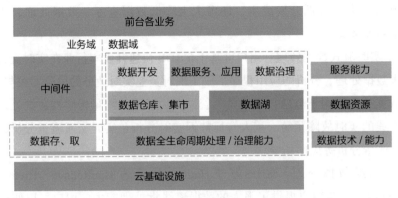

图 11-1　数据中台

2）安全。

❏ 国际认证的系统安全加固技术保障系统级数据安全。

❏ 自定义算法的数据加密，确保数据在传输、存储过程中的安全管控。

❏ 全平台单点登录，统一策略管控中心，支持基于角色的列级数据管控体系保障数据访问安全。

❏ 健全的访问审计及预警模型，助力安全事件的事后追踪和企业的定期安全审计。

3）稳定易用。经过多年的海量数据处理，腾讯沉淀了大量的数据分析、数据挖掘、数据运维、数据治理等工具，能有效助力客户的大数据应用开发和大数据平台的平稳运营。

4）开放性。技术源于开源社区，知识迁移平滑，运维管理简单，无须投入大量的人力、物力替换原有体系。

TBDS 适用于企业从 GB 到 TB、PB 级的大数据处理场景，包括但不限于以下场景。

1）数据仓库建设。TBDS 完整覆盖数据抽取、转换、加载、建模、分析、报表呈现、治理等数据仓库建设环节，用户可借助 TBDS 在公有云、私有云、非云化环境快速建设 TB 到 PB 级的企业数据仓库和数据集市，搭建专属的大数据应用。通过 TBDS，用户可显著降低基于企业数据仓库的数据应用开发周期，降低开发成本，还可大大降低数据仓库、数据处理、数据应用的运维成本。

2）实时流式数据处理。用户可基于 TBDS 快速开发本行业在实时流式场景下的大数据处理、分析的应用程序，以实现对企业实时业务的风险监控与告警。流式数据处理可用于金融行业的风险管控、物联网的海量传感器数据处理、工业生产线的实时故障预警、病人特征数据实时分析、实时交通流量分析、互联网实时流量分析等应用场景。

3）离线数据处理。TBDS 基于 Hadoop 体系的 MapReduce、Hive、PIG、Spark 技术向企业用户提供了强大的数据离线批处理能力，用户可以便捷地使用 TBDS 对企业数据进行抽取、转换、加载等离线数据处理加工。通过离线数据处理引擎，用户可迅速地对企业所积累的数据进行 ETL 处理，快速挖掘海量历史数据的商业价值和社会价值。

4）数据分析与探索挖掘。通过 TBDS 所提供的强大数据分析与探索挖掘能力，用户可快速对企业在 PB 级规模下的大数据进行可视化的数据分析，在纷繁复杂的商业数据中快速获取数据洞察力，占领商业先机。

11.1.2　TBDS 大数据 PaaS 平台

TBDS 的整体架构如图 11-2 所示。

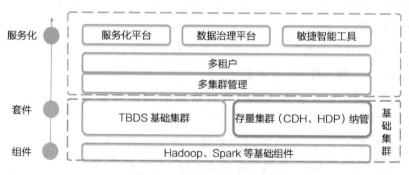

图 11-2　TBDS 的整体架构

1. 集群管理

（1）大规模集群管理

TBDS 平台底层依赖于 Ambari 进行部署管理，Ambari 在集群规模超过 2000 台时已经表现得不太稳定。由此，我们有必要对大规模集群管理进行专项优化。

TBDS 大规模集群管理主要挑战如下：

1）基础环境是要为整个集群提供资源，借助 GaiaStack 容器云平台的能力，在 110 台 TS90 物理机上模拟出了 5000 多个容器。

2）tbds-portal 是 TBDS 的后端入口，集群的初次部署和扩容流量都集中在该组件。通过对 tbds-portal 的配置优化，保证对 tbds-server API 的稳定调用。

3）tbds-server 是集群部署和管控的核心组件，大规模集群的"瓶颈"主要体现在该组件（上层 HDFS 等服务自身已支持超千机器规模的集群），通过 JVM、线程池和调度器等参数的调优，达到 tbds-server 最优的服务能力。

4）MySQL 服务性能的提升，从配置优化、找"热点"建索引、升级版本三个方面保证 MySQL 的稳定。

5）集群初次部署和扩容，首先都要进行主机注册，对机器进行初始化和基础 Agent 的安装。Agent bootstrap 的问题是怎么降低机器初始化的运行时间，几千条 hostname 记录需要去掉重复的参数构造。

6）在集群运行期间，服务管控应该能够迅速反馈，启停等任务需要及时下发到每个节点。为了应对成千上万的请求和任务，重新拆分了 ActionQueue 的处理，并解决启停操作产生的大量 Long Running Request。

7）tbds-server 的日志优化，是为了去掉冗余的日志，只保留对问题定位、集群及主机健康检查有效的日志。

8）tbds-server 不仅需要解决集群的部署和管控，也提供了集群告警能力。然而，TBDS 已有独立告警系统，为了避免资源的重复开销，该部分主要屏蔽了重复的告警内容，并优化了告警下发时机。

9）当机器注册以后，在集群初次构建扩容时，主机 - 服务 - 组件的 blueprint 创建会占用很多 CPU 计算资源，该部分通过解决卡住不返回问题，以及合入社区针对该场景的优化，保证初次部署或扩容 3 ~ 500 台机器的成功率。

经过一轮流程改造和代码优化，TBDS 单集群管理可以稳定达到 5000 个节点。

（2）多集群管理与集群运营

随着企业数据中台的持续运营、业务的接入、数据的增长，我们往往会面临集群的管理与业务态拆分、VIP 集群专用、异构集群的收编管理等场景。基于此，我们有必要抽象出一层独立的多集群管理。

1）集群元数据。如图 11-3 所示，将不同集群的信息进行统一抽象，定义为集群元数据，主要包括 Cluster、service、component、host，集群元数据统一在 DB 中维护。

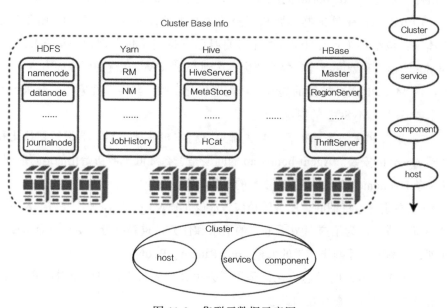

图 11-3　集群元数据示意图

2）分层多集群。如图 11-4 所示，TBDS 多集群主要关注的是基于 Ambari 的集群扩展，即 Ambari 支持安装多个集群，但各集群相互独立。将 TBDS 集群划分为核心集群、用户态集群。

核心集群是 TBDS 初始化部署创建的集群，包括了 TBDS 的核心功能，有公共服务、上层服务、底层基础服务（如 HDFS、Yarn）。

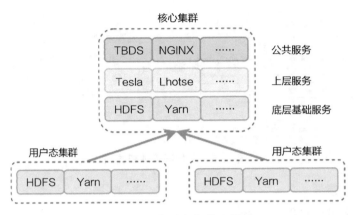

图 11-4 分层多集群示意图

用户态集群是用户在使用过程中需要的集群（计算）资源，以及底层基础
服务（如 HDFS、Yarn）。

3）集群适配层 Cluster shim。为保证上层服务能在本地调用不同的集群
Client，上层应用服务会调用本地的组件 Client 进行操作（如工作流等）。核心
集群的每台机器都安装 Cluster shim 组件，支持上层服务尽可能减少修改适配
量，在本地支持多集群切换操作。图 11-5 为 Cluster shim 客户端目录规划。

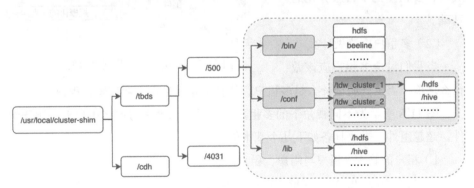

图 11-5 Cluster shim 客户端目录规划

多集群管理典型架构图如图 11-6 所示。

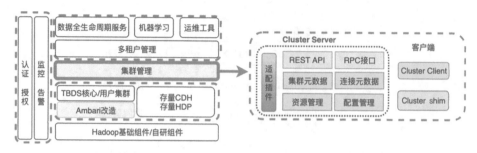

图 11-6　多集群管理架构图

2. 租户管理

（1）多租户的意义与价值

数据的价值来自融合，因此必然会驱动数据平台的整合和公共化，而平台的演进带来专业分工，以及运营和使用的分离。多租户是保障数据平台能够被不同团队使用的关键。

如图 11-7 所示，多租户是共享与隔离之间的平衡，资源"隔离"和安全是多租户的底线，多租户是平台服务化的基础。

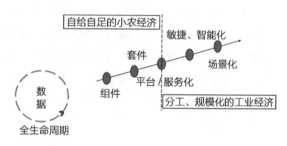

（2）多租户应该做什么

当我们讨论多租户应该做

图 11-7　多租户对大数据平台的意义

什么之前，需要先明确什么是多租户，从什么角度来定义和理解多租户。

图 11-8 所示为不同视角下的多租户，从平台角度来考虑多租户需要源于组件，超越组件，需要具备如下几个基本能力。

1）租户的管理（租户与用户，租户层级）。

2）租户资源的配置、度量、规划、监控。

3）不同组件的多租户实现。

针对不同组件对多租户特性的支持度，一般可以选择使用多实例、多租户（组件原生支持）及二者相结合的方式来实现。比如，针对 Yarn 计算集群，一般通过租户到 Queue 的映射即可简单实现，而对于 HDFS 存储集群，一般会结合多集群与 quota 管理。

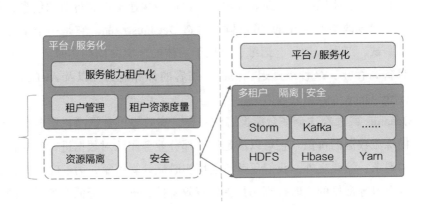

图 11-8　不同视角下的多租户

3. 数据全生命周期服务

从数据的流转来看整个数据中台功能，实际上可以发现一条非常明晰的主线：数据接入 – 数据管道 – 数据存储 – 数据处理分析 – 数据服务 – 数据销毁，以及支撑这一主线的功能，如集群资源调度、任务调度、数据安全、元数据等。

11.2　Oceanus 实时流式数据处理平台

用户使用服务，服务背后的系统产生数据，腾讯海量的用户每天都会产生大量的数据，数据生成决策，决策又影响用户，从而形成闭环，以数据驱动商业。但仅有数据是远远不够的，商业市场瞬息万变，机会稍纵即逝，数据的价值会伴随时间延迟迅速降低。实时计算在腾讯内部拥有非常广泛的业务应用场景，但同时也面临着诸多挑战：

❑ 业务场景多，不同的业务有不同的关注点。

❑ 数据量大，作业多，需要合理分配计算资源。

❑ 既要保障低延迟和数据精确性，又要满足高吞吐量的需求。

❑ 流式接入组件众多且分散，需要业务方各自适配管理。

❑ 底层框架开发门槛高，缺乏平台化的开发和运维能力。

为了应对上述挑战，帮助业务团队从数据中快速提取有价值的信息，我们围绕经过深度改造与优化的 Flink 倾力打造 Oceanus 产品。它是一个集应用的创建、调试、部署、运行、运维、监控于一体的全生命周期实时流计算平台，同时具备高吞吐、毫秒级延迟、快速扩缩容的计算能力，以及 At-Least-Once 和 Exactly-Once 等数据处理语义。

Oceanus 寓意着这个平台能像海洋一样，高效提供数据净化服务，持续不断地提炼流数据的价值。它可以满足绝大部分业务团队对数据进行实时计算和分析的需求。除此之外，我们还基于通用实时流计算引擎，为 ETL、监控告警和在线学习等常见的实时计算场景提供有效支持，进一步降低业务团队的开发成本，为用户提供更多的便利，大幅提升业务运营效率。

11.2.1　Oceanus 介绍

Oceanus 集成了应用管理、计算引擎及资源管理等功能，同时通过日志收集分析、监控、运维等周边服务打通了应用的整个生命周期，形成了一个完整闭环的实时计算平台。通过结合腾讯内部实际的业务实践，加上对 Flink 的深度改进与扩展，以及 Gaia 在资源调度领域多年的积累，Oceanus 可以出色地应对实时数据流处理带来的挑战，并提供如下特性。

❑ 简单易用：提供多种构建方式，允许用户灵活便捷地管理应用，并提供指标、日志、告警和可视化等工具来提高运营能力。

❑ 性能卓越：支持万亿级吞吐及毫秒级的延迟。

❑ 弹性扩缩容：提供多种环境下的快速部署方案和平滑扩缩容能力。

❑ 高可靠：在应用失败时能够自动恢复，通过 Exactly-Once 语义能够稳定支持金融和支付等业务。

❑ 场景化服务：提供 ETL、告警、实时报表和在线学习等特定领域的场景化支持，辅助业务快速落地。

11.2.2　Oceanus 架构

　　Oceanus 的整体架构如图 11-9 所示。Oceanus 采用腾讯内部版本的 Flink 作为执行引擎，并依托 Gaia 进行计算任务的资源管理及调度。用户可以通过 Oceanus 快速对接和处理消息中间件、数据库和文件系统等外部存储中的数据，方便快捷地进行应用开发和部署，并通过 Oceanus 提供的指标、日志和可视化等功能进行高效和精细化运营。

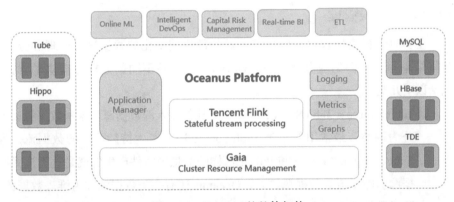

图 11-9　Oceanus 的整体架构

　　Oceanus 提供了应用管理、开发、配置、测试和运行等多种功能，对实时计算应用的整个生命周期提供一站式服务。除了对通用流计算服务提供有效支持之外，我们还结合腾讯内部的业务实践，提炼出了 ETL、监控告警、实时报表和在线学习等常见的实时计算场景，并为这些场景提供更完善的应用支持。在这些场景中，Oceanus 提供了场景特定的算子和服务。用户可使用这些算子更加快速地开发这些场景下的应用；而 Oceanus 则自动对这些场景化应用进行编译和优化，在底层的 Oceanus 上进行执行和管理。

　　Oceanus 通过 Flink Connector 可以与周边其他大数据组件进行对接。Oceanus 支持大部分常见的数据源，并提供了库表管理功能来对这些数据源进行管理。

　　Oceanus Logging 模块对作业提交和编译过程中的日志，以及作业运行时 JobManager 和 TaskManager 产生的关键日志进行采集，供用户在 Oceanus 前端页面进行检索和查看。

Oceanus Metrics 模块通过 Flink Reporter 收集任务运行的指标信息，并进行过滤和聚合。这些指标数据通过前端页面展示给用户，用户可实时了解作业运行情况。用户还可以通过 Oceanus 对某些指标配置告警规则，当这些指标出现异常时，Oceanus 就会通过用户定义的告警渠道（如微信、电话和短信等）发送给用户。

11.2.3　库表管理

在实时数据流处理中，用户需要对外部快速变化的数据进行处理和分析，并将结果写到下游的业务系统中。Oceanus 为多种不同的数据源提供了支持，包括以下几类。

❏ TableSource：TableSource 用于定义外部输入的数据源。这些数据源通常分为两类。最常用的一类 TableSource 用于产生持续不断的数据流，像 Tube、Hippo、Kafka 和 Pulsar 这样的消息中间件产生的就是这类流式数据源。除了流式数据源之外，Oceanus 还有一类数据源称为维表数据源。这类数据源并不会产生持续不断的数据流，而是存储了数据流处理过程中所需的维表信息。如果用户在处理数据流时需要访问这些维表信息，只需要添加对应的维表数据源，并通过 Join 算子访问这些维表数据源即可。目前 Oceanus 支持的维表数据源包括 MySQL、PostgreSQL、HBase 和 Reddis 等类型。

❏ TableSink：TableSink 描述了用于保存计算结果的数据源。在 Oceanus 的计算中，输出结果会持续不断地产生，并写到用户定义的 TableSink 中。目前 Oceanus 支持的 TableSink 类型包括了 Tube、Hippo、Kafka 和 Pulsar 等。

❏ View：为了进一步简化数据源的对接，Oceanus 还支持视图数据源。用户可以通过 SQL 语句从已有的数据源中定义一个视图数据源。当在 SQL 和画布中使用这些视图数据源时，Oceanus 将把视图数据源展开，根据用户的定义来进行编译和执行。

❑ 其他：除了上面几种数据源之外，Oceanus 还支持 StreamSource 和 API Source/Sink 等用于特殊场景的数据源。

为了方便用户管理这些数据源，Oceanus 提供了功能强大的库表管理功能。用户可以通过库表管理来添加和删除使用的数据源。用户可以通过添加库表界面来声明这个数据源的类型、地址、配置和数据格式等内容。对于某些特定的数据源，Oceanus 还可以自动获取其字段信息。

在声明数据源之后，用户就能在以 SQL 和画布方式开发作业时使用这些数据源。用户可以在不同作业中复用这些数据源，还可以根据数据源里提供的字段信息方便地进行作业的开发。

11.2.4　应用管理

1. 应用创建

Oceanus 提供了包括画布、SQL 和 JAR 在内的多种应用构建方式（见图 11-10）。用户可以根据自身实际需要选择合适的作业开发方式。

画布

通过拖拽式画布的方式创建应用，画布流直观灵活，应用易于维护、轻松上手 Table API

SQL

支持 SQL 语法，快速高效创建应用

JAR

支持 Datastream API 及 Dataset API，可高度定制特殊的业务逻辑，灵活度更高

图 11-10　应用构建方式

❑ 画布类型：绝大部分用户可以使用画布方便地构建实时计算应用。Oceanus 在页面上提供了常见的流计算算子，用户只需要将这些算子拖拽到画布上，并将这些算子连接起来就可以构建一个实时数据流处理的应用。这种构建方式十分简单，用户可以专注于业务逻辑和数据流向，而不需要解底层实现的细节，也不需要学习 SQL 等语言的语法。

❑ SQL 类型：SQL 模式偏向数据分析人员，Flink SQL 尽量遵循 SQL 标准，因此熟悉标准 SQL 语法的用户可以很快地从传统离线的数据分析转移到实时数据分析上。Oceanus 为了进一步降低用户的开发成本，提供了很多常用的 SQL 函数。用户可以通过这些函数方便地进行作业开发。除此之外，用户还可以根据需要添加自定义 UDF 函数。另外，为了打造便捷流畅的使用体验，Oceanus 还提供了一系列的辅助功能，比如语法高亮、自动补齐、表名和字段名的快速输入及模糊匹配、一键检测代码有效性、一键代码格式化等。

- JAR 类型：处理复杂业务逻辑的工程师可用 JAR 模式进行作业开发。在这种模式下，用户需要使用 Flink 提供的 DataStream 和 Table 等接口进行作业开发，并在 Oceanus 中上传编译好的 JAR 文件和相应的配置文件。这种模式偏向熟悉相关开发语言的工程师，具有较高门槛，要求用户对 Flink 的接口和实现非常了解。但它具备最高的灵活性，可以实现一些使用画布和 SQL 无法表达的业务逻辑，并对性能进行高度优化。

2. 应用配置

用户在完成应用的编辑之后，可以根据实际需要进行应用的配置。Oceanus 为用户提供了可视化的作业配置界面。除了界面上提供的重启策略、akka 配置和检查点等常见配置之外，用户还可以通过自定义参数来为其他配置项进行设置。

除了作业运行参数之外，Oceanus 还允许用户对作业资源进行细粒度配置。一个用户作业常常由多个不同的算子组成，而这些算子可能对计算资源具有不同的需求。例如，访问外部数据源的 I/O 型算子，可能 CPU 使用率较低；而计算型算子则需要较多的 CPU 资源。通过细粒度资源配置，Oceanus 减少不必要的资源浪费，提高集群整体的资源利用率。

3. 在线学习

Oceanus-ML 是一套基于 Oceanus 的从数据接入、数据处理、特征工程、模型训练到模型评估的端到端在线学习解决方案。

Oceanus-ML 根据机器学习的流程将算子分为 6 类，包括数据源、数据预处理、特征工程、算法、验证和输出。Oceanus-ML 继承了 Oceanus 已有的丰富的数据源和处理算子，用户可以利用这些算子方便地对接数据源并对数据进行高效处理。此外，Oceanus-ML 还集成了丰富的在线学习算法，包括 ftrl-lr、ftrl-fm 和 deepfm 等。这些算子可以满足绝大部分在线学习场景的需求。

用户通过简单的拖拽和配置，即可搭建起完整的在线学习训练流程，轻松完成模型的训练、评估和部署。我们利用 Oceanus-ML 提供的算子轻松构建了一个在线 LR 训练任务。

当训练出模型后，用户可直接在 Oceanus 平台部署模型服务。用户可通过 Oceanus 对模型进行管理，并进行调试和测试，通过查看模型评估报告等方便地对比模型间的差异、效果及趋势。

11.3　ideX 数据分析与探索挖掘工具

在某一领域拥有深度和细致的数据，是高效训练某一领域智能模型的前提。为此，我们推出了 ideX，一款泛 SQL 编辑器，让结构化和非结构化数据分析和挖掘能够更加快捷高效。ideX 经过两年多的打磨，已成为一款成熟的泛 SQL 编辑器，其中 X 代表了如下 3 个含义。

1）Next：下一代。ideX 基于 Web，它是一个在线便携的编辑器，方便数据分析人员移动化开发，并且进行无缝协作，实现开发和生产一体化，未来也将适配无线端。

2）Flexible：灵活。ideX 为插件化的运行方式，每个插件可以支持不同类型的在线编辑，从最常用的 SQL，到基于 Jupyter Notebook 的 PySpark 在线调试，都已经无缝支持，同时还支持图查询的 GraphQL，未来我们还会加上深度学习的 TensorFlow 等。

3）Extreme：极致。ideX 追求体验，速度和功能的极致体验是 ideX 的目标，它在细节上精益求精，界面响应快速，又有很好的扩展性，同时我们会不定期做用户体验反馈调研，不断优化 ideX 的功能体验。

11.3.1　五星级的 SQL 编辑器

腾讯每天都会开发、调试和上线 10 万以上的 SQL，它们来自各个部门和 BG，因此一款好用的 SQL 编辑器，是提高工作效率的必备平台。

1. SQL 编辑

为了提供最好的编辑交互体验，ideX 基于 Hue 和 SuperSet，进行了整合改造，集两家之长，提供了如下的功能：

- □ 语法高亮和自动补全。
- □ 表名和字段名的模糊匹配。
- □ 函数提示。
- □ 多种代码格式化。
- □ 编辑器主题及字体格式自定义。
- □ 全屏沉浸体验。

2. SQL 运行

极致的 SQL 编辑功能固然重要，但是如果不能流畅顺利地运行的话，那就只是一个简单的文本编辑器了，ideX 当然不会这么简单，它打通了 TDW 的统一权限，用户可以使用自己的 TDW 队列和资源，畅通无阻地运行 SQL。为了方便用户了解自己的 SQL 执行状态，ideX 在提供了进度条的同时，还增加了执行阶段展示，能够清晰地告知用户该 SQL 当前运行到哪个阶段，尤其是在 SQL 运行报错的时候，根据报错阶段很快定位问题。ideX 也会提供非常详细的阶段日志信息，对于部分 SQL 的报错也提供一键诊断的功能，以帮助用户快速定位问题，极大地提升工作效率。

另外，考虑到很多用户的 SQL 其实早已写好，每次运行只需要修改一些参数即可，ideX 为此提供了模板参数的功能，用户只需要写一个模板 SQL，然后在模板参数中填写预设参数即可。ideX 提供三种参数类型：固定型、范围型和枚举型。该功能也能大大减少用户的重复操作，提升工作效率。

3. 结果可视化

用户运行 SQL，最终还是希望能看到 SQL 的执行结果，因此一个好的结果可视化功能是不可或缺的。ideX 提供了非常强大的结果可视化功能，在提供基本的列表形式展示结果外，还提供了结果制图功能。目前 ideX 提供四种类型的构图模型：饼状图、折线图、柱状图和散点图。考虑到很多用户可能需要对结果进行过滤查找预览，ideX 在结果可视化页面还提供了关键字模糊匹配查询，能根据关键字在结果中找到匹配的字段信息。

11.3.2　强大的 Jupyter Notebook

Jupyter 是目前非常流行的 Notebook 工具，它集代码、注释、公式、图标于一身，是一个功能强大且扩展性好的工具。ideX 对其进行了二次开发，融合为自身的一个组件工具。

基于 Python 开发的 Jupyter Notebook 打败了 Zepplin，坐上了 Notebook 的第一把交椅。Jupyter 支持的语言，取决于内核，ideX 选择的第一个 Notebook 类型是 PySpark，将 PySpark 和 TDW 进行了深度整合和打通，用户可以无缝访问到 TDW 海量数据，还可以执行分布式的 PySpark 和 Spark SQL，实现强大的数据分析和挖掘 Pipeline，并融合各种可视化和编辑功能，满足各种角色的需要。另外，ideX 还支持 Python 2、Python 3 以及 R 语言内核，后续会接入更多的内核，我们还将进一步丰富 Notebook 的类型，包括 GraphQL 和 TensorFlow 等，打造一个更加强大的 ideX。

11.3.3　强大的 GraphQL

图是一种阐述大规模数据之间关联性的数据结构，如社交网络关系、各类交通因素对路网的影响等，通过转化为图模型，可以抽取和追溯有用的信息，比如，通过为购物者之间的关系建模，能找到兴趣相似的用户，并为之推荐商品。图 11-11 是一个图模型示例。

图 11-11　图模型示例

1. GraphQL 编辑方式

由于 GraphQL 通常比较复杂，ideX 提供了两种 GraphQL 编辑方式，一种是常规的编辑器模式，另一种是模板编辑模式，同时支持将配置的模板直接转换成 GraphQL，方便用户进行调整。

2. GraphQL 执行

在 ideX 上运行 GraphQL 时，需要先选择好资源池，当前 ideX 已接入了三个微信支付的资源池，在未来还将扩展更多的资源池。由于 GraphQL 的查询存在一定的局限性，ideX 基于 GraphQL 做了一定的扩展和优化。

（1）支持有向和无向查询

通过在 GraphQL 中设置 direction 参数，参数有 out 和 in 两个值。out 指从中心点的出度方向查询 1 跳，in 则表示从入度方向查询。

（2）支持 ego-network 查询

通过在 GraphQL 中设置 ego 参数，参数有 true 和 false 两个值。当不指定 ego 参数时，默认为 false。

（3）complete 多跳查询

由于原生的多跳查询命令只会返回最后一跳的查询结果，中间结果并不会保存，因此 ideX 提供了 complete 参数用于约束是否返回完整的 N 跳图，参数有 true 和 false 两个值，默认为 false，该参数可以与 direction 参数一起使用，但无法与 ego 参数一起使用，且 complete 只支持多条查询。

在完成 GraphQL 编辑或者模板配置之后，即可直接运行。

3. GraphQL 结果可视化

在 ideX 上运行 GraphQL，可以秒级返回结果，ideX 提供关系图、列表和 JSON 串三种结果可视化方案。用户可以针对不同场景，选择不同的可视化方案，并且 ideX 提供了可视化一键切换的功能，能够在关系图可视化、列表可视化和 JSON 格式三种模式下随意自如切换。

如图 11-12 所示，通过使用关系图可视化，可以非常直观地给用户展示出数据之间的关系信息，同时用户将鼠标移动到点或者边上时，就会通过浮窗的形式展现出点或者边的属性信息。

列表可视化是将 GraphQL 的执行结果以边为行，以边的各种组成及其属性为列，即关系图有多少条边，列表中就会有多少行，列表中的列分别表示源点、边方向、源点属性信息、目标点、目标点属性和边属性。

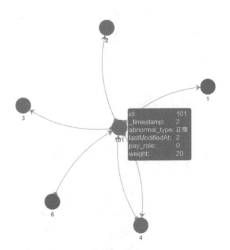

图 11-12　关系图可视化

JSON 格式则是 GraphQL 执行之后的原始查询结果表示方式，往往较少使用这种结果。

由于 GraphQL 的查询结果往往较多，且关系很复杂，用户往往需要对一些点进行标记或者从结果中过滤出一些更为精准的结果，因此 ideX 提供了点边查询功能，这里的点边查询方式是通过写类似四则运算的方式来实现，结果查询的四则运算中支持"&""|""( )"".""="这五种符号，其中 & 表示并且，| 表示或者，( ) 的使用方法和普通括号一样，点号表示属于关系，用于访问对象的属性，= 表示等于，例如：

```
(From=101 & direction=in & from_props.weight=2) | to = 1
```

如果查询条件为空，则返回所有 GraphQL 查询结果集，点击结果集下载时，下载的数据与当前列表查询后的结果集保持一致。

同时，ideX 也提供了标记功能，即自定义标记可视化关系图中的点和边的颜色，目前 ideX 支持使用 12 种颜色对点和边进行标记。

11.4　智能钛 TI 机器学习平台

海量数据成为互联网行业标配，随着大数据基础能力和 CPU、GPU 算力的增长，为机器学习、深度学习落地业务提供了必备的土壤。腾讯内部的 AI 业务更是井喷式地发展，这时我们开发了智能钛机器学习平台帮助 AI 业务更快地落地。

智能钛机器学习平台是一站式机器学习服务平台，为用户提供从数据预处理、模型构建、模型训练、模型评估到模型服务的全流程开发支持。智能钛机器学习平台内置丰富的算法组件，支持多种算法框架，满足多种 AI 应用场景的需求。

11.4.1 机器学习平台功能模块

一个完整的机器学习平台提供数据处理、建模、部署三种功能模块（见图 11-13），每个模块介绍如下。

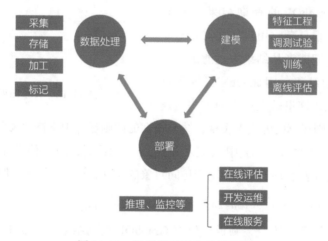

图 11-13　机器学习平台功能模块

1. 数据处理

该模块包括了数据采集、存储、加工和标记。其中，数据采集、存储是数据中台的具备功能。如果用户有自身的数据中台，可将这部分功能与机器学习平台对接。对于机器学习平台，若过多地做数据采集工作，会更多陷入数据生命周期的管理工作中，以致后续无法区分机器学习平台的主要目标。从数据管理原则来看，机器学习平台主要管理模型训练数据，只需使用基础的存储组件做存储即可，例如 HDFS、Ceph 等。

2. 建模

该模块包括特征工程、调测试验、训练和离线评估。特征工程的目的是最大限度地从原始数据中提取特征以供算法和模型使用。调测试验过程是尝试不同框架、网络模型、超参、迭代次数等以对建模问题进行求解。训练是需要平台提供对接不同算力、灵活利用算力、最大化利用资源进行建模的过程。离线评估是通过可视化地评估算子，进行模型效果比较，从而方便用户选出最优的模型。

3. 部署

模型服务的部署和模型训练有着本质的不同。模型训练本身是一个试验的过程，出现偶尔的故障或者异常，通过复位即可解决。而模型服务需具备容错、负载均衡、故障恢复、故障告警、指标监控等能力，需要 $7 \times 24h$ 不间断地服务。当然还有模型版本的管理要求，例如模型版本的平滑上线、A/B test 等能力。

智能钛机器学习是基于腾讯云强大计算能力的一站式机器学习生态服务平台，为用户提供全流程开发及部署支持，详细的功能如图 11-14 所示。

拖拽式任务流
TI-ONE 良好的交互体验和易用的功能设计，能够极大地降低机器学习的技术门槛，用户只需通过设计工作流、拖拽节点、配置节点参数几个简单的步骤就可以进行数据探索、模型训练、指标评估、例行化执行等。

全自动建模
只需要拖动自动建模组件、输入数据，TI-ONE 即可自动完成建模的全流程，无基础的 AI 初学者也可毫无障碍地完成整个训练流程。自动调参工具也可大幅提升 AI 工程师的调参效率。

多实例调度
TI-ONE 支持四种实例调度方式，即手工、定时、批量参数和重跑，能方便用户在各场景需求下灵活调度，降低手工调度的次数与时间成本。

多种学习框架
TI-ONE 囊括多种学习框架：PySpark、Spark、Pycaffe、PyTorch、TensorFlow、XgBoost、MXNet 等。满足不同开发者的使用需求与习惯。

丰富算法支持
TI-ONE 内置丰富算法，从传统的机器学习算法到深度学习，图片分类、目标检测、NLP 满足各类细分场景与应用方向。同时，支持用户自定义算法到 TI-ONE 平台执行，给专业用户带来很大的灵活性。

便捷的效果可视化
TI-ONE 对源数据的强大可视化交互数据解析，让用户高效直观地了解数据的全貌。且模型训练效果直接悬浮呈现，用户无须点击即可直观方便地辨别模型的质量，判断优化方案。

模型训练的完整闭环
TI-ONE 为用户提供"一站式"的机器学习平台体验，从数据预处理、模型构建、模型训练到模型评估，覆盖全工作流程，形成机器学习训练的完整闭环。

交互式建模
面向专业用户的交互式代码开发环境，内置多种学习框架，支持 Python、R，通过 TI-SDK 和平台功能打通，提供实时资源监控，并支持 git 进行代码管理。

灵活的资源调度
TI-ONE 支持多种的 CPU/GPU 资源，符合用户对差异化算力的场景需求。采用灵活的计费方式，真正帮助用户降本增效。

图 11-14　智能钛机器学习平台详细功能

11.4.2　智能钛的使用

智能钛中的实体关系非常简约，分为三个部分。

1）工程：一个工程是由多个任务流组成的，工程之间不支持父子关系，扁平化管理。以人为核心，支持协作和分享。

2）任务流：工程中的每个方块代表一个任务流，通过颜色和图标，展现当前运行的状态。一个任务流可以有多个实例并行运行。

3）节点：目前任务流中的每个节点为最小单元，通过拖拽而产生，连接形成任务流。

通过拖拽式的任务流配置这种所见即所得的方式，无论是从数据的角度，还是模型的角度，能够让算法工程师和数据科学家以最自然的流方式来思考。

因此，智能钛的整体设计，也是拖拽式的任务流配置。整体核心界面分为3块区域。

1）左侧的模块栏。目前有5种模块：输入、组件、算法、模型、输出。双击或者拖拽，都可以把模块置入画布，形成节点。

2）中间的主画布和工具栏。任务流的整体操作，在工具栏完成；节点的操作，通过右键菜单来完成。这种组合控制，实现最大程度的灵活度。

3）右侧的参数栏。每种节点有3类参数：基础参数、运行参数、特殊参数。不同节点的参数将自动变化，减少用户不必要的工作。

11.4.3　数据管理

腾讯大数据平台产品TBDS使得整个数据生命周期的管理都得到有效闭环，包括多种数据源的接入、数据分析、数据管理、报表系统等。智能钛对外输出能力模块直接对接了TBDS的产品数据接入和管理模块。这虽然可以解决用户使用上的大部分问题，但基于通用性的考虑，智能钛也加入了支持其他数据源做训练的能力（例如用户的JDBC数据源、文件数据），可灵活支持TBDS中的数据进行模型训练。如果用户想对不在TDBS中的数据进行模型训练，可通过智能钛的库表管理进行训练。

用户在建模时需要将算子的训练数据配置为库表数据。

模型训练过程中，有很多中间数据需要管理和分析。智能钛平台内部也对该类数据通过库表进行有效管理，方便用户查看每个模型训练各个阶段的输出。并且中间数据可通过多种形式分析，例如 SQL 算子形式，可视化算子的形式。

11.4.4　建模

机器学习建模的过程是一个反复调整的过程，如图 11-15 所示。通常一遍很难训练出满意的模型，往往需要反复进行特征工程和参数调优。

图 11-15　建模各阶段的关系和调整过程

智能钛希望通过一点点优化，减少用户反复尝试的高频操作，帮助用户从烦琐的工作中解脱出来，从而能快速得到期望的模型。

1. 框架和算法

（1）框架

随着机器学习、深度学习的火热，涌现出大量的深度学习框架。框架的迭代和更新十分迅速，用户在做模型探索的过程中，也希望使用不同版本、不同框架间对比尝试。智能钛使用容器化的方式，集成各种学习框架的不同版本。用户可以在界面选择自己期望的版本进行训练，达到所见即所得的效果。机器学习支持的框架如图 11-16 所示。深度学习支持的框架如图 11-17 所示。

（2）算法

智能钛平台希望通过自建和共建的方式，积累算法特征工程算子以及算法，通过拖曳的方式，方便用户在模型探索过程中尝试使用。

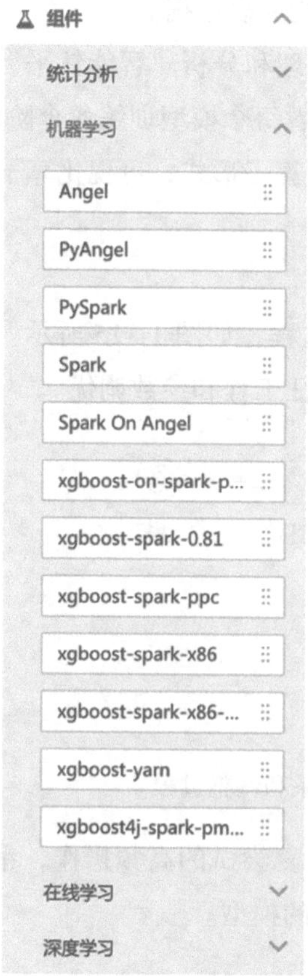

图 11-16　机器学习支持的框架 　　　图 11-17　深度学习支持的框架

经过多年的业务积累和沉淀，目前智能钛平台沉淀和共建的算法包括

❑ 特征工程：离散、归一、降维等。

❑ 非深度学习：回归、聚类、分类等。

❑ 深度学习：CNN、DNN、RNN 等。

❑ 图算法：PageRank、LPA、KCore 等。

2. AutoML

AutoML 一直以来都是业内人士关注热衷的技术。自从 Google 推出自家的 AutoML 后，智能钛产品也一直研究 AutoML 在平台上的可行性。AutoML 的工作本质是将图 11-18 中 do{ }while() 各个流程的方法及参数，进行选择、组合、优化，即遍历组合过程，依托平台框架和强大的算力集群完成（Spark 集群以及深度学习集群），从而得到效果最佳的模型。

图 11-18　AutoML 工作流程

基于上述的想法，以及智能钛平台的自身情况，我们通过下面两种形式，交付 AutoML 能力。

形式 1：用户选定算法后（比如随机森林），智能钛平台上支持用户对算法参数设定搜索规则。平台会根据用户设定的搜索规则，做最优组合的遍历，从而得到最优的模型。这种基于特定算法的参数遍历和探索，我们定义为半自动 AutoML。

形式 2：全自动 AutoML。两步即可体验：

❑ 用户配置数据源。

❑ 选择解决问题域（例如分类、回归、聚类等）。

配置成功后，钛平台依托后端的强大算力，进行遍历组合，以及最优模型求解。数据预处理、特征工程、样本转换、算法选择等工作都可以交给平台来解决。

3. 灵活的调度方式

既然智能钛的设计理念之一，就是以基于流的方式来驱动，那么流的执行方式，必然是灵活多变的。

（1）并行和串行

任务流有并行和串行两种执行方式。两者的区别在于，一个节点下面有多个子节点时，并行方式会同时启动下面的多个子节点，而串行方式让多个子节点依次执行，无须担心负载过重的情况。两种方式可以根据资源和数据量，灵活切换。

（2）周期调度和流式调度

基于机器学习的特性，智能钛支持3种周期的调度：日、小时和分钟。Online Learning是机器学习中非常重要的一种方式。通过控制好粒度的在线数据包，源源不断地将用户隐性行为反馈给在线模型，对优化和保持模型的最佳效果有非常重要的意义。

因此，智能钛引入了Spark Streaming来做流式模型训练，并为了支持流式作业的持续运行，添加了特别的"作业监控"和"自动重启"，一旦作业出现僵死现象，平台会停止旧的作业，并启动一个新的作业，实现7×24h的模型训练效果。

（3）外部驱动

外部驱动是智能钛平台和其他业务平台交互最重要的方式，智能钛可作为后台支撑平台，与集团内的其他平台进行良好的互动，以及模型的训练和使用。外部前端平台通过约定好的API，将完整的参数包传入流中，任务流使用最新的参数集，进行模型训练和使用，并传回模型或者数据。

11.4.5 模型服务

耗费大量算力进行离线训练，肯定不是初衷，更不是终点。随着算法参数经过一遍又一遍的优化，千锤百炼的调整，沉淀下来的算法模型肯定要迎接业务的洗礼。

但是，从离线训练到在线服务有多远？或许业务的实际情况各有不同，但智能钛产品一直在尝试缩短一个优秀的想法到现实应用的距离。或者，智能钛尝试重新定义了这个新距离：鼠标右键的距离。

首先，我们引入模型仓库作为承上（模型训练）启下（在线服务）的关键点，希望达成下面的初衷：

❏ 沉淀算法模型的聚集地，即用户可以将AUC、ROC等指标良好的模型保存到这里。

❑ 模型服务的起源地，即用户从这里选出良好的模型进行线上部署。

1. 算法模型沉淀（承上）

模型仓库支持自助导入模型和工作流保存模型，将算法模型沉淀在模型仓库中，工作流保存模型到模型仓库。

2. 模型服务开启（启下）

模型服务也会以两种方式呈现：在线服务和离线服务。

在线服务是基于容器的运行模式，为业务提供一种在线预测服务能力，支持 GRPC 以及 HTTP 两种形式访问。用户访问时按照模型输入包装 GRPC 或 HTTP 接口，即可得到模型的预测结果。当然这种在线业务与模型训练不一样，需要保证服务质量。智能钛收集了服务指标，方便用户对业务服务情况有清晰认识，包括的指标如下：QPS、异常请求次数、响应的分布时间、平均响应时间以相关资源的使用情况。有了这些指标就可以在业务高峰期时，进行动态的扩缩容。

离线服务是模型服务的另外一种形式，相对模型的在线服务有以下的差异点：保留了工作中所有特征工程的节点；方便用户灵活调整离线数据源，进行模型验证，并得到模型预估的结果。

第 12 章

企业级容器云平台 GaiaStack

　　容器与云计算相结合是一场伟大的革命，容器的可移植性使得容器可以运行在云上的任意一台机器上，而云可以更智能地管理容器。为了让更多的业务充分利用容器的优势，GaiaStack 容器云平台是基于容器和 Kubernetes 打造的一套完整的容器云平台，它提供了从代码到上云的一站式解决方案，覆盖了开发、测试、构建、部署、运维等所有环节，简化了环境的部署，改变了应用的交付模式。它让应用开发者像使用一台超级计算机一样使用整个集群，极大地降低了资源管理门槛。自动化的作业调度、资源保证和隔离，让多业务共享集群，提升资源使用率的同时，具备很高的伸缩性和可靠性。

12.1　GaiaStack 产品背景和目标

12.1.1　企业使用容器云的意义

　　GaiaStack 容器云平台提供了从构建、交付到运行的一整套的解决方案，解决开发、测试和运维的难点。图 12-1 是一个简单的软件开发流程，按照这个流程，我们看下容器技术带来的好处。

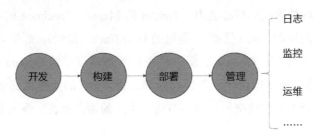

图 12-1　软件开发流程

　　❏ 开发环节：开发人员可以简单快速地构建开发环境，并保持统一的开发环境。比如对于 PHP 开发，所有开发人员的开发环境都可以从私有镜像仓库或公有镜像仓库中拉取一个基础 image php:latest，然后基于这个镜像做开发。开发完成后，开发人员只需将最终的程序做成一个新的镜像上传到镜像仓库即可，它可供进一步的开发、测试和部署。容器平台还提供了代码构建的功能，开发人员开发完代码后，可以自动生成镜像，以供开发和测试，带来了更大的便利。

❑ 构建环节：开发人员向测试交付版本时只需要告诉镜像名字即可，再也不需要写烦琐的部署文档了，更重要的是，测试和开发可以保持一致的环境，避免了测试过程中由于环境不一致引入的"额外功"，减少了测试人员部署系统的时间开销。

❑ 部署环节：之前运维人员拿到的一般是程序发布包，有了容器之后，可以将应用和所有依赖在容器级别上打包，并可以做到真正的秒级部署。

❑ 管理环节：运维人员可以很方便地在容器平台的页面创建和管理应用，在创建应用时可以选择镜像的名字和版本，还可以指定更多的属性（比如：CPU、MEM 和磁盘等）。应用运行时，可以让应用根据负载情况进行自动地扩容缩容。GaiaStack 还提供了很多好用、"智能"的功能，具体可见后面的介绍。

12.1.2　容器技术趋势

云技术已经被工业界广泛认可和应用，产生了巨大价值。在 Google Borg 的影响下，集群技术成为核心能力。Twitter 的 Mesos、Facebook 的 Corona，百度的 Matrix、阿里的 fuxi（伏羲）、腾讯的 GaiaStack（盖娅），都是 Google Borg 的复制和进一步发展。Google 的新一代资源管理调度系统 Omega 本质上也是对 Borg 所做的一种架构优化。在公司内部，很多 BG 的业务也都想漫步云端，能够应用到云带来的快速交付、成本节约、先进的运营模式、强大的容灾容错、弹性伸缩等价值。

当 Docker 技术刚刚兴起时，我们看到了 Docker 使交付过程变得集中化、标准化、透明化，让更多的业务认识到容器更强大的轻量、隔离特性，必将让云更加深入人心，所以我们决定实现 Docker 容器云平台。在资源管理层，我们的技术考虑如下。

1. 自主研发还是开源

腾讯数据平台部团队曾经自主研发了资源管理系统 Torca，它运行的业务包括在线和离线作业。Mesos、Yarn、Kubernetes、Swarm 等越来越多的开源系统出现后，事情发生了一些变化。最初我们还可以去实现 Hadoop on Torca、Mpi on Torca 等，随着越来越多的大数据技术、AI 技术应用场景，出现了 Spark、Storm、TensorFlow、MxNet 等越来越多的计算框架，自主研发系统疲于做各种框架的支持。尤其是有些支持并不能像 Hadoop on Torca 那样完全在外部实现，而需要对 Torca 和计算框架两个部分都进行修改。而主流的计算框架，自身都有对重要开源资源管理系统的天然支持，如 Spark on Mesos，Spark on Yarn 等。

另一方面，很多开源资源管理系统有着非常广泛的用户基础，社区极度活跃，不但在支持多种计算框架方面具有优势，系统本身也有了越来越强大的架构和功能。我们的自主研发平台固然有一些技术特性，但是要同时去重复实现开源平台的优秀功能，这也会花费相当大的精力。

2. 开源系统的选择

限于篇幅，这里并不去讨论通用的资源管理系统在各个开源项目中的对比，主要讨论对 Docker 的支持。

为什么一开始是 Yarn？我们使用 Yarn 支持离线业务时，使用的就是 cgroups 类型的容器，并在资源管理维度等方面做了很多优化和扩展，线上单集群可以扩展到万台规模，每天跑上亿的容器实例，是一个相当稳定的系统。而在 2014 年做 Docker 的支持时，Kubernetes、Swarm 这些开源系统还都是原型的版本，各方面都非常粗糙，甚至没有基本的 HA。所以我们决定在 Yarn 版本上支持 Docker，实现了 Docker on Yarn、服务注册与发现，重新设计了 Docker 版本的接口，支持了 Docker 类型的 AM，强化了应用的容灾，实现了 webshell、registry 等功能，并且可以让在线和离线业务混合部署。

为什么转向了 Kubernetes？虽然我们一开始没有选择 Kubernetes，但 Kubernetes 还是引起了我们的特别关注。Kubernetes 继承了很多 Borg 优秀特性；Kubernetes 是为容器定制的系统，有很多非常重要的关键特性，如 App、Pod、Service、Stack 等，当时我们判断 Kubernetes 在开源资源管理系统中会有非常光明的未来；随着 Kubernetes 1.0 正式版本的发布，我们欣喜地看到 Kubernetes 对 HA、调度器等进行了完善。而另一方面，Yarn 社区在 Docker 方面的支持不够积极，我们的目标是实现在线离线混合部署方案，同时支持多种 executor，但是社区最初并不支持我们对 Docker 的实现方案，使得无法混合部署，这点造成了根本性的冲突。既然我们选择开源技术，就希望能够把我们的方案贡献到社区。Yarn 的架构对我们也造成了一些困扰，每个 App 默认一个 AM，对于一些 App 数量多但容器规格小的业务（如游戏云的下载服务）是不小的开销。最终，尽管 Kubernetes 1.0 版本在生产环境只是一个开始，我们还是决定从 Yarn 转向为 Kubernetes。

12.1.3　团队的容器技术发展概况

我们团队的容器技术发展如图 12-2 所示。

图 12-2　团队容器技术发展

我们从 2009 年 10 月份就开始考虑使用容器，那时还没有 Mesos、Yarn、Docker、Kubernetes，有的只是 kernel 的 cgroups，当时的项目叫 T-Borg。为什么要引入容器呢？原因只有一个：节省成本。当时公司的服务器月平均使用率还不到 10%，通过容器来让多个进程在物理机上共享，可以大大节省成本——这就是我们当时使用容器技术的初衷。

2010 年开始，T-Borg 更名为 Torca，主要为搜索业务服务。Torca 通过容器技术不但提升了集群的整体使用率，节省了成本（集群平均 CPU 使用率达到 60%），更让我们体会到云平台（Borg）的强大。这时候，已经不仅仅是成本的节省了，云平台还带来了更便捷和更快速的部署模式、运维方式、容灾能力、弹性伸缩等，每一个能力都具有重大的意义。

2013 年，TDW 已经建成为公司级大数据平台，而 Hadoop 生态体系中的 Yarn 已经远远无法满足公司的规模，对于我们来说，大数据平台的资源管理和调度又是新的挑战。单集群规模更大（8800），作业数量巨大（每天百万级业务量，过亿用户），短作业占比高（很多业务在 1min 之内完成），为此我们为 Yarn 重新设计了调度器，改变了调度架构，又做了很多其他优化，使得 Yarn 终于支持了当时全世界最大规模的 Hadoop 集群。但是再回到容器，Yarn 虽然也用了容器技术，但是仅仅 CPU 资源被容器控制，内存还是用线程监控的方式。这带来了非常多的问题，集群上每天发生 oom kill 的事件多达几十万，影响了作业成功率的同时，也影响了集群的实际使用率。我们也理解 Yarn 为什么不用容器控制其内存资源，不想因 hardlimit（硬限制）被限制太死，又担心 softlimit（软限制）的方式保护不了系统，为此，我们开发了 EMC（Elastic Memory Control，弹性内存控制）的机制，让 hardlimit 和 softlimit 相结合，解决了内存资源管理的各种问题。

2014 年，Docker 一夜之间火热。在 Docker 之前，我们已经在尝试把 Yarn 做成一个同时支持在线和离线业务的平台，让它成为真正的 Cluster OS，但是容器技术还未深入人心，而且各个 BG 都有自己很成熟的运维系统、发布系统。Docker 的兴起，让很多开发、测试、运维人员开始关注容器，尽管很多人还把容器与虚拟机画等号，按照虚拟机的模式使用容器。但是我们拥抱这种变化，用了大概 2 周的时间快速开发了 Docker on Yarn 的版本（gaia.oa.com），也推出了公司级的 Docker registry 服务（docker.oa.com）。我们本来想把在 Yarn 上支持 Docker 的实现推给 Yarn 社区，但是 Yarn 社区认为做得过于复杂，我们认为 Yarn 社区的思路不符合我们的要求（Yarn 社区当时的实现是一个物理节点上要么只跑 Docker 容器，要么只跑非 Docker 容器，我们是希望最终做到在线离线混合部署）。我们一直对 Kubernetes 保持关注和期待，当 Kubernetes 发布 1.0 版本时，我们也正式切换到了以 Kubernetes 为基础的 GaiaStack 上。

GaiaStack 是腾讯基于 Kubernetes 打造的企业级容器云平台。它服务于腾讯内部各个 BG 的业务，如广告、支付、游戏等，同时支持腾讯云各行业客户做专有云和私有云部署。GaiaStack 的目标是支持各种类型的应用，包括微服务、DevOps 场景、大数据、有状态应用、AI 平台、区块链、物联网等，并从底层的网络、存储到容器、Kubernetes，以及部署、监控的产品化等各方面完善容器平台的企业级实现，提升安全性和可靠性，增强易用性，降低迁移成本以及维护成本，同时，支持 Kubernetes 的所有原生接口完全兼容生态。

腾讯内部的"赛马机制"及各个 BG 的独立作战，使得公司内部有多个 Kubernetes 平台，实现的目标和侧重点也各有不同，在 2018 年之后，开源协同越来越深入人心，GaiaStack 率先与腾讯云 TKE 产品做深度融合，同时兼容公有云和私有云，对 k8s 完全实现了零入侵的新版本 TKE 3.0，将 GaiaStack 上的所有特性都迁移到了融合版本中。

12.1.4　GaiaStack 产品目标

1. 降低成本

数据中心是腾讯各个业务都要依赖的，但服务器的平均 CPU 使用率仅为 20% 左右，内存使用率 23%，这个问题其实是业界的通用问题，麦肯锡估计整个业界服务器平均利用率大约是 6%，而 Gartner 的估计稍乐观一些，认为大概是 12%。对于腾讯这样体量的公司来说，降低服务器成本具有更加重要的意义。

集群管理系统可以实现多业务之间的资源共享，也可以实现基于单个机器的多任务资源共享（如 CPU 密集型和 I/O 密集型业务共享，不同峰值时间的业务共享等），并具有弹性管理机制，这样就可以根据不同业务的需要，像有一个聪明的大脑一样实现调度，提高资源利用率。

2. 开发模式的革命

集群资源管理系统是对底层硬件的进一步抽象，它屏蔽了硬件的异构性，对上层各种应用提供资源统一管理和调度。换句话说，云平台使得开发者像使用一台服务器一样，使用整个集群的资源。集群管理系统提供 API 库，也使开发者改变了开发模式，进入 API 时代，哪怕开发者仅仅是想运行一个单元测试程序，也可以通过很简单的方式从云上获取资源。

3. 业务的动态伸缩

对于分布式系统后台的业务，动态伸缩是一个重要特性。在集群管理系统提供的云平台模式下，动态伸缩非常容易实现。

Monitoring：集群管理系统可以自动监控每个任务进程的存活，类似 MCU

（Main Control Unit）或者 appMaster 的方式，还可以监控业务本身的压力等情况。

Expand：根据 MCU 的决策逻辑，通过调用 API 来执行 AddTask 即可实现对业务的扩容。

Shrink：同 Expand 类似，在某些业务监控条件下，触发伸缩策略，通过 API 执行 RemoveTask 即可实现对业务的伸缩。

整个动态伸缩操作模式非常简单，并且可以完全自动化，同时，也可以触发告警，让业务运营人员关注，甚至还可以通过命令行工具做进一步调整，如图 12-3 所示。

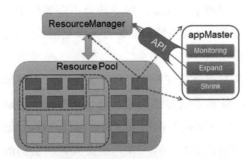

图 12-3　借助集群管理系统实现的业务动态伸缩

4. 容灾容错

在集群环境下，故障成为一种常态，尤其是在大型分布式环境中，没有无故障的侥幸存在。因此，集群管理系统将容灾容错作为一个重要设计目标。这种容灾容错既包括系统自身的容灾，也包括为应用提供的容灾容错。

- ❑ 系统自身容灾。无论采取何种架构，集群管理系统都需要考虑每个组件的 HA（High Availability），尤其是对典型的 Master-Slave 架构，Master 的 HA 尤为重要。如果集群管理系统同时又有外部的依赖系统，它也必须逐一对这些依赖系统进行排查。
- ❑ 应用程序容灾。运行在集群管理系统之上的应用程序，其容灾很多可以借助底层的资源管理系统实现。例如，集群管理系统通常会有本地重试的机制，即对异常退出的进程，可以本地拉起重试，这对于服务型的业务具有十分重要的意义；应用级别也通常会有重试，如一个 attempt 失败，可以自动重新启动新的 attempt；对应用最有效的容灾是 migrate 机制，可以在机器异常（如宕机）、磁盘异常等情况下自动迁移用户应用程序。对于集群无法发现的明显异常，还可以使用黑名单 / 灰名单的机制，自动规避这些异常设备。

5. 运营模式

集群管理系统不仅有操作系统那样启动进程、管理资源的基本功能，也提供了便于用户操作的方式。只有第一步"资源申请"是需要用户做的，申请方式也只是在开机时的一条命令而已。接下来的资源准备、启动程序、监控程序、展示程序等都由集群管理系统完成，用户甚至不需要登录。将所有的资源以及部署、监控等工作都交给底层系统，业务方可以更加关注自己的业务。

6. 实现"大规模"

集群环境为很多大型分布式系统提供了天然的"大规模"场景。为了提高处理速度、提升吞吐量和系统容错能力，每个程序都会启动多个进程，每个进程称为一个实例，运行在不同的机器上。通过集群管理系统的调度和资源共享，一个容量为 N 的集群可以提供 $2N$、$3N$ 乃至更大规模实例的可能，这对分布式系统意义重大。

12.2　GaiaStack 架构和技术特点

12.2.1　GaiaStack 架构

GaiaStack 的架构如图 12-4 所示。

GaiaStack 底层基于硬件、OS、网络等基础设施，存储可以对接 Ceph 或者 CBS、CFS 等存储系统。GaiaStack 提供 Kubernetes 集群管理服务，支持代码构建、镜像仓库、应用管理、服务编排、负载均衡、自动运营等功能。容器服务支持 Kubernetes 原生接口，并且提供原生 dashboard 的入口。GaiaStack 不仅提供了各种 Kubernetes 插件，帮助用户快速在云平台上构建 Kubernetes 集群，还提供了认证、监控、日志管理、配置管理、操作记录等各种能力。

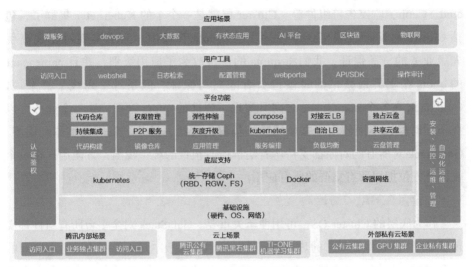

图 12-4　GaiaStack 架构图

12.2.2　GaiaStack 技术优势

1. 自动化运维体系

由于 GaiaStack 是私有云，需要将其全部的部署运维等工作交给客户及服务商。所以要降低复杂度，提升易用性，为此我们对 GaiaStack 的部署系统做了产品化，可以实现一键快速部署，即通过 Web 页面上的可视化操作对背后系统复杂的组件进行自动化部署，大大降低了使用者人力成本及学习成本。用户在页面上填写 license 之后，就可以一步步完成安装，很像安装一个软件，如果有异常失败的话，也会有提示。

2. 多集群多租户支持

在企业内部，通常都会有多个 IDC、多个集群。GaiaStack 通过 Global 层、IDC 层和 Cluster 层来实现企业所有 IDC 资源的管理。Global 层是管理多 IDC、多集群的全局服务，有 webportal、keystone、docker hub、Deployment、CI server 等。由于跨 IDC 和 IDC 内部网络情况有非常大的区别，因此我们划分出了 IDC 层这个层级，供一个 IDC 的多个集群共享服务，包括 Docker registry、 etcd、Ceph、监控告警组件等。Cluster 层就是一个个的 Kubernetes 集群了，包括 Cluster 的 Master 和 Slave。另外，在 Quota 管理中，为了实现对在线高优先级业务的资源保证，我们将 quota 的层次改为了应用级别，并且 namespace 的 quota 在集群最繁忙的时候也会有隔离与保证。但是对于离线集群来说，GaiaStack 在各个 namespace 之间又实现了弹性的 quota 管理，让各个业务可以在不同时段以不同使用率来使用整个集群的资源，提升了集群的整体利用率。GaiaStack 对所有的对象都支持所有集群所有租户的统一视图，方便用户在一个视图全方位把握所有集群的所有应用。

3. 全系统 HA、热升级

作为底层的 Cluster OS，可用性至关重要。GaiaStack 对全平台所有组件都实现了 HA，并且保证集群的热升级特性。注意社区版本是不能保证跨版本之间的热升级的，举例，如果将 Kubernetes 从 1.4 版本升级到 1.9 版本，系统会发生如下变化：Pod Hash 发生变化，Container 名称发生变化，点分隔改为了下画线分隔，容器标签发生变化，pause 容器的标签 io.kubernetes.container.name=POD 改 为 io.kubernetes.docker.type=podsandbox，io.kubernetes.container.restartCount 改为 annotation.io.kubernetes.container.restartCount，Cgroup 目录结构发生变化，新增了 Pod 层级。因此上面的应用势必会受到影响，有可能被重启。而 GaiaStack 实现了各种跨版本的兼容性，可保证企业级应用生产环境的应用不受任何影响。除了各个模块的 HA 保证，GaiaStack 对核心数据可实现自动备份和恢复机制，以及多地域多可用区的容灾机制。

另外，GaiaStack 同时面向腾讯内部和外部的客户，版本不做区分，是完全一样的代码，新版本发布时，一定会在内部业务运行稳定后才会对外发布，也保证了私有云集群的稳定性。

4. 网络模式

（1）Overlay 网络

Overlay 网络为容器提供跨主机的虚拟化网络方案，集群中的节点与容器都可以通过虚拟网络的 IP 相互访问。集群为应用镜像 expose 的每个端口分配一个唯一的随机端口，通过集群中任意一个节点的 IP 和这个端口可以访问到这个应用。所有的请求会以轮询方式发送到应用的每个实例。优点是不需要用户处理端口问题，并且不同业务可以有效隔离，且不受 IP 资源的限制。缺点是，无法直接和非 Overlay 网络中的容器或机器通信，并且性能是有损的。

（2）Floating IP

Floating IP，与 OpenSwitch 的 Floating IP 概念一致，为容器配置与集群节点的物理网络可相互路由的 IP。这是很多业务最希望使用的方式，因为这种方式让容器和普通机器几乎具有相同的使用方式，不需要考虑端口冲突，而且可以无障碍地和其他机器或容器通信，与周边系统的对接也非常容易。然而，有些 IDC 中的 IP 资源非常有限，使得很多业务使用受限。

（3）NAT

NAT 网络的端口映射为容器配置 Overlay 虚拟网络。但与 Overlay 不同的是，除集群唯一的随机端口外，还会给应用的每个实例分配其所在节点的随机端口。通过此节点端口，可以定向访问应用的某个实例。一定程度上也帮助用户解决了端口冲突问题，也不需要占用 IP 资源，缺点是性能较差，并且很多场景下还是需要知道真实端口。

（4）Host（主机模式）

该模式最大的好处来自性能，但是需要处理端口冲突问题。如果采用申请、分配的使用方式，需要修改应用程序。对于对性能要求较高的业务这些代价也是值得的。

5. 全维度资源管理

如图 12-5 所示，Docker 和 Kubernetes 都默认支持 CPU 和内存管理，我们也将资源管理维度扩展到全维度，包括 GPU、磁盘 I/O、磁盘容量、网络 I/O 等，以更好地保证在线离线业务可以共享集群资源。

很多业务都需要较大的本地磁盘空间，因此磁盘容量成为第一个扩展的资源维度。磁盘容量比 CPU、内存管理更复杂的方面

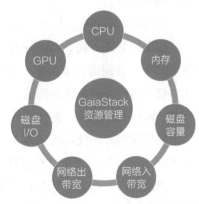

图 12-5　GaiaStack 全维度资源管理

是多磁盘容量管理，在设计上我们扩展了 scheduler，以避免多个决策中心。采用 softlimit+hardlimit 的弹性控制算法控制容量，同时也考虑了 Pod 的优先级。

网络出带宽的管理比较成熟，采用 tc+cgroup 即可，并且可以做到弹性控制。但是网络入带宽却比较复杂，为此我们在内核中引入了 net_rx 模块。实现了以下设计目标：

- ❑ 在某个 cgroup 网络繁忙时，能保证其设定配额不会被其他 cgroup 挤占。
- ❑ 在某个 cgroup 没有用满其配额时，其他 cgroup 可以自动使用其空闲的部分带宽。
- ❑ 在多个 cgroup 分享其他 cgroup 的空闲带宽时，优先级高的优先使用；优先级相同时，配额大的占用多，配额小的占用少。
- ❑ 尽量减少为了流量控制而主动丢包。

6. 弹性伸缩

容器具有轻量、高效的特点，可以快速启动容器化服务、迁移、裁撤等。Kubernetes 为应用实现了很好的弹性伸缩机制，比如可以根据资源使用情况进行自动扩容和缩容等，但在实际场景中，还远远不够，因此 GaiaStack 对应用的弹性伸缩能力做了更多的扩展，比如可以按照时间、周期进行自动弹性伸缩，支持通过吞吐量、时延等指标对微服务应用进行扩容和缩容，支持自定义指标的弹性伸缩，支持对指定实例进行定点裁撤等。扩容时，也可以指定与原 App 不同的新版本。

7. TApp 应用类型

在应用管理方面，Kubernetes 提供的 Deployment、StatefulSet、Job 等应用各司其职，分别运行微服务、有状态服务和离线作业。这些应用类型在实际使用时也会遇到各种各样的问题，比如 Deployment 无法支持按照指定的策略进行缩容，StatefulSet 的升级只能按标号顺序依次进行，且一个 StatefulSet 对两个以上的镜像版本不能同时实现灰度，而对于所谓的支持离线的 Job 类型，Spark on Kubernetes 的实现甚至都没有用 Job 来运行。

腾讯内部很多业务都是存量业务，需要能按照运维人员的策略控制每个实例的状态，比如灰度升级场景和 StatefulSet 提供的灰度功能不太一样。当对某个联通 VIP 的业务进行升级，这个 VIP 下的业务 ID 不一定是有序的，升级一周后，如果运行稳定，再对其他 VIP 的业务分批次进行升级，中间可能长时间维持运行多个版本的稳定状态。StatefulSet 的功能无法达到这样的效果，所以我们开发了 TApp（Tencent App）的应用类型。TApp 是利用 Kubernetes CRD 功能定义的扩展 API，TAppSpec 对 PodSpec 进行了封装，支持指定每个业务的 PodSpec 模板和期望的状态。正是基于这样的设计，TApp 相比 StatefulSet 的优势有：支持指定若干业务多次进行启动、停止、删除、原地灰度升级、回退等操作；灰度升级功能不只是修改镜像版本，甚至可以多加一个容器；单个 TApp 应用的 Pod 支持 N 个版本。此外 TApp 与 StatefulSet 应用类型具有一些相同点：Pod 具有唯一自增 ID、绑定单独云盘、迁移时数据盘跟随迁移。

在后来的推广中我们发现 TApp 不仅仅是腾讯的需求，很多企业都有类似的需求，因此我们现在称 TApp 为"通用服务"。目前 GaiaStack 上运行的绝大多数任务，不论是在线服务还是离线业务，都使用了我们自主研发的通用服务类型。

8. 丰富的云盘支持

Ceph 在云上的存储，具有天然的优势，一方面是因为 Ceph 本身具有非常优秀的特性，另一方面，Docker、Kubernetes 等开源项目很多已经和 Ceph 结合得很好。GaiaStack 团队的 Ceph 平台也是在腾讯内部支持了各个 BG 的共享存储平台，运营非常稳定。因此 GaiaStack 基于 Ceph 实现了云硬盘。

（1）普通云硬盘

业务自己申请、维护云硬盘。可以提前将数据导入云硬盘，也可以由容器生成云硬盘的数据，同一个云硬盘也可以作为状态保存媒介在容器间流转。云硬盘的生命周期完全交给用户去控制，并可以在线进行扩容操作。

（2）内置云硬盘

除了容器云中普通云硬盘的场景，GaiaStack 还增加了内置云硬盘，即将云硬盘内嵌到应用中，不需要用户维护和关注，系统会自动为每个实例分配云硬盘，扩展了磁盘空间，而且在迁移时可以不丢数据。用户程序可以像使用本地磁盘一样，不需要修改原有业务逻辑，但是数据却被自动云化了。

除了 RBD 类型的云硬盘，GaiaStack 还支持 CephFS 的共享云硬盘。

9. P2P 镜像服务

GaiaStack 的目标是支持成千上万的集群规模，这对镜像仓库的性能提出了更高要求。多个 Docker 客户端同时拉取镜像会带来以下几个问题：流量大，每个 Client 的传输速度可达到 20Mbit/s，多个 Client 就可以占满 registry 机器的网络带宽；并发请求多，Client 会同时请求多个 layer 的数据，请求数为 Client 数乘以 layer 数。测试发现 1 台机器拉取一个 1GB 大小的镜像时，时间约为 1min，100 多台机器同时拉取一个 1GB 大小的镜像时，时间将会增加到 8min 左右，这是不可接受的。

大多数公司的临时解决方案都是提前拉取这个镜像或基础镜像。这会带来额外的运营成本，机器上能存储的镜像也是有限的，会定期清理。因此，我们还需要找到更好的解决方案。

因此我们开发了带有 P2P 分发功能的 registry，让节点之间可以传输镜像内容。我们在 200 台物理机上测试了在不同的节点数和不同的镜像大小的情况下的拉取时间，对比了原生的 Docker 和 P2P registry 的效果，200 个节点同时拉取 1GB 的镜像时，Docker 平均用时 571s，P2P registry 用时 71s，P2P registry 的效果提升是很明显的。

10. 全方位运营体系

运营是容器平台至关重要的一环，GaiaStack 对平台的所有组件都有监控和告警，保证了平台发生异常时，运维人员可以及时发现。用户也可以对自己的应用自定义监控告警，并且可以随时修改告警策略。GaiaStack 同时支持事件和指标监控。

大部分容器平台都有日志服务，用户通过 GaiaStack 有三种方式查看自己的日志：通过页面、通过 webshell 和执行 Linux 命令。通过 GaiaStack 的日志系统还可对应用的所有实例的日志进行全文检索和下载，并且这些都无须用户修改自己的应用程序，上云成本很低。最重要的一点，GaiaStack 将用户的日志管理与对本地存储管理结合起来，即日志和数据都自动纳入了 GaiaStack 的资源管理中。用户不必担心本地磁盘是否够用，以及计算节点是否会出现磁盘满的情况。

11. 敏捷和 Devops

Devops 将开发、测试、运维整个产品研发流程标准化、自动化，从而提高整个产品的迭代效率。GaiaStack 将腾讯内部的 Devops 研发体系与容器化平台集成，实现编译、集成、打包、测试、发布的自动化，并且可以自定义 Devops 流水线。

使用 Devops 的步骤如下。

1）创建公共账号：创建该业务下拉取代码的账号。为了安全起见，平台要求业务管理员必须创建该业务下的公共账号。如果该业务下已经配置有公共账号，则忽略，直接创建项目。

2）创建项目：在已有业务下创建项目，项目信息主要包括你有权限的 SVN 或 GIT 代码地址。

3）设计 Devops 流水线：设计整个一体化流程。在开发、测试或运营阶段选择平台提供的任务，比如构建镜像、单元测试等。

4）下发版本：开发人员启动版本，按照设计好的流水线进行流程流转。

12. 支持 GPU 应用

GaiaStack 支持 GPU 的通用应用类型、镜像与驱动的分离、异构集群的精细化管理等，下面重点讲 GPU 的拓扑控制和 GPU 虚拟化。

GPU 通信方式有四种，分别是 SOC、PXB、PHB 和 PIX，它们的通信代价依次降低，由拓扑关系决定。为了让 GPU 卡之间的通信开销占比减小，以图 12-6 为例，运行在 GPU-0 和 GPU-1 上的应用的运行时间会比运行在 GPU-0 上和 GPU-3 上的小很多。因此，Gaia Scheduler 实现了 GPU 集群资源 – 访问代价树算法，来对 GPU 的拓扑关系进行感知，并且在调度中充分考虑该拓扑关系。

我们知道 NVIDIA 对单个 GPU 的共享有两种方式：VM 使用的 NVIDIA GRID 及进程使用的 MPS Service。NVIDIA GRID 并不适合 Kubernetes 的 Container Runtime 场景。MPS Service 未实现隔离，且对每个进程使用的 GPU 资源采用了硬限制的方式，在程序运行中无法修改。分时调度也不是基于容器的资源请求，总之，对 GPU 无法实现基于容器级的软件虚拟化。但由于 GPU 价格昂贵，对 GPU 资源的容器级别的软件虚拟化具有巨大的意义。

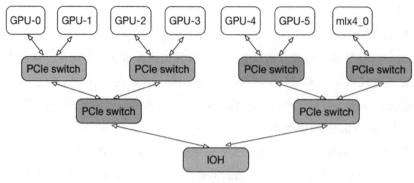

图 12-6 拓扑感知

实现 GPU 虚拟化有三个挑战：第一是 Transparency，不对 Kubernetes 及用户的应用程序做入侵；第二是性能；第三是隔离。为了实现对 Kubernetes 的透明，GaiaStack 使用了 device plugin，来为任务分配相应的硬件资源及配置容器运行时环境。在具体实现中，引入了 GPU Manager，GPU Scheduler，vGPU Manager 和 vGPU Library 四个核心组件，实现了双层资源管理。在主机层，GPU Manager 负责创建 vGPU，GPU Scheduler 负责为 vGPU 分配物理 GPU 资源。在容器层，vGPU Library 负责管理具体容器的 GPU 资源。用户的资源请求会通过 Manager 控制，但程序运行起来后，所有的数据读写就不再经过 Manager，最大限度地减少性能开销。我们选取了不同的深度学习框架进行测试，分别在物理机和容器内使用每一个框架运行 MNIST 应用，并测试执行时间，结果是性能开销都不超过 1%。

12.3 GaiaStack 核心技术

12.3.1 应用支持能力

1. Kubernetes 常用应用类型

Kubernetes 常见的应用类型有以下几种。

1）Deployment：适合微服务应用。

2）StatefulSet：适合有状态服务。

3）Job：适合可结束的离线作业。

4）DaemonSet：适合需要在每个 Kubelet 节点上部署 Pod 的应用。

2. GaiaStack 扩展应用类型 TApp

Kubernetes 凭借其强大的声明式 API、丰富的特性和可扩展性，逐渐成为容器编排领域的霸主。越来越多的用户希望使用 Kubernetes，将现有的应用迁移到 Kubernetes 集群，但 Kubernetes 现有 workload（如 Deployment、StatefulSet 等）无法满足很多非微服务应用的需求，比如操作（升级、停止等）应用中的指定 Pod、应用支持多版本的 Pod。如果要将这些应用改造为适合于这些 workload 的应用，需要花费很大精力，这使大多数用户望而却步。

我们团队有着多年的容器编排经验，基于 Kuberentes CRD（Custom Resource Definition，使用声明式 API 方式，无侵入性，使用简单）开发了一种新的 workload 类型 TApp，它是一种通用类型的 workload，同时支持 service 和 batch 类型作业，可满足绝大部分应用场景，它能让用户更好地将应用迁移到 Kubernetes 集群。如果用 Kubernetes 的 workload 类比，TApp 类似 Deployment + StatefulSet + Job，它包含了 Deployment、StatefulSet、Job 的绝大部分功能，同时也有自己的特性，并且和原生 Kubernetes 的使用方式完全一致。每一个功能的设计背后都有着大量用户的实际需求。

（1）同时支持 service 和 batch 类型作业

按照 Kubernetes 的设计理念，StatefulSet 是为有状态的服务设计的，Deployment 是为无状态的微服务设计的，Job 是为离线作业设计的。这三种 workload 有各自的特性，比如：StatefulSet 和 Deployment 管理的 Pod 都是不会结束的（即使结束了也会被重新拉起），Job 管理的 Pod 会结束，创建这三种 workload 需要的属性也各不相同。但是从用户的实际需求来看，很多应用都需要这三种功能，因此 TApp 综合了很多的特性，支持 service 和 batch 类型作业，并通过 RestartPolicy 来对这两种作业进行区分。RestartPolicy 值有三种：RestartAlways、Never、OnFailure。RestartAlways 表示 Pod 会一直运行，如果结束了也会被重新拉起，适合 service 类型作业，Never 表示 Pod 结束后就不会被拉起了，OnFailure 表示 Pod 结束后，如果退出码非 0，将会被拉起，否则不会，Never 和 OnFailure 适合 batch 类型作业。

TApp 同时支持 service 和 batch 类型作业，为用户创建应用提供了很大的便利，用户只需要理解 TApp 这一个类型的 workload 即可，并可使用多种特性。

（2）固定 ID

每个实例（Pod）都有固定的 ID（0, 1, 2, …, N–1，其中 N 为实例个数），实例的名字由 TApp 名字 +ID 组成，因此名字也是唯一的。有了固定的 ID 和名字后，我们便可以将实例用到的各种资源（存储资源（如云硬盘）、IP）和实例一一对应起来，这样即使实例发生迁移，实例对应的各种资源也不会变。通过固定 ID，我们可以为实例分配和迁移前一样的 IP。

唯一的实例名字还可用来跟踪实例完整的生命周期。对于同一个实例，可能由于机器故障而发生了迁移、重启等操作，虽然不是一个 Pod 了，但是我们用实例 ID 串联起来，就获得了实例真正的生命周期的跟踪，对于判断业务和系统是否正常服务具有特别重要的意义。

典型应用场景：

❑ 实例通过 ID 识别自己的身份。

❑ 某个机器学习程序，是 master slave 架构，定义 ID 为 0 的就是 master，其他为 slave。Mpi 程序也可以按类似的方式运行。

❑ 实例绑定的资源不变。

❑ 实例迁移后，绑定的云硬盘、IP 等资源都不变化。

❑ 操作指定实例。

有了固定的 ID，我们就能操作指定实例。我们遵循了 Kubernetes 声明式的 API，在 spec 中 statuses 记录实例的目标状态，instanccs 记录实例要使用的 template，用于停止、启动、升级指定实例。

典型应用场景：

❑ 有些机器要停掉，就可以只停止这些机器上的实例，符合传统运维的操作方式。

❑ 灰度升级某个 / 某些实例，应用中需要长期存在两个或多个版本的实例。

❑ 用户控制升级节奏，可以在任意时间升级更新任意指定的实例。

❑ 某个实例有问题或所在机器有问题等，则停掉实例。

（3）支持多版本实例

在 TApp spec 中，不同的实例可以指定不同的配置（image、resource 等）、不同的启动命令等，这样一个应用可以存在多个版本实例。

典型应用场景：

❑ TensorFlow、Mpi 等类型的作业应用包含不同配置的实例，TensorFlow 有参数服务器和工作节点，Mpi 有 Master 和 Slave 节点。当然通过创建多个应用也可以实现同样的目的，但管理起来会更麻烦。现在，只需要创建一个 TApp 就可以达到创建多个应用所达到的效果了。

❑ 经过灰度升级后，应用内会长期存在多个版本的实例，用于对比测试等目的。比如：用户升级应用内某些实例的镜像版本 v2 后，想观察一段时间升级的效果，有些用户还希望再升级另一些实例的镜像版本到 v3 版本，这样，一个应用内可能存在 v1、v2、v3 三个版本的实例，通过 TApp 就可以达到这样的目的，但 Kubernetes 原生的 workload 是不能实现的。

（4）原地更新（in place update）

Kubernetes 的更新策略是删除旧 Pod，新建一个 Pod，然后进行调度等一系列流程，才能运行起来，而且 Pod 原先的绑定资源（本地磁盘、IP 等）都会变化。TApp 对此进行了优化：如果只修改了 Container 的 image，TApp 将会对该 Pod 进行本地更新，原地重启受影响的容器，本地磁盘不变，IP 不变，最大限度地降低更新带来的影响，这能极大地减少更新带来的性能损失及服务不可用的情况。

典型应用场景：

❑ 需要更新镜像，但不希望 Pod 资源（本地磁盘、IP 等）变化。

❑ 云硬盘。

云硬盘的底层由分布式存储 Ceph 支持，能很好地支持有状态的作业。在实例发生跨机迁移时，云硬盘能跟随实例一起迁移。TApp 提供了以下云硬盘类型供选择。

❑ GaiaStack 云硬盘：跟随 Pod 迁移；应用结束后，云硬盘不删除。

❑ 轻盘：跟随 Pod 迁移；应用结束后，轻盘被自动删除。

典型应用场景：

❑ 如果 Pod 产生的中间数据量太大，恢复耗时，可以使用轻盘。

❑ 如果需要保存 Pod 生成的数据，可以使用 GaiaStack 云硬盘。

（5）多种升级发布方式

TApp 除了支持常规的蓝绿部署、滚动发布、金丝雀部署等升级发布方式，还有其特有的升级发布方式：用户可以指定升级任意的实例。

（6）自动扩缩容

TApp 支持根据 CPU/MEM/ 用户自定义指标进行自动扩缩容。除此之外，我们还开发了周期性扩缩容 cron-hpa-controller，可支持对 TApp 等（包括 Kubernetes 原生的 Deployment 等）进行周期性扩缩容和 crontab 语法格式，以满足对资源使用有周期性需求的业务。

12.3.2 资源管理能力

1. Quota 管理

GaiaStack 的 Quota 管理依托于 Kubernetes 的 Namespace 和 ResourceQuota，前台业务和 Namespace、ResourceQuota 是一一对应的。业务 Quota 还包括云盘 Quota，该值是从 Ceph 集群获取的。用户在前台配置业务 Quota，该 Quota 落地到 Kubernetes 集群和 Ceph 集群，但中间可能会出现提交 Quota 失败，所以我们在数据库中增加了 Quota 表，业务提交 Quota，Quota 值先提交到数据库中，再由数据库同步 Quota 到 Kubernetes 集群和 Ceph 集群，同时在 Quota 表中增加标记位，表明该 Quota 是否正在同步，以及同步成功还是失败。ResourceQuota 中资源分为申请值 hard 和分配值 used，申请值 hard 是业务配置的值，而分配值 used 是 Kubernetes 实时统计的，需要将 used 值实时同步到数据库。所以整个同步过程是双向的，实例在前台配置业务 Quota，先提交到数据库中，再同步到 Kubernetes 集群，而 Quota 的分配值由 Kubernetes 自动统计，当分配值 used 发生变化时，自动同步到数据库。前台只需从数据库中获取 Quota 数据即可。对于 Ceph 集群的分配值，由于没有类似 Kubernetes 的 informer 机制，目前是周期性同步。

Kubernetes 的准入控制 admission control 是以实例（Pod）为单位，若资源不足，则 Pod 创建失败，此后 Kubernetes 会一直尝试创建 Pod，直到成功。这种场景针对在线应用不是很合适，因在线业务提交应用时需立即得到反馈，以了解应用是否提交成功，若 Quota 不足，应该提交失败，并提示 Quota 不足，而不是应用提交到集群之后，实例一直处于 Pending 状态。针对这种情况，我们增加了对应用级别的准入控制，目前包括支持 Deployment、Job、TApp 类型的应用。业务提交 Deployment，若 ResourceQuota 内的资源不足，则直接拒绝该 Deployment 的创建，返回 Quota 不足的错误。

2. 主机资源管理

GaiaStack 的主机资源管理同样遵循弹性原则，在有空闲资源的前提下，业务的实际使用资源可以超出其申请值，提高用户的体验。Kubernetes 原生支持的资源包括 CPU 和内存，GaiaStack 扩展了资源多样性，包括网络出带宽、网络入带宽、磁盘容量、磁盘 I/O，下面依次展开说明。

（1）CPU 管理

Kubernetes 对 CPU 的管理是通过 cpu、cpuacct、cpuset 来进行控制的，其详细介绍可见 Yarn 章节。业务提交 Pod，其申请的 request 资源落地到容器目录的 cpu.shares 文件，而申请的 limit 资源落地到容器目录的 cpu.cfs_quota_us 和 cpu.cfs_period_us 文件。业务在前台提交应用，申请的资源默认是 request。同时业务也可以配置 limit 资源，如图 12-7 所示。

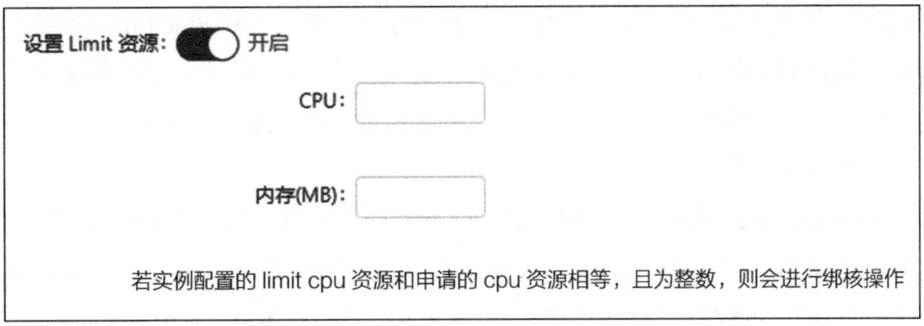

图 12-7　GaiaStack 前台配置 limit 资源

针对业务整体的 CPU 控制，GaiaStack 采用 Cpuset 方式，隔离业务和机器的 CPU 使用，确保业务不会用完机器上所有的 CPU 资源。同时也支持了计算型业务，通过绑核，提高计算性能。

（2）内存管理

针对内存管理，GaiaStack 更多关注的是当业务整体内存快消耗完时，如何选出一个合适的实例来进行迁移，而不是等到触发 Cgroup oom。Kubelet 是采用 eviction 机制来处理这种情况。eviction 周期性（每间隔 10s）检测内存资源使用情况，若发现内存资源不足，则选出一个合适的实例迁移。eviction 分为 memory.available 和 allocatableMemory.available，其中 memory.available 检测的是机器的总内存，allocatableMemory.available 检测的是业务可用总内存。GaiaStack 同时配置了这两个值，随时检查机器内存及业务可用内存的资源使用情况，若剩余不多，则开始考虑迁移实例，从所有实例中选出超出申请量最大的实例迁移，同时兼顾实例的 QoS。eviction 支持延迟迁移，即超过一段时间，若内存仍持续不降，才开始迁移实例。这里还有一个优化是借助 Cgroup 的 Notify 机制，监听 Cgroup 的 memory.usage_in_bytes 文件，若内存超过某个阈值，便通知 eviction，eviction 收到信号后还要进一步判断内存的实际使用情况，因为 memory.usage_in_bytes 统计的是所有类型的内存，这包括 Rss 和 Cache，而某些 Cache 内存是可以回收的，如 I/O 产生的缓存。Kubelet 通过 Workingset 这个概念，去除了可回收内存，来标识内存的真正使用情况。

GaiaStack 也对 eviction 机制做了补充，eviction 只从 Cgroup 中获取内存使用情况，某些场景下，我们发现该统计的内存不如从 /proc/meminfo 中统计的精确，因此我们增加一种 eviction 机制，从 /proc/meminfo 中读取机器的内存使用情况，在内存资源不足的情况下，迁移实例，确保机器正常运行。

（3）网络出带宽管理

GaiaStack 的网络出带宽管理采用 Traffic Control（TC）和 Iptables 规则来实现，并遵循弹性原则。用户可以在前台申请网络出带宽流量，该资源最终落到 TC 的某条具体配置上。TC Class 的树形结构如图 12-8 所示。

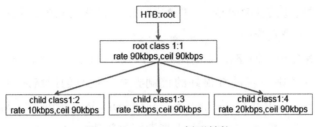

图 12-8　TC Class 树形结构

（4）磁盘容量管理

GaiaStack 的磁盘容量管理的是实例的外挂目录，用户在 GaiaStack 前台提交应用，可以选择挂载日志或数据目录，用来统一存放数据，而不是直接将数据写入容器的根目录。因容器的底层存储是 Devicemapper 或 Overlay，若将数据直接写入容器根目录，数据落盘需要两层 I/O 操作，增加性能开销，所以建议将数据写入外挂目录。GaiaStack 将磁盘容量资源化，用户在前台申请磁盘容量资源值，实例启动的时候，会在宿主机上创建对应的目录，并挂载到容器中。

GaiaStack 采用社区 inline CSI Volume 方式，将磁盘资源上报给集群，因一台机器上会有多块磁盘或分区，则同一个节点会上报多个磁盘资源。同时 GaiaStack 扩展了调度器，增加磁盘容量资源这一 predicate 插件。实例（Pod）在机器上启动，以 CSI Volume 的方式挂载目录。Kubernetes 中 Pod 对应的 yaml 样例如图 12-9 所示。

每个实例的外挂目录在宿主机上都对应一个目录，需要对该目录的容量进行管理，不然实例可随意使用。GaiaStack 采用的是 DiskQuota 机制，支持 xfs 和 ext4 文件系统。DiskQuota 可以对一个文件目录进行磁盘容量和文件数目限制，这种限制是硬限制，同时 DiskQuota 也支持软限制，其软限制只允许一段时间内超过，超过这段时间段，就变成了硬限制。实例申

图 12-9　Pod 申请磁盘资源 yaml 样例

请的磁盘容量资源落到 DiskQuota 的配置上，以此来对磁盘容量进行控制。

（5）网络入带宽管理

对于网络资源，网络出带宽控制可以用 TC（Traffic Control）进行限流，网络入带宽资源则一直没有很好的控制方式。现有的网络入带宽方式有 TC policing（Ingress）、IFB（Intermediate Functional Block device）。其中 Ingress 采用 TC 方式控制入流量包速率，若入带宽超过阈值，便开始丢包，这会导致对端重传，增加网络负载。

IFB 是目前常用的方式，其原理是借助虚拟网卡，将物理网卡收到的包发给虚拟网卡，对虚拟网卡的出带宽采用 TC 进行控制，效果也不错。Server 端的速率稳定在 10Mbit/s，且重传次数很少。

IFB 的工作原理是借助虚拟网卡，将网络入带宽转化为网络出带宽。

接收到的网络包要额外发给虚拟网卡，再对虚拟网卡的出流量创建 TC 规则以进行流量控制。这种方式主要是增加了 CPU 消耗，且难以同上层业务进行很好的结合，如需要用 IP 标识一个业务，而不是通过类似 Cgroup 的方式。网络包流向如图 12-10 所示。

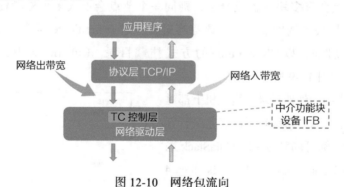

图 12-10　网络包流向

基于以上原因，我们在内核增加了一个网络入带宽的 Cgroup Subsystem，业务可以直接在 Cgroup 里配置网络入带宽限定值，便可对网络入流量进行控制。图 12-11 所示为网络入带宽 Cgroup 实现原理，GaiaStack 通过增加 Cgroup Subsystem 来支持网络入带宽资源弹性控制。图 12-12 展示了网络入带宽控制效果，总的网络入带宽资源配置为 60Mbit/s，有两个实例，一个配置的网络入带宽资源为 10Mbit/s，优先级为 0，另一个配置的网络入带宽资源为 40Mbit/s，优先级为 5，优先级与数字成反比。从图 12-12 中可以看出，二者网络入带宽都得到了控制，而优先级大的实例几乎抢占了所有的空闲网络入带宽资源，达到 20Mbit/s，优先级为 5 的实例则维持在 40Mbit/s 速率。

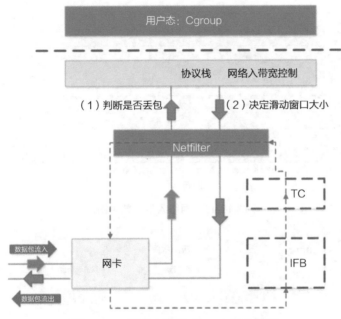

图 12-11　网络入带宽 Cgroup 实现原理

（6）磁盘 I/O 管理

GaiaStack 也对磁盘 I/O 资源进行了管理，其中包括读速率和写速率。现有的 Cgroup Subsystem 已有对应的 blkio Cgroup，可以对磁盘 I/O 进行控制，但对 Buffer write 是无法控制的。所谓 Buffer write，是指应用发起写操作，系统调用将内容先写到内存后就立即返回给用户，而不需要等到内容真正写到磁盘，内核会在适当的时机将内容异步写到磁盘中，这种方式的优势是写速率得到大幅度提高。我们平常发起的写操作若不增加 direct 标识，都是默认的 Buffer write。blkio Cgroup 是通过进程标识控制 I/O，Buffer write 之所以失控，是因为

I/O 资源（对应内核的 bio 结构体）经过 blkio Cgroup 的时候，其对应的进程信息是内核线程，而不是真正发起写操作的进程。如图 12-13 所示，文件系统将 I/O 资源发给通用块层，通用块层通过该 I/O 资源对应的进程信息找到对应的 blkio Cgroup，但此时 I/O 资源对应的进程是内核线程，不能找到正确的 Cgroup。

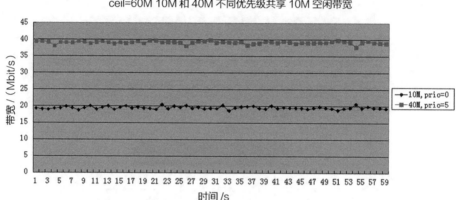

图 12-12　网络入带宽效果图

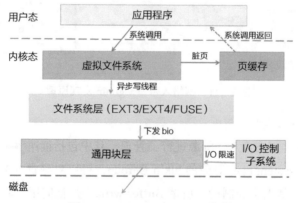

图 12-13　Buffer write I/O 流程

针对此问题，GaiaStack 对内核进行了相关完善，使其支持 Buffer write 控制。该问题要解决的是如何通过 I/O 资源找到对应的原始进程，进而找到对应的 blkio Cgroup，这就需要在内核中找到一个载体，记录这个信息。我们找的是 inode 这个结构体，一个 inode 对应一个文件。GaiaStack 在 inode 结构体里增加了一个 Cgroup 标识。其整个流程为：

- 用户发起写操作系统调用，内核分配 page，将用户态内容复制到 page 中，并将 page 置为脏页，写操作返回用户态。
- 内核在制造脏页的过程中，通过 page 找到对应的 inode，并将进程对应的 Cgroup 信息记录到 inode 结构体中。
- 内核在适当时刻，将脏页异步刷新到对应的磁盘。这个时刻可能是周期性的，也可能是内存中已积累了大量脏页的时候。
- 内核异步将 I/O 资源写到磁盘时，I/O 资源先交给 blkio Cgroup，根据脏页找到对应的 inode 结构体，再找到对应的 Cgroup Subsystem，按照该 Cgroup 配置的速率进行控制。

通过这种方式，就可以对 Buffer write 进行控制。原生的 blkio Cgroup 不能很好地支持弹性控制，GaiaStack 新增了一种 Cgroup Subsystem，类似网络入带宽资源控制，同样采用令牌桶方式来实现弹性机制。在 I/O 资源有空闲的情况下，实例可以借用其他实例的空闲资源。

在图 12-14 中，5 个实例分别配置了最低保障速率 1Mbit/s，最高速率配置为 10Mbit/s，并分批延迟启动，每 10s 启动 2 个。蓝色部分表示磁盘速率，其他颜色表示实例各自的用户态速率（可用 iotop 命令观察）。可以看出随着时间的推移，磁盘速率随着实例启动的增多而增大，而每个实例的速率都被控制在最大的 10Mbps，即每个实例都充分使用了空闲资源。

3. 存储支持

（1）Kubernetes 存储架构

Kubernetes 一直致力于提供完善、易用的存储框架及插件，从最初的 in-tree 方式的 PV/PVC，发展到了今天的 out-tree 方式的 CSI。

1）PV/PVC。Kubernetes 存储在设计的时候遵循着 Kubernetes 的一贯哲学，即声明式（Declarative）架构：集群管理员通过创建 PersistentVolume（PV）对象实现对底层存储对象的封装，用户则只需提交一个 PersistentVolumeClaim

（PVC）对象来声明自己对存储的需求。PVC 对象既可以显式指定所要使用的 PV，也可以只指定所属的 StorageClass，有 Kubernetes 自动为其创建可用的 PV。

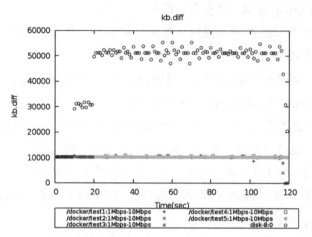

图 12-14　Buffer write 控制效果图（见彩插）

Kubernetes 根据用户指定的 StorageClass 调用对应 plugin 的接口来完成创建、挂载等操作，如图 12-15 所示。

2）CSI。传统的 in-tree 方式的 PV/PVC 带来了很多问题及不便：

❑ 存储插件需要一同跟随 Kubernetes 的版本规划进行发布。

❑ Kubernetes 社区需要对存储插件进行测试和维护。

❑ 存储插件自身的不稳定性可能会导致 Kubernetes 核心组件无法正常工作。

❑ 存储插件享有 Kubernetes 各组件同等的特权，存在安全隐患。

❑ 存储插件开发者必须遵循 Kubernetes 社区的代码开发和规范。

为了解决上述问题，CSI 应运而生。CSI 是 Container Storage Interface

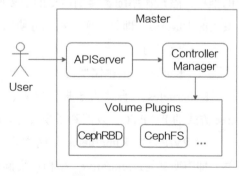

图 12-15　PV/PVC

的简称，它在容器编排引擎和存储系统间建立一套标准的存储调用接口，并通过该接口能为容器编排引擎提供存储服务。各存储厂商或者系统提供实现了 CSI 接口的驱动（Driver），运行于 Kubernetes 外部，接收 Kubernetes 的 RPC 请求并执行响应的操作，如图 12-16 所示。

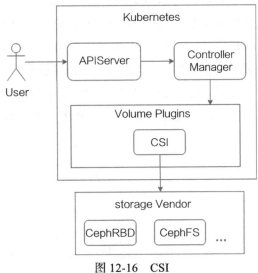

图 12-16　CSI

（2）GaiaStack 的存储实现

1）存储系统选型。GaiaStack 是一个通用的容器云平台，其上运行的业务多种多样，既有在线服务也有离线作业，既有无状态的微服务也有有状态的传统服务，因此给存储系统也带来了更高的要求和挑战，需要能够覆盖所有类型的业务，提供多样的存储类型及支持在线、离线扩容等操作。

在众多的存储系统中，GaiaStack 选择了 Ceph，因为：

❑ Ceph 是一个统一的分布式存储系统，具有很好的性能、可靠性和可扩展性。

❑ Ceph 同时支持块设备、文件系统、对象存储三种存储类型。

❑ GaiaStack 拥有非常优秀的 Ceph 团队，提供全方位的技术支持与运维。

基于 Ceph 的能力，GaiaStack 提供了基于 CephRBD 的普通云盘和基于 CephFS 的共享云盘两种云盘类型。在线业务可以使用普通云盘来持久化数据和状态，而离线作业通常是使用共享云盘来读取和回写计算数据。

2）具体实现。GaiaStack 使用 CSI 的方式来实现存储功能。所有的组件均运行在 Kubernetes 之外：Provisioner 用于云盘的创建、删除；Resizer 用于云盘的扩容，以及对应于两种云盘类型的 CSI Driver（csi-rbd 和 csi-cephfs）。

Provisioner 监听用户创建的 PVC 对象，调用 Driver 的 RPC 接口在底层存储系统中创建对应的存储对象，并将其封装为 PV 对象，提交到 Kubernetes 集群中。

Resizer 与 Provisioner 类似，监听用户对 PVC 对象的更新操作，当其请求的容量发生变化时，调用 Driver 的 RPC 接口在底层存储系统中更新对应存储对象的容量，并更新 PV 对象的容量。如果是基于块设备的普通云盘，通常还需要对其上的文件系统进行扩容。这一部分操作需要由 Kubelet 来完成。Kubelet 扩容完成后会更新 PVC 对象的状态以表征扩容成功。对于共享云盘，则不需要该操作，直接由 Resizer 更新 PVC 对象的状态即可，如图 12-17 所示。

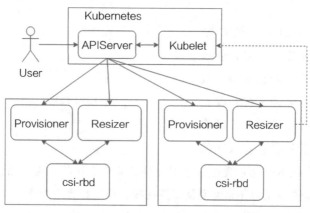

图 12-17   具体实现

4. 网络模式

（1）Kubernetes Service

虽然没有实现基础的容器网络，但是 Kubernetes 却实现了一套服务发现的功能——Service。Kubernetes Pod 对象是可以结束或者删除的，比如 Kubelet 节点异常导致 Pod 迁移 / 缩容 / 灰度升级。当一个应用的 Pod 重新创建时，它的 IP 可能会变化。如果一个应用依赖于另一个应用，那它该如何跟踪后者的 IP 变化？这就是 Service 提供的功能。

Kubernetes 的 Kube-Proxy 组件以三种方式实现了 Service 的功能：Kubernetes v1.0 版本开始提供用户态代理方式；v1.1 版本开始支持 iptables 方式，从 1.2 版本开始，kube-proxy 默认使用 iptables 方式取代用户态方式；v1.8 版本开始支持

ipvs 方式。三种方式中用户态性能最差，ipvs 性能最好。ipvs 方式借助 ipset 和 ipvs 大量减少了 iptables 规则数量，其优化思路相当于在算法上使用 HashMap 取代 LinkedList 加速遍历速度，大大提高了 Service 的转发性能。这里以 iptables 的实现方式为例介绍 NodePort 的实现原理。ClusterIP 与 NodePort 分别提供了对内和对外的服务发现方式，两者原理基本相同，都是基于 iptables NAT 实现的，不过与 swarm 在容器中配置 ipvs 和 iptables 实现 Service 功能不同的是，Kubernetes 在宿主机上配置 iptables。图 12-18 是 NodePort 类型 Service 的实现，给容器配置的是 Vxlan 网络。图中对 iptables chain 的名称进行了缩减，也省略了 hairpin nat 的一些规则。

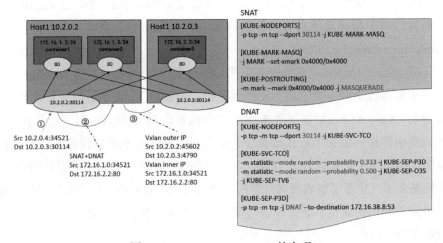

图 12-18　NodePort Service 的实现

图 12-18 中展示的是通过 30114 NodePort 端口访问后端应用的三个容器的包转发路径。集群每个节点的 Kube-proxy 进程都会创建这个 NodePort 的 NAT 规则。第①步访问到 Host1 30114 后，匹配到 iptables nat 表的 KUBE-NODEPORTS chain 中 30114 端口的规则并跳转到 KUBE-SVC-TCO chain，在这个 chain 中应用了 iptables 的 statistics 扩展功能，自上而下匹配规则时，0.333 的概率匹配第一条并跳转到 KUBE-SEP-P3D chain，如果没有应用到第一条规则，之后 0.5 的概率匹配到第二条并跳转到 KUBE-SEP-O3S chain……在三条分

支的 chain 中分别有三个 Pod IP 的 DNAT 规则。如果随机选择到的就是 Host1 上的容器，借助 Host1 的路由表即可路由到容器内；如果随机选择到的是 Host2 上的容器，会通过 IP 层的转发发送到 Host2（图中第③步，Pod 网络是 Vxlan 时的封包过程，这个过程是外部网络插件提供的功能，与 Service 无关）。Kube-proxy 通过 watch kube-apiserver 发现后端 Pod 的 IP 变化并更新 iptables 规则。Kube-proxy 通过这种方式实现了 L4 层的负载均衡功能。

（2）GaiaStack 网络

GaiaStack Overlay 网络方案汲取了 flannel/calico 网络开源项目的优点，实现了基于 IPIP 和 Host Gateway 的 Overlay 网络方案，并将这种方案贡献给了 flannel 项目，这种方案对于同网段节点容器报文不做封包，利用主机路由表进行转发，对于跨网段节点容器报文利用 IPIP 协议封包，请参考 https://github.com/coreos/flannel/pull/842。

GaiaStack Underlay 网络没有采用 Calico 的 BGP 方案，因为 Calico 二层方案要求集群位于同一个二层，无法假定用户的集群 Node 底层网络一定是二层连通的。Calico 的三层方案要求底层交换机开启 BGP 协议，与完全采用 BGP 作为路由算法的数据中心比较契合，但是对大部分企业而言代价是比较高的。首先交换机不一定具备 BGP 功能，其次网络架构的团队可能不懂容器网络，容器团队也不一定很了解底层网络架构，也很可能没有权限去操作底层网络配置。另外网络架构团队也不会建议这么使用，因为配置错误或者软件 bug 可能影响到底层物理网络。

我们实现了一个不那么自动化的方案——FloatingIP 网络，由网管人员提前在交换机上专门配置网段给容器使用，或者将部分物理机网段的 IP 预留给容器使用。FloatingIP 指宿主机网络提供的 IP，之所以取名 FloatingIP，是因为我们对其实现了 IP 漂移功能，后面会介绍。

为了保证容器与宿主机的交换机二层连通，对于虚拟交换机的选择，我们没有使用 OVS，因为其较复杂，且很多功能并不一定适用于 GaiaStack。我们目前支持了 Linux bridge/MacVlan/IPVlan 和 SRIOV，根据业务场景和硬件环境来具体选择使用哪种网桥。

　　bridge 设备内核最早实现的网桥，性能与 OVS 相当，可以应用到所有场景。一台机器上使用 bridge+Vlan Underlay 的网络拓扑如图 12-19 所示，bridge1 接入与主机 IP 同 Vlan 的 IP，eth1.2/eth1.3 是 Vlan 设备，接入与主机不同 Vlan 的 IP。图 12-19 中虚拟网卡较多，后续会使用 Bridge vlan filter 去简化网络拓扑。

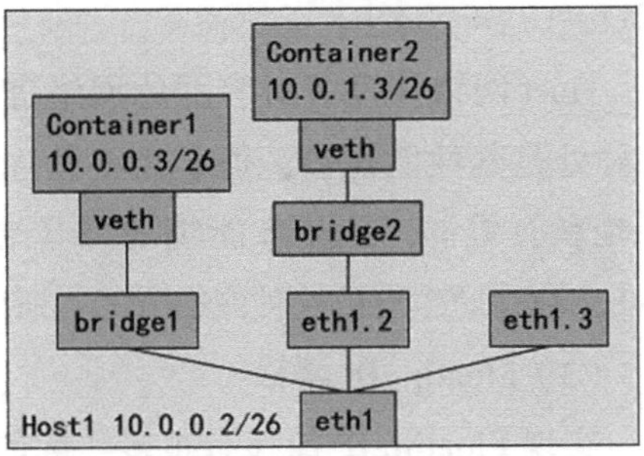

图 12-19　bridge + Vlan Underlay 的网络拓扑

　　MacVlan 的 bridge mode 是一个简化版的 bridge 设备，其相比 bridge 没有源地址学习功能，不支持 STP，但可以利用网卡的 unicast filter 功能。MacVlan 的问题是，为了隔离需要内核实现时不允许 MacVlan 容器访问其宿主机的 IP，也无法访问容器所在宿主机上配置的 Service Cluster IP 和 NodePort，但是可以通过访问其他宿主机的 NodePort 来规避这个问题。

　　SRIOV 是网卡硬件功能，可以将一个物理网卡虚拟成多个物理网卡设备。SRIOV 引入了 PF（Physical Function）和 VF（Virtual Function）的概念，每个 VF 都可以看作一个独立的物理网卡（PCIe 设备），可以被容器或虚拟机直接访问，相较于 Linux 软件交换机，其性能更好，且消耗 CPU 更少。开启 SRIOV 后，默认情况下所有 VF 的硬中断都会集中在同一个 CPU 上，在请求较多的情况下使得 CPU 成为可能存在的瓶颈，我们将各个 VF 的队列分布到不同的 CPU 上处理。除了设置硬中断 CPU，根据业务场景需要，还可以使用 CPU 位掩码将网卡队列的软中断处理均衡到不同的 CPU 上。

　　GaiaStack NAT 网络类型适用的应用场景是：一个应用需要定向访问它的每个实例，其虚拟化比很高，没有足够的 Underlay IP 资源。比如一些离线业务每个 worker 都有其处理的数据量等统计信息，可以给这个应用创建多个 NodePort 满足其需求，但是 NodePort 是集群唯一的端口，有可能导致集群端口不够用，为此我们实现了用 NAT 网络去支持这种场景。NAT 与 Docker 的 NAT 网络很像，网络插件会给每个实例配置容器到主机的随机端口映射，不同的是给容器分配的还是 Overlay 的 IP。应用容器通过环境变量可以获取宿主机的 IP 和随机端口。

Host 网络并没有对容器的网络进行隔离，容器使用宿主机网络环境的最大好处是其性能优势，但是需要处理端口冲突问题，并且也有安全隐患。如果是私有集群，且业务能规划好其端口使用，这种方式仍然有其使用价值，Kubernetes 原生支持这种网络方案，所以 GaiaStack 在产品上也支持了这种方式。

（3）FloatingIP 漂移

实现 FloatingIP 漂移有很多实际的业务需求：容器迁移后不用重新绑定外部负载均衡器；数据库类敏感服务一般只暴露给白名单的 IP 访问。但是这个特性实现起来有以下问题需要考虑：

1）在发生 Pod 迁移时，如果 IP 可迁移范围内没有备份机器或者备份机器的剩余 CPU/ 内存无法满足 Pod 需求，Pod 将长时间无法被调度。

2）微服务（Deployment）的 Pod 发生迁移时，Pod 实际是先被删除，然后 replicaset 创建新的 Pod，新老 Pod 名称不相同，无法关联到之前的 IP。

3）Pod 发生迁移时，如何限制其可调度范围？因为 FloatingIP 只能在一个网段内迁移。

对于上面第一个问题，我们将这个特性做成了可选项，在提交 App 时由用户决定是否需要开启 IP 漂移功能。对于第二个问题，我们保证微服务的 Pod 发生迁移后微服务整体 IP 不变，通用服务（TApp）Pod 迁移后由于名称不变，所以每个实例分配的 IP 不变。对于最后一个问题，必须要在调度时考虑使用 FloatingIP 的 Pod 的迁移范围，所以我们实现了 Kube-scheduler 的一个调度插件 FloatingIP Plugin，Plugin 实现了 algorithm.SchedulerExtender 接口。Galaxy-ipam 调度器工作流程如图 12-20 所示。

❑ 私有云场景管理员配置 Pod 可以使用的 Underlay IP 的 ConfigMap，公有云场景由调度器插件调用公有云接口来申请弹性网卡和可用 IP。

❑ 调度器调度有 IP request resource 的 Pod 时，在 filter/priority/bind 三个阶段都会调用 scheduler plugin 的接口。

❑ scheduler plugin 在 filter 阶段检查 Pod 是否已经分配 IP。如果已分配，

仅保留 IP 对应子网的 Node 作为可以调度的节点，其他节点为不可调度节点。如果未分配，将还有 IP 余量的子网的所有 Node 作为可以调度的节点。priority 阶段可对 Node 进行排序，这一步可选。bind 阶段为 Pod 分配 IP，并将 IP 写入 Pod 的 annotation 中。

❑ 公有云 /TCE 环境 scheduler plugin 在分配 IP 阶段会调用 cloudprovider 组件的 GRPC 接口，由 cloudprovider 调用 ENI 接口将 IP 绑定到弹性网卡。

❑ CNI 插件根据 Pod IP annotation 和 CNI annotation 选择指定的 CNI 插件配置网络。

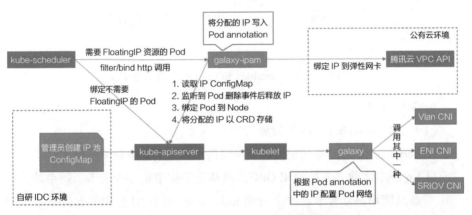

图 12-20　Galaxy-ipam 调度器工作流程

（4）网络策略功能

Kubernetes 的网络策略规则能够精确到 Pod 级别，用 Vxlan 协议去实现是不现实的。我们的实现仍然是依赖 iptables+ipset，内核 iptables 是一行一行进行匹配的，单纯用 iptables 实现性能会很差，ipset 可以将多个元素组成一个 hashSet 或者 bitmap，并且可以作为 iptables 规则的扩展模块使用，能极大地提高匹配性能。

Kubernetes NetworkPolicy 中的 ipBlock 可以通过 Hash:IP 的 ipset 存储，podSelector 和 namespaceSelector 可以通过 Hash:Net 存储，多个端口通过一条 iptables multiport 实现。基于 iptables 和 ipset 的网络策略实现如图 12-21 所示，

pod-d710ff 等 chain 在 Galaxy 为 Pod 创建完网络后同步创建，避免用户 Pod 启动后再创建的漏洞。plcy-3rbkg5 等 chain 通过 watch network policy 对象创建。Galaxy-ingress chain 根据 IP 而不是 Pod 网卡名称跳转到 Pod chain，能兼容各种 CNI 网络插件。

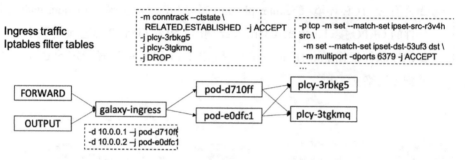

图 12-21　基于 iptables 和 ipset 的网络策略实现

5. GPU 能力

（1）GPU on Kubernetes 的发展

Kubernetes 对 GPU 应用的支持，可以简单描述为以下四个阶段。

- 1.6 版本之前：支持使用 GPU，但是无论你申请多少个卡，每个计算节点只能用第 0 号卡。这个时期 Kubernetes 对 GPU 应用的支持基本上属于玩具级别。

- 1.6 ~ 1.8 版本：由于越来越多的人想在 Kubernetes 上提交 GPU 应用，社区终于支持了允许一个计算节点运行多个 GPU 应用，每个应用可以有独立的 GPU 设备，此时 Kubernetes 算是正式支持 GPU 应用了。

- 1.9+：Kubernetes 社区可能厌倦了合并各种定制化的代码需求，开始将很多组件接口化由 Kubernetes 提供接口标准，其中 DevicePlugin 用来支持计算节点各种使用设备（RDMA、FPGA 等）的需求。GPU 应用本身属于使用 GPU 设备的一种，所以开始有了 GPU 的 DevicePlugin 插件。

- 1.11+：Kubernetes 社区提出了一种新的插件管理模式 PluginWatcher，这种模式由原来的插件向 Kubelet 注册改为了由 Kubelet 发现插件，这样 Kubelet 就不需要启动一个 server 来让插件注册，而是反向发送 RPC 给插件的实现者。虽然 PluginWatcher 已经是 GA 版了，但是社区还保留着原来的 DevicePlugin 的注册模式。

（2）NVIDIA nvidia-docker 和 k8s-device-plugin

前面介绍了 Kubernetes 社区对 GPU 的支持，下面就来介绍一下 NVIDIA 公司的 GPU 支持的配套组件。

1）nvidia-docker。nvidia-docker 的设计初衷是简化在容器中使用 CUDA 的开发人员的负担，让开发人员不用过多地了解怎么在 docker 环境中使用 GPU 设备，以及在 CUDA 运行时需要的一些必要文件。

下面以 NVIDIA 官方提供的 nvidia-docker 的架构图，来讲一下 nvidia-docker 的工作原理，如图 12-22 所示。

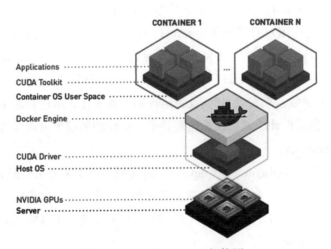

图 12-22　nvidia-docker 架构图

对于 CUDA 应用来说，使用的 API 有驱动级 API 和非驱动级 API 两种。驱动级 API 由格式为 libcuda.so.major.minor 的动态库和内核 module 提供支持（图 12-22 中表示为 CUDA Driver），驱动级 API 属于底层 API，每当 NVIDIA 公司释放出某一个版本的驱动时，如果你要升级主机上的驱动，那么内核模块和 libcuda.so.major.minor 这 2 个文件就必须同时升级到同一个版本，这样原有的程序才能正常工作，不同版本的驱动不能同时存在于宿主机上。但是对于非驱动级 API（图 12-22 中表示为 CUDA Toolkit），它们的版本号是以 Toolkit 自身的版本号来管理的，比如 cuda-9、cuda-10，不同的 Toolkit 可以同时运行在相同的宿主机上。

对于容器型应用来说，需要在任何版本的驱动上都能跑成功，也就是普适性，所以图 12-22 中把 Application、CUDA Toolkit 放到了镜像里面，而 CUDA Driver 放到了外面。这时可能你就会有疑问，CUDA Driver 放到了外面，那容器内的应用该如何使用 GPU 呢？这个就是 nvidia-docker 帮你做的，下面继续讲解 nvidia-docker 的设计。

nvidia-docker 大体的设计思路是在原有的 docker 基础上包装上一个外壳来屏蔽与 GPU 相关的一些准备工作。

docker 1.13 版本之后，docker 不再是以前的单二进制模式，改成了多二进制模式，允许用户自己配置 runtime 的方式来支持各种各样的 runtime，所以 2.0 版本 nvidia-docker 不再使用传递参数的方式来实现，改成了使用一种 nvidia-runc 的方式来提供 GPU 容器的创建，在用户创建出来的 OCI spec 上补上几个 hook 函数，来完成 GPU 设备运行的准备工作，虽然看起来好像改变了使用方式，但是设计的理念还是包装壳子，更详细的细节可以参考 NVIDIA 的 libnvidia-container。

2）k8s-device-plugin。k8s-device-plugin 是 NVIDIA 公司根据 DevicePlugin 的标准接口实现的一个插件，用来提供 GPU 容器需要的设备信息，其他例如 CUDA Driver 则是由 nvidia-docker 提供的，所以要想使用 k8s-device-plugin 必须要安装 nvidia-docker。

（3）GPU on GaiaStack

GPU on GaiaStack 的核心组件由 gpu-quota-admission 和 GPU Manager 组成。

1）gpu-quota-admission。该组件为调度器插件，用于提供 GPU 的调度相关的增强功能。增强功能包含：根据用户卡型号以及资源池的 quota 配置提供调度准入功能；GPU 共享的调度，默认的 Kubernetes 的 GPU 使用最小粒度为 1 张卡，配合 GPU Manager 组件，可以为集群提供更小粒度的 GPU 资源使用调度策略。

gpu-quota-admission 包括 card quota controller 和 GPU predicate controller。gpu-quota-admission 本身是一个调度器插件，通过给 scheduler 配置 extenderConfig 实现在 predicate 阶段参与 Pod 的调度。Card quota controller 通过用户配置的 Configmap，就可以计算出每个 namespace 下可以使用的各种型号的 GPU 设备的数量，在调度的时候就可以实现按照资源池及 GPU 型号进行策略调度。

在最早的设计中我们并没有引入 GPU predicate controller，后面在提供了多容器共享 GPU 这个特性后，发现如果我们不参与调度策略的话，整个 GPU 集群会有比较严重的碎片化情况。

为此我们增加了 GPU predicate controller 来尽可能降低系统默认调度策略带来的碎片化问题。

我们并没有对 GPU predicate controller 做过多的设计，参与调度策略的时候只是按照标量信息对每个 node 的每张卡做计算，选出来合适的 node 来运行 workload，如图 12-23 所示。

2）GPU Manager。该组件为 DevicePlugin 的一种 GPU 插件，提供容器使用 GPU 相关的功能：拓扑感知分配，用于用户单机多卡时，分配通信代价最小的 GPU 卡，避免由于通信开销导致的计算能力下降；多容器 GPU 共享，该功能用于提供多个容器在同一张卡运行的能力，同时保证各个容器的 QoS，并且支持使用率的动态调整；容器内指标查询与收集，该功能提供 Prometheus 的 GPU 相关指标（利用率、显存使用大小），方便用户指标展示和使用基于指标的自动扩缩容功能；GPU 相关的特殊设备使用（RDMA 等），该功能可以提供 GPU 容器使用 RDMA 等设备的挂载。

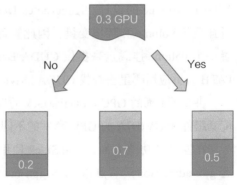

图 12-23　GPU predicate controller 分配选择

GPU Manager 的设计初衷是提供一个 All-in-One 的 GPU 管理器，因此

GPU Manager 提供了分配 GPU、GPU 指标查询、容器运行前的 GPU 相关设备准备等功能，这样只需要在集群中部署一个组件就可以提供完整的 GPU 相关支持。

GPU Manager 包括 topology awareness allocator、virtualization manager 和 driver volume manage 三个模块。

topology awareness allocator 模块提供基于 GPU 拓扑分配的一个功能，因为 GPU 设备的特殊性，GPU 之间的通信需要经过不同的 switch 或者 socket-level link。

不同的 GPU 选择会对单机多卡程序 peer to peer 的数据复制带来延迟，topology awareness allocator 通过不同的分配算法来尽可能减少这种延迟。

virtualization manager 支持 GPU 共享功能。GaiaStack 的 GPU 共享提供的是不同于 NVIDIA 的 vGPU（高隔离）和 MPS（低隔离）的一种设计，并且本身提供一个 QoS 保障，因此需要一个特殊的管理器来管理使用共享功能的 GPU 容器。

driver volume manager 为 GPU 应用提供 CUDA Drive。该管理器用来提供 GPU 容器运行时需要的底层 CUDA Driver，这个管理器借鉴的是 nvidia-docker 1.0 中的 volume 的设计。Kubernetes DevicePlugin 的接口说明允许给容器增加可挂载的 volume 和环境变量，因此管理器通过在 Allocate 阶段给 GPU 容器配置一个 volume 挂载点来提供 CUDA Driver 以及配置环境变量 LD_LIBRARY_PATH 告诉应用哪里去查找 CUDA Driver。

讲完了上面的 GPU on GaiaStack 的设计，下面来介绍一下 GPU on GaiaStack 配套组件和 NVIDIA 的 GPU 套件的不同之处。

在安装及功能方面，GaiaStack 使用 All in Once 设计，只需要在控制端部署 gpu-admission，节点端部署 gpu-manager，就可以提供 GPU 的分配功能、GPU 按型号配额管理功能、GPU 共享功能及 GPU 指标上报功能，而 NVIDIA 侧需要安装 nvidia-container-runtime、libnvidia-container 及 k8s-device-plugin 并只能提供 GPU 分配功能。

在易用性方面，在 NVIDIA 侧用户不用设置 LD_LIBRARY_PATH，但 GaiaStack 端需要，同时用户还要注意不能覆盖了 gpu-manager 设置的 LD_LIBRARY_PATH。

在升级组件方面，GaiaStack 因其使用 DaemonSet 和容器化部署，可以轻松做到升级和回滚，NVIDIA 侧由于是宿主机部署，需要人工处理升级回滚 nvidia-docker 组件。

6. 高可用高性能镜像仓库

镜像仓库提供企业级的镜像安全托管服务，拥有完善的镜像认证鉴权管理体系，权限划分灵活，适用个人调试、团队协作等多种使用场景；汇集了大量来自平台、社区和第三方等优质镜像，让用户组合、复用镜像服务，轻松搭建云端应用；与云平台无缝衔接，支持一键部署镜像仓库中的镜像服务；同时拥有多地域多可用区部署、多地域数据同步能力，提供分布式环境下的镜像入库与分发。

（1）多地域多可用区实现

目前很多在线服务都是多地域服务，如图 12-24 所示，镜像的跨地域分发必然会影响镜像的分发速度，进而影响容器服务拉起的时间。GaiaStack 镜像仓库支持多地域多可用区部署，保证服务的高可用性的同时，还支持镜像数据的多地域同步。

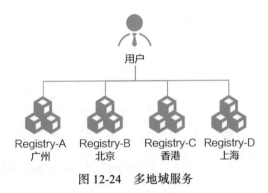

图 12-24 多地域服务

有的用户虽然有多地域集群，但是只有一小部分服务是跨地域服务，其他是本地域离线作业，不适合做全量数据同步，浪费地域之间的网络带宽。基于这种场景，GaiaStack 镜像仓库支持镜像级别的数据同步，规则灵活方便，可以基于命名空间、正则表达式、镜像名称指定等多种方式进行规则配置；还会根据规则自动识别数据传输方向，以最大限度减少跨地域流量传输；并且会根据 Manifest digest 与 Blob digest 的数据校验，来避免冗余数据传输及传输的闭环问题，如图 12-25 所示。

针对有的用户大部分服务都是跨地域服务的情况，GaiaStack 镜像仓库服务支持用户在任意地域推送镜像，可以在任意地域拉取相同镜像，进行地域级别全量、快速、高效的双向数据同步，与各个地域的镜像内容差别无关，如图 12-26 所示。

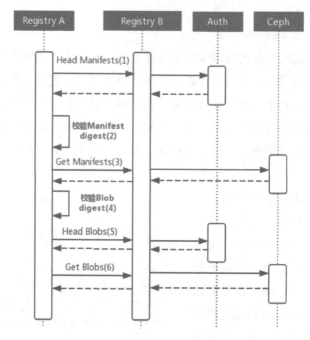

图 12-25　GaiaStack 镜像仓库数据同步

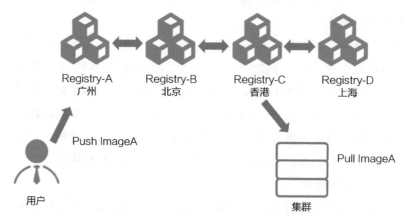

图 12-26　GaiaStack 镜像仓库服务

（2）性能优化

1）背景。随着业务的逐渐接入，GaiaStack 单个集群将会管理几千甚至上万台机器，特别是在离线计算作业场景下，服务使用的镜像通常比较大，服务规模也很大，一个应用包含几千个实例的情形十分常见，当部署一个离线服务时，大量计算节点会同时拉取同一个镜像，这种情况会带来以下几个问题。

❑ 流量大：每个 Client 的传输速度可达到 20Mbit/s，多个 Client 就可以占满 Registry 机器的带宽。

❑ 并发请求多：Client 会同时请求多个 Layer 的数据，因此请求数为 Client 数乘以 Layer 数。

2）解决方案。经测试，多个 Docker Client 节点并发拉取某个镜像，如图 12-27 所示，90% 左右的时间消耗在数据下载上，所以提升高并发下载速度，可以提升 Docker 拉取镜像的整体速度。若通过大量增加镜像仓库组件副本数，虽然能解决镜像仓库的流量瓶颈问题，但是一方面浪费了大量的镜像仓库的闲时流量资源，另一方面也将镜像仓库流量瓶颈转嫁给负载均衡及后端存储。采用去中心化、P2P 方式来加速镜像的分发，这样不仅提高了服务拉取速度，同时也降低了镜像仓库的流量压力。

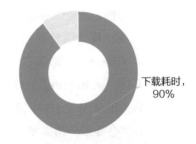

图 12-27　耗时占比

如图 12-28 所示是 P2P 镜像仓库架构图。BT Tracker 负责记录 peer 节点信息；agent 作为 Docker daemon 的代理组件，负责第一次请求拦

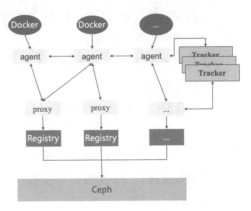

图 12-28　P2P 镜像仓库架构图

截，如果请求是本容器云平台中的镜像仓库，将请求转发给 proxy 组件，如果是别的镜像仓库，如 Dockerhub 官方镜像仓库，则将请求转发给 Dockerhub，

不影响用户其他镜像仓库服务请求；proxy 组件是镜像仓库 Registry 的反向代理，主要负责三方面工作：

❑ 当用户推送镜像的时候，将请求转发给 Registry 的同时，还根据 Layer 的内容生成种子文件存储到 Ceph 中，避免拉取镜像时临时制作种子文件，从而增加第一个 peer 的做种时间。

❑ 当用户拉取镜像的时候，拦截下载 Layer 数据请求，并从 Registry 获取种子文件，进而下载 Layer 数据，同时也会充当第一个 peer 节点，为其他节点上传数据。

❑ 将其他请求透传给 Registry。

通过 P2P 下载镜像的整个流程和 BT 类似，有以下不同。

❑ Docker 镜像的特殊性：它是由一层一层的 layer 组成的，多个镜像可以共享 layer，拉取镜像时如果机器上已经有某个 layer，则可以略过不用下载。从 Registry 下载下来的 layer 和本地存储的 layer 的格式是不一样的，也就是说 BT 下载完后，我们并不能直接使用，还需要进行处理，后文会详细介绍需要怎么处理。

❑ 提供资源上传的服务问题：layer 的数量会很多，提供资源上传会占用端口和其他资源（CPU/MEM 等），我们没有大量固定的机器资源持续做种工作和提供上传服务。

❑ 跨 IDC 问题：在公司内，跨 IDC 流量带宽是有限的，BT 协议并没有考虑这类问题。

下面我们一一解决这些问题。

① BT 下载的粒度。BT 下载时我们考虑到 Docker 镜像是由多层 layer 组成的，多个镜像可以共享 layer，我们针对 Docker 镜像格式的特殊性做了优化，以镜像为粒度进行 BT 传输。它能充分利用镜像 layer 共享的特点，避免了传输重复的 layer。

② P2P Agent。P2P Registry 的核心组件是 Agent。用户只需要将 Docker 的 HTTP Proxy 设置为 Agent 地址即可。Agent 会截获 Docker 向 Registry 发送的 HTTP 请求，如果是下载 layer 的请求，则向 Registry 获取种子，然后通过 P2P

下载并同时做种，Agent 会边下载边向 Docker 回传数据，Docker 进行同步处理。检查 layer 的操作是 Docker 自己完成的，只有本地不存在这个 layer 时，它才会向 Registry 发送请求，这也避免了对不同的存储驱动做适配。如图 12-29 所示，各个 layer 的下载和 Load 过程并行起来了，不用等到所有的 layer 都下载完了再 Load，这也提高了性能。用户只需设置 Docker 的代理即可，不用改变原有的使用方式。

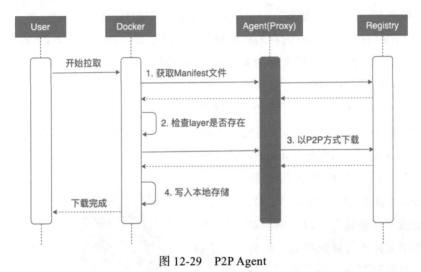

图 12-29　P2P Agent

　　③ 解决跨 IDC 传输问题。如果 P2P 传输跨越了 IDC，将会占用 IDC 有限的带宽，而且 IDC 之间的延时也会相应增加。BT 协议本身并不关心是否是跨 IDC 的，因此需要我们自己处理这种情况。

　　为此我们设计并实现了两种方案，这两个方案可以结合使用。

　　方案一：每个 IDC 都部署一个子 Docker registry，全局的 Dockerhub 会根据发送请求的 Docker Client 的位置就近下发 IDC。由于每个 IDC 的 tracker 都是相应的子 Docker registry，这样就不会发生跨 IDC 的流量了。

　　方案二：优化 peer 选择算法，优先选择同网段的 peer 节点。

　　④ 小结。镜像仓库 P2P 功能解决了大规模下载镜像的问题。通过以上优化，提供了一个更高性能的 GaiaStack，更好地服务大集群大规模服务，支持离

线业务、在线业务、实时计算、有状态服务等。目前镜像仓库 P2P 功能已经为公司内部与外部客户提供长期稳定高效的服务。

（3）镜像安全扫描

根据绿盟 2018 年 3 月的研究显示，目前 Dockerhub 上的镜像 76% 都存在漏洞，其中包含高危漏洞的占到 67%，GaiaStack 镜像仓库支持镜像的安全扫描及多维度漏洞报告。

如图 12-30 所示，镜像在 registry v2 版本的后端存储主要分为：

❑ Blobs：镜像 layer 内容的数据对象，存储在 docker/registry/v2/blobs 目录中，文件名字皆以文件内容的 sha256 编码命名。

❑ 元数据（manifest）：manifest 是镜像的内容清单，记录了镜像引用 layer 的 sha256 编码，以及镜像的基本信息。

该清单也以 Blobs 的形式存储在 docker/registry/v2/blobs 目录，其索引存储在 docker/registry/v2/repositories/_manifest 中。

镜像安全扫描会根据镜像 Manifest 获取镜像 Layer 列表，基于镜像对层数据进行扫描，对镜像层文件进行特征提取，再将特征与漏洞源进行漏洞匹配，若发现漏洞则进行记录与报告。

图 12-30 存储架构

扫描组件会从 NVD 等漏洞源中同步漏洞信息，拆分成组件、版本号、CVE 并存储到数据库中，用作镜像特征漏洞匹配。由于 Layer ID 与 Layer 数据内容一一对应，所以扫描组件在首次扫描时就存储了扫描信息，当扫描组件收到 Layer 的信息后，首先会从数据库中查询该 Layer 数据是否有被扫描过，如果扫描过直接略过提取扫描结果，如果没有扫描过，则再进行特征提取与漏洞匹配，减少重复下载与扫描操作。

12.3.3 GaiaStack 扩展能力

1. 监控告警

（1）容器平台监控告警设计目标

2013 年发布的 Docker，使整个软件开发行业对现代化应用的打包和部署发生了巨大的变化，紧接着出场的 Kubernetes 经过几年的发展，已经成为容器编排领域的事实标准，应用开发进入云原生时代。监控告警作为系统稳定性和可靠性的保障，是每个系统生产环境必不可少的组成部分，在 Docker 和 Kubernetes 出现前就一直存在，各个公司开发了适合于自己的监控系统，开源社区也涌现了一些著名的监控系统，如 Zabbix 等。到了容器时代，因为容器本身的特点，照搬旧有的监控系统遇到了一系列的问题。比如很多监控系统依赖于物理机或者虚拟机上的 Agent，而在每个容器中运行一个 Agent 不太符合使用习惯，也比较浪费资源；容器因为启动快，生命周期非常灵活，可能短时间内会有大量容器启动或结束，如何应对这些情况是监控系统面临的挑战。

为应对这些挑战，云原生社区推出了自己的解决方案：Prometheus。Prometheus 支持 Counter、Gauge、Histogram 和 Summary 4 种类型的监控指标，能满足绝大部分的使用场景；提供了非常灵活的查询语句 PromQL；采用 HTTP 协议并基于 Pull 模式，对被监控的应用来说接入非常简单；不仅支持本地存储，还可以基于 Remote Read/Write 接口使用各种存储系统。经过几年的发展，以 Prometheus 为核心的生态系统逐渐完善，出现了很多与其配套使用的组件，进一步增强了 Prometheus 的能力。Prometheus 和 Kubernetes 一样已成为容器云监控领域的事实标准。

GaiaStack 监控告警系统是基于 Prometheus 打造的，具备以下功能：

❑ 全面监控容器平台，包括主机、平台自有服务、工作负载、容器及监控系统本身。

❑ 监控系统全自动化管理，支持快速部署、扩缩容。

❑ 支持大规模容器监控指标的收集和处理。

❑ 监控系统保证在线和可用性。

❑ 监控数据持久化存储并冗余备份，可以查询历史数据。

❑ 支持告警标记、告警屏蔽和告警历史查询等增强功能。

（2）监控告警设计实现

1）监控告警系统整体架构如图 12-31 所示。

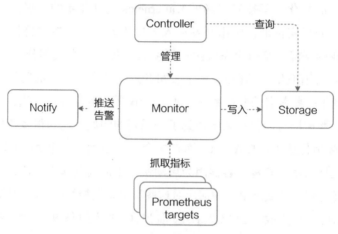

图 12-31 监控系统整体架构

① Storage。Storage 组件为系统提供稳定可靠的永久存储，对外提供 Prometheus remote read/write 接口作为读写接口。通过这一层接口，理论上可以使用任意存储系统作为后端存储。综合考虑了各类存储系统的功能、性能、高可用及对时序数据的支持程度等因素，GaiaStack 选择 Influxdb 和 ElasticSearch 作为首选的后端存储系统。

② Controller。Controller 是监控系统的管理模块，除了负责从 Storage 查询历史数据之外，还负责 Monitor 的生命周期管理及各种监控告警策略的配置管理。Monitor 是一组以 Prometheus 为核心的组件，一般的管理方法是向 Kubernetes 提交一系列 YAML 文件创建多个应用、服务和 Configmap。这样的做法比较原始，很难实现对 Monitor 整体的状态管理。因此在 GaiaStack 中，Controller 基于标准的 Kubernetes Controller 设计，将 Monitor 抽象为一个 CRD Prometheus，在其中记录其状态、版本、子组件的状态与版本等信息，实现 Monitor 作为一

个整体的创建、升级和删除，同时也支持其中某个组件的单独升级。对于监控告警策略的配置管理，主要体现为 Controller 对 Prometheus Operator 提供的 CRD 进行管理，具体内容在后文介绍 Prometheus Operator 的章节进行详细说明。

③ Notify。在云环境中，特别是私有云，告警发送的方式、渠道和接收人等比较复杂多变，不同的用户环境可能差别较大。Alertmanager 本身提供了一系列常用的告警发送方式和使用 label 来进行匹配的 route 机制，但是这些配置都存放在配置文件中，修改不够灵活且存在配置出错的风险。因此在 GaiaStack 中设计了 Notify 模块，将这部分功能从 Alertmanager 中解耦出来。Notify 对外提供 Webhook 接口，Alertmanager 通过 Webhook 方式将告警推送到 Notify，后者再真正将告警通过短信、邮件、微信和自定义渠道发送出去。Notify 采用标准的 Kubernetes Controller 设计，定义了告警渠道（channel）、告警接收人/组（receiver/receiver group）、告警模板（template）和告警信息（messagerequest）等 CRD，把配置文件的修改转化为 Kubernetes API 调用，同时通过修改 CRD 定义以满足某些特殊的需求。通过 Notify 还提供了告警标记、多级告警屏蔽策略和告警历史信息查询等功能，帮助用户提高运维效率。

④ Prometheus targets。Prometheus targets 是所有指标抓取目标的统称，对 Prometheus 来说，任意提供 Prometheus metrics 标准格式的 HTTP 接口都可以是抓取目标。对 Kubernetes 来说，常见的目标有 cadvisor、node-exporter 和 kube-state-metrics 等，可以涵盖主机、容器和各类工作负载。Prometheus 提供服务动态发现功能，能自动发现用户通过 GaiaStack 创建的自有服务并收集指标，非常方便地完成自定义监控功能。除了常见的监控目标之外，GaiaStack 通过 node-problem-detect 组件提供了更加完善的监控目标，包括：

- 对容器平台内部异常的监控，如 Kubernetes 和 Docker 数据不一致、Deployment 删除后 ReplicaSet 残留、主机上已删除容器的某些数据残留、主机系统设置不合理，以及核心服务版本不对、服务异常、出现重启等。
- 对业务相关的异常监控，如各类资源使用接近配额上限、Kubernetes events 出现异常事件和 Kubernetes 探针出现探测失败等。
- 有时单一的指标不能反映出平台的真实状态，GaiaStack 会定期创建测试工作负载和容器并监控其运行情况，这些真实的工作负载和容器能确保一些隐蔽的问题被及时发现。

⑤ Monitor。整个系统的核心是 Monitor，将其分解后更详细的架构如图 12-32 所示。

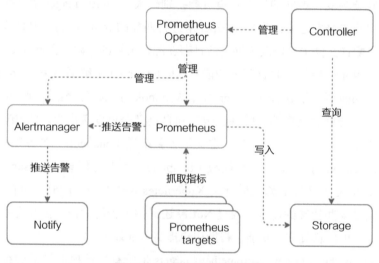

图 12-32　监控系统详细架构

- Prometheus：Prometheus 负责收集监控数据并写入远端存储，根据告警规则计算告警项并推送给 Alertmanager。
- Alertmanager：Alertmanager 根据配置来判断是否真正发出告警。Notify 组件接收 Alertmanager 发送的告警并根据配置通过特定的渠道进行发送。
- Prometheus Operator：引入了 Prometheus Operator 作为 Prometheus 相关组件的管理端。Prometheus Operator 将对 Prometheus 等组件的复杂管理转化为对一系列 Kubernetes CRD 的管理，这些 CRD 不仅是 Prometheus 和 Alertmanager 本身，还包括告警策略和服务发现等配置。使用 Prometheus Operator 的好处：a）在使用 Prometheus Operator 前，Prometheus 的配置一般直接存储在 configmap 中，任何修改都需要直接修改 configmap 并执行 reload，这样的修改难免出现错误，而一旦出现配置格式错误，

Prometheus 将无法启动，直接影响监控系统的可用性；通过将修改配置文件转化为对 CRD 对象的 API 调用，利用了 Kubernetes 对 CRD schema 的校验功能，大大降低了配置异常导致服务不可用的风险。

b）Prometheus 的告警策略和服务发现等配置是非常复杂的，需要对配置非常熟悉才能正确配置；同时不同的业务对监控系统的需求可能有较大的区别，如果让所有人都去修改同一个配置文件既容易出错，还可能互相影响；Prometheus Operator 将告警策略抽象为一个 CRD PrometheusRule，将服务发现抽象为一个 CRD ServiceMonitor，用户创建不同的 CRD 实例后 Operator 会将它们合并翻译为原始的配置文件。翻译的正确性由 Operator 保证，同时不同的业务需求通过不同的实例完全隔离，互不影响。

基于以上两点，使用 Prometheus Operator 适合将监控系统平台化，方便进行二次开发。

2）监控告警系统高可用。

① Controller、Notify、Prometheus Operator：采用 Kubernetes 标准的 Controller 模式，数据存储于 etcd 中，通过 List/Watch 获取数据变化并进行收敛，服务本身无状态，部署多个实例以达到高可用的效果。

② Storage：不同的存储系统有不同的高可用方案，如果存储系统本身已经支持高可用，数据直接写入即可；如果存储系统本身不支持，可以采用 Prometheus 双写的策略，配置两套存储已到达高可用和数据冗余备份的目的。

③ Alertmanager：Alertmanager 支持集群化部署，多个 Alertmanaer 通过 Gossip 协议保持告警状态同步，Prometheus 将告警推送给任意 Alertmanager 实例即可。

④ Prometheus：为了保证高可用，可以启动两个实例同时收集同一组目标的监控数据，代价是需要两倍的存储空间存放监控数据，可以根据监控数据的重要程度灵活设置。

⑤监控告警系统高性能：对监控系统来说，Controller、Notify、Alertmanager 和 Prometheus Operator 都是控制面的组件，基本上没有性能上的问题；可能出

现性能问题的主要是 Prometheus 和 Storage 组件。

⑥ Storage：监控系统的存储选择比较灵活，GaiaStack 首选的存储包括 Influxdb、ElasticSearch 和 Ceph。

- ❑ Ceph 经过 GaiaStack 团队的大量优化，在腾讯内部使用得非常广泛，在 3.2 节有详细的介绍。
- ❑ Influxdb 作为专为时序数据设计的数据库，功能和性能方面表现优异，GaiaStack 针对大规模容器平台的场景，优化了 Influxdb 的参数，降低了其内存消耗。
- ❑ ElasticSearch 是一个为了搜索而设计的文档型数据库，GaiaStack 对大规模的时序数据的存储查询做了优化。首先利用 ElasticSearch 的 shards 功能对数据进行分片，实现存储的横向扩展以应对大量的监控数据。然后对索引进行拆分，监控数据的索引会根据时间和数据量进行滚动切割，避免单一索引出现时间跨度过长和数据量过大。最后根据监控数据本身的特点（如历史数据的查询频率较低），利用 ElasticSearch 的 Hot-Warm 节点将数据进行冷热分区，形成典型的冷热数据，可进一步提升监控数据的查询性能。

⑦ Prometheus：Prometheus 获取指标的方式主要是拉取，在开源方案中，各类抓取目标提供的指标数量都很庞大，而且对于 Kubernetes 默认会保留指标对应对象的全部标签。其中，部分指标和标签其实作用不大，没有必要全部保留。GaiaStack 对所有抓取目标都进行了指标压缩，丢弃了大量无用指标和标签，节约了系统资源。当集群规模扩大到单一 Prometheus 无法承受时，可以根据抓取目标将抓取任务拆分到多个 Prometheus 上以缓解压力。当集群规模进一步扩大，单一抓取目标也超过 Prometheus 的能力上限时，可以使用 Prometheus 联邦功能将抓取任务分散到多个 Prometheus 分片上，再由一个父 Prometheus 将数据进行汇总上报。

对于监控系统的数据查询，有时候涉及比较复杂的数据二次运算，比如求某些数值的百分比或者平均值。如果每次都在查询时进行计算，可能会导致查询请求延迟较大。因此将一些常用的计算固化为指标让 Prometheus 提前计算好并写入存储，查询时即可直接读取以提高效率。同时对于一些时间跨度很大的历史数据查询，可以直接从存储中获取避免大量数据查询造成的负担。

2. 日志管理

（1）日志管理目标

系统运行过程中，会产生多种不同类型的日志，如 k8s 组件日志、系统 syslog、容器应用的运行日志等。这些日志有不同的格式和不同的应用场景。对于日志，常见的使用场景包括问题定位、系统运行状态实时监控及定期的日志分析。GaiaStack 的日志管理系统的设计目标是通过统一的系统，对多种格式和多种来源的日志进行搜集和处理，提供多种查询和过滤方式，简化运维，方便用户进行日志分析和问题定位。

（2）日志管理实现

日志管理系统在组成上可以大致分为日志搜集、日志检索以及日志展示三个部分。

在进行日志搜集的时候，需要处理不同的日志源和不同的日志格式，并且为了方便搜集以后进行日志检索，在搜集的时候，还需要对日志内容进行处理，添加必要的元信息。GaiaStack 使用了 Flume 进行日志搜集。Flume 作为功能强大的日志搜集工具，提供了配置文件的方式和插件扩展的能力，可对多种日志进行搜集，方便实现定制化的需求。

日志检索和展示主要依赖 GaiaStack 中的 Apiswtich、ElasticSearch 和 Kubelet 这三个组件。每个 GaiaStack 集群都会安装 Apiswitch 用于处理前台发送的日志相关的请求。对于日志检索和过滤，Apiswitch 会将前台请求参数转化成 ElasticSearch 接口需要的参数，通过访问 ElasticSearch 获取相关的日志，实现日志检索的功能。对于日志文件的展示和下载，则依赖 Kubelet 中添加的文件服务。Apiswitch 提供文件名和相关的应用信息给 Kubelet，从 Kubelet 获取日志文件的内容，展示给前台并提供日志文件下载功能。

从功能实现上，日志管理可以分为系统级日志、应用日志和实例日志。系统级日志是在物理机上直接运行组件产生的日志，应用日志和实例日志对应了在 k8s 集群中运行的服务。

1）系统级日志。系统级日志包含了系统日志（即 k8s 组件日志）、Syslog 日志，以及 Docker daemon 日志。这些日志对应的服务直接运行在物理机上，有固定的日志路径，因此日志采集的工作就是将对应的路径写到 Flume 的配置中，启动 Flume 来完成日志采集，并将日志上报到 ElasticSearch 中。

k8s 组件日志的处理方式和 Docker daemon 的日志处理方式是一样的。对于 k8s 组件日志，目前支持 Kubelet、kube-apiserver、kube-controller-manager、kube-scheduler，以及 kube-proxy 这五个组件。在使用大数据套件 TBDS 进行系统部署的时候，套件会记录每台机器上的组件分布和日志路径，并生成 Flume 的配置文件。由于这些组件可以设置日志不同的级别，因此在日志采集时，可以根据日志级别的字段提取日志内容，并将日志级别作为一个字段上报。此外，每台机器上的 Flume 也会获取本机的 IP 地址，作为额外的字段一起上报。通过这种方式，日志管理系统对于 k8s 组件日志和 Docker daemon 日志可以支持基于 debug、warn、error、info、fatal 和 IP 地址的过滤，并提供了日志内容的关键字查询功能。

Syslog 是广泛使用的日志管理系统。其日志内容中会包含程序模块（Facility）、等级（Severity）、时间、主机名或 IP、进程名、进程 ID 和正文。Syslog 的头部包含了日志的 Facility 以及 Severity 信息。因此对于 Syslog，Flume 插件同样会提取这些信息，附加到日志内容中。当前对于 Syslog 提供了基于主机 IP 地址、模块以及等级的过滤和关键字查询。支持的模块有 KERN（内核信息）、USER（用户进程信息）、MAIL（电子邮件相关信息）、DAEMON（后台进程相关信息）、AUTH（认证活动）、SYSLOG（系统日志信息）。支持的等级有 EMERG、ALERT、CRIT、ERR、WARNING、NOTICE。

2）应用日志。应用是用户在集群中部署服务的基本单位。TApp 和 Deployment 是常见的应用类型。一个应用包含了一个或多个 Pod，对于应用日志的搜集和处理，其基本单位是这些 Pod 中的容器。与系统级日志不同，应用日志对应的服务运行在 k8s 集群中，k8s 中的 Pod 可能发生迁移，IP 地址也可能发生变化。因此，为了方便进行问题定位，用户往往需要日志中包含 Pod 相关的信息，这个信息需要访问 k8s 来获取。此外，由于应用是动态创建的，无法像系统级日志那样通过部署时预先生成 Flume 配置来做日志采集。因此，应用日志采集和处理需要采用与系统级日志不同的方式。

应用日志可以分为 stdout/stderr 日志和容器日志。stdout/stderr 日志对应的是主机上的 /var/log/containers/ 目录下的软链接，这个是固定存在的，因此可以直接通过读取软链接对应的文件来进行日志采集。软链接的名字中包含了容器 ID，可以通过这个 ID 进一步获取容器对应的 Pod 信息，并通过 Pod 名访问 k8s 来获取更多的元信息，包括应用的 label 和 annotation。与系统级日志类似，这些信息也是通过 Flume 插件被添加到原始的日志内容中，然后上报到 ElasticSearch。

为了能够采集容器日志，用户在创建应用时，需要配置应用日志采集路径。Apiswitch 会获取这个请求，在应用的 Pod 上添加这个路径对应的 annotation。这样，在后续的实例日志搜集时，就可以通过 annotation 知道对应的容器需要搜集哪个路径的日志，并找到容器日志文件对应的主机文件，进行日志采集。

应用日志中由于添加了日志所属的文件信息，因此可以支持日志所属的原始文件的下载。前台发送日志文件信息和相关的应用信息给 Apiswitch，Apiswitch 将请求转到文件所在的机器的 Kubelet 服务中，即可获得对应的文件内容。此外，应用日志目前也支持基于日志级别和主机 IP 的过滤，这点和系统级日志是相同的。

除了日志检索、过滤与下载，应用日志还提供了关键字告警的功能。用户在创建应用的时候，可以设置异常关键字、时间长度，以及异常次数。Flume 在收集日志的时候，会检查关键字，在满足触发条件的时候，给 GaiaStack 的告警系统发送一条告警记录，用户可以配置邮件、微信等方式接收告警信息，从而在应用发生问题时及时进行处理。

3）实例日志。实例日志对应 k8s 中的一个容器的日志，是应用日志功能的基础。对于容器的 stdout/stderr 日志，由于有固定的目录，因此日志采集可以直接配置 Flume 的采集路径。对于容器内的文件，为了能够方便找到其对应的主机文件，在创建应用的时候，会获取用户配置的日志路径，如 /data/log，并为这个路径挂载一个 localdisk 类型的 Volume。这样，Kubelet 可以通过采集主机上 Pod 的 Volume 的路径的日志，来完成对容器内文件日志的采集。

实例日志展示的时候，对于 stdout/stderr，直接显示这两个特殊的文件名。对于容器文件日志，Kubelet 会通过返回用户设置的容器目录下的文件列表，以容器内部路径来展示，如果用户对路径设置了通配符，返回的时候会根据通配符对日志文件列表进行过滤。此外，通过 Kubelet 的文件服务，用户可以直接下载日志文件。实例日志的这种展示方式给用户提供了另外一种选择：在应用容器化以后，用户可以像之前一样，直接获取日志文件来进行问题定位，不用改变运维方式。

（3）日志管理和磁盘容量管理的关系

运行在集群中的应用互相影响，需要对资源进行隔离，对于日志管理也是如此。如果一个应用出现异常，写了过多的日志到磁盘中，可能导致磁盘空间耗尽，从而影响到其他应用。因此，为了避免这个问题，GaiaStack 实现了 localdisk 类型的 Volume，并将其纳入了 quota 管理中。localdisk 类型的 Volume 会映射成主机上的一个临时目录。在用户创建应用时，除了申请 CPU、内存资源，也会申请 localdisk 的使用量。这样，当用户的应用写容器文件日志超过申请值时，就会发生告警，无法继续写入。此时用户可以手动干预，进行日志清理。通过这种方式，用户可以避免个别应用占用过多磁盘空间的问题。

3. 弹性伸缩

（1）集群弹性伸缩

当出现由于集群资源不足导致 Pod pending 的情况时，需要根据集群资源对集群进行自动扩缩容。如图 12-33 所示，Cluster AutoScaler 会监听待调度的 Pod 列表，并检测是否有不能调度的 Pod，如果存在由于集群没有资源而不能调度的 Pod，就会通过配置指定的扩容算法，计算需要在哪个 NodeGroup（NodeGroup 是具有相同配置的节点的一个集合）扩容多少节点，最后通过底层 TCE 平台和 TKE 平台增加新的节点。

当节点资源利用率低于阈值（默认是 50%）一定时间时，检查是否可以清理上面运行的 Pod，有几条原则需要保证：如果 Pod 使用了本地存储，则不能清理，因为它上面的数据无法迁移；清理 Pod 时不能使应用的可用 Pod 数低于应用要求的最小值；不能清理 Kubernetes 系统的 Pod，除非它指定了应用程序的中断预算（PDB）。如果以上都保证了，则可以清理 Pod 和删除该节点。

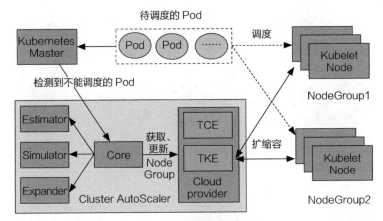

图 12-33　集群自动扩缩容

（2）应用弹性伸缩

应用对资源的需求有波峰和波谷，不同时间的需求不一样，比如：游戏 server 端请求突然增多、沃尔玛整点大促导致请求增多，比较直接简单的方案是把实例数设置很大，但有两个问题，第一个是设置得太大会浪费资源，第二个问题是，即使设置得很大，有可能还是不足以应对大量请求。通过对流量请求增多的情况进行分析可以发现，流量请求增多分为两类，一类是突发的，比如玩游戏的人突然多了一些，导致 server 端请求增多，一类是可预期的，比如整点抢购。

针对这两类，我们采取了不同的方案。

针对突发的流量，我们会根据各种指标自动扩缩容。如图 12-34 所示，Metrics Server 会收集 Pod 各种指标，包含 CPU、内存、网络、用户自定义指标等。Horizonal Pod AutoScaler 会计算实际需要的 Pod 数，通过 Scale 接口更新 Workload 副本数（图 12-34 中显示的是 TApp 应用，Deployment 类似）。为了避免频繁扩缩容，在扩容内的一定时间内不会响应缩容请求。

针对可预期的流量，我们会根据时间自动扩缩容。我们新增 CronHPA 资源类型：Crontab 方式。Controller 监听 CronHPA 对象，通过 Scale 接口（图 12-35 中显示的是 TApp 应用，Deployment 类似）进行扩缩容。

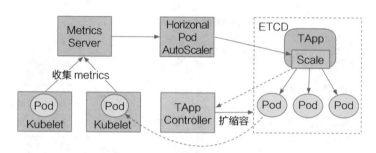

图 12-34　根据指标自动扩缩容

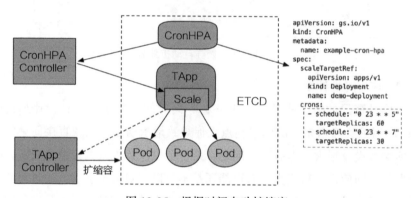

图 12-35　根据时间自动扩缩容

4. 负载均衡

（1）LBCF 是什么

LBCF（Load Balancer Controlling Framework）是一款部署在 Kubernetes 内的通用负载均衡控制面框架，旨在降低容器对接负载均衡的实现难度，并提供强大的扩展能力以满足业务方在使用负载均衡时的个性化需求。

LBCF 对 k8s 内部晦涩的运行机制进行了封装并以 Webhook 的形式对外暴露，在容器的全生命周期中提供了多达 8 种 Webhook。通过实现这些 Webhook，开发人员可以轻松实现下述功能：

❏ 对接任意负载均衡 / 名字服务，并自定义对接过程。

❏ 实现自定义灰度升级策略。

❏ 容器环境与其他环境共享同一个负载均衡。

❏ 解耦负载均衡数据面与控制面。

简单来说就是：在 LBCF 的帮助下，写 8 个函数就能完成一个负载均衡的对接。

（2）为什么不用 service-controller

对于外部负载均衡的对接，社区一直以来的方案都是 service-controller，service-controller 的弊端主要存在于以下几个方面。

1）专业性要求过高，业务侧人员难以掌握。严格来讲，service-controller 并不是一个解决方案，它只是一段相对开放的程序，使用者需要在其中填入自己需要的逻辑，这就要求使用者至少需要具备以下能力：

❏ 掌握 Go 语言。

❏ 熟悉 k8s 的 watch & list 机制，清楚每种事件的触发条件及一些关键字段（uid、resourceversion、generation、deletiontimestamp 等）的具体含义。

❏ 熟悉 k8s 的 GC 机制。

2）过度依赖 Service，与数据面耦合严重。自 k8s 诞生以来，容器的网络方案就一直在进化，已经有很多技术能够为容器提供高性能的 underlay 网络，比如 sr-iov、弹性网卡（腾讯云）及自带的 host 模式等，在所有这些网络方案下，通过 Service NodePort 进行转发是毫无必要甚至是性能倒退的。事实上，我们在过往的运营中几乎没有使用过 Service NodePort，因为我们总是可以找到更好的网络方案。

3）状态记录不可靠。service-controller 的工作原理是将 k8s 中的 Service（或 Endpoint）定期同步至负载均衡系统，但 Service 与 Endpoint 的删除并不受 service-controller 控制，而一旦二者被删除，service-controller 无法从集群中得知哪些 backend 应当被解绑。鉴于上述原因，service-controller 使用的方案通常是全量 diff 或监听 delete 事件，前者会要求 service-controller 必须独占一个负载均衡（因为无法区分哪些 backend 归自己管，所以只能把所有不属于 Service 的地址全删掉），后者则存在可靠性问题（service-controller 挂掉期间无法响应事件，且恢复后也无法再获取到事件）。

4）缺少状态反馈，问题定位困难。service-controller 严重缺少信息反馈，一切状态只能通过其自身日志查看，而查看日志的前提条件是熟悉 service-controller 代码，这使得业务人员遇到问题时只能向 k8s 平台方求助。更严重的是，service-controller 使用的业务信息保存于 Service 的 annotation 中，这部分信息是不会经过任何校验的，因此，一部分异常可能来自本应拒绝的用户异常输入，但这些异常目前只能反映在日志中。

（3）LBCF 实现

1）架构介绍。图 12-36 是 LBCF 的架构。

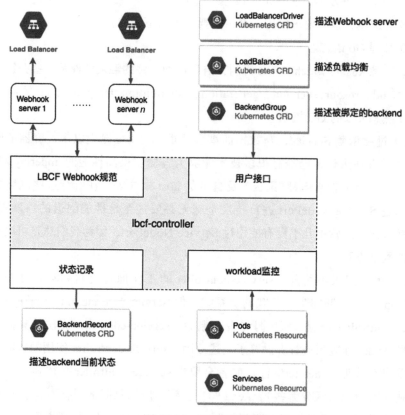

图 12-36　LBCF 架构图

LBCF 架构中，负载均衡操作由两部分协同完成，分别为执行统一管理逻辑的 lbcf-controller 与执行自定义操作逻辑的 Webhook server，二者之间使用 LBCF Webhook 规范进行通信。

- ❏ lbcf-controller：它将负载均衡的管理抽象为 8 个统一操作，分别对应 LBCF Webhook 规范中的 8 个 Webhook，lbcf-controller 对每次 Webhook 的调用时机、调用结果及重试策略进行管理。由于 lbcf-controller 会将 Webhook 的调用结果持久化保存至 k8s，因此 Webhook server 可以是无状态的。
- ❏ Webhook server：其作用类似于操作系统中的硬件驱动程序，外部负载均衡 / 名字服务就是接入操作系统的各种硬件，Webhook server 接收来自操作系统（lbcf-controller）的统一指令（Webhook 调用），进行自定义操作后返回统一格式的操作结果。

2）CRD 介绍。LBCF 定义了 4 种 CRD，其中 3 种用来进行用户交互，1 种用来保存系统当前状态。

- ❏ LoadBalancerDriver：用来描述 Webhook server，包括 server 的地址、每种 Webhook 的超时时间等。
- ❏ LoadBalancer：用来描述被操作的负载均衡，包括负载均衡的唯一标识（如 lbID）、使用的属性（如健康检查、会话保持）等。LBCF 的使用者可以自定义 LoadBalancer 中的参数，这些参数最终会被传给 Webhook server 进行校验与解析。比如，在 LBCF 提供的配套项目 CLB-driver 中，Webhook server 为 LoadBalancer 定义了 9 个参数，分别用来创建、使用已有的负载均衡。
- ❏ BackendGroup：用来描述需要被注册到负载均衡系统的 backend，backend 支持多种类型，除 Service NodePort 外，还支持直接绑定 Pod 及自定义的静态地址。在 CLB-driver 中，笔者为 BackendGroup 定义了一个 weight 参数，对 weight 的修改会反映到负载均衡中 backend 的权重上。
- ❏ BackendRecord：由 lbcf-controller 根据提交到 k8s 的上述 3 种 CRD 自动生成，用来保存每个负载均衡 backend 的当前状态，如绑定使用的参数、绑定结果等 4 种 CRD 的详细定义见 LBCF CRD 定义。

3）Webhook 介绍。LBCF Webhook 规范详细定义了 LBCF 提供的 Webhook，内容涵盖以下几方面：

❑ 有哪些 Webhook。

❑ 每个 Webhook 会在何时被调用。

❑ 每个 Webhook 的重试策略。

❑ 每个 Webhook 的消息格式。

下面节选其中的一部分内容，做简要介绍。

①负载均衡相关 Webhook。图 12-37 展示了与负载均衡 LoadBalancer 相关的 Webhook，图中的 LoadBalancer 指的是 LBCF 定义的一种 CRD，见 LoadBalancer 定义。图中涉及 4 个 Webhook：

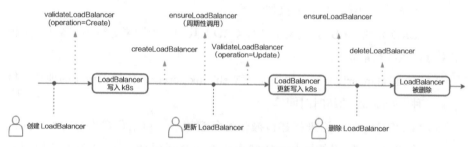

图 12-37　LoadBalancer 相关 Webhook

❑ validateLoadBalancer：用来校验 LoadBalancer 中的业务相关参数，失败则拒绝 LoadBalancer 的创建/更新。在用户向 k8s 中提交、更新 LoadBalancer 对象时被调用，只有执行成功后，用户的创建/更新操作才会持久化到 k8s。

❑ createLoadBalancer：用来在外部系统中创建负载均衡（如公有云上的 CLB 实例），若不打算提供负载均衡创建功能，可直接返回成功。在 LoadBalancer 对象成功写入 k8s 后调用。

❑ ensureLoadBalancer：用来配置负载均衡属性，如健康检查等，可以配置成周期性调用（以避免外部负载均衡被人为修改）。默认只在 LoadBalancer 被修改时才调用，可配置成周期性调用。

❏ deleteLoadBalancer：可跳过删除 LoadBalancer 时执行的清理逻辑。在用
户执行删除 LoadBalancer 的动作后调用，只有执行成功后才会真正从集
群中删除 LoadBalancer 对象。

② backend 相关 Webhook。图 12-38 中的 BackendGroup 与 BackendRecord
都是 LBCF 定义的 CRD，图中涉及 4 个 Webhook：

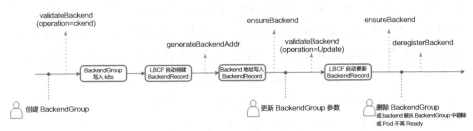

图 12-38　backend 相关 Webhook

❏ validateBackend：用来校验 BackendGroup 中的业务相关参数，失败则拒绝
BackendGroup 的创建 / 更新。在用户向 k8s 中提交、更新 BackendGroup
时被调用，只有执行成功后，用户的操作才会持久化到 k8s 中。

❏ generateBackendAddr：用来生成注册到负载均衡的 backend 地址，此
Webhook 的请求中包含了完整的 Service 或 Pod，Webhook server 可
按需生成地址。在 BackendRecord 对象成功写入 k8s 后调用。（注：
BackendRecord 对象由 LBCF 根据 BackendGroup 与 LoadBalancer 中的
内容自动创建 / 删除，每个 BackendRecord 对应一个需要注册到负载均
衡上的 backend。）

❏ ensureBackend：用来注册 backend 至负载均衡。在 generateBackendAddr
成功后调用，默认情况下，在 backend 注册成功后就不再调用，但也可
以像 ensureLoadBalancer 一样配置成周期性调用。

❏ deregisterBackend：解绑负载均衡上的 backend。在 BackendRecord 对象
被删除时调用，只有执行成功后才会真正从集群中删除 Backend-Record
对象。

5. 服务市场

（1）服务市场背景

服务容器化不仅可以节省资源，还可以依托容器云实现更多智能化运维（如自动扩缩容、自动故障迁移等），减少人为干预，使服务间断时间变得越来越短。目前越来越多的用户将业务容器化，但很多业务包含组件数量众多，架构复杂。其中一些中间件（如 ElasticSearch、MySQL、PostgreSQL 等）的容器化工作较复杂，对用户要求较高，并且是很多用户与企业的共性需求。为避免不同用户都花费大量时间来研究中间组件容器化工作，GaiaStack 提供服务市场功能，支持用户一键式部署高可用容器化服务，只需极简配置，用户即可部署一套符合业务场景的中间服务，包含分布式服务、数据库与缓存、持续集成、Web 服务四大类服务，涵盖目前大部分主流的开源服务。

（2）服务市场实现

服务市场包含 consul、etcd、ZooKeeper、Kafka 等服务，由 GaiaStack 提供的最佳中间价实践模板、极简配置、一键部署，对服务有高可用保证；用户可根据业务实际使用场景选择业务、部署集群及实例配置，并且用户可根据实际需求选择是否使用云盘，以及云盘类型；同时也支持用户进行调度策略配置，将相关联的实例调度到相同节点，将不相关的实例调度到不同计算节点。从镜像制作、数据、调度策略、日志清理机制、应用类型、监控告警等各个方面保证服务的高可用。用户可以在服务详情中查看应用所有配置、组件及实例的状态。直接连接到相应的组件详情，可查看实例的运行状态、监控信息、应用标签、注释等信息，可以全方位了解服务的运行情况。虽然部署对于用户是极简配置，无须关心具体组件 HA 方案、部署策略，但是部署成功后可以多维度了解整个服务的状态，减少了部署工作，但没有减少用户对服务的掌控程度。

（3）服务市场分类和扩展

目前服务市场包含分布式服务、数据库与缓存、持续集成、Web 服务等，涵盖目前大部分主流的开源服务。GaiaStack 在不断扩展组件内容的同时，也支持将个人与企业用户的服务发布到 GaiaStack 服务市场，以供其他用户部署与使用，发挥社区与生态的力量，使服务市场更为丰富与壮大。

大数据应用服务

基于腾讯多年海量数据处理经验，在数据平台部提供的可靠、安全、易用的大数据处理平台之上，可以很方便地构建众多的大数据应用服务。

大数据平台场景丰富，在金融、政务、公安、零售、传统企业等领域积累了丰富的业务应用案例，特别是在 PB 级离线、近线、实时数据仓库企业级用户画像，以及金融实时风控、精准推荐、物联网大数据等场景都有成熟的解决方案。

同时，在数据平台部内部也孵化出了多款优秀的数据应用产品。

13.1 智能客服机器人

在人工智能时代，先进算法与强大计算能力的结合，可以打造出一个强大的大脑，再通过各行业的各种信息为这个大脑输入大量的数据来进行深度学习，不断提升人工智能大脑的智慧程度，实现在各个领域的应用。深度学习携手大数据引领的第三次 AI 热潮，最大特点是人工智能技术真正突破了人类的心理阈值，达到了大多数人心目中"可用"的标准。以此为基础，人工智能技术在语音识别、机器视觉、自然语言处理、数据挖掘等领域走进了业界的真实应用场景，与商业模式紧密结合。智能客服行业是人工智能技术可实现商业化落地的领域，腾讯数据平台部积极利用大数据分析和 AI 智能服务为客服行业赋能。

13.1.1 定位及价值

随着互联网、移动互联网的快速发展，客户的需求呈现出多元化趋势，企业需要提供多渠道的客服系统来满足客户沟通和联络的需求。客服市场的巨大需求使得智能客服已经成为人工智能在垂直行业中应用的重要市场。

小知智能客服机器人是由腾讯大数据 AI 团队自主研发的运用行业领先的自然语言处理、语音识别、语音合成技术与客服角色结合的人工智能客服机器人，赋予机器理解用户想法和感知用户情感的能力，实现机器与人的自然交互。客服机器人不仅能够极大地降低企业人力成本、提升服务效率，同时还能基于客服数据进行大数据分析，及时发现用户行为趋势，为产品运营提供保障和决策支撑。其核心功能包括：机器人知识库管理，包括一整套业务知识库的管理功能，如添加、删除、分类、修改及学习功能；文本处理、语义分析等自然语言处理能力，能针对用户的各种口语化咨询，能准确识别意图，给出准确的回复；上下文记忆功能，能针对用户的短问句进行多轮追问，联系上下文理解识别用户最终意图，给出准确的回复；结合语音识别、语音合成能力，既能在电话渠道服务用户，也能主动呼叫用户；人工客服工作台在机器人无法回复或客户主动寻求人工协助时，客服系统将接入人工服务，人机协助提高客服效率；基于客服数据，提供运维监控、热点分析等功能，及时发现用户行为趋势，为客户产品运营提供保障和决策支撑。

13.1.2　产品建设历程

随着腾讯云企业客户对于智能客服的需求日渐强烈，腾讯基于大数据和自然语言理解、语音识别、语音合成等人工智能基础能力的积累，决定在智能客服领域落地应用。图 13-1 是小知智能客服机器人产品建设历程。

V0 孵化版本　　　V1.0 文本问答机器人　　　V2.0 语音对话机器人　　　V3.0 任务机器人

第一阶段（大客户支持）　第二阶段（小知正式上线）　第三阶段（加入智能语音技术）　第四阶段（加入任务处理能力）

图 13-1　小知智能客服机器人产品建设历程

1. 第一阶段：V0 孵化版本

2017 年底智能客服作为深圳公安民生警务整体项目中一个重要模块，在腾讯内部开始启动研发。产品建设以客户需求为导向，多次深入客户一线，沟通了解客户需求。产品目标基于腾讯内部已有的人工智能基础组件快速搭建产品基础功能，重心解决客户痛点问题，并在关键指标上做到极致。客户核心需求主要有三点：一是知识点类型多、数量多、人工难以整理，希望机器协助。解决方案是通过日志清洗、聚类、相似问法挖掘等技术工具配合人工，协助客户完成一千多个知识点和一万多个相似问法的整理，并以此构建了民生警务知识库和知识图谱模板以便在全国公安快速复制。二是业务咨询与办理环节脱离，回答准确率要求高。解决方案是构建知识图谱并基于知识图谱实现多轮对话，针对 50% 以上意图不明的问题能通过引导用户表述完整以提高回答准确率。经过反复调优和训练，机器人问题回答的准确率从最初的 65% 提升到 95%。三是纯机器人客服暂无转人工客服功能，机器人回复率要求高。解决方案是通过智能学习，引导客户快速补充知识点外问题，上线 1 个月后，知识点外问题从 15% 降到 3%。2018 年 4 月，深圳公安民生警务智能客服项目顺利交付客户验收，腾讯以此为基础在内部孵化出小知智能客服系统产品。

2. 第二阶段：V1.0 文本问答机器人

2018 年 5 月小知智能客服机器人（以下简称"小知"）推出包含知识管理、机器人问答、转人工、智能学习功能的 V1.0 正式版文本问答机器人，并且加入腾讯云产品体系并对外销售。对于已有成功实施经验及标准知识模板的公安行业，新接入的客户可以在一周内快速实施上线。同时小知也开始探索新的垂直行业，找出行业共性需求和差异需求，以服务更多的行业客户。联通王卡（以下简称"王卡"）助手是小知接入的第一个非公安行业客户。王卡作为有千万级用户的商业产品，对智能客服的需求更有代表性，其智能客服基础产品具有通用性，而行业差异主要在于知识图谱及对某些通用功能的深度要求不一样。王卡对智能客服的差异化需求主要有两点。一是要求一次回答准确率高，由于王卡用户相对比较年轻，不喜欢追问，原通过多轮问答提升回答准确率的模型需要进一步改良以提升一次回答准确率。为此小知算法模型进一步升级为语义理解更为准确的深度迁移学习模型，知识图谱由单主体升级为多主体，升级后一次回复准确率超过 88%。二是王卡有人工客服团队，要求如果机器人回答不好，或者用户不满意时能智能转入人工服务，并且还需要机器人智能辅助人工座席。为此小知进一步优化了转人工逻辑，支持规则触发转人工及用户情绪识别触发转人工，极大降低了客服工作量并提升了用户满意度。2018 年 6 月，王卡助手接入小知文本问答机器人后，提出了应用于联通王卡电话客服场景语音对话机器人的需求，此需求加速推动了小知从文本到语音的扩展落地。

3. 第三阶段：V2.0 语音对话机器人

基于腾讯行业领先的语音识别、语音合成基础能力，在小知的自然语音处理技术基础上叠加语音识别、语义理解等多项人工智能技术，语音机器人代替人工进行呼入接待和批量外呼，实时＋离线的语音转写更进一步降低人力成本，全面颠覆语音服务体验。小知 V2.0 版语音对话机器人主要应用于企业的客服热线、电话营销及电话通知场景，企业通过智能语音机器人可以达到首轮销售线索过滤、企业重要信息告知客服、客服热线接听率和满意度提升等，还可以获取数据和分析数据，提高客户的转化率。小知语音对话机器人一上线便达到行业先进水平，语音识别准确率达 90%，意图识别准确率达 90%，响应时间 1.5s 以内，支持智能意向筛选、打断、转人工、挂机短信功能，并且除人工录音外还支持全话术语音合成，声音效果接近真人。小知语音对话机器人接入的第一家客户即应用于营销线索初筛场景，客户实测外呼接通率达 85% 以上，用户意向率 3.2%，意向转化率 65%，接近人工水平，成本却只有人工的五分之一。

4. 第四阶段：V3.0 任务机器人

随着小知行业客户覆盖范围增大，无论是文本问答机器人还是语音对话机器人，单纯问答对话能力已不能满足客户需求，客户还希望机器人能完成一些简单任务，把更多人力从简单的工作中释放出来。2018 年底小知机器人进一步升级任务机器人。小知任务能力分为几类：一类是基于词槽提取进行信息采集，实现订餐、订票等任务处理，在词槽提取上小知研发团队重点研究无剧本式任务，在订餐场景上率先突破了剧本限制；二类是与外部系统对接执行查询账户、查物流、查订单、开票等任务，以通用的接口设计满足不同客户对接需求；三类是基于行业绝对领先的用户画像和数据分析能力，提供特色智能内容推荐。小知任务机器人广泛应用在政企、通信、汽车、教育、零售等行业，其中服务零售业、助力智慧零售将作为小知未来最重要的研究方向。

13.1.3 整体架构介绍

随着智能对话技术在各行各业应用得越来越广泛，工业界和学术界对智能对话技术的研究也越来越多，进一步推动了智能对话技术的发展。在探究的过程中根据应用场景和技术实现上的区别，可以将智能对话分为问答型对话、任务型对话和闲聊型对话。

问答型对话主要根据特性领域的知识库来回答用户的问题，用于答疑解惑，问答型对话的主要目标是给用户提供准确的答案，因此准确率对于问答型对话非常重要。问答可以进一步分为基于知识图谱的问答、检索式的问答和基于规则的问答。基于知识图谱的问答需要提前构建大量的三元组知识图谱，常见于通用领域的事实性问答。而基于检索式的问答一般需要构建多个知识库，每个知识库包括很多知识点，每个知识点包含一个标准问、若干相似问，以及若干回答，这种方式在工业界非常常见，多用于垂直领域。基于规则的问答是以上两种的补充，它不需要大量的知识库，只需要一些领域知识和常识就能做简单的问答，通常在数据很少或者没有数据时用规则的方式解决冷启动的问题。

任务型对话是根据特定的任务，引导用户提供信息，最终帮助用户达到特定的目的，比如订餐、退货、购物等，它的目的是以最少的轮数完成用户的任务，因此任务的完成率非常重要。任务型的实现方式主要分为基于分模块（pipeline）实现和基于端到端的方式。基于端到端的实现方式在学术界非常热门，但是在工业界并不常见，主要是这个技术目前来看并不成熟，而且需要大量的多轮对话数据。分模块方式分为自然语言理解、对话管理和自然语言生成三个模块，然后针对各个模块分别进行实现和优化。

在进行闲聊型对话时，用户一般没有明确的目的，系统也没有标准的答案，主要是需要考虑趣味性和相关性，一般认为与用户交互的轮数越多越好。而在智能客服中，闲聊机器人主要用来做兜底，也就是用户说的话既不是问答包含的内容，也不是任务型对话相关的语句，为了给用户更好的体验则需要系统提供一个合适的回复，在小黄鸭、微软小冰中都具有闲聊的功能。闲聊型的对话实现方式包括规则式、检索式和生成式。规则式能够覆盖的范围太少，目前基本已弃用。检索式和生成式目前在工业界使用得都很广泛，而且将生成式与检索式联合使用也越来越普遍，主要的思路是检索式和生成式都得到一些候选回答，然后再对这些候选进行重排序。

在智能客服项目中，同时会覆盖以上三种类型对话，因此用户在与机器人进行交互的时候，系统需要根据用户的输入判断用哪种机器人回复，所以在上述的三种机器人之上需要一个对话中控进行对话路由。智能客服系统的整体架构图如图 13-2 所示。

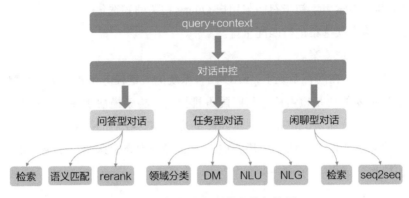

图 13-2　智能客服系统整体架构图

13.1.4　技术方案和应用

问答机器人、任务机器人和闲聊机器人在适用场景上存在很大差异，而且各自的优化目标也不相同，因此在业界的实现上也会有非常大的区别。下面详细介绍问答、任务和闲聊三种机器人的实现方案和实现中遇到的挑战。

1. 问答机器人

问答系统是传统信息检索的进阶形式，在利用自然语言理解技术更准确理解用户意图的基础上，通过检索语料库、知识图谱或问答知识库来给出更精确而简洁的答案。相较于传统搜索技术，问答系统能准确地理解用户真实意图，因此能更有效地满足用户的信息需求，对用户更友好。问答系统是当下自然语言处理领域中一个备受关注且能够有效落地的研究方向。

在智能客服的业务场景中，如果能利用智能机器人自动解答用户的高频业务知识问题，将会显著地降低人工客服的数量与成本，对企业运营效率的提升和成本的控制具有重要意义。

本节主要介绍基于深度学习的 FAQ 检索型问答系统的相关研究和问答框

架。FAQ 检索型问答是在 FAQ 知识库找到对用户提问（Query）最恰当的答案并反馈给用户。具体处理流程为：

1）对 FAQ 知识库建立检索引擎。

2）利用检索引擎初步召回与用户 Query 相关的候选集。

3）对检索候选集进行匹配重排。

4）返回候选答案。

可以看出，在问答系统中，FAQ 问答系统的关键任务是相似文本匹配任务，而其中最重要的便是检索模块与匹配重排模块。检索模块重在强调检索的召回率与检索效率，而匹配重排更注重匹配的准确率。我们的智能客服的问答系统也是由检索和匹配重排两个模块构成，下面将分别介绍这两个模块，并给出我们在模块构建过程中的一些思考。

（1）检索

检索引通常分为文本相似度检索和语义相似度检索。文本相似度检索主要基于两段文本的字面重合程度来衡量文本之间的相似程度，该类方法简单、易于实现，检索效率高，但无法满足语言表达的多样性。而语义相似度通过利用不同文本映射在同一特征空间中的向量表达来计算两段文本之间的相似程度，该类方法需要实现计算词语或文本的语义表达向量，基于上下文感知不同文本所表达的语义关系，对相似文本的召回更准确。

文本相似度检索引擎多采用 ElasticSearch（简称 ES）检索引擎，语义相似度检索多利用 Faiss 向量检索引擎。高性能的检索引擎能够将召回时间控制在毫秒级，大大减轻后续匹配重排模块的计算压力。其中，文本相似度检索多采用无监督算法做相似文本的召回，如 BM25 为一种基于概率检索模型来评价搜索内容和搜索候选项之间相关性的算法，主要思想是对搜索内容进行语素解析，计算每个语素与搜索候选项之间的相关性，并将其进行加权求和作为最终的相关性得分。其数学表达形式如下：

$$\text{Score}(Q,d) = \sum_{i}^{n} W_i R(q_i,d)$$

其中，Q 表示检索内容；q_i 表示 Q 解析后的语素（例如中文分词）；d 表示一个搜索候选项；W_i 为语素 q_i 的权重；$R(q_i, d)$ 表示语素 q_i 与搜索候选项 d 的相关性得分。

语义相似度检索利用监督或无监督方法获得的语义向量来度量文本之间的相似程度，能够更准确地检索到相似文本，提高检索召回率，为后续精确地匹配重排提供保障，其通常的做法可总结如下：

- □ 离线计算候选语料库相似问法的语义向量，并构建语义向量语料库。
- □ 计算用户 Query 的语义向量。
- □ 计算用于 Query 的语义向量与候选语料库语义向量之间的相似度。
- □ 返回符合要求的相似问。

可以看出，为保证检索的实时性与高效率，计算语义向量时更适合采用无监督方法，如果利用深度学习来计算语义向量时，应采用表达式语义匹配模型，以保证可以离线计算候选语料库的语义向量。

在问答系统的检索模块中，我们利用了基于表达式深度匹配模型来构建候选语料库的语义向量，从而提高检索模块的召回率。从我们实验的结果中发现，语义相似度检索较文本相似度检索可以明显提高检索的召回率。检索模块的流程如下：

1）准备候选语料库，并利用相同知识点内的样本两两组合构建正样本对，利用不同知识点样本及 BM25 构建负样本对，共同组成训练集。

2）利用训练集训练基于表达式的深度表达式 CNN 匹配模型（简称表达式 CNN）。

3）利用训练好的表达式 CNN 模型计算候选语料库的语义向量表达。

4）利用训练好的表达式 CNN 计算用户 Query 的语义向量表达，并选取与候选语料库语义向量最相似的 TopK 个相似问。

5）将用户 Query 与 TopK 个相似问送入匹配重排模型做精确匹配。

（2）匹配重排

匹配重排模块是在检索的基础上对候选相似问进行精确匹配以获得最佳答案的过程。近几年，利用深度学习模型学习文本中深层的语义特征的方法获得了较快的发展，也取得了较好的效果。下面我们主要介绍基于深度学习的匹配重排策略。

深度学习模型能够节省人工提取特征的大量人力物力，并且，相比于传统方法，深度文本匹配模型能够从大量的样本中自动提取出词语之间的关系，并能结合短语匹配中的结构信息和文本匹配的层次化特性，发掘传统模型很难发掘的隐含在大量数据中含义不明显的特征，从而更精细地描述文本匹配问题。概括来讲，深度语义匹配模型可以分为基于表达式的匹配方法和基于交互式的匹配方法，下面分别介绍。

1）基于表达式的匹配方法。该方法首先利用深度学习模型获得两个待匹配文本的向量表示，然后计算这两个向量表示之间的相似度，归一化后作为待匹配文本之间的匹配度，其框架示意图如图 13-3 所示。基于表达式的匹配方法侧重于表示层的构建，使其尽可能将待匹配文本表示成两个语义相关的向量，然后在语义表示向

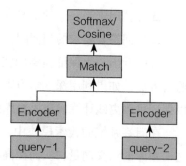

图 13-3　表达式匹配模型框架示意图

量基础上，进行语义匹配度的计算。在计算语义匹配度时，通常有两种方式：一是将两个语义表达向量拼接，再通过一个全连接网络进行模型训练并拟合出匹配度分数，这种方法较灵活，但往往也难以训练；二是通过余弦（Cosine）相似度计算语义向量的匹配度，这种方法简单高效，匹配度分数具有明确的物理意义，也是业界常用的。常用的基于表达式的深度匹配模型有：DSSM、CDSSM、ARC-I、CNTN。

2）基于交互式的匹配方法。该方法是对两个待匹配文本进行文本的交互式相似性建模。该类方法更强调待匹配文本之间的充分交互，在得到交互向量之后再计算相似度匹配得分。交互式匹配模型通常会保留待匹配文本的词序列，并利用表示层来获得每个词关于其位置对应的上下文表示，然后在交互层利用注意力机制（Attention Mechanism）对匹配文本中的词进行对应交互，构建文本之间的交互后的匹配向量。其框架示意图如图 13-4 所示。交互式的匹配方法更注重文本局部的信息交互并逐步提取更高层次的匹配特征，最终计算匹

配相似度得分。基于交互式的匹配方法在匹配任务建模中更加细致、充分，效

果也更好，但交互计算会带来一定的计算
成本的增加，往往适合于对匹配精度有较
高要求但对计算实时性要求不高的匹配重
排模块。常用的基于交互式的深度匹配模
型有：ARC-II、MatchPyramid、ABCNN、
ESIM、BERT。

3）具体实现。在我们的问答系统的
匹配重排模块中，我们主要是利用基于交
互式深度匹配模型来设计精确匹配模型，
从而提高匹配的准确率。在设计匹配重排
模型过程中，主要涉及负样本构建与匹配
模型选择两个方面的问题，下面分别介绍。

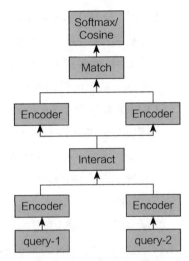

图 13-4　交互式匹配模型框架示意图

① 负样本构建。在训练匹配模型之前，最重要的是构建训练集，包括正样
本对和负样本对。我们利用相同知识点内样本的两两组合来构建匹配模型正样
本对，但对于负样本对，如果利用不同知识点内样本的两两组合来构建，则会
使负样本对的数量远大于正样本对的数量，出现正负样本不均衡的情况，影响
模型效果，对此，有 3 种处理方案。一是不同知识点内样本两两组合，再随机
采样一定比例的负样本对。二是利用文本相似度检索相似且不同知识点内的样
本来两两组合，构成负样本对。三是利用语义相似度检索相似且不同知识点内
的样本来两两组合，构成负样本对。

通过线下与线上的验证发现，利用语义相似度检索相似且不同知识点内的
样本作为负样本来训练模型会获得更好的效果。

② 匹配模型选择。目前，在匹配重排模型中，业界多使用基于深度学习的
交互式匹配模型——ARC-II、ABCNN、ESIM 以及 BERT 等，在问答系统匹配
重排模块中也尝试了各种匹配模型并比较了它们的优劣。

　❑ ARC-II 与 ABCNN 是基于 CNN 的交互式匹配模型，训练和推理速度较
　　快（在 CPU 条件下可以满足实时在线推理），但 CNN 结构往往更关注文

本的局部信息，导致匹配精度比较低。

❑ ESIM 是基于 RNN 的交互式匹配模型，RNN 的优势在于保持了序列的先后顺序，可以综合文本的全局信息进行决策，因此其匹配精度会比基于 CNN 的匹配模型稍高。但 RNN 的序列特性也导致其无法很好地并行运算，从而使得训练和推理速度也稍慢。

❑ BERT 是基于 Transformer 的预训练语言模型，其利用海量语料提前预训练模型，并利用 Self-Attention 特性对 QA 文本进行充分交互以计算其匹配度。因此，在匹配任务中，其匹配精度最高，但同时其模型参数太多也导致了训练和在线推理速度都很慢，需要通过搭建远程 GPU 服务来提供在线服务。

综合考虑各类匹配模型的优劣，我们根据自己的业务场景，设计了以远程 BERT 为主，本地 CNN 为辅的匹配模型架构，如图 13-5 所示。为了充分利用

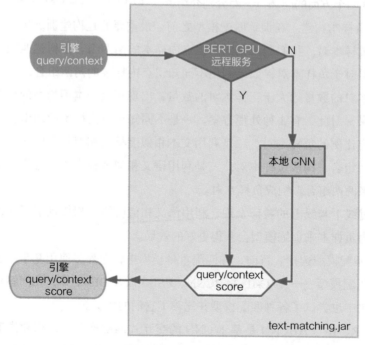

图 13-5　智能客服机器人匹配模型框架示意图

BERT 匹配精度高的优势并解决推理速度慢的问题，我们在远程 GPU 服务器搭建深度学习模型在线推理服务，加快推理速度。但为防止业务在线请求 GPU 服务超时等异常情况，我们同时在引擎侧 CPU 主机部署基于 ABCNN 的交互式匹配模型作为备份方案。当用户问答请求触发时，优先利用效果较好的远程 BERT 匹配模型服务查询最佳答案，如果请求超时，无法获得答案时，再调用本地基于 CNN 的快速匹配模型来返回答案，从而有效平衡效率与准确性。

2. 任务机器人

任务型对话是针对一个或者一系列特定任务进行对话，主要是为了满足用户的特定目标，完成用户特定任务，例如查流量、查话费、订餐、购买商品等实际场景。对于比较复杂的场景，一般需要与用户进行多轮互动，用户可能会在对话过程中不断修改与完善自己的需求，任务型机器人需要通过询问、澄清和确认来帮助用户明确目标，最终达到用户的目的。因此任务型对话的目标也与其他对话的目标不一样，它的目标是以最少的对话轮数完成用户的任务。

任务型对话主要分为两种实现方式：pipeline 方式和端到端方式。pipeline 方式是将任务型对话切分为三个主要的模块：自然语言理解（Natural Language Understanding，NLU）、对话管理（Dialog Management，DM）和自然语言生成（Natural Language Generation，NLG），然后分别实现和优化各个模块，pipeline 方式的处理框架如图 13-6 所示。而端到端的方式以任务完成情况作为整体的优化目标。目前工业级的使用还是以 pipeline 方式为主，我们在实际产品中使用的也是 pipeline 方式，在 pipeline 实现上进行了很多尝试，获得了不错的效果。我们也尝试了端到端的任务型对话，但最终实验效果和鲁棒性无法达到上线要求，此处不做过多介绍。

（1）自然语言理解

自然语言理解主要是将用户的自然语言输入转换为对话系统能够理解的结构化信息，主要包括意图识别和槽抽取。其中意图和槽的覆盖范围都需要提前定义好，具体如何定义则需要根据特定任务来确定，比如在订餐任务中，需要用户提供用餐人数、用餐日期、用餐时间、用餐位置等信息才能成功预订，因此槽信息就包括以上几点信息，而意图则包括告知（inform）、问询（request）和招呼（greeting）等。

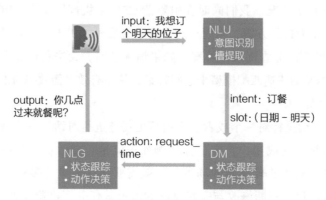

图 13-6　任务型对话 pipeline 方式框架示意图

意图识别顾名思义就是识别用户的意图。例如"我想订个明天晚上的桌子"的意图是"订餐"，"最近有没有什么新货"的意图则是"新品推荐"。意图识别本质上是一个分类问题，常见的实现方法有基于规则的方法、传统机器学习的方法以及基于深度学习的方法（如 CNN、LSTM、BERT）等。当数据量小的时候使用小样本学习的方法来实现就将分类任务转换成了一个语义匹配任务。至于常见的建模方式与前述问答相似，不再赘述。

槽位其实是意图所带的参数。在任务型机器人中，一般需要填充特定的槽才能完成任务，比如像订餐任务中需要填充"人数""日期""时间"和"位置"四个槽位，而用户在每轮的交互中都可能会提及若干个槽位或者其对应的值，例如"我想订个明天晚上七点的桌子"中槽位"日期"对应的值为"明天"，"时间"对应的值为"晚上七点"，槽提取就是需要将提及的槽对应的值抽取出来并进行一些处理后应用于任务型对话的后续模块。槽提取实际上是一个序列标注的任务，可以使用规则的方法、传统机器学习的方法（如 HMM、CRF）、深度学习的方法（如 LSTM、LSTM+CRF）等。序列标注任务典型的有分词、词性识别和命名体识别等，这些任务之间的区别主要是标注上的区别，这里使用命名体识别标记方式，即经典的 BIO 的方式，标出一个字是某一个实体的开始（Begin）、中间（Inside），还是非实体（Outside），具体示例图如图 13-7 所示，其中 D 代表日期，T 代表时间，联合标注和原始文本就可以解析出具体槽及对应的值。目前工业界最为常用的序列标注模型非 Bi-LSTM+CRF 莫属了，图 13-8 为该模型的示意图。

图 13-7　BIO 标记方式示例图

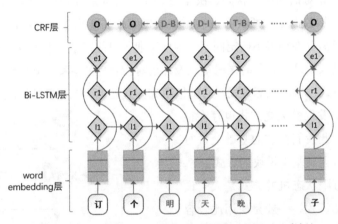

图 13-8　Bi-LSTM+CRF 序列标注模型示意图（见彩插）

　　一般在一个任务型对话刚启动时有大量标注数据是很难得的，所以经常会面临冷启动的情况，当数据很少甚至是零数据的时候，规则方法就显得尤为重要。规则方法主要的思路是构建一些模板，具体来说就是根据少量某个领域的数据或者专家知识总结高频的句式作为模板集，在实际应用中将语料与所有模板进行匹配，最终根据匹配的分得到相关意图和槽。还以订餐任务为例，可以构建图 13-9 所示的模板，其中 [] 表示可选，$filter 代表通配符，{0,3} 表示重复 0 到 3 次，如果这个时

图 13-9　规则匹配示例（见彩插）

候语料为"我想订一个明天的位子"就可以匹配模板,具体如图13-9所示。规则的方式是NLP任务中不可或缺的一部分,一方面能够解决冷启动的问题,另一方面,使用规则的方式,开发者有更大的控制权,能够快速修复线上问题。因此即使有了大量的标注语料训练模型,真正的线上引擎也是模型与规则的有效结合。

（2）对话管理

对话管理是指跟踪用户的需求,记录用户和系统的行为和状态,根据用户的当前输入和对话的历史状态,决策下一步执行的最佳动作。常见的对话管理有手工设计和数据驱动两种方法。由于数据驱动需要大量的标注的多轮对话数据,而且模型存在很多不确定因素,因此工业界目前还是以手工设计为主。手工设计主要是根据设计人员的领域知识设计出对话管理的流程,其中包括基于有限状态机的方式、槽填充等方式。目前槽填充方式已成为工业界的标配,但在我们实践过程中发现槽填充方式也存在很大问题,因此我们在它的基础上进行了一些改进得到基于模块的方式。

基于有限状态机的方式是人工设计好对话的流程,一般是使用比较容易理解的流程图的形式,这里还以我们的订餐任务为例。在最开始实践的时候我们设计出来的流程图如图13-10所示。

从图13-10中可以看出,这个流程是依次地询问用户:人数→日期→时间→位置,如果其中某个询问未得到想要信息时则反复询问一定次数。这种方式有个非常明显而且常见的缺陷:用户必须跟着系统的流程一个个提供信息,非常不灵活,一旦用户主

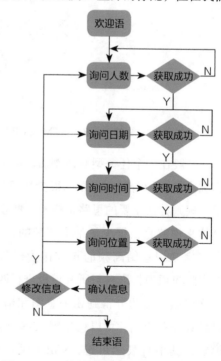

图13-10 对话管理有限状态机方式示例图

导了对话的进行，即用户没有完全按照系统的逻辑进行对话，会导致非常差的用户体验。比如最常见的是在问用户用餐日期的时候，用户也会一并把用餐时间说出来，按照这种状态机的方式并不能同时获取时间信息并保存，因此到一个状态会再次询问用餐时间。如果需要使用有限状态机的方式解决这种问题，那么就需要考虑到用户行为的所有可能性，这会导致对话流程非常复杂。

为了解决状态机方法的灵活性问题，我们进一步使用了基于槽填充的方法。槽填充是用一个表来维护对话任务的槽位信息，这种方法的目标就是引导用户提供槽位相关的信息，一旦任务依赖的所有必选槽位填充完全就确认和执行相关任务。这种方法不需要设计对话的跳转流程，每个槽填充也不受顺序影响，用户任何时刻提供的槽相关信息都可以进行填充，而且这种方式能很容易支持用户修改信息，只需要用最新提取的槽值覆盖已填充的值就可以实现更改功能，无须设置各种复杂的流程。

基于槽填充的方式很好地解决了对话流程灵活性的问题，但是却无法解决槽依赖问题，因此我们最终使用基于模块的方式解决这个问题。前述的订餐任务的四个槽显然是相互独立的，即四个槽填充无任何先后关系，但是在另一些情况下，一些槽的填充需要有依赖关系，必须先填充一些槽才能填充其他的槽，甚至后续需要填的槽还依赖于前面填的槽的值。这里以智慧零售场景下的导购机器人为例，实践过程中我们以任务型对话来驱动导购机器人，即通过槽填充收集用户意向，最后推荐符合用户兴趣的商品。比如用户想要购买的商品是"连衣裙"和"运动裤"的时候，接下来需要询问的问题是完全不一样的，因此这里必须要先确定用户感兴趣的商品，然后根据商品槽填充情况决定下一步动作。图 13-11 所示是一个简化的导购对话管理流程，从图中可以看出这个图中有"前置模块"和"具体模块"，其中每个模块都维护一个自己的槽位信息表，因此可以把基于模块的方法看作有限状态机和基于槽填充方法的结合，每个模块内以槽填充的方式进行对话管理，而各个模块之间以状态转移的方式进行管理。除此之外，我们在每个模块中的槽也会设计为不同类型的槽，比如"前置模块"中的"性别"和"年龄"的来源可以设置为用户画像，"颜色"可以设置为可选槽，这样的话前者可以用更少的交互获得更多的信息，后者会给对话带来更大的灵活性。

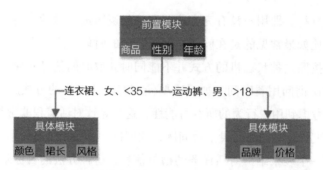

图 13-11　基于模块方式的导购对话管理示例图（见彩插）

（3）自然语言生成

自然语言生成从过程看可以认为是自然语言理解的逆过程，即根据系统得到的动作生成用户易理解的自然语言文本。这个很容易理解，如果系统的下一个动作是问用户就餐人数，在系统里面的格式类似 request{"num\"":"unk\""}，NLG 的作用就是把类似的结构化信息转换成"请问有几个人就餐呢?"。目前 NLG 从技术上来说可以分为检索式、规则式和生成式等，但是我们在实践过程中发现基于规则的方法最适合任务型对话。

基于规则的方法主要是人为地配置一些模板，在系统产生一个动作的时候，根据相应的动作去生成回复句子。

3. 闲聊机器人

闲聊机器人不同于问答和任务机器人，后两者的目的是在尽可能短的时间内完成与用户的对话，尽快帮助用户解决问题，而闲聊机器人的目的则是尽可能延长与用户的交互时间，与用户进行开放主题的对话，从而实现对用户精神陪伴、情感慰藉和心理疏导的作用。代表性的闲聊系统有微软的"小冰"，微信的"小微"以及大家所熟知的"小黄鸡"。

从技术实现角度来看，闲聊机器人目前有三种不同的实现方法：基于模板、基于检索、基于端到端的生成的方法。下面我们分别介绍。

1）基于模板的方法。基于模板的方法是通过人为定义一些对话的模板来构建对话知识库（包含一些问题和回复的句对）。当用户与机器人对话时，从预先定义的对话库中，找到与问题匹配的问句并给出答案。这种方法是早期及现在都比较流行的一种做法，简单快速。缺点在于需要耗费大量的人力构建模板，并时常需要更新维护，并且这类方法给出的答案较为单一，无法灵活应对用户的输入。

2）基于检索的方法。基于检索的闲聊机器人，也需要预先构建对话知识库，根据用户的输入和会话的上下文，通过一些启发式的检索方法，在知识库中检索与当前问题最为相似的句子来得到合理的回复。前面介绍的基于模板匹配的方法，可以看成是一种较为简单的启发式方法。随着机器学习和深度学习的快速发展，通过分类器直接判断输入和知识库中句子相似性进而检索出答案的方法，展示了巨大的优势。缺点是基于检索和模板的方法都无法处理对话知识库中没有预先定义、不存在的问题。

3）基于端到端生成的方法。与前两种方法相比，生成式的方法不依赖于预先定义好的对话知识库，而是通过试图理解对话上下文的语义来生成新的回复内容。端到端的生成方法已经成功应用在机器翻译任务中，我们也可以将对话看作机器翻译任务，不同的是，我们不是把一句话由一种语言翻译为另一种语言，而是把一个问题翻译为一个答案。值得注意的是，这本质上是一种基于统计的方法，需要利用大量的问答句对语料来训练模型。此外，目前生产技术还不够成熟，无法保证生产出的答案的流利度和与问题的相关度。

因此，在实际应用中，模板和检索的方法依然是首选策略。接下来我们将逐一介绍这三种方法和研究现状。

（1）基于模板的闲聊机器人

1950 年图灵（Alan M. Turing）在 *Mind* 上发表的文章中提出了经典的图灵测试（Turing Test）的概念，而希望通过图灵测试的机器人系统，基本都具有类似闲聊机器人的特征。如约瑟夫·魏泽鲍姆（Joseph Weizenbaum）于 1964 年提出的 Eliza，1995 年理查德·华勒斯（Richard S. Wallace）博士开发的 AliceBot 等，这一类的闲聊主要是通过模板特征的方法实现。值得注意的是，随着 AliceBot 一同发布的还有 AIML（Artificial Intelligence Markup Language），即人工语言网计算机实体，至今依然被广泛应用在闲聊机器人中。

AIML 是一种基于 XML 兼容的可扩展性的标记语言。依靠在文件中定义闲聊模板可以很方便地创建一个闲聊机器人。

AIML 文档中经常包含一些常用的重要标签，AIML 用 <aiml> 标签表示文档的开头和结尾，<category> 标签定义对话知识库中的知识单元，<pattern> 标签定义匹配用户输入的模式，<template> 标签则定义了对用户输入的响应。图 13-12 是一个 AIML 文件的实例。

```xml
<?xml version="1.0" encoding="UTF-8"?>
<aiml>
    <category>
        <pattern>我叫*</pattern>
            <template>你好! <set name="username"><star/>! </set></template>
        </category>
        <category> <pattern>晚安</pattern>
            <template>晚安， <getname="username"/>好梦呀</template>
    </category>

    <category>
        <pattern>*今天的bug写*</pattern>
        <template>
            <random>
                <li>写好了，走，下班下班! 你走不走? </li>
                <li>吃完饭回去继续写bug! 吃饭吗? </li>
                <li>没有，留些bug给明天，你呢? </li>
            </random>
        </template>
    </category>

    <category>
        <pattern>_几点_</pattern>
        <template><system>date</system></template>
    </category>

</aiml>
```

图 13-12　AIML 文件实例

其中，* 和 _ 表示通配符，<set> 标签则可以用来保存变量，如用户的基础信息以增强用户体验。在上面的例子中，用户输入："我叫阿泽"，系统将给出回复："你好!"，用户输入："晚安"，系统通过 <getname> 获取 <set> 标签的内容，给出回复："晚安，阿泽好梦呀"。

对不同的会话，为了增加聊天的趣味性，还可以对同样的输入，用

<random> 标签给出不同的回复，例如用户输入："今天的 bug 写完了吗?"，系统可能给出："写好了，走，下班下班! 你走不走?"，也可能给出回复："没有，留些 bug 给明天。你呢?"，AIML 还可以获取系统时间。此外，如果支持 HTML 协议，还可以定义在线查询功能，通过网络获取天气状况等。

　　AIML 还定义了很多附加标签，由于篇幅的原因这里不再一一对标签做介绍，感兴趣的读者可以在 AIML 相关网站上了解标签的作用和使用方法。

　　（2）基于检索的闲聊机器人

　　基于检索的闲聊机器人需要预先构建一个对话库，系统在对话库中检索与用户输入语义一致的句子来提取应答的内容。基于模板的方法也是检索的一种，但在真实的场景中，对于相同的语义，用户输入的表达方式千差万别，基于模板的方法无法一一应对，需要基于语义一致性进行检索。为了更好地匹配用户的输入，对话库在构建的时候必须要考虑到语料的数量和质量。这种方式本质是将真实对话库中的答案反馈用户，因此能保证对话的流畅性，以及与输入问题的相关性。

　　基于检索的闲聊系统，计算用户输入的句子与对话库中存在的句子的相似度，并根据相似度对候选答案进行排序。对于衡量两个句子的相似度，早期解决方法是直接衡量两个句子文本上的相似度，例如用编辑距离，或者将句子表示为词袋向量，然后对向量计算相似度。随着深度学习的快速发展，越来越多的工作开始利用神经网络学习句子表示，来更好地体现句子的语义信息。此处的技术方案与前述问答机器人基本一致，不再赘述。

　　（3）基于生成的闲聊机器人

　　不同于模板和检索式的闲聊系统，基于生成的闲聊系统，不是从对话库中抽取现成答案，而是每次逐词生成新的句子作为回复。生成式的闲聊系统，在接收到用户输入的句子之后，先对接收的句子编码，然后根据编码的句子向量，生成一句话作为回复，这种方式可以很好地处理不在对话库中的问句，即对于任意对话主题，都能给出回复。缺点是目前生成技术不够成熟，生成的句子质量无法保证，可能会存在句子不通顺、有明显的语法错误、上下文相关度较低等问题。

对话系统一般分为单轮对话系统和多轮对话系统。单轮对话指的是用户输入一个句子，系统给出一次回复，不考虑上下文。而在实际应用中，对话往往是需要考虑到上下文信息的，在这个过程中，往往是多轮的一问一答，也就是多轮对话。

对于单轮对话，可以看作另一种形式的机器翻译。不同的是，闲聊是把一个问句翻译为一个答案，而不是把一种语言翻译为另一种语言。因此基于生成的闲聊系统，可以借鉴并使用机器翻译中较为成熟的生成模型：端到端的深度学习模型。端到端的序列生成模型，可以从大量数据中学习到问题和回答之间的语义关联性，从而对用户的输入生成相关的回复。下面我们将详细介绍端到端模型的实现过程。

编码器解码器结构，习惯上被称为序列到序列（Sequence to Sequence，seq2seq）模型，简单来说，就是将输入的序列信息编码，由解码器对编码后的信息做出解释。其本质就是将源语言序列映射到目标语言的词序列，可以被看作一个以源端输入句子为条件，来建模目标端句子的语言模型。

如图 13-13 所示，展示了一个端到端模型的单轮对话，系统根据用户输入给出回复的过程。输入的是已经分好词的源端句子"你 喜欢 什么"。编码器接收到输入之后，首先会根据词表将词映射到对应的词嵌入表示（Word Embedding），词表示经过 LSTM 编码，得到句子表示 h，解码器根据 h 和上一时刻的输出，依次解码出"我 喜欢 你 <eos>"，"<eos>"表示句子结束。

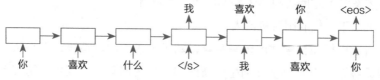

图 13-13　端到端模型示意图

上述端到端的模型，比较简单，在实际应用中存在以下三个主要的缺陷。

1）系统习惯于给出类似于"哈哈""嘿嘿"等无意义的安全性回答。因为在实际使用中这类词使用概率较大，训练语料经常出现，而且训练数据中的词语在句子不同位置的概率分布模式会优先被学习到，导致模型学习过程中倾向于学习到这类答复。

2）机器人个性化一致性问题。即对于相似的问题，系统往往会给出不同的答案，对于用户而言，系统是一个虚拟的人物，个人信息应当保持一致。

3）上述模型只能解决单轮对话问题，无法解决多轮对话中对话连续性的问题。在建模过程中，没有考虑到之前对话的历史信息，导致无法准确理解问题，给出相关的回答。也就是如何进行对话上下文建模的问题。

目前很多研究工作都致力于解决上述问题，下面我们将详细介绍目前的研究进展。

从模型角度来看，系统倾向于给出安全回答，根本问题是模型陷入了局部最优解，可以通过给模型加入干扰项来避免模型陷入局部最优。2017 年李纪为博士提出使用对抗训练（Adversarial Training）的方法，将模型分为判别器（Discriminator）和生成器（Generator），生成器根据输入的句子生成回复，判别器判断生成的句子和人类的回答是否接近一致，用生成的回复作为负例，人类的回答作为正例，不断强化判别器。在训练的过程中，判别器的性能越来越好，迫使生成器不断生成更接近人类的回答来迷惑判别器，以一种博弈的方式直到两者达到均衡。在实际应用中，GAN 在自然语言处理任务中难以训练模型，我们采用了强化学习的方法来训练模型。

针对机器人个性化一致性的问题，早在 2016 年，个性化神经聊天机器人模型的概念就被提出，其核心思想是通过在 Encoder 端加入聊天机器人预定义的个性化信息。整体的框架依然是基于端到端的序列模型，但在 Decoder 生成回复的时候，每个时刻除了标准的输入之外，还会加入预定义个性化词嵌入表示的信息。

多轮对话中上下文建模方面，一般采用层级神经网络，与端到端的模型不同，编码器端采用了两层结构，第一层对每个句子的单词编码，得到每个句子的中间表示，第二层依照上下文句子出现的顺序，对每个句子的中间表示进行编码，通过这样的方式，在解码器端生成回复时就可以将上下文信息考虑进来。基于此思路，构建多层注意力框架的方法被提出并广泛应用，同时提取词和句子的表示，确保上下文信息被有效建模。

避免安全回答、个性一致和多轮对话上下文建模这三个问题是生成式闲聊系统存在的主要问题，目前依然还有很大的改善空间。除了在模型上做出改进，还可以通过构建高质量的聊天数据集的方法来缓解。在实际应用中，如何构建聊天数据集才是关键。

13.1.5　未来挑战及展望

小知在下一步还有很多功能可以添加和完善。除了回答预设的问题，未来小知将会根据用户反馈，更加自动地学习新的知识，补充到知识库。同时，不仅限于客服，在 AI 技术和大数据技术支撑下，小知会赋能客服更多角色，从客户服务到销售导引，通过多轮对话技术引导客户获取商品信息，辨析真实购物需求，提供最适合的商品和搭配建议。更进一步，小知会更好地帮助企业了解用户，优化营销，将客服的成本中心属性向利润中心属性转变，从而催生出新的增量市场。小知也会聚焦垂直行业，打造更专业的垂直行业智能客服。智慧零售将作为未来小知重点打造的垂直行业之一，深度耦合"客服＋零售"业务，构建智能客服＋零售一体化的闭环，小知将提供商品知识库、智能客服、用户画像、智能导购、精准营销、市场趋势预测等能力，助力智能零售。

13.2　移动推送

随着移动互联网的发展、智能手机的不断普及，移动互联网应用程序（App）得到广泛应用。App 主要有游戏类、系统工具类、影音播放类、社交通信类、日常工具类、生活服务类、互联网金融类、电子商务类等，下载量均超过千亿次。

随着 App 的覆盖用户量逐渐增多，App 开发者需要通过一系列的运营手段对 App 内的用户进行运营管理。在 App 运营过程中，推送消息（Push Notification）是非常重要的用户触达手段，开发者可以即时地向其 App 的用户推送通知或者消息，与用户保持互动，从而有效地提高留存率，提升用户体验，进一步带来产品使用度的提升。但是开发一个安全、稳定、快速的推送消息系统并不是一件容易的事情，受限于终端环境、网络环境和后台的服务能力，如果想要做到百亿级别的消息推送及推送后的效果追踪，存在一定的技术挑战。腾讯移动推送（Tencent Push Notification Service，TPNS）是一款腾讯数据平台部自主研发的移动 App 消息推送产品，开发者只需要轻松接入，即可实现针对 App 用户的精细化消息推送运营。

13.2.1　TPNS 产品能力

1. 推送消息类型

TPNS 提供两种推送消息类型，开发者可以根据运营策略灵活选择。

1）通知栏消息。这是由移动设备操作系统展现在移动设备通知栏的消息，用户可以点击通知栏消息打开发送推送的 App。

2）应用内消息。这是由 TPNS 服务后端直接透传给 Android 终端的消息，该类型消息不会主动展示在移动设备的通知栏，Android 终端的 App 在接收到消息后，可选择例如弹窗等形式展示通知。iOS 也可以通过静默消息（APNs 通道能力）或者 TPNS 通道（App 在前台）的方式推送到 iOS 终端 App，App 终端可以选择弹框等形式进行展示。

2. 产品服务能力

❑ 终端层：移动端的 SDK 主要完成推送消息展现和数据统计的功能。TPNS 整合了 Android、iOS、macOS 等多平台的统一推送服务，同时集成了众多第三方手机厂商的推送通道，并具备一键快速集成和测试排查等能力。

❑ 推送层：TPNS 还提供了全面的终端和后台 API，包含推送消息、管理设备映射关系、数据查询等功能，通过这些 API，开发者可以实现个性化的触达等高级使用场景。

❑ 应用层：TPNS 提供网页端管理台，方便开发者进行推送消息管理、推送数据查看、推送调试等操作。

TPNS 可以为每个移动设备智能分配最佳的下发通道，支持百亿级的通知及消息推送，秒级触达用户。TPNS 产品架构如图 13-14 所示。

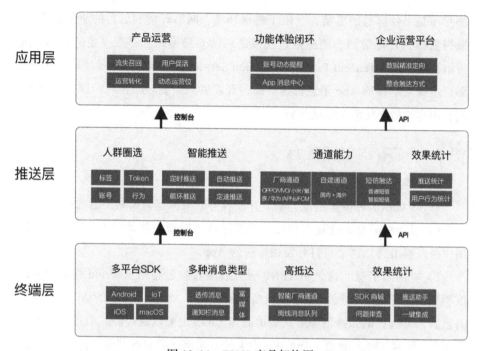

图 13-14　TPNS 产品架构图

13.2.2　TPNS 主要应用场景

1. 系统消息通知

当 App 用户相关状态或者系统功能状态变化时（如平台广播通知、用户交易提醒、电商物流通知），需要及时告知用户，或者促使用户完成特定操作时，开发者可以通过消息推送及时通知用户。

2. 社交互动提醒

具有社交场景的 App 用户之间产生点赞、评论、分享等社交行为时，用户未打开 App 也可以对目标用户进行消息提醒，从而促进用户多次互动，形成功能闭环，提升用户活跃度。

3. 用户促活运营

用户运营中，通常需要针对不同活跃周期的用户进行分层促活运营，如对新用户推送产品引导、对流失用户召回，通过定向主动地进行消息推送，提升次日留存，最终实现活跃用户的增长。

4. 活动促销提醒

App 经常需要做产品推广和营销活动，如游戏活动、618 电商节、工具订阅消费等，通过对目标用户进行定向通知栏消息 + 应用内弹窗推送，吸引用户消费，从而提升最终营销活动转化效果。

5. 内容订阅推送

内容、资讯、视频类 App 需要对用户主动推送其关注的内容或者热点资讯，可以帮助用户快速获取最新、最热门的信息，同时提升 App 打开率，增加内容消费度，提升用户活跃度。

13.2.3　推送技术方案

1. 整体架构

TPNS 提供移动端 SDK 和服务后端 SDK，开发者将 App 移动端与应用的服务后端进行集成后，可实现在 Android 端、iOS 端、macOS 端等多个不同终端的移动设备中，按 App 用户的标签、设备、账号等多种不同推送方式进行消息推送。TPNS 整体架构如图 13-15 所示。

2. 终端技术能力

TPNS 现已全面支持 Android 端、iOS 端和 macOS 端，其架构如图 13-16 所示。开发者可以方便地通过嵌入 SDK、API 调用或 Web 端可视化操作，实现对特定用户的推送。

（1）Android 端

Android SDK 是 TPNS 服务为客户端实现消息推送而提供给开发者的接口，主要负责完成以下功能：

- 提供通知和消息两种推送形式，方便用户使用。
- 提供账号、标签与设备的绑定接口，以便开发者实现特定群组的消息推送，丰富推送方式。
- 提供个性化推送，开发者可以针对不同的用户来设置属性，然后通过控制台实现个性化推送。

❑ 提供抵达上报、点击量上报、消息被用户点击的次数等数据上报。

❑ 提供多厂商通道集成功能，方便开发者集成多厂商推送，SDK 可以自适应厂商对推送的要求。

❑ 提供丰富的跨平台插件。

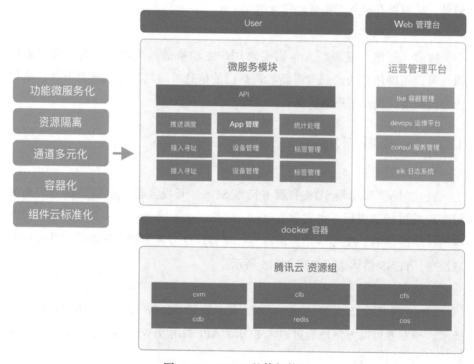

图 13-15　TPNS 整体架构图

（2）iOS 端和 macOS 端

iOS/macOS SDK 是 TPNS 服务为 iOS、iPadOS（使用 iOS SDK）、macOS 客户端实现消息推送而提供给开发者的接口，主要负责完成以下功能：

❑ 提供苹果 APNs 通道和自建 TPNS 通道的双通道能力，实现在推送消息下发时可以通过智能通道策略提升消息抵达率和推送速度。

❑ 提供设备 Token 的自动化获取和注册能力，降低接入门槛。

❑ 提供账号、标签、用户属性等信息与终端设备的绑定接口，以便开发者
　实现特定群组的消息推送。

❑ 提供抵达上报、点击量上报、消息被用户点击的次数等数据上报。

❑ 提供子功能分包能力，开发者可按需接入功能。

❑ 提供丰富的跨平台插件。

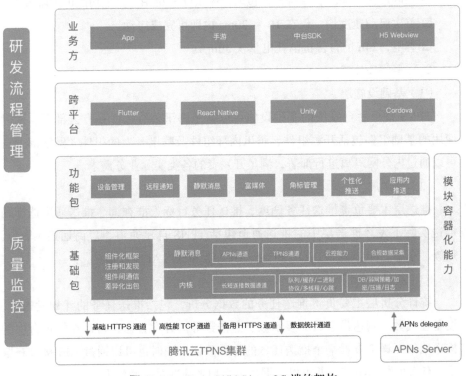

图 13-16　Android/iOS/macOS 端的架构

　　整体上，通过深耕推送场景的模块化架构设计、高效 Devops 流程、云
真机自动化测试和实时监控 SDK 运行状况的各项技术手段，保障 TPNS
iOS/macOS 整体的稳定性。细节上，通过高压缩的存储结构和缓存设计，使
数据高效流转。通过精简自定义协议和弱网智能策略，减少了弱网下的数据丢
包率。通过模块间的划分和通信设计，平衡了各模块的高内聚低耦合。通过原

创的终端容器化设计，使模块在被多次封装后，能彼此隔离、运行不冲突。

通过以上创新设计，TPNS iOS/macOS SDK 取得的各项指标在行业中遥遥领先：

- ❏ 自建 TPNS 通道在线抵达率可高达 99% 以上。
- ❏ 稳定性极高，客户端 crash 率（崩溃率）低于百万分之一。
- ❏ App 增包体积小，基础推送包增包体积仅 500KB，其他功能可按需集成。
- ❏ 首次启动速度快，仅在 10 ~ 20ms 内即可完成启动。
- ❏ 省电，24h 前台待机消耗电量仅 30mA。

3. 服务端技术能力

（1）基础设施层

TPNS 整个后台系统的基础设施可以基于腾讯公有云、私有云部署。同时使用的基础组件包括开源组件、腾讯内部组件及腾讯云上的组件。网络部分也可以通过内外网隔离进行部署，满足开发者的各类实际业务需求。

（2）推送层

推送层主要负责推送任务调度、推送任务目标人群查询、推送通道选择和推送实际下发。推送层中的推送通道包括 TPNS 自建通道、厂商通道（华为、魅族、小米、OPPO、VIVO、FCM、GCM）和 iOS APN 通道。

（3）统计分析层

统计分析层主要负责推送任务的数据分析，包括推送任务的计划发送数、设备在线数、到达设备数、展示数、点击数等。开发者运营可以在管理台中的推送明细下详细查看某个推送任务的详细数据，同时也可以通过 API 接口获取推送任务的数据明细，并可以根据通道类型来筛选对应的数据。

（4）统一接入层

统一接入层是指终端设备通过 TPNS SDK 接入 TPNS 服务后端的接入模块，TPNS 提供统一的接入层，开发者在通过统一的域名接入后，域名系统就可以通过就近接入的方式，提供各地 IDC 和公有云接入，来保证网络的接入质量和高效性。同时接入层也提供了接入的安全服务和攻击防护能力等。

（5）Open API 层

Open API 层主要提供各类 API 接口供开发者使用，包括推送接口、设备账号绑定接口、标签绑定接口等，同时包括推送任务的状态查询接口，其中推送接口是最重要的接口类型，包括全推、tag 标签推送、单推、批量推、定时推送、循环推送等推送形式。

4. 运行流程

（1）终端

Android App 开发者在开发 App 应用时需要集成 TPNS Android SDK，iOS App 开发者需要集成 TPNS iOS SDK，macOS App 开发者需要集成 TPNS macOS SDK。

（2）基础设施

TPNS 提供全球网络接入的服务，并可以使用腾讯自建 DNS 服务，如 L5 负载均衡、最近接入点接入服务等。

（3）推送 SaaS

开发者的终端长链接 Service 会和推送 SaaS 服务保持长链接，保证终端设备被服务端发现，并通过路由策略进行消息下发，如图 13-17 所示。

13.2.4　网络和安全方案

1. 平台端安全方案

（1）数据传输

首先，TPNS 的终端数据在移动终端先完成特定序列的 MessagePack 的打包工作，并经过压缩和加密后通过专用通道上传至系统部署在内部 DMZ 区的数据接收端。

接收端在接收到打包数据后，先进行数据验证，再进行解包工作，保证数据的完整性及不被篡改。

（2）数据存储

原始数据在经过处理后，从原始包开始，经历非结构化数据、半结构化数据、结构化数据各种类型转化后，分别存放在不同数据平台或数据库里，比如

Kafka、HDFS、MySQL 数据库等。TPNS 可以保证服务端存储的所有数据可追溯，系统可以从任何一个地方进行数据后推，并且利用各存储模块的集群特性、主备特性保障数据安全。

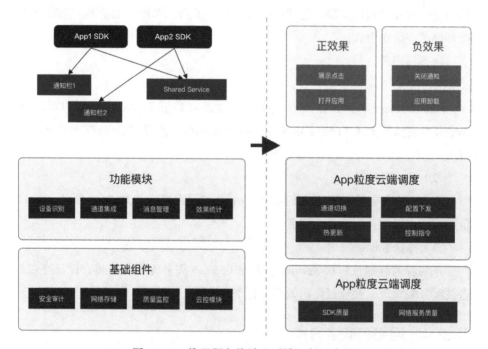

图 13-17　推送服务终端和后端运行示意图

2. 移动端安全方案

（1）数据存储

TPNS 的 SDK 会专门在移动终端开辟一块专属存储空间，用于隐私协议中规定的终端数据的安全存储。相关终端数据会通过应用打开、应用退出、定时任务三种触发方式进行数据保存，保证终端数据无遗漏记录。

（2）数据传输

为保证数据传输的安全性，TPNS 首先在移动终端把终端数据打包，并在完成加密压缩后再上传至服务端。系统还支持采用 SSL 安全机制，支持通过 HTTPS 方式进行安全通信。终端数据在上传前经过内部整合，只上传更新的差异部分，保证用户在使用移动终端的过程中无感知，不影响正常 App 的功能使用。

移动终端数据会定时、按规则进行数据上传。在进行上传时，TPNS SDK会先判断当前终端设备的联网状态，只有在终端设备的当前网络连通时，才会进行数据上传，并根据上传结果（成功或失败），记录对应的状态码，再判断是否进行重复上传。

（3）移动终端组件安全

TPNS Android SDK 的对外组件默认 exported 设置为 false，仅限 App 内部使用。iOS SDK 的对外组件也仅限 App 内部使用。SDK 内部数据经过加密存储，保障不存在泄露风险。

13.3　数据可视化产品小马 BI

BI（商业智能）数据分析是一套完善的解决方案，用来将各端采集数据进行有效的整合，快速准确地提供报表并提交决策依据，帮助决策者做出明智的商业经营决策。BI 数据分析是数据分析领域的典型应用，下面阐述 BI 数据分析中各个环节的实现细节。

13.3.1　数据采集

1. 指纹体系

设备指纹是通过收集设备信息生成独有的设备签名，对用户进行标识，可用于追踪用户的行为。对设备采集信息会区分 App\H5 的可采集信息，采集设备的信息列表参考如下部分，再通过算法计算生成 32 位字符串，保存在 App或浏览器 cookie 中。

❏ Model：设备的型号。

❏ Vendor：设备的生产厂商。

❏ DeviceToken：推送用的令牌。

❏ IDFV：应用开发商标识符。

❑ UA：用户代理。

❑ Language：浏览器语言。

❑ ColorDepth：色深。

❑ canvas：画布。

❑ PixelRatio：设备像素比。

以上是指纹生成过程常采集的一些信息，采集越多的信息生成的指纹越有代表性。

2. NativeApp 设备标识

生成指纹标识需尽量保证不同设备生成的指纹标识不相同，将关键信息数据采集汇总，再通过算法生成。

封装的通用方法是获取语言、系统版本、硬件、时区、存储空间等具有标识性，又相对固定不变的一些信息，如代码清单 13-1 所示。

代码清单 13-1

```
NSString *languge = getLanguage();
NSString *systemVersion = getSystemVersion();
NSString *hardwareInfo = getHardwareInfo();
NSString *timezone = getTimeZone();
NSString *diskInfo = getDiskSize();
NSString *fingerprint = [NSString stringWithFormat:
@"%@,%@,%@,%@,%@,%@,%@,%@", bootTime, countryCode, languge,
deviceName, systemVersion, hardwareInfo, timezone, diskInfo];
```

获取可以使用的设备信息后，再通过算法生成 32 位字符串 user_id，存储于 App 中，后续数据上报时，将 user_id 与用户行为数据同时提交，再通过后台计算出用户数等相关数据。

3. User-Agent 解析

User-Agent 也称用户代理，简称 UA，是 HTTP 协议头（header）的组成部分。UA 一般带有浏览器的内核信息、操作系统设备及版本等信息。不同浏览器还会带上浏览器扩展信息，如版本号等，如表 13-1 所示。

表 13-1　浏览器 UA 示例

浏览器	User-Agent
PC Chrome	Mozilla/5.0 (Windows NT 6.1; WOW64) AppleWebKit/537.36 (KHTML, like Gecko) Chrome/75.0.3770.100 Safari/537.36
PC Firefox	Mozilla/5.0 (Windows NT 6.1; WOW64; rv:43.0) Gecko/20100101 Firefox/43.0
iOS Safari	Mozilla/5.0 (iPhone; U; CPU iPhone OS 4_3_3 like Mac OS X; en-us) AppleWebKit/533.17.9 (KHTML, like Gecko) Version/5.0.2 Mobile/8J2 Safari/6533.18.5
QQ 浏览器	User-Agent,Mozilla/5.0 (Windows NT 6.1; WOW64) AppleWebKit/537.36 (KHTML, like Gecko) Chrome/55.0.2883.87 UBrowser/6.2.4094.1 Safari/537.36

浏览器的 UA 格式举例：

Mozilla/<version> (<system-information>) <rendering-engine> <platform> <extensions>

❑ Mozilla：现在主流浏览器 UA 的信息首部都有它，代表兼容 Mozilla。

❑ system-information：包含运行系统信息及 Gecko 版本。

❑ rendering-engine：渲染引擎及版本，如苹果的 AppleWebKit，主流渲染引擎有 Gecko、WebKit、KHTML、Presto、Trident、Tasman 等。

❑ platform：浏览器平台及版本，如 Chrome、Firefox 等。

❑ extensions：不同浏览器会带有不同的扩展信息，一般的 App 内部使用浏览器引擎后也会增加 UA 信息。如微信扩展了微信版本、网络、语言等信息。

按以上格式能分析出用户的运行系统的信息、渲染引擎、浏览器平台，如果分析微信中打开的 H5 页面，还能获取到当前连接的网络方式。

4. 小程序数据采集的差异

微信小程序是一种全新的连接用户与服务的方式，它可以在微信内被便捷地获取和传播。个人、企业、媒体、政府均可以注册自己的业务小程序。小程序也作为我们日常使用的微信模块之一。

微信小程序作为微信的模块之一，与 App、H5 不同。App 直接运行于手机中，可方便地获取设备信息。H5 运行于浏览器环境下，不能获取底层硬件设备信息，一般只能获取当前浏览器提供的比较稳定的浏览器信息，可获取的信息比较统一。小程序的运行载体与 App、H5 不同，可获取的设备信息受限于微信提供的接口。

有一些指标，如小程序 session、小程序页面访问时长等，小程序没有提供接口来直接获取，那么需要按照指标的计算口径来计算，如表 13-2 所示。

上报也受限于微信小程序网络请求设定，需先配置上报域名为可信域名、同一时间并发数不超过限制等。可利用小程序本地缓存，做数据合并上报，以及上报失败重复上报的处理。

表 13-2　指标计算

指标	指标计算
session	app.onLaunch、app.onShow、page.onHide、page.onUnload 等判断是否小程序重新打开，如判断为重新打开，则生成新的 session
页面访问时长	小程序生命周期函数 page.onHide 与 page.onShow 之间的时差用来计算访问时长指标
渠道来源	小程序生命周期函数 app.onLaunch 的 option 参数会附带标识来源的参数，可用来分析渠道来源，结合场景值来做渠道来源分析

5. 可视化埋点与无埋点

业内常用通过代码埋点获取的节点统计数据，对用户行为进行追踪，完成对用户行为细节的记录。代码清单 13-2 为代码埋点示例，可在代码任意处调用其中方法。

代码清单 13-2

```
// 统计按钮被点击次数，统计对象：back 按钮
public void onBackBtnClick(View v) {
    Properties prop = new Properties();
    prop.setProperty("name", "back");
    StatService.trackCustomKVEvent(this, "button_click", prop);
}
```

以上的代码埋点存在以下几个问题。

1）添加埋点必须编写代码。

2）添加埋点后无法立即生效，需更新 App。

3）不更新 App 的用户不会触发事件，无法统计。

图 13-18 为可视化流程，可视化埋点解决了以上的难题，通过连接用户设备，将用户界面接入管理台中，直接选择界面元素，再下发到 App 端采集数据，这是一种更便于使用、可立即生效、无须更新 App 的埋点方式。

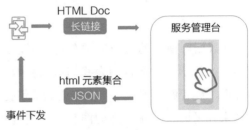

图 13-18　可视化流程

以上问题同样也可用无埋点的方法，无埋点一般为全埋点，预先收集用户的所有事件行为数据，用户在分析过程中再指定提取指定事件数据。

可视化埋点与无埋点对比：

1）可视化埋点是指定埋点上报，无法对新的埋点进行数据回溯。

2）无埋点是尽可能地收集数据，但会对服务器和网络传输造成更大的负载。

对于代码埋点、可视化埋点、无埋点三种方式，用户可根据需求进行选择。

6. 上报策略优化

用户的行为数据，需要上报到统计服务后台中，才能进行分析。上报过程可使用 HTTPS、HTTP 等协议。上报传输的过程需消耗网络，也会给服务器带来负载。

可对上报过程做如下优化：

1）对上报数据做本地缓存，上报失败时可重发。

2）判断用户网络情况，WiFi 环境下实时上报，非 WiFi 情况下间隔时间上报。

3）合并上报多次用户行为数据，一般每次限制 30 条。

本地缓存数据也需设置限制，为了不一直占用用户的存储空间，超过一定时间或者条数后，则将最早存入的数据删除。时间策略一般设置为一天，超过一天的数据不再上报，App 开发者可自定义延长时间。

用户在非 WiFi 的网络情况下，为了不影响用户正常业务的网络请求，会根据网络情况、App 设定的间隔合并上报，如上报失败，则等待下次网络状态流畅时再次上报。

13.3.2 BI 可视化

1. 图形技术的发展

数据可视化的历史非常久远，可以追溯到文艺复兴时代的绘图学、测量学、统计学等。通过图表我们可以将数据以一种直观的方式呈现出来，大大降低了读者的理解成本，为我们做决策提供依据。互联网时代数据是以 TB 级别来计量的，一张合适的图表，会使这些枯燥沉闷的数据摇身一变，成为吸引眼球最有效的方式。

Web 图形技术是互联网发展带来的一个分支，从技术发展趋势来看，经历了 server 端渲染、Flash 插件渲染、JS 插件渲染几个阶段，同时这几种技术跟浏览器的技术发展也是息息相关的，下面我们主要介绍这几种技术的发展过程。

早期的数据分析一般都由客户端软件完成，如微软的 Excel，就可以方便地制作出各种类型的报表。随着 B/S 模式的流行，一些客户端图表软件有了 server 端模式，如水晶报表结合 asp.net、Web 端 IE 浏览器 ActiveX 控件可以生成报表，Java Applet 也可以在 server 端进行绘图。

Flash 的横空出世，唤醒了人们对动效的追求。在移动端还没有到来的时代，基本上所有主流浏览器都支持 Flash 插件，Flash 的向量、特效，对于展示图表可谓天作之合。从这个时候开始，数据接口和图形渲染就完全分开了，如 FusionCharts，server 端只负责提供 XML 数据，Web 端通过 JS 获取数据 Flash 渲染即可。

盛极而衰，由于 Flash 本身的一些问题和 Web 技术的发展，Flash 逐渐没落，Flash 能做的事情浏览器不依赖插件也可以实现，随着 HTML5 的普及，现代浏览器逐渐抛弃了 Flash。同时浏览器也由支持 VML、SVG XML 描述性向量绘图发展到 HTML5 Canvas JavaScript 接口绘图，目前 HTML5 Canvas 结合 WebGL 已经有了 3D 绘图的能力。随着 Web 前端技术的进步，涌现出一批优秀的 JS 图形组件库，如 d3.js、Highcharts、echarts。同时前端也变得越来越开源，echarts 等一些开源的图形组件库有了比肩甚至超越收费组件的能力，图形展示技术免费开源成为一种趋势。

图形组件的基本分类也得到大家的共识，如折线图、面积图、柱状图、散点气泡图、K 线图、饼图、雷达图、仪表盘、漏斗图、桑基图等。

过去程序员在做 Web 报表页面的时候，往往需要一个图形一个图形地编码实现，效率非常低。在此背景下，报表生成工具应运而生。现代报表工具集成了数据加工处理、报表页面拖拽配置、图形格式化个性化展示、多终端展示等功能，极大地降低了生成报表的复杂度。

2. 布局与组件

（1）布局

在 BI 系统发展过程中，出现过两种布局形式：固定布局和自由布局。固定布局，顾名思义，软件预先设定好布局格式，用户在指定位置配置报表；自由布局则允许用户自己决定如何呈现报表。两种布局各有优缺点：固定布局配置简单，用户只需专注于报表配置，但是版式固定，缺少灵活性和多样性；自由布局配置灵活，用户可自由决定布局版式，但是用户除了报表配置外，还需额外关注布局。

小马 BI 采用自由布局，用户根据自己的需求，自由决定报表排布形式，并且支持多场景使用，既可以在 PC、手机上使用，也可以在大屏上展示。针对不同的使用场景，对自由布局的实现细节需要做不同处理，整个小马 BI 的自由布局可分成两类：栅格化自由布局和绝对像素自由布局。

1）栅格化自由布局。栅格就是网格，类似于围棋棋盘，它定义了行列的最小单位，并以此为基准，对整个页面做了切分，这样有利于规范元素尺寸，使整个页面的展示更合理。栅格化自由布局既兼顾了自由布局的灵活性，又能对元素尺寸做一定约束，并且还有很好的自适应性，能够适配不同端的设备尺寸。因此，小马 BI 采用了栅格化自由布局。

用户在报表配置页选择指定图表组件加入画板后，就可以自由拖拽图表组件进行版式设计。整个画板被等分成了 12 列，每列宽度为：画板宽度 /12，用户在拖拽组件调整 panel 宽度时，只能以画板宽度 /12 的整数倍进行变更，保证了整个布局的连续性。

采用这种布局方式减轻了用户使用成本，提高了报表复用性，用户只需要在 PC 上配置好报表，就可以在 PC 和手机上同时查看，不需要额外配置。同时，由于采用了栅格化，对图表组件的规范进行了约束，使得每个图表组件以固定的比例进行变换，报表呈现更合理美观。

2）绝对像素自由布局。相较于 PC 端和移动端，大屏主要用于营销数据展示，因此运营人员对布局的定制化要求更多，栅格化布局不再能很好地满足需求，并且展示时通常都会指定设备，不再需要为设备适配做过多处理，所以为了布局能够更加灵活、高效，在大屏上采用了绝对像素的布局形式。

整个大屏配置的画布是一个以左上角为原点（0，0），向右为 x 正方向，向下为 y 正方向的直角坐标系。初始化时，需要用户指定屏幕大小，以便于计算组件位置。用户拖拽组件时，会实时显示组件左上角相对原点的坐标，同时，拖拽不再限制最小距离，用户可以任意拖拽到画布任意位置，能够最大限度地满足布局需求。

（2）组件

如图 13-19 所示，小马 BI 支持 24 种图表组件，涵盖了文本、指标卡、表格、折线图、柱状图、饼图等基本图表，以及旭日图、桑基图等高级图表，基本能够满足用户的日常需求，支撑用户进行数据分析和展示。所有组件均可以通过拖拽的方式添加到画布中。图组件底层采用 canvas 绘图技术，并结合项目封装了图核心组件，其他的图组件都基于此核心组件进行二次开发。

图 13-19　图组件

除了图表组件，小马 BI 还额外提供了页面组件，以增强用户对页面图表的处理能力，提供搜索、筛选等功能，如图 13-20 所示。

搜索组件提供页面搜索能力，用户只需要选择用于搜索的字段就可以针对此字段进行搜索，如图 13-21 所示。

图 13-20　页面组件　　　　　　　　图 13-21　搜索组件

筛选组件提供列表、时间、级联等筛选类型，用户可以根据自己需要在页面上设置，如图 13-22 所示。

图 13-22　筛选组件

3. 移动化

当前互联网已经处在移动化的时代，在移动端有看数据报表的需求，小马 BI 报表支持微信公众号、企业微信、小程序等多种渠道。

（1）H5 端

公众号和企业微信在传统的形式下，是以 H5 来展现报表页面的。因移动端屏幕尺寸、手势操作等与 PC 端有较大差别，所以 H5 端的报表展示页面和组件是针对移动端重写过的。例如 Tooltips，在移动端的表现和在 PC 端鼠标移上去的悬停提示是完全不同的用户体验。

在 H5 端，还根据设备的 dpr 值及不同机型的尺寸进行适配，以保证在不同的机型分辨率下，报表有一致优秀的表现，另外在页面性能方面，也有针对性的优化，如数据预加载、滚屏加载等。

（2）微信小程序

在目前的移动设备硬件配置下，H5 页面的性能很难达到原生 App 级别的体验流畅度，越来越多的公众号内容选择用小程序来承载，同样小马 BI 也有了小程序版本。

小程序与 H5 从代码层面已是完全不同的体系，小马对图表组件进行了大量的二次封装开发，保证小程序下的表现和 H5 下面是一致的。同时，小程序的操作流畅度有了更卓越的表现。

4. 数据管理和加工

小马报表支持多种数据源接入方式：关系型数据库（如 MySQL、Oracle 等）、通过 Excel 上传数据、通过 API 获取数据等，也支持大数据类型数据如 es、Hive、HBase 等。

（1）Excel 数据

小马报表支持用户以上传 Excel 文件方式创建数据源，上传数据会保存到服务端公用数据库中，之后用户可以通过与关系型数据库相同的方式使用该数据绘制图表。

（2）SQL 建表与云端数据库

此方式允许用户通过已经配置好的数据库连接创建数据表，支持直接使用数据库表名称和用户自定义 SQL 语句两种方式。可正常接入使用的数据源类型有 MySQL、PostgreSQL、SQL Server、Oracle 等数据库；非关系型数据库支持 ElasticSearch 数据表配置。

（3）API 数据表

为支持用户使用 API 传递数据，小马报表实时通过 API 获取用户数据并存入数据库内存表，这样用户可实现以同其他数据源表相同的方式绘制图表，使用筛选、同环比、时间对比等功能。

（4）多表关联、数据聚合与 SQL 创建合表

小马报表支持用户通过关联查询、子查询、自定义 SQL 语句等方式创建数据源表。通过页面交互或者拖拽表名称可以实现复杂的数据表关联，同时支持用户使用 group by 语句对数据做分组聚合处理，使用如 count、sum、avg 等聚合函数生成经过处理的数据组合成的视图数据表。

（5）数据加工

小马报表支持数据表、折线图、漏斗图、桑基图等 20 多个数据图表组件。用户可以使用不同组件绘制数据报表；也可以使用时间组件、筛选组件、搜索组件来配合绘制图表。通过拖拽字段配置查询的自定义数据指标，可以使用分组和聚合计算。设置条件字段和筛选器作为查询条件，最后生成完整的 SQL 执行语句，获取用户数据，图 13-23 所示为数据加工流程。

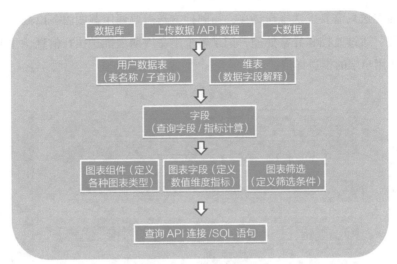

图 13-23　数据加工流程

5. 推送体系

小马报表推送服务为用户提供定时推送报表数据和数据阈值触发预警的功能。推送功能定时提供数据图表，方便用户及时获取数据信息。预警功能则监控用户数据异常信息并及时触达用户。推送服务为用户提供统一的 API，例如短信、邮件、微信公众号模板消息、企业微信消息、企业微信群机器人消息。

推送服务的核心是推送队列的建立和消费，使用队列的目的是将耗时任务（比如发送邮件）延时处理，从而大幅度缩短 Web 请求和响应的时间。

（1）推送系统架构

如图 13-24 所示，小马报表推送使用 supervisor 服务作为推送队列消费进程的守护进程，对已进入队列的推送任务设置 3 次失败尝试次数，并设置每次 120s 的任务执行超时时间，保证任务能完全执行。对于最终执行失败的任务会记录推送失败信息，在用户访问报表系统时，会及时告知用户失败任务的相关信息。

（2）推送执行周期

如图 13-25 所示，小马报表推送任务执行过程是依据接收终端来创建不同的推送内容。生成推送内容的难易程度决定了推送执行的优先级别，一般情况下微信推送只需要发送推送链接，而邮件推送需要调用截图服务以截取用户报表图片。通过监控和异常处理，记录整个生命周期内推送执行信息，并生成可呈现于用户端的推送详情。

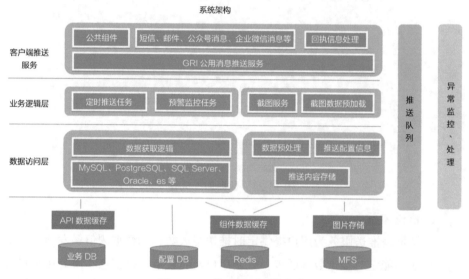

图 13-24 推送体系系统架构

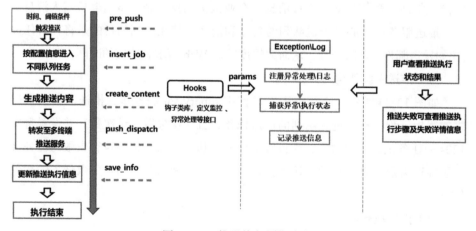

图 13-25 推送执行周期流程

（3）截图服务

小马报表邮件推送是截取用户页面图表生成推送内容。小马报表截图服务使用 node 库 Puppeteer 中提供的 API 操作 Chrome 在服务端加载用户报表页面，截取推送页面的图表内容并保存到图片服务器。Google 针对 Chrome 浏览器 59版新增加 Chrome-headless 模式，可以在不打开 UI 界面的情况下使用 Chrome浏览器，达到与 Chrome 桌面端浏览一致的效果。

13.3.3 开放生态

很多数据产品都有报表展现需求，小马 BI 通过开放的方式为这些有需求的第三方合作伙伴提供报表配置和展现能力。

1. 权限打通

小马 BI 和第三方系统整合，首先要进行权限打通（见图 13-26），第三方系统通过小马 BI 提供的 API，创建用户，赋予角色权限，并维护好小马 BI 的用户 ID 和自身系统用户 ID 权限的对应关系。然后在访问的时候，从页面传输Token，小马 BI 从接口层换取用户 ID，达到正常登录访问的目标。

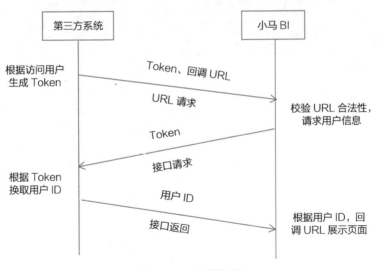

图 13-26 权限打通

2. 页面嵌入

小马 BI 输出报表服务，在 PC/H5 通过 iframe 内嵌的方式，来实现权限对接，让用户能在自己的平台上拥有可视化报表的制作和呈现能力；在企业微信生态中，则通过第三方应用的方式，企业管理员通过授权来安装小马 BI，以此映射企业内部用户和小马 BI 的用户角色，进行权限管理，让自己的企业微信内拥有 BI 报表应用。

3. 个性化配置

小马 BI 自身已经有比较丰富的图表组件和页面配置选项，如果合作伙伴需要更加个性化的配置，小马 BI 也提供相应功能。小马 BI 将报表的通用配置、组件样式配置、国际化文本等都抽离出来，第三方合作者可以选择修改和替换来达到配置自己个性化系统的目的。

4. 数据安全

小马 BI 所有接口都有防 XSS、CSRF 和 SQL 注入的加固逻辑，并通过腾讯内部的安全扫描检测，保证用户配置到报表系统的数据不会有被窃取和注入的风险。对合作伙伴，小马 BI 使用数字签名的方式防止伪造请求。

参考文献

[1] ZAHARIA M. An architecture for fast and general data processing on large clusters[D]. Berkeley:Electrical Engineering and Computer Science University of California at Berkeley，2014.

[2] STITCH_X. Spark 中 Cache 与 Persist 的巅峰对决 [EB/OL]. (2019-06-24) [2021-10-29]. https://blog.51cto.com/u_14309075/2412532.

[3] 彭南博，王虎 . 联邦学习技术及实战 [M]. 北京：电子工业出版社，2021.

[4] 杨强，刘洋，程勇，等 . 联邦学习 [M]. 北京：电子工业出版社，2020.

[5] YANG Q, LIU Y, CHEN T, et al. Federated machine learning: concept and applications[J/OL]. ACM Transactions on Intelligent Systems and Technology 2019, 10(2)(2019-01-28)[2021-10-29]. https://dl.acm.org/doi/10.1145/3298981.

[6] EVANS D, KOLESNIKOV V, ROSULEK M. Pragmatic introduction to secure multi-party computation [M/OL]. (2021-04-05)[2021-10-29]. https://securecomputation.org/.

[7] CRISTOFARO E D, TSUDIK G. Practical private set intersection protocols with linear computational and bandwidth complexity [EB/OL]. [2021-10-29]. https://eprint.iacr.org/2009/491.pdf.

[8] CRISTOFARO E D, TSUDIK G. On the performance of certain private set intersection protocols[EB/OL]. (2012-04-07)[2021-10-29]. https://eprint. iacr.org/2012/054.pdf.

[9] FREEDMAN M J, NISSIM K, PINKAS B. Efficient private matching and set intersection[EB/OL]. [2021-10-29]. https://iacr.org/archive/eurocrypt2004/ 30270001/pm-eurocrypt04-lncs.pdf.

[10] 腾讯研究院 . 腾讯隐私计算白皮书（2021）[EB/OL]. (2021-05-02)[2022-01-13]. https://new.qq.com/omn/20210502/20210502A06BL700.html.

[11] PAILLIER P. Public-key cryptosystems based on composite degree residuosity

classes[EB/OL].(1999-04-15) [2022-01-13]. https://link.springer.com/chapter/10.1007/3-540-48910-X_16.

[12]　SHAMIR A. How to share a secret[J/OL]. Communications of the ACM, 1979, 22(11): 612-613[2022-01-13]. https://dl.acm.org/doi/pdf/10.1145/359168.359176.

[13]　KAIROUZ P, MCMAHAN H B, et al. Advances and open problems in federated learning [EB/OL]. (2021-03-09) [2021-10-29]. https://arxiv.org/abs/1912.04977v3.

[14]　DWORK C, ROTH A. The algorithmic foundations of differential privacy [EB/OL]. [2021-10-29]. https://www.cis.upenn.edu/~aaroth/Papers/privacybook.pdf.

[15]　ABADI M, CHU A, GOODFELLOW I, et al. Deep learning with differential privacy [EB/OL]. (2016-10-24)[2021-10-29]. https://arxiv.org/abs/1607.00133.

[16]　符芳诚，侯忱，程勇，等 . 隐私计算关键技术与创新成果 [J]. 信息通信技术与政策，2021(6):26-37.

[17]　饶华铭 . 快速上手联邦学习——腾讯自研联邦学习平台 PowerFL 实战 [EB/OL]. (2020-10-26)[2021-10-29]. https://cloud.tencent.com/developer/article/1729569.